中国矿业大学(北京)课程建设项目:矿山建设工程地质学课程建设(K130607)
国家自然科学基金项目(51479195)

矿山工程地质学

主　编　杨晓杰　郭志飚
副主编　张　娜　张国锋　郭平业　韩巧云

中国矿业大学出版社

内容简介

本书内容共13章，系统介绍了与矿山设计、建设和生产过程相关的工程地质、水文地质、地质构造、工程岩体和矿山常见地质灾害等方面的基础概念、基本理论和主要研究方法。

本书为矿山建设工程和采矿工程等专业的本科专业基础课程教材，也可作为从事相关专业的科学研究人员、设计人员和现场工程技术人员参考用书。

图书在版编目(CIP)数据

矿山工程地质学/杨晓杰，郭志飚主编. —2版. —徐州：中国矿业大学出版社，2018.1

ISBN 978-7-5646-3825-2

Ⅰ.①矿… Ⅱ.①杨…②郭… Ⅲ.①矿山地质—工程地质 Ⅳ.①P642

中国版本图书馆CIP数据核字(2017)第308292号

书　　名 矿山工程地质学

主　　编 杨晓杰　郭志飚

责任编辑 王美柱

责任校对 杨　洋

出版发行 中国矿业大学出版社有限责任公司

(江苏省徐州市解放南路　邮编221008)

营销热线 (0516)83885307　83884995

出版服务 (0516)83885767　83884920

网　　址 http://www.cumtp.com　**E-mail**:cumtpvip@cumtp.com

印　　刷 江苏淮阴新华印刷厂

开　　本 787×1092　1/16　**印张** 19.25　**字数** 480千字

版次印次 2018年1月第2版　2018年1月第1次印刷

定　　价 35.00元

前　言

随着我国经济的快速发展，能源的需求量逐年增加，煤炭在我国的能源结构中一直占据主体地位。进入 21 世纪以来，随着我国大规模矿山建设的开展，工程地质问题成为影响工程建设的关键问题。作为矿业类高等院校，应适应国家发展的需要，因此，特组织编写了《矿山工程地质学》教材，作为采矿工程和矿山建设工程等专业的专业基础课程教材。

本教材以矿山建设过程中应用的地质学理论为主体，以地球学、岩石学、矿物学、构造地质学、水文地质学和岩体力学等学科为理论研究基础，研究与矿山设计、建设和生产过程有关的工程地质、水文地质、地质构造、工程岩体和矿山常见地质灾害等问题。

本教材注重实用性，突出地质学基本理论和基本知识。同时，力求重点突出，跟踪学科发展的前沿，引入最新科学研究成果，适应矿山建设工程地质学的发展要求。

本教材按 64 学时授课内容编写，根据专业和学科特点适当取舍。全书共分 13 章：第 1 章、第 3 章、第 4 章和第 6 章由杨晓杰和韩巧云负责编写；第 2 章、第 10 章和第 13 章（瓦斯突出）由张娜负责编写；第 5 章和第 9 章由张国锋负责编写；第 7 章、第 8 章、第 12 章和第 13 章（软岩大变形）由郭志飚负责编写；第 11 章和第 13 章（高温热害）由郭平业负责编写；第 13 章（岩爆）由李德建负责编写；第 13 章（滑坡）由陶志刚负责编写。全书由杨晓杰和郭志飚负责统稿和定稿。

本教材在策划和编写过程中，得到了深部岩土力学与地下工程国家重点实验室（北京）主任何满潮院士的指导和帮助，在此表示衷心感谢。

本教材在编写过程中参阅了许多专家、学者的著作和文献，在此一并致谢！

本书除作为本科生教材外，还可作为从事相关专业的科学研究人员、设计人员和现场工程技术人员参考用书。

由于时间仓促，加之编者水平所限，书中不妥之处在所难免，恳请读者不吝指正。

编　者

2017 年 10 月

目　　录

1 绪　论

随着我国经济的快速发展，能源的需求量逐年增加，煤炭在我国的能源结构中一直占据主体地位，2013 年我国煤炭产量已达 37 亿 t。近年来，全国展开大规模的矿山建设，在矿山设计、建设和生产过程中的工程地质问题是主要问题之一，为了让学生掌握矿山设计、建设和生产过程中的主要工程地质问题，特组织编写了《矿山工程地质学》教材。

矿山工程地质学作为应用地质学的一个重要组成部分，与工程地质学、水文地质学和采矿工程学等学科联系紧密，本教材主要面向矿业类高等院校采矿工程和矿山建设等专业的本科生。

矿山工程地质学运用地质学的基础理论知识，研究与矿山设计、建设和生产过程有关的工程地质、水文地质、地质构造、工程岩体和典型的矿山灾害等问题。

1.1　矿山工程地质学研究对象

矿山工程地质学以地球的浅部圈层(岩石圈)为主要研究对象，研究与矿山工程有关的地质问题。如研究矿山建设和生产过程中如何合理地处理各种复杂工程地质条件和改造不良地质条件等地质问题；研究工程地质环境对矿山建设和生产的制约作用以及矿山建设和生产活动对地质环境的影响，解决两者之间矛盾，使矿山建设和生产活动能够顺利进行。

矿山工程地质学以地球学、岩石学、矿物学、构造地质学、水文地质学和岩体力学等学科为理论研究基础，主要研究对象包括：主要矿物(黏土矿物)的类型和特征、岩石和岩体的分类和特性、地质构造和地应力、土的工程性质和分类、地下水和矿山常见地质灾害等。

1.2　矿山工程地质学研究内容

矿山工程地质学作为地质学中应用性和针对性较强的分支学科，其研究内容不仅包括地质学的基础知识，还包括矿山工程建设和生产过程中涉及的专业知识。因此，矿山工程地质学的主要研究内容主要有以下几个方面：

① 地球概况和岩石圈：研究地球的基本特征和圈层结构，重点研究矿山工程活动所涉及的岩石圈的结构、特征和性质。

② 主要矿物及黏土矿物类型和性质：研究分布于岩石圈层中的主要矿物和黏土矿区的类型，重点研究与矿山工程活动有关的主要造岩矿物和膨胀性黏土矿物的物理、化学性质，组成结构和鉴定方法等。

③ 岩石学和工程岩体：研究岩石的分类、岩体的组成和性质，重点研究矿山工程活动中常见的三大类岩石的性质和鉴别方法，以及影响矿山工程稳定的工程岩体的性质和分类。

④ 地质构造和地应力：研究构造运动对岩石圈构造变动的影响和演变规律，重点研究地质构造对矿山工程活动的影响以及地应力场分布规律。

⑤ 土的组成和分类：研究土的组成、结构和分类，重点研究矿山工程活动范围土的工程性质及对矿山工程稳定性的影响等。

⑥ 地下水的类型和特征：研究地下水的赋存状态、主要类型和特征等，重点研究地下水对矿山工程建设和生产期间的主要影响。

⑦ 常见矿山地质灾害：研究矿山建设和生产过程中发生的常见地质灾害类型、特征和基本防治方法。

1.3 矿山工程地质学研究方法

矿山工程地质学的研究任务是矿山建设和生产过程中工程地质问题，是一门综合性较强的应用学科，其研究方法也较多，主要方法简述如下：

① 自然历史分析法：运用地质学基本理论和基本知识，查明工程地质条件和地质现象的分布规律，分析研究其产生过程和发展趋势，进行定性的判断，是矿山工程地质研究的基本方法。

② 实验和测试方法：岩土体特性参数的实验、对地应力的量级和方向的测试、地质作用发展变化规律监测等。

③ 数学计算方法：应用统计数学方法对测试数据进行统计分析，利用理论或经验公式对有关数据计算，定量评价工程地质问题。

④ 模拟方法：通过地质分析研究，认识地质原型，确定各种边界条件，结合建筑物的实际作用，正确地抽象出工程地质模型，利用相似材料或各种数学方法，再现和预测地质作用的发生和发展过程，是矿山工程地质研究的重要方法。

1.4 矿山工程地质学任务

矿山工程地质学的研究目标是，为矿山工程的设计、建设和施工提供必要而充分的地质依据，解决矿山工程活动的地质问题。

评价工程地质条件，阐明矿山工程活动的影响因素，保证矿山建设和生产活动的顺利进行。从地质条件和矿山工程活动相互作用的角度出发，论证和预测有关工程地质问题，发生的可能性，发生规模和发展趋势，并提出改善、防治或利用有关工程地质条件的措施和基本方法。

通过本课程的学习，获得矿山工程地质学的基本理论知识，掌握常见岩石和岩体类型、地质构造和地应力场、土的工程特性、地下水的基本概念和分类，了解常见矿山地质灾害的类型和性质，熟悉常规的工程地质实验方法，认识工程地质学在工程建设发展中的重要地位，并为今后从事该领域工程实践奠定基础。

2 地球概况

根据辩证唯物主义的观点，宇宙是物质的总和，不论在时间或空间上都是无穷的，并处于不断运动和发展之中。宇宙空间包罗万象，大至地球、太阳系、银河系、总星系，小至原子、电子。

地球是宇宙中的一颗行星，地球与宇宙之间相互联系、相互作用。很多地质现象与宇宙有关，如昼夜与太阳有关、潮汐与月亮有关等，随着人类认识的深入，更多的宇宙奥秘会被逐渐揭开。而地质学是一门研究地球的学科，地球的表层——岩石圈是地质学的主要研究对象。因此，在系统地学习地质学有关内容以前，必须对地球的基本情况有一概括性的了解。

本章重点介绍地球在宇宙中的位置、地球的形态和性质、地球的圈层构造以及地表特征等内容。

2.1 地球在宇宙中的位置

2.1.1 宇宙

宇宙是天地万物，是物质世界。“宇”是空间的概念，是无边无际的；“宙”是时间的概念，是无始无终的。宇宙是无限的空间和无限的时间的统一。在宇宙空间弥漫着形形色色的物质，如恒星、行星、气体、尘埃、电磁波等，它们都在不停地运动、变化着。当代最大的光学望远镜已可观测到 200 亿 l. y.（光年）的遥远目标（1 l. y. $\approx 9.46\times10^{12}$ km），这就是现今人类所能观测到的宇宙部分。

恒星是宇宙中最重要的天体。恒星是由炽热气体组成的、能够自身发光的球形或类似球形的天体。构成恒星的气体主要是氢，其次是氦，其他元素很少。太阳就是一颗既典型又很普通的恒星。拥有巨大的质量是恒星能发光的基本原因。由于质量大，内部受到高温高压的作用，导致进行由氢聚变为氦的热核反应，释放出巨大的能量，以维持发光。恒星的温度越高，向外辐射能量的电磁波波长越短，因而颜色发蓝；相反，颜色发红。恒星的质量相差不大，多在 0.1～10 倍太阳质量之间；恒星的体积却相差悬殊，大的恒星直径为太阳的 2 000 倍左右，小的恒星直径小于 1 000 km，比月球还小；因此，恒星的平均密度相差也悬殊。

在恒星与恒星之间存在着极其广大的空间，称为星际空间。弥漫于星际空间的极其稀薄的物质称为星际物质。主要的星际物质有两类，即星际气体和星际尘埃。星际气体包括气态的原子、分子、电子和离子，其中，以氢为最多，氦次之，其他元素都很少。星际尘埃就是微小的固态质点，它们分散在星际气体之中，它们的主要成分是水、氨和甲烷的冰状物以及二氧化硅、硅酸铁、三氧化二铁等矿物。星际物质是很稀薄的，一般不过每立方厘米 0.1 个质点；在一些星际空间区域，其密度可以超过每立方厘米 10 个甚至 1 000 个，这些区域称为星际云。同星际云相比较，星云是星际物质的更加庞大和更加密集的形式。

宇宙中的物质是运动的，运动的主要方式是天体按照一定的系统和规律相互吸引和相互绕转，形成不同层次的天体系统。如月球和地球构成地月系；地球和其他行星围绕太阳公转，它们和太阳构成高一级的天体系统，即太阳系；太阳系又是更高一级天体系统——银河系极微小的一部分，银河系中像太阳这样的恒星就有 1 000 多亿颗；银河系以外，还有许许多多同银河系规模相当的庞大的天体系统，称为河外星系（简称星系）。

在人类现今所能观测到的宇宙范围内，大约存在着 10 亿个以上的这样的星系。通常，把人们现在观测所及的宇宙部分称为总星系，它是现在所知的最高一级天体系统。

在晴朗的夜空，可以看到一条斜贯整个天空的白色条带，俗称“天河”，就是银河系。银河系是一个庞大的恒星集团，估计它包括太阳有 1 300 亿颗以上的恒星，此外还有许多由气体、星际物质组成的星云。银河系从平面上看像个大漩涡，里面有几条旋臂；从侧面看整个银河系像是大“棉絮团”包裹着两片合在一起扁平的“铜钹”，称为“银盘”。银盘圆周边部较薄，越往中心越厚，中央部凸起处称为“银核”，银盘四周围的“棉絮团”叫“银晕”。银河系里的恒星绝大多数都密集在银盘里。银盘的直径大约有 8 万光年，银核的最大厚度达 1.2 万光年，银盘边缘薄的地方也有 1 000 光年。太阳是在银盘里，它的位置是在离银河系中心约 3 万光年的地方。

综上所述，总星系是目前已知的最高一级的天体系统，其直径超过 200 亿光年，在这大得难以想象的总星系里有银河系。银河系直径 8 万光年，在离银河系 3 万光年的地方，是太阳所在的位置。太阳周围有 8 颗行星绕着它旋转组成太阳系，直径约 120 亿 km，在广阔无垠的宇宙中，地球属于太阳系的一颗行星，而太阳又是银河系中无数颗恒星之一，在离太阳 1.5 亿 km 的地方，就是地球在宇宙中所处的位置。可见，地球在宇宙中的地位是“沧海一粟”。

在广阔无垠的宇宙中，地球属于太阳系的一个行星，而太阳又是银河系中无数恒星之一，宇宙则是由许多个像银河系甚至更庞大的恒星集团所组成。因此，要正确地了解地球在宇宙中的位置，必须对太阳系和银河系有所了解。

2.1.2 太阳系

哥白尼（Nicholas Copernicus，1473—1543）通过记录天体运行的轨道，发现不是太阳围着地球转，而是地球围着太阳转。牛顿（Isaac Newton，1642—1727）在前人成果的基础上，总结出万有引力定律，将力学推广应用到天体上使哥白尼的太阳中心说在理论上得到了圆满的解释。

太阳系是由太阳和以太阳为中心、受它的引力支配而环绕它运动的天体所构成的系统。

太阳距地球约 149 597 870 km，直径为 1 392 000 km，体积是地球的 130 万倍，质量约 $1.989\ 1\times10^{30}$ kg，平均密度是水的 1.41 倍，表面温度为 6 000 K（5 726 ℃），中心部分温度 1.5×10^{7} K（1 500 万℃）。

地球不过是太阳系中的一颗行星，它与月球组成地月系，以每秒约 3 万 m 的速度围绕太阳作公转（周期 1 a），沿一条弯弯曲曲的、近似椭圆形的蛇行轨道前进。

在太阳系中，太阳的质量占太阳系总质量的 99.8%。太阳系吸引着 8 颗行星（水星、金星、地球、火星、木星、土星、天王星、海王星）（从左至右依次见图 2-1）和 2 000 多颗小行星绕日运行，还有600多颗彗星也绕日运行，到目前为止，科学家发现的太阳系卫星共有165颗。

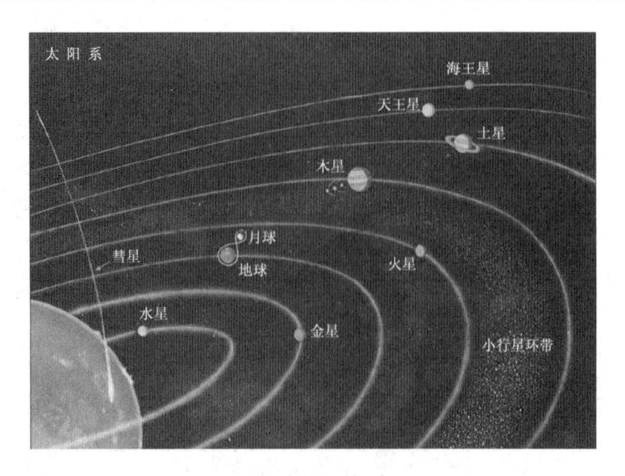

图2-1 太阳系

行星是环绕恒星运转而本身不发光的天体，太阳系中8颗行星的主要数据见表2-1。

表2-1 太阳系各行星(附太阳、月球)的主要数据

行星	卫星数	质量（以地球为1）	直径/10^3 km	体积（以地球为1）	密度（以水为1）	离太阳的平均距离/10^6 km	公转平均速度/(km/s)	公转时间	自转时间	角动量（占太阳系的百分比）	有无大气	逃逸速度/(km/s)
水星	—	0.055	4.85	0.07	5.43	58	48	88 d	88d	0.002 8	无	4.2
金星	—	0.815	12.10	0.87	5.20	108	35	225 d	243 d	0.058	有	10.3
地球	1	1	12.75	1	5.52	149.6	29.8	365 d	23 h 56 min	0.085	有	11.2
火星	2	0.108	6.87	0.16	4.00	228	24.2	687	24 h 37 min	0.011	有	5.1
木星	14	318	139.8	1 300	1.30	778	13.07	12 a	9 h 55 min	61.0	有	61
土星	10	95.2	115	745	0.70	1 426	9.0	29.5 a	10 h 14 min	24.8	有	37
天王星	5	14.5	49	70	1.56	2 872	6.8	84 a	10 h 45 min	5.36	有	22
海王星	2	17.2	45	58	2.29	4 496	5.4	165 a	15 h 48 min	7.97	有	25
太阳	165	33万	1391	130万	1.41				25.38 d	0.73		
月球	—	0.123	3.5	0.02	3.34				27.3 d		无	2.38

宇宙中的各个星系是相互联系的，根据万有引力定律，宇宙中星体的变化可对地球的性状产生重要影响，它也是地球外动力地质作用产生的原因之一。在现代文明社会，人们更加关心和注意地球外空间的变化。

2.1.3 天体的运动和年龄

宇宙中，一切大小天体都是按一定规律永无休止地运动。它们相互吸引又相互排斥，在万有引力下旋转运行。卫星绕行星运行，行星、小行星、彗星等绕太阳运行，构成太阳系；太阳系和其他恒星、星云等绕银核运行，构成银河系。这种运动叫公转。每个天体自身又在旋转,叫自转。天体的自转和公转有一定周期(表 2-2)。这种运动,对地球上发生的地质作用都有直接或间接关系。

表 2-2　　主要天体的运行数据

<table>
<tr><th colspan="2">天体</th><th>自转速度/(km/s)</th><th>自转周期</th><th>公转速度/(km/s)</th><th>公转周期</th></tr>
<tr><td colspan="2">月球</td><td>0.005</td><td>27.3 d</td><td>1</td><td>1月</td></tr>
<tr><td colspan="2">地球</td><td>0.465</td><td>1 d</td><td>29.8</td><td>1 a</td></tr>
<tr><td colspan="2">太阳系</td><td>4.7</td><td>247.7 d</td><td>250</td><td>2.5×10^{8} a</td></tr>
<tr><td rowspan="3">银河系</td><td>银核</td><td>200</td><td>3.2×10^{7} a</td><td></td><td></td></tr>
<tr><td>太阳附近</td><td>250</td><td>2.5×10^{8} a</td><td></td><td></td></tr>
<tr><td>边缘</td><td>139</td><td>1.8×10^{9} a</td><td></td><td></td></tr>
</table>

现代天文学告诉人们,宇宙中各天体的物理特征的差别,说明它们不是同一个时候产生的,也不是生成后就一成不变、永远如此,它们都是在不断新生、演变和衰亡。

根据月球、地球、陨石中所含放射性元素,测定出它们的年龄为 4.5×10^{9} a(不是最大年龄)。根据近代恒星演化理论估计,太阳的年龄约 5.0×10^{9} a;银河系的年龄约 1.2×10^{10} a;星系团及总星系的年龄可能更长,这是由于它们的组成更复杂、变化更多样。

2.2　地球的形状和性质

2.2.1　地球的形状

现代人们根据人造卫星运行轨道状况分析测算的结果,对已经采用的数值作了更为精确的修订。根据卫星轨道分析发现地球并不是标准的旋转椭球体,而是梨形的地球体。北极凸出约 10 m(比地球的椭球面高出 18.9 m),南极凹进约 30 m(比地球的椭球面凹进 25.8 m),中纬度在北半球凹进,在南半球凸出。

地球形状可反映地球内部情况,地球呈球形说明地球可能经历过熔融或软化阶段;地球呈椭球形是地球自转的结果,同时说明地球具有弹塑性;地球呈梨形表示地球表面有明显负荷,而内部物质不均匀导致有重力差异,从而使地球内部处于强大应力的紧张状态。

近年来,由于人造卫星等空间技术的不断发展,人们对地球表面形状有了进一步的认识,这主要包括:① 大地水准面不是稳定的旋转椭球体,而是有的地方有隆起有的地方拗陷,部分位置可达 100 m 以上。② 地球赤道横截面不是正圆形,而是近似椭圆形,长轴指向西经 20°和东经 160°方向,长短轴之差为 430 m。③ 赤道面不是地球的对称面,从包含南北极的垂直于赤道平面的纵剖面来看,其形状和标准椭球体相比较,位于南极的南极大陆比基准面凹进 24 m,位于北极的北冰洋高于基准面 14 m,同时从赤道到南纬 60°之间高于基准面,而从赤道到北纬 45°之间低于基准面。如前所述,用夸张了的比例尺来看,地球为近似“梨”的不规则的椭球形,如图 2-2 所示。

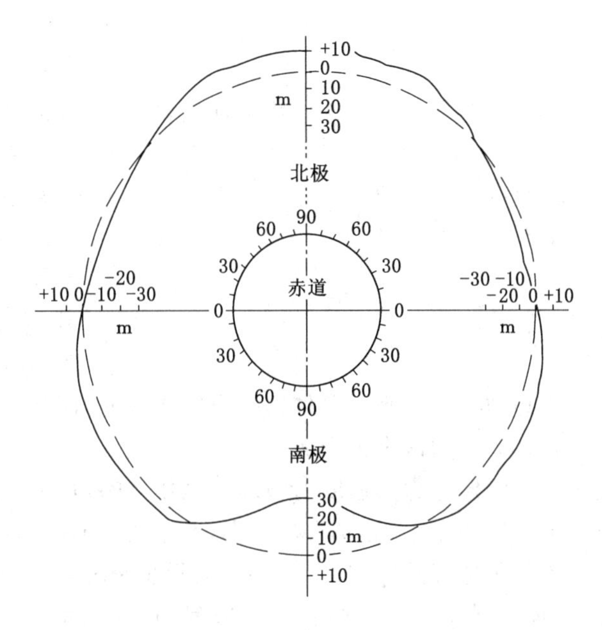

图 2-2 赤道面示意图

这是对地球认识的新阶段。根据现有资料得知，地球的赤道半径为 6 378.140 km，两极半径为 6 356.755 km，平均半径为 6 371.004 km；地球的扁平率为 1/298.257 = 0.003 352 8；赤道周长为 40 075.040 km，子午线周长为 39 940.670 km。

2.2.2 地球的密度

根据布伦（1975）推导结果：地壳表层的密度为 2.7 g/cm^3；地下 33 km 处为 3.32 g/cm^3；约在 2 990 km 处密度由 5.56 g/cm^3 突增至 9.98 g/cm^3；至大约 6 371 km 处，达 12.51 g/cm^3。地球的平均密度为 5.52 g/cm^3，在太阳系的八大行星中，地球的平均密度和水星（5.43 g/cm^3）相当，其他行星的密度都小于地球的平均密度，如图 2-3 和图 2-4 所示。

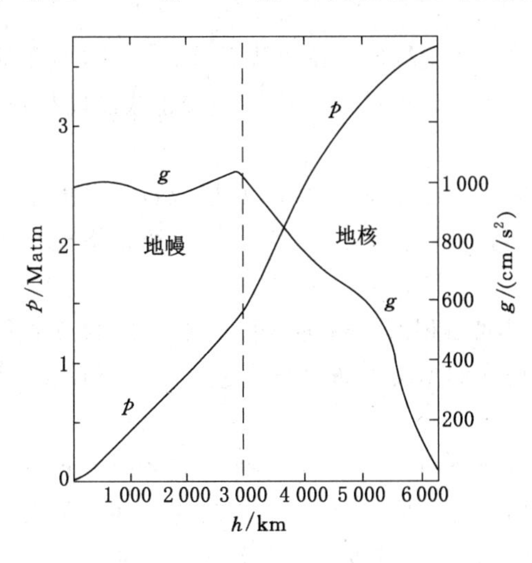

图 2-3 地内重力和压力变化

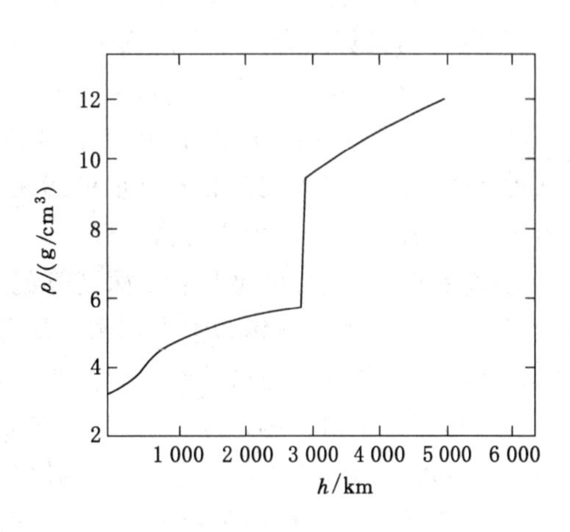

图 2-4 地内密度的变化

2.2.3 地球内部的压力

地球的压力是一个与重力直接相关的地球物理性质，地球某处的压力是由上覆地球物质的重力产生的静压力，静压力的大小与所处的深度、上覆物质的平均密度及重力加速度呈正相关关系，在地球表层、地壳和接近地心附近时压力增长较平稳，在下地幔和外核部分增长得较快。地球内部 10 km 处压力为 3 000 atm，33 km 处为 12 000 atm，地心达 360 万 atm。

2.2.4 地球的重力

地球重力不仅是由于地球对物体吸引这种单一力所造成的，而是由地球对物体的吸引力和地球自转而产生的惯性离心力两个力合成的。

为了纪念世界上第一位测定重力加速度的物理学家伽利略，重力的大小(强度)的单位为伽(Ga)(1 伽=1 cm/s^2=10^3毫伽。在国际单位制(SI)中，为 m/s^2，即“g. u.”)。

影响重力大小的不是整个地球的总质量，而主要是所在深度以下的质量。由于地壳与地幔的密度都比较小，从地表到地下 2 885 km 的核幔界面，重力大体上是随深度增加而略有增加。在核幔界面上，重力值达到极大(约 1 069 伽)，再往深处去，各个方向上的引力趋向平衡，重力值逐渐减小，直至变小为零。在地球表面又是另外一种状况：重力要受到地势高低的影响。在珠穆朗玛峰顶，到地心的距离比华北平原要多 8 000 多 m，引力自然要小一点。重力的大小还要受到离心力的影响。在赤道上，离心力最大；向两极去，随纬度的升高而减小，南北极的离心力等于零，同一物体的重力，赤道上比在两极要小 1/290(地球赤道部分凸出，就是因为离心力的作用)。在地面上，离心力变化的最大值，不超过引力的 1/288，重力的方向仍大体是指向地心。现已计算出地表不同纬度上的理论重力值，如赤道重力值一般为 978.03 伽(离心力可达 3.4 伽)，两极为 983.22 伽，两者相差 5.19 伽。

如果把地球看作一个理想的扁球体，内部密度无横向变化，所计算出来的重力值称为理论值。由于海拔高度、周围地形及地下岩石密度的不同，以致所测出的实际重力值不同于理论值，称为重力异常。重力异常分为三种：

① 自由空气重力异常：测点位置越高，实测重力值就越比理论重力值小。因此，实测的结果需要校正，换算成为大地水准面上的数据。这种校正就称为自由空气校正或高度校正。校正后的重力异常称为自由空气重力异常。

② 布格重力异常：在陆地上测量时，测点与海平面之间并非空气，而是岩石。考虑了测点高度及与大地水准面之间岩石密度的影响而进行的校正，称为布格校正。经布格校正后的重力异常，称为布格重力异常。

③ 均衡重力异常：从地下某一深度算起，相同截面积所承载的表面岩石柱体的总质量应趋于相等，这一概念就称为重力均衡。从重力均衡的角度对布格异常进一步进行校正，即均衡校正。通过均衡校正就得到均衡重力异常。

如果均衡异常值很小，表明该处地壳基本上处于均衡状态。正均衡异常是指山脉下部较轻岩石的增多对地表山脉隆起的质量补偿不足，存在着质量亏损，也即莫霍面在山下拗陷得还不够，还不足以补偿山脉的隆起，这也就意味着山脉正在隆升，并将进一步隆升。负均衡异常是指莫霍面拗陷过深，浅部岩石过多地补偿了地形的隆起，这意味着该区正在下沉，并将继续下沉。

重力异常是人们找矿和地质调查的依据，是地球物理勘探方法之一。

2.2.5 地磁场及其基本要素

地磁场，是指地球周围存在的磁场。地磁场三要素为磁感应强度、磁偏角和磁倾角。

磁感应强度为某地点的磁力大小的绝对值（磁场强度），是一个具有方向（磁力线方向）和大小的矢量，一般在磁两极附近磁感应强度大[约为 60 μT(微特拉斯)]；在磁赤道附近最小（约为 30 μT ）。

磁偏角（图 2-5）是磁力线在水平面上的投影与地理正北方向之间形成的夹角，即磁子午线与地理子午线之间的夹角。磁偏角的大小各处都不相同：在北半球，如果磁力线方向偏向正北方向以东称为东偏，偏向正北方向以西称为西偏。长期观测证实，地磁极围绕地理极附近进行着缓慢的迁移。

磁倾角（图 2-5）是指磁针北端与水平面的交角。通常以磁针北端向下为正值，向上为负值。地球表面磁倾角为零度的各点的连线称为地磁赤道；由地磁赤道到地磁北极，磁倾角由 0°逐渐变为+90°；由地磁赤道到地磁南极，磁倾角由 0°变成−90°。

地磁场由基本磁场、变化磁场和磁异常三个部分组成。在地球中心假定的磁柱被称为磁偶极子，由它产生的偶极子磁场占地磁场成分的 95％以上，是构成稳定地磁场的主体，即地球的基本磁场。基本地磁场的强度在地表附近较强，向上在空气中逐渐减弱。说明它主要为地内因素所控制。

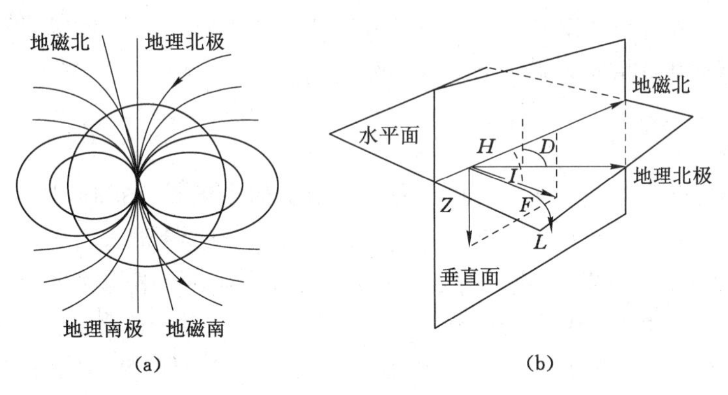

图 2-5 地磁场要素示意图

L——地磁力线；F——总地磁场强度；H——地磁场水平分量；
Z——地磁场垂直分量；D——磁偏角；I——磁倾角

变化磁场表现为日变化、年变化、多年（短周期或长周期）变化以及突发性变化，主要由于来自地球外部的带电粒子的作用（非偶极磁场，叠加在基本磁场上）。太阳是这些带电粒子流的主要来源，而当它的表面出现黑子、耀斑（活动特别强烈的区域）并正对着地球时，便会把大量带电的粒子抛向地球，使叠加在基本磁场上的变化磁场突然增强，使地磁场发生大混乱，出现磁暴。地球两极常在随后出现奇异的极光，这也是太阳抛射来的带电粒子流为地磁极吸引。

仪器探测证实了地磁场形成一个在高层大气之外，形状类似彗星的磁性包层，这就是地球磁层。磁层的形成,使地球磁场拦截了太阳辐射来的带电粒子,还有来自宇宙的射线,使它们未能冲到地面,而是留在高空,环绕地球流动,这对于生物的生存与繁衍具有重要的作用。

地壳浅部具有磁性的岩石或矿石所引起的局部磁场,叠加在基本磁场之上,会引起磁异常。一个地点的磁异常可以首先通过对实测磁场强度进行变化磁场的校正,然后再减去基本磁场的正常值来求得。如所得值为正值称正异常,为负值称负异常。地壳内含铁较多的岩石和富含铁族元素(Fe、Ti、Cr 等)的矿体常可引起正磁异常。而膏盐矿床,石油、天然气储层,富水地层或富水的岩石破碎带则常引起负磁异常。

在测定岩石的剩余磁场时,发现相当一批岩石的磁化方向与现在的地磁场方向相反,于是认为地磁场发生了 180°的改变,这种现象被称为地磁极翻转或地磁场翻转。事实证明,这种变化一再地发生。

2.2.6 地球的电性

地球具有微弱的电流,称为大地电流。有自然电流分布的地段为自然电场。它的强度和方向与地下深处的地质构造有关,当有金属矿体等良导体时其附近电流强度增大,方向也会发生畸变,物探中的自然电场法就是以此为依据的。

2.2.7 地球的放射性

放射性是部分元素的不稳定原子核衰变为稳定原子核的过程中通过能量释放而显示出来的一种物理现象。由于放射性衰变不受外界环境的影响,可以利用某些放射性元素在某地层中衰变速度和含量确定岩石的形成年龄。

2.2.8 地热

地热是指地球内部的热能。根据地表以下地温的来源和分布状况,可以把地下温度分为三层。变温层是固体地球表层大陆上的一个温度层,温度主要来自太阳的辐射热能,它随纬度高低、海陆分布、季节、昼夜、植被等的变化而不同,该层平均深度为地下 15 m 左右。常温层是指温度与当地平均温度一致的地带,深度为 15～40 m。增温层位于常温层以下,其热能主要来自于放射性元素蜕变产生的热能,其次是重力能、旋转能转化产生的热能。通常把每向下加深 100 m 所升高的温度称为地热增温率(地热梯度),一般为 2～4 ℃/100 m。

地球内部的热能除由温泉、火山、岩浆侵入活动等直接带至地表外,还可以通过传导、辐射和对流等方式不断传至地表。将单位时间内通过单位面积的热量称为地热流。地热流较高的地区称为地热异常区,俗称温泉。这些地区内常可以用地下热气、热水发电(地热发电)。此外,地下热水在工农业、医疗、生活用水等方面也得到广泛应用。

2.2.9 地球的弹性

根据地震及人工地震的研究,得知地球能够传播地震波,说明地球具有弹性。根据地震波的传播方式可分为体波和面波。

地震波在地下任一点的传播速度与该点介质的性质(密度、弹性、物态等)有关。根据地震波在地下传播的特点,可利用人工地震来了解地下的地质情况。物探中的地震法就是利用这个原理来进行工作的。

2.2.10 地壳的平均化学成分

宇宙中的元素是通过热核聚变反应，经历了从简单到复杂的形成演化过程的。

地球上多种多样的物质，都是从基本粒子聚变而成氢开始的，然后是四个氢合成一个氦，氦再进一步合成其他元素，约在150亿年前的大爆炸以后50万～100万年时，从轻元素到重元素，现今所有的元素就已逐渐形成。

美国化学家克拉克(F. W. Clarke，1847—1931）根据大陆地壳中(地下16 km以内)的5 159个岩石、矿物、土壤和天然水的样品分析数据，于1889年第一次算出元素在地壳中的平均含量数值(平均质量百分比)，即元素的丰度，如表2-3所示。为了纪念这个创举，命名为克拉克值。克拉克值，是指某一种元素在地壳中的平均质量百分含量。

表2-3　地壳内部主要元素丰度

元素名称	氧(O)	硅(Si)	铝(Al)	铁(Fe)	钙(Ca)	镁(Mg)	钠(Na)	钾(K)	钛(Ti)	氢(H)	锰(Mn)	磷(P)	其他元素
丰度/%	45.2	27.2	8	5.8	5.06	2.77	2.32	1.68	0.68	1.00	0.1	0.1	0.95

地核大部分是金属状态存在的铁和镍。地壳和地幔大部分是氧和硅，铝也较多。水圈以氧和氢为主。生物圈主要为碳、氢、氧和氮。大气圈主要为氮和氧。全球的质量近60万亿亿吨(5.974×10^{27} g)几乎都集中在平均半径为6 371 km的固体地球内。以岩石和金属的形态出现，其平均密度为5.52 g/cm^3。大气、水和生物体的总质量不足0.1%。

2.3 地球圈层构造

地球不是一个均质体，而是由不同物质组成的，且具有圈层构造。以地表为界，分为内圈和外圈，其内部又可分为几个圈层，各个圈层都有自己的物质运动特征和物理、化学性质，并对地质作用各有程度不同的、直接或间接的影响。所以，必须了解每个圈层的基本特征，才能更深刻地理解地质作用的原理。

2.3.1 外圈层

2.3.1.1 大气圈

大气圈是指因地球的引力而聚集在地表周围的气体圈层。其顶部没有截然的界限，而是逐步过渡到弥漫在星际间密度极小的“星际气体”。现代人利用人造地球卫星探测资料分析，2 000～3 000 km高度的大气密度已接近于行星空际间的气体密度，故定义大气上界在2 000～3 000 km之间。

根据温度变化和密度状况，大气圈自下而上分为对流层、平流层、中间层等。其中，对人类关系最密切的是对流层和平流层。

(1) 对流层

大气圈的最下一层，平均厚度在高纬度地区为8～9 km，中纬度地区为10～12 km，低纬度地区为 17～18 km。因此，对流层厚度各地不一，一般赤道区厚、两极薄。其温度主要来自地面辐射热，所以越高越冷。本层气流的物质成分主要是氮（占 78%）和氧（占 21%），还有少量的二氧化碳、水蒸气等。由于地表温度高，高空温度低，寒暖气流在此层对流，因此风、雨、云、雪等天气现象全发生在这一层，故对流层对地球上生物的生长、发育和地貌的变化都有着极大的影响。

（2）平流层

对流层以上至 50 km 高空，属于平流层的范围。在平流层内，温度随高度增加而升高至 0 ℃以上，说明它不受地面辐射热的影响。增温的原因是由于平流层中有臭氧存在，尤其是在 20～35 km 范围内臭氧最集中，大量吸收太阳的紫外辐射热，致使气温升高。此层气流比较平稳，是喷射式飞机飞行的理想场所。由于水汽和尘埃含量减少，而无对流层中那种剧烈的云雨天气现象。

（3）中间层

高度从平流层顶到 80～90 km。气温从下向上是降低的，到中间层顶温度降到 −80 ℃。存在大气对流运动。存在电离层，能发射无线电波。

（4）暖层

高度从中间层顶到 800 km。气温从下向上迅速升温，到 300 km 高空，温度达 1 000 ℃。存在多层的电离层，也称电离层。

（5）散逸层

高度从暖层顶到外层空间。物质多以原子、离子状态存在，是地球物质向宇宙空间扩散的部位。

2.3.1.2　水圈

水圈是由地球表层的水体所组成的一个圈层。它大部分汇集在海洋里，另一部分分布在陆地的河流、湖泊和地表岩石孔隙和土壤中，两极和高山区还有大量固态水，此外大气下层和生物体中也含有水分。这些水包围着地球，形成连续的封闭圈，水圈的组成如表 2-4 所示。水圈的组成可分为两部分：海洋水和陆地水。海洋是水圈的主体，全球海洋总面积为 3.62×10^8 km^2，约占地球表面的 71%；海水总体积约为 1.338×10^9 km^3，约占地球总水量的 96.538%。陆地水包括地面流水、地下水、湖泊水、沼泽水和冰川。

表 2-4　　地球水圈的组成

水体种类	总水量		咸水		淡水	
	10^{12} m^3	%	10^{12} m^3	%	10^{12} m^3	%
海洋水	1 338 000	96.538	1 338 000	99.041		
冰川与永久积雪	24 064.1	1.736 2			24 064.1	68.697 3
地下水	23 400	1.688 3	12 870	0.952 7	10 530	30.060 6
永冻层中冰	300	0.021 6			300	0.856 4
湖泊水	176.4	0.012 7	85.4	0.006 3	91	0.259 8
土壤水	16.5	0.001 2			16.5	0.047 1
大气水	12.9	0.000 9			12.9	0.036 8

续表 2-4

水体种类	总水量		咸水		淡水	
	10^{12} m^3	%	10^{12} m^3	%	10^{12} m^3	%
沼泽水	11.47	0.000 8			11.47	0.032 7
河流水	2.12	0.000 2			2.12	0.003 2
生物水	1.12	0.000 1			1.12	0.003 2
总计	1 385 984.61	100	1 350 955.4	100	35 029.21	100

(1) 海洋

海洋是海和洋的统称。世界海洋的总面积 3.62×10^8 km^2，平均深 4 000 m，最深处 11 034 m，最大的洋面积为 1.813×10^8 km^2。最主要的元素为氯、钠、镁、钙、硫、钾等，最主要的盐类为氯化钠、碳酸钙、硫酸镁等。海水运动的形式有波浪、潮汐、洋流、浊流。洋流是指海水沿一相对固定的方向运动，浊流是发育在大陆坡的一种高密度流。

(2) 陆地水

地面流水包括片流、洪流和河流。片流是指沿着山坡流动的面状暂时性流水，洪流是指沿着沟谷流动的线状暂时性流水，河流是指沿着沟谷流动的常年性流水。水系是主流与支流所构成的流水运行网。流域是水系所覆盖的区域。

地下水是指埋藏在地表以下，岩石或堆积物孔隙或裂隙中的水。地下水可分为：包气带水、潜水和承压水。

湖泊是陆地上的积水洼地。

沼泽是地面湿润，喜湿性植物大量繁殖的地带。

冰川是发育在高纬度地区或高山上能运动的冰体，运动缓慢。冰川的形成过程为雪花→雪粒→粒雪→冰川冰。冰川可分为山岳冰川和大陆冰川。山岳冰川是发育在中、低纬度高山上的冰川，特点为规模小、运动慢、分布受地形影响。大陆冰川是发育在高纬度地区的冰川，特点为规模大、运动相对较快、分布不受地形影响。

各种水体的替换时间见表 2-5。

表 2-5　各种水体的替换时间

水体和水	水体替换时间
极地冰川、常年雪盖、地下水	近 10 000 年
世界大洋	2 500 年
高山冰川	1 600 年
湖泊	17 年
沼泽	5 年
土壤水	1 年
河水	16 日
大气水	8 日
生物水	几小时

2.3.1.3　生物圈

从大气圈 10 km 高空到地壳 3 km 深处和深海底部，都发现有生存和活动的动物、植物和微生物存在。大量生物集中于地表和水圈上层，它们包围着地球，从而形成一个连续的生物圈。

(1) 生物圈的组成

原核生物界：没有细胞核生物，4 千余种；原生生物界：单细胞生物，5 万种以上；真菌界：真核细胞生物，没有叶绿素，8 万多种；植物界：多细胞生物，有叶绿素，27 万种以上；动物界：多细胞生物，150 万种以上。

生物的分类为：界（Kingdom）、门（Phylum）、纲（Class）、目（Order）、科（Family）、属(Genus)、种(Species)。其中，种是指具有共同起源，相同特征的，并能相互交配繁衍后代的种群。

(2) 生命的演化

最早的生命出现在格陵兰 Ishua 的变质岩中发现了由生物合成的有机碳，年代是 38 亿年前，这是最早的生命记录。在澳大利亚的 Warrawoona 群和南非的 Onverwacht、Fig Tree 群中发现 35 亿年前和 32 亿年前的化石。

(3) 生物圈的形成和发展

生物圈形成和发展，实质上就是生态系统的形成和发展。海底和有光带生态系统，重要的生物是蓝绿藻。海洋生态系统，重要的生物是蓝绿藻和维管植物。全球生态系统，重要的生物是植物和人。

2.3.2　内圈层

地球内圈层是依据其内部物质成分和状态差异而划分的。但要了解地内信息非常困难。最后，科学家主要通过对地震波的研究，终于推测出了地球内圈层的划分。

地震波速度变化明显的深度，即反映该深度上、下的地球物质在成分上或物态上改变，或两者都有改变的这个深度，在地球物理学上称作不连续面，或称界面。地球内部有两个波速度变化最明显的界面，即：第一个界面是南斯拉夫地球物理学家莫霍洛维契奇(A. Mohorovičić，1857—1936）于 1909 年发现的，叫作莫霍洛维契奇不连续面，简称莫霍面，其深度在大陆区平均约 33 km，大洋区平均约 7 km；第二个界面是美国地球物理学家古登堡（B. Gutenberg，1889—1960）于 1914 年提出的，所以称为古登堡不连续面，其深度在 2 885 km 处。根据这两个界面，把地球内部分为三个圈层，即地壳、地幔和地核。再根据次一级界面，把地幔分为上地幔和下地幔；把地核分为外核、过渡层和内核。如图 2-6 和表 2-6 所示。

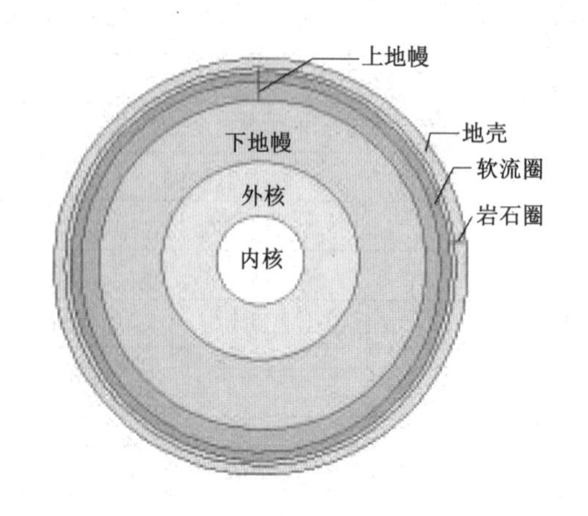

图 2-6　地球内部的构成

表 2-6　　地球内部主要物理性质和圈层划分表

<table>
<tr><th colspan="5">圈层</th><th rowspan="2">深度
/km</th><th rowspan="2">v_p
/(km/s)</th><th rowspan="2">v_s
/(km/s)</th><th rowspan="2">密度
/(g/cm³)</th><th rowspan="2">特征</th><th colspan="2" rowspan="2">其他</th></tr>
<tr><th colspan="3">名称</th><th colspan="2">代号</th></tr>
<tr><td rowspan="2">地壳</td><td colspan="2">上地壳</td><td rowspan="2">A</td><td>A1</td><td rowspan="2">0～33</td><td>5.8</td><td>3.2</td><td>2.56</td><td>固态,陆壳区横向变化大,许多地区夹有中间低速层</td><td rowspan="3">岩石圈</td><td rowspan="4">构造圈</td></tr>
<tr><td colspan="2">下地壳</td><td>A2</td><td>6.8</td><td>3.9</td><td>2.90</td><td>固态</td></tr>
<tr><td rowspan="6">地幔</td><td rowspan="3">上地幔</td><td>盖层</td><td rowspan="3">B</td><td>B1</td><td rowspan="4">33～650</td><td>8.1</td><td>4.5</td><td>3.37</td><td>固态</td></tr>
<tr><td>低速层</td><td>B2</td><td>8.0</td><td>4.4</td><td>3.36</td><td>塑性为主</td><td>软流圈</td></tr>
<tr><td>均匀层</td><td>B3</td><td>8.7</td><td>4.7</td><td>3.48</td><td>固态,波速较均匀</td><td colspan="2" rowspan="4">中间圈</td></tr>
<tr><td colspan="2">过渡层</td><td>C</td><td></td><td>9.1
10.3</td><td>4.9
5.6</td><td>3.72
3.99</td><td>固态,波速梯度大</td></tr>
<tr><td colspan="2" rowspan="2">下地幔</td><td rowspan="2">D</td><td>D′</td><td rowspan="2">650～2 885</td><td>11.7</td><td>6.5</td><td>4.73</td><td rowspan="2">固态,
下部波速梯度大</td></tr>
<tr><td>D″</td><td>13.7</td><td>7.3</td><td>5.55</td></tr>
<tr><td rowspan="3">地核</td><td colspan="2">外核</td><td>E</td><td></td><td>2 885～4 170</td><td>8.0
10.0</td><td>0
0</td><td>9.90
11.87</td><td>液态</td><td colspan="2" rowspan="3">内圈</td></tr>
<tr><td colspan="2">过渡层</td><td>F</td><td></td><td>4 170～5 150</td><td>10.2</td><td>0</td><td>12.06</td><td>液态,波速梯度小</td></tr>
<tr><td colspan="2">内核</td><td>G</td><td></td><td>5 150～6 371</td><td>11.0
11.3</td><td>3.5
3.7</td><td>12.77
13.09</td><td>固态</td></tr>
</table>

(1) 地壳

地壳是地球最外层,由固体岩石组成,其下界为莫霍面。地壳的厚度变化很大,其中,大洋地壳较薄,一般总厚为 5～8 km,平均厚度 6 km;大陆地壳较厚,平均为 33 km,但各处是不均一的,如喜马拉雅地区和安第斯山区的地壳厚度分别厚达近 80 km 和 70 km,这说明地壳下界起伏不平。

根据组成地壳物质的元素成分,地壳大致可分为上、下两层。

上地壳一般称硅铝层,主要成分是氧、硅、铝等元素;平均密度为 2.6 g/cm^3;这一层为不连续分布,只有大陆才有,厚度可达 20 km 以上,大洋底缺失,习惯称为花岗岩(质)层。下地壳一般称为硅镁层,主要成分是氧、硅、铁、镁等元素;平均密度为 2.9 g/cm^3;这一层连续分布,大陆下和大洋底都有,习惯称为玄武岩(质)层。

(2) 地幔

地壳下面介于莫霍面和古登堡面之间的地带为地幔,总厚略小于 2 900 km。根据地震波速度变化情况,以 1 000 km 深处的激增带为界面,可把地幔分为上、下两层。

深度由 1 000 km 以上至莫霍面为上地幔,其厚 900 km,平均密度为 3.5 g/cm^3。在上地幔的 60～250 km 之间地震波速减小,常称低速带。一般认为低速带以上的岩石仍是固体的结晶岩,而低速带内温度增高并接近岩石熔点,但未熔化,岩石的塑性及活动性增强,故也称之为软流圈。在低速带里,有些地区不传播横波,表明温度已达到熔点以上而形成液态区。由于低速带离地表很近,这些液态区成为岩浆的发源地,同时地壳活动和岩浆活动皆有可能与此有关。此外,中源和深源地震(最深可达 720 km)的震源都发生在上地幔中。

从 1 000 km 起下至 2 900 km 深处的古登堡界面为下地幔,其厚为 1 900 km,平均密度为 5.1 g/cm^3,成分比较均匀,物质结构没有变化,主要成分是金属硫化物和氯化物,铁、镍成分显著增加。

地震波的纵、横波均能通过上、下地幔，且速度都大于地壳中的速度。因此，地幔应属于固态物质。

(3) 地核

从 2 900 km 古登堡界面以下至地心部分为地核。其内地震波速急剧降低，横波中断，表明物质发生巨变，地核厚度为 3 473 km，占地球体积的 16.3%，占地球总质量的 1/3。根据地震波速的变化情况，可把地核分为外核、过渡层和内核。关于地核的成分是有争议的，有人认为是由铁、镍物质组成，类似于铁镍陨石的成分，称为铁镍地核说。

课后习题

[1] 地壳有何特点？

[2] 简述地球内圈层和外圈层是如何形成的。

[3] 地球内圈层的划分依据是什么？如何划分的？

3 矿　　物

3.1 矿物的概念及分类

3.1.1 矿物的概念

矿物是由地质作用或宇宙作用所形成的、具有相对固定的化学成分和确定的内部结构、在一定的物理化学条件下相对稳定的天然结晶态的单质或化合物。它们是组成岩石和矿石的基本单元。

按现代概念，矿物首先强调其产出的天然性，从而与人工制备的产物相区别。而对那些虽由人工合成，而各方面特性均与天然产出的矿物相同或密切相似的产物，如人造金刚石、人造水晶等，则称为合成矿物或人造矿物。但是在自然界无对应矿物的人工矿物的人工合成物，不能称为合成矿物。

起先曾将矿物局限于地球上由地质作用形成的天然产物，但是近代对月岩及陨石的研究表明，组成它们的矿物与地球上的矿物是类同的。为了强调它们的来源，称它们为月岩矿物和陨石矿物，或统称为宇宙矿物。另外，还常分出地幔矿物，以与一般产于地壳中的矿物相区别。

其次，矿物必须是均匀的固体，气体和液体显然都不属于矿物。但一些学者将液态的自然汞列为矿物，将地下水、火山喷发的气体也都视为矿物。至于矿物的均匀性，则表现在不能用物理的方法把它分成在化学成分上互不相同的物质，这也是矿物与岩石的根本差别。

此外，矿物这类均匀的固体内部的原子是有序排列的，即矿物都是晶体，但只有天然产出的晶体才归属矿物。对在产出状态和化学组成等方面的特征均与矿物相似，但不具结晶构造的天然均匀固体称为准矿物或似矿物，如水铝英石、蛋白石等极少数天然产出的非晶质体。似矿物也是矿物学研究的对象。

还需说明的是，矿物一般是由无机作用形成的。早先曾把矿物全部限于无机作用的产物，以此与生物体相区别，随后发现有少数矿物，如石墨及某些自然硫和方解石，是有机起源的，但仍具有作为矿物的全部特征，故作为特例，仍归属于矿物。至于煤和石油，都是由有机作用所形成，且无一定的化学成分，故均非矿物，也不属于似矿物。绝大多数矿物都是无机化合物和单质，仅有极少数是通过无机作用形成的有机矿物，如草酸钙石[$Ca(C_2O_4)\cdot 2H_2O$]等。

3.1.2 矿物的分类

目前，全世界已发现的矿物有 4 000 余种，这些矿物一方面有其特定的化学组成和确定的晶体结构，从而表现出一定的形态及物理、化学性质；另一方面，矿物之间由于化学组成和确定的晶体结构相似，也表现出某些相似的特征。因此，为了揭示矿物之间的相互联系及内在规律，掌握矿物之间的共性和个性，将矿物合理分类是必要的。

常用的分类方法有晶体化学分类、成因分类、光性分类和应用分类等。

（1）矿物的成因分类

依据矿物的成因类型，可将矿物分为岩浆矿物、伟晶矿物、热液矿物、风化矿物、沉积矿物、接触变质矿物以及区域变质矿物等。

（2）矿物的光性分类

依据矿物的光学性质，可将矿物分为透明矿物和不透明矿物。前者主要是造岩矿物，进一步分为均质矿物、一轴晶矿物、二轴晶矿物等，用偏光显微镜进行研究；后者主要为各种矿石矿物，是矿床学和矿石学的主要研究内容之一，用反光显微镜进行研究。

（3）矿物的应用分类

按矿物的商业用途可将矿物分为金属矿物和非金属矿物两大类。前者又可分为：黑色金属矿物、有色金属矿物、特种金属矿物、放射性金属矿物、稀有及稀土金属矿物、贵金属矿物；后者分为：化工原料矿物、耐火材料矿物、冶金辅助原料矿物、陶瓷玻璃原料矿物、农业原料矿物、研磨材料矿物、建筑材料矿物、光学电工材料矿物、宝石工艺材料矿物、天然颜料矿物等。

（4）矿物的晶体化学分类

该分类方法是目前矿物学中较为通行的分类方法，是以矿物成分、晶体结构为依据的晶体化学分类方案。目前，将所有的矿物依据矿物成分分为五大类，并且每一大类中都包含类，然后进一步分出族、种，见表 3-1。

表 3-1　　矿物的晶体化学分类体系

类　型	依　　据	举　　例
大类	化合物类型及化学键类型	含氧盐、卤化物、硫化物大类
类	阴离子或络阴离子种类	硅酸盐类、硼酸盐类
亚类	络阴离子结构	岛状硅酸盐亚类、架状硅酸盐亚类等
族	晶体结构和阳离子性质	橄榄石族、云母族、长石族等
亚族	阳离子种类	碱性长石亚族、斜长石亚族等
种	一定的化学成分和结构	透长石、正长石、中长石等
亚种（变种）	晶体结构相同而化学成分或物性稍有差异	冰长石、天河石等

① 自然元素大类：自然金属元素类、自然半金属元素类、自然非金属元素类。例如，自然金、石墨等。

② 硫化物及其类似化合物大类：单硫化物及其类似化合物类、双硫化物及其类似化合物类、硫盐类。例如，黄铁矿、方铅石、黄铜矿等。

③ 氧化物及氢氧化物大类：氧化物类、氢氧化物类。例如，石英、赤铁矿、磁铁矿、褐铁矿等。

④ 卤化物大类：氟化物类、氯化物类。例如，石盐、萤石等。

⑤ 含氧盐大类：硅酸盐类，硼酸盐类，磷酸盐、砷酸盐及钒酸盐类，钨酸盐、钼酸盐及铬

酸盐类，硫酸盐类，碳酸盐类，硝酸盐类。例如，橄榄石、辉石、方解石、云母、长石、石膏等。

3.2 矿物的成因及标型特征

矿物是化学元素通过地质作用等过程发生运移、聚集而形成。具体的作用过程不同，所形成的矿物组合也不相同，与形成时的环境条件及地质作用之间有密切的关系。矿物在形成后，还会因环境的变迁而遭受破坏或形成新的矿物。

根据能量来源及地质环境的不同，将形成矿物的地质作用分为内生作用、外生作用和变质作用三大类。

3.2.1 内生作用

内生作用，是由地壳内部热能导致的形成矿物的各种地质作用。其形成矿物的物质来源于地幔和地壳，能量来源于地球内部。按照岩浆中各种组分自熔融体中结晶分离出来的不同方式出现的不同物理—化学的变化，将内生作用分为以下四种。

(1) 岩浆作用

岩浆作用，是指在地下深处的高温(800～2 000 ℃)高压下形成的岩浆熔融体中结晶形成矿物的地质作用。硅酸盐是岩浆的主要成分。

岩浆作用中元素结晶析出的顺序，主要受质量作用定律和能量状态的支配，一般析出顺序为 Mg—Fe—Ca—Na—K。先形成的主要是铁镁矿物(橄榄石、斜方辉石等)；中期形成含钙矿物(基性斜长石、单斜辉石、角闪石等)；末期形成含钾钠的矿物(酸性斜长石、钾长石、白云母等)；最后，过剩的 SiO_2 形成石英。如图 3-1 所示。

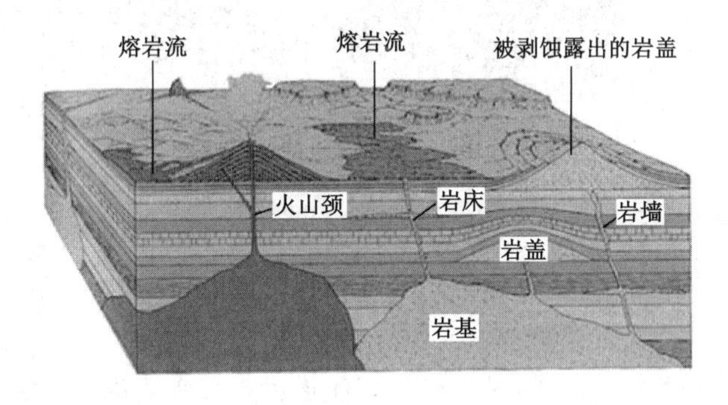

图 3-1　岩浆作用

(2) 伟晶作用

伟晶作用，是指在较高温度(400～800 ℃)和压力条件下，由富含挥发组分的残余岩浆结晶形成矿物和岩石的作用，该作用实质上是岩浆作用的继续。

伟晶作用一般分为岩浆伟晶作用和变质伟晶作用两类。岩浆伟晶作用形成的矿物粒度比较大。除长石、云母、石英外，还有富含挥发组分氟、硼的矿物如黄玉、电气石，含锂、铍、铷、铯、铌、钽、稀土等稀有元素的矿物，如锂辉石、绿柱石和含放射性元素的矿物形成。

(3) 热液作用

热液作用，是指富含挥发组分和大量重金属元素的热水溶液沿裂隙向围岩运移的过程中,在适当条件下沉淀出所携带的元素和矿物的作用。

热液主要来源有岩浆期后热液、火山热液、变质热液和地下水热液。依据温度不同,将热液分为以下三类:高温热液(600～300 ℃),以钨、锡的氧化物和钼、铋的硫化物为代表;中温热液(300～200 ℃),以铜、铅、锌的硫化物矿物为代表;低温热液(200～50 ℃),以砷、锑、汞的硫化物矿物为代表。此外,热液作用还有石英、方解石、重晶石等非金属矿物形成。

(4) 变质作用

变质作用,是指地壳中的岩石,当其所处的环境变化时,岩石的成分、结构和构造等常常也会随之变化,而达到新的平衡关系的过程。导致变质的主要因素是较高的温度、较高的压力和活动性流体的参与。根据变质岩系产出的地质位置、规模和变质相系,可把变质作用分为局部性的和区域性的两大类别。

局部性的变质包括以下类型:接触变质作用(热接触变质作用指岩石主要受岩浆侵入时高温热流影响而产生的一种变质作用;接触交代变质作用是指岩浆期后热液在岩体与围岩接触带及其附近发生的交代作用);动力变质作用(碎裂变质作用、韧性剪切带变质作用、逆掩断层变质作用);冲击变质作用(陨石冲击月球或地球表面岩石产生特殊高温和高压所引起的瞬间变质作用);气液变质作用(具有一定化学活动性的气体和热液与固体岩石进行交代反应,使岩石的矿物发生改变的变质作用)等。

区域性的变质主要呈面型分布,出露面积可达几千甚至上万平方千米,可分为四类:区域中、高温变质作用,区域动力热流变质作用,埋藏变质作用,洋底变质作用(图 3-2)。

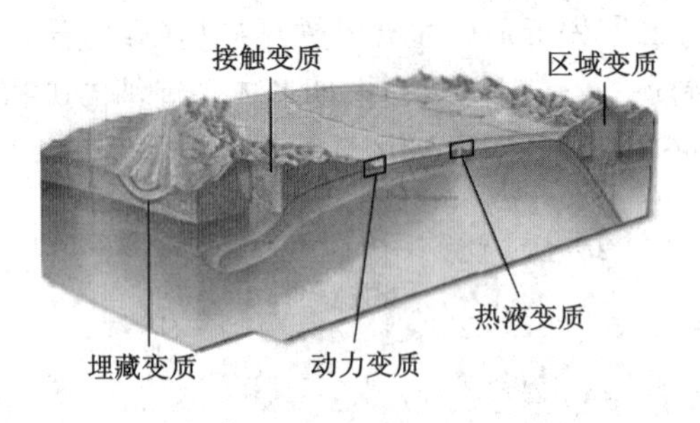

图 3-2　变质作用

3.2.2　外生作用

外生作用,又称表生作用,主要是指由太阳能作为能量来源由岩石圈、水圈、大气圈和生物圈相互作用而导致矿物形成的各种地质作用的总称。外生作用主要包括风化作用和沉积作用。

(1) 风化作用

风化作用,是指地表或接近地表岩石、矿物与大气、水及生物接触过程中而发生的机械破裂和化学分解作用。根据风化作用的因素和性质可将其分为三种类型:物理风化作用、化学风化作用、生物风化作用。

风化作用的产物主要有:各种碎屑物质,主要是石英等抗风化能力极强的矿物和岩石的碎屑;矿物分解后新生成的难溶物质,主要是硅、铝、铁的氧化物及氢氧化物、黏土矿物等;新生成的易溶物质,如碱金属和碱土金属的氯化物、硫酸盐、碳酸盐等。这些风化产物也是沉积作用的物质基础，是形成外生矿物和沉积岩的物质基础。

(2) 沉积作用

沉积作用，是指矿物和岩石因风化作用形成的一系列产物，经水流和空气等介质搬运，在地表适当环境中发生堆积并形成外生矿物和沉积岩的地质作用。根据沉积机理和方式，沉积作用分为机械沉积、化学沉积、胶体沉积和生物化学沉积。

① 机械沉积作用，是指物理和化学性质稳定的矿物，在风化过程中主要因受机械破碎作用而形成碎屑，随后由介质搬运并按矿物相对密度和颗粒大小先后沉积。该作用不会形成新矿物。矿物及岩石的特征及分布受介质流速、密度等物理因素控制。如图 3-3 所示。

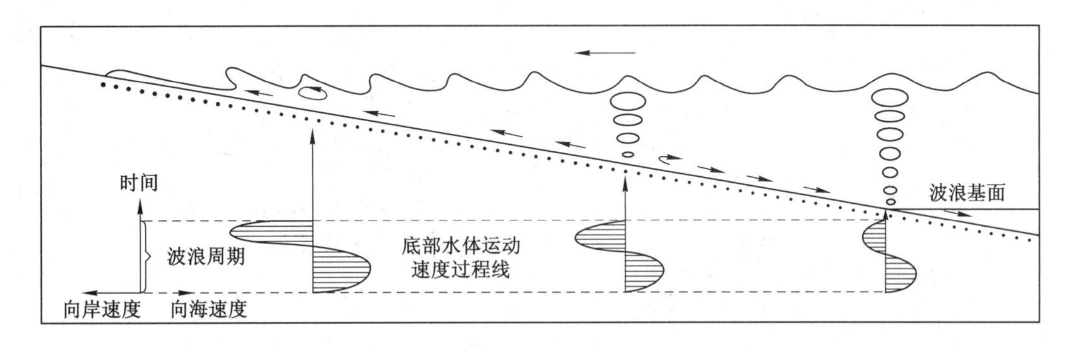

图 3-3　机械沉积作用

② 化学沉积作用，是指风化作用下被分解的矿物，其成分中可溶组分溶于水形成胶体或真溶液。化学沉积作用常形成规模巨大的沉积矿床。矿物的特征及分布主要受溶解度、浓度、电解质类型等化学因素控制。

③ 生物沉积作用，是指生物通过生命活动直接或间接地促使化学元素、有机或无机物质进行分解、化合、迁移和聚集或将遗体直接堆积下来，造成生物沉积岩石。如礁灰岩、硅藻土、石油、油页岩、煤及某些磷矿、锰矿、铁矿等。

3.3　矿物的化学成分

3.3.1　元素离子类型

矿物是地质作用的产物，在地质作用过程中，除少数以单质元素组成矿物以外，绝大多数矿物是阳离子和阴离子(或络阴离子)互相结合而成的化合物。根据离子最外层电子的结构，常将离子划分为以下三种类型。

(1) 惰性气体型离子

包括碱金属和碱土金属以及一些ⅢA～ⅦA 的非金属元素(图 3-4)。惰性气体型离子的电子层结构稳定，离子电价在一般情况下不发生变化。碱金属和碱土金属电离势小，易形成阳离子，而非金属元素(氧和卤族元素)电负性大，易形成阴离子。氧是地壳中最多的元素，所以其他的元素易与氧结合，形成氧化物或含氧盐(主要是硅酸盐)，形成大部分造岩矿物，地质上将这部分元素称为造岩元素，也称为亲石元素或亲氧元素。

元 素 周 期 表

原子序数 ← 19 K → 元素符号
钾 → 元素名称
原子量 ← 39.0983(1)
注*的是人造元素

族/周期	IA	IIA	IIIB	IVB	VB	VIB	VIIB	VIIIB			IB	IIB	IIIA	IVA	VA	VIA	VIIA	VIIIA	电子层
1	1 H 氢 1.00794(7)																	2 He 氦 4.002602(2)	K
2	3 Li 锂 6.941(2)	4 Be 铍 9.012182(3)											5 B 硼 10.811(7)	6 C 碳 12.0107(8)	7 N 氮 14.0067(2)	8 O 氧 15.9994(3)	9 F 氟 18.9984032(5)	10 Ne 氖 20.1797(6)	L K
3	11 Na 钠 22.989770(2)	12 Mg 镁 24.3050(6)											13 Al 铝 26.981538(2)	14 Si 硅 28.0855(3)	15 P 磷 30.973761(2)	16 S 硫 32.065(5)	17 Cl 氯 35.453(2)	18 Ar 氩 39.948(1)	M L K
4	19 K 钾 39.0983(1)	20 Ca 钙 40.078(4)	21 Sc 钪 44.955910(8)	22 Ti 钛 47.867(1)	23 V 钒 50.9415	24 Cr 铬 51.9961(6)	25 Mn 锰 54.938049(9)	26 Fe 铁 55.845(2)	27 Co 钴 58.933200(9)	28 Ni 镍 58.6934(2)	29 Cu 铜 63.546(3)	30 Zn 锌 65.409(4)	31 Ga 镓 69.723(1)	32 Ge 锗 72.64(1)	33 As 砷 74.92160(2)	34 Se 硒 78.96(3)	35 Br 溴 79.904(1)	36 Kr 氪 83.798(2)	N M L K
5	37 Rb 铷 85.4678(3)	38 Sr 锶 87.62(1)	39 Y 钇 88.90585(2)	40 Zr 锆 91.224(2)	41 Nb 铌 92.90638(2)	42 Mo 钼 95.94(2)	43 Tc 锝* 97.907	44 Ru 钌 101.07(2)	45 Rh 铑 102.90550(2)	46 Pd 钯 106.42(1)	47 Ag 银 107.8682(2)	48 Cd 镉 112.411(8)	49 In 铟 114.818(3)	50 Sn 锡 118.710(7)	51 Sb 锑 121.760(1)	52 Te 碲 127.60(3)	53 I 碘 126.90447(3)	54 Xe 氙 131.293(6)	O N M L K
6	55 Cs 铯 132.90545(2)	56 Ba 钡 137.327(7)	57—71 La—Lu 镧系	72 Hf 铪 178.49(2)	73 Ta 钽 180.9479(1)	74 W 钨 183.84(1)	75 Re 铼 186.207(1)	76 Os 锇 190.23(3)	77 Ir 铱 192.217(3)	78 Pt 铂 195.078(2)	79 Au 金 196.96655(2)	80 Hg 汞 200.59(2)	81 Tl 铊 204.3833(2)	82 Pb 铅 207.2(1)	83 Bi 铋 208.98038(2)	84 Po 钋 208.98	85 At 砹 209.99	86 Rn 氡 222.02	P O N M L K
7	87 Fr 钫* 223.02	88 Ra 镭 226.03	89—103 Ac—Lr 锕系	104 Rf 𬬻* 261.11	105 Db 𬭊* 262.11	106 Sg 𬭳* 263.12	107 Bh 𬭛* 264.12	108 Hs 𬭶* 265.13	109 Mt 鿏* 266.13	110 Ds 𫟼* (269)	111 Rg 𬬭* (272)	112 Cn 鿔* (277)	113 Uut * (278)	114 Fl * (289)	115 Uup * (288)	116 Lv * (289)		118 Uuo * (294)	Q P O N M L K

镧系	57 La 镧 138.905(2)	58 Ce 铈 140.116(1)	59 Pr 镨 140.90765(2)	60 Nd 钕 144.24(3)	61 Pm 钷* 144.91	62 Sm 钐 150.36(3)	63 Eu 铕 151.964(1)	64 Gd 钆 157.25(3)	65 Tb 铽 158.92534(2)	66 Dy 镝 162.500(1)	67 Ho 钬 164.93032(2)	68 Er 铒 167.259(3)	69 Tm 铥 168.93421(2)	70 Yb 镱 173.04(3)	71 Lu 镥 174.967(1)
锕系	89 Ac 锕 227.03	90 Th 钍 232.0381(1)	91 Pa 镤 231.03588(2)	92 U 铀 238.02891(3)	93 Np 镎 237.05	94 Pu 钚 244.06	95 Am 镅* 243.06	96 Cm 锔* 247.07	97 Bk 锫* 247.07	98 Cf 锎* 251.08	99 Es 锿* 252.08	100 Fm 镄* 257.10	101 Md 钔* 258.10	102 No 锘* 259.10	103 Lr 铹* 260.11

图 3-4 元素周期表

（2）铜型离子

包括ⅠB、ⅡB以及部分ⅢA～ⅥA的金属、半金属元素（图 3-4）。其失去电子成为阳离子时，最外电子层具有18或18+2个电子，与Cu^{2+}的最外电子层结构相似。与电价和半径相似的其他类型阳离子相比，铜型离子电负性较强，外层电子较多，极化能力较强。其与电负性不高的阴离子（如S^{2-}、Se^{2-}）结合形成常见的以共价键为主的金属矿物，因此该部分元素被称为造矿元素，也称亲硫元素或亲铜元素。

（3）过渡型离子

包括ⅢB～ⅦB副族元素的离子（图 3-4），其离子半径、电负性、化合物的键性皆介于上述两类离子之间，具有过渡性质。本类型离子的电价比较容易变化。过渡性离子的化合物常出现顺磁性，经常呈现深浅不同的颜色。

矿物是在各种地质作用中由化学元素按照一定规律互相结合而形成的。每种矿物都具有相对恒定的化学成分，通常可用化学式来表征矿物的化学组成。但矿物的化学成分都不是固定不变的，通常会在一定范围内有所变化。对晶体矿物而言，主要是由于类质同象替代及含水的变化；对胶体矿物而言，主要是胶体水的变化及胶体的吸附作用。

仍有一些矿物的化学组成不符合定比、倍比规律，则属于非化学计量化合物。其原因主要是矿物晶格中有某种缺陷或结构不均匀。

3.3.2 类质同象

类质同象是指在一种矿物晶体内部结构中，本应完全由某种离子或原子占据的位置，部分地由性质类似的其他离子或原子所占据，共同形成均匀、单一相的混合晶体的现象。相应的晶体称为类质同象混晶。钨铁矿($FeWO_4$)晶体结构中一部分 Fe^{2+} 的结构位置可以被 Mn^{2+} 替代、占据，由此形成的黑钨矿(Fe,Mn)WO_4 晶体就是一种类质同象混晶。

类质同象现象在天然矿物和人工合成物中都很常见。同一类质同象系列中的一系列混晶的晶胞参数值和物理性质参量(如相对密度、折射率等)都彼此相近，而且都随组分含量比的连续递变而作线性的变化，这可作为类质同象的一个判据。精确测定此种微小的变化，可推断一个类质同象混晶中的组分含量比。类质同象的概念对于指导找矿和矿产的综合利用，推测矿物形成时的物理化学条件及其热历史，解释晶体的某些物理性质，指导制备具有预定特殊性能的晶体等具有重要的实际意义。

(1) 类质同象的类型

按规定，在类质同象混晶中，要求构成类质同象替代关系的组分，必须能在全部或确定的某个局部范围内，以任意的含量比形成一系列成分上连续变化的混晶，即形成所谓的类质同象系列。根据此系列是否完全，可把类质同象分为：

① 完全类质同象。相互替代的组分能在整个范围内以任意的含量比形成混晶的类质同象。例如，钨铁矿晶体中 Fe^{2+} 被 Mn^{2+} 替代的数量，可以从 0～100%，亦即最后达到纯的 $MnWO_4$，即钨锰矿。相应的系列称为完全类质同象系列。其两端的纯组分，如上例中的 $FeWO_4$ 和 $MnWO_4$，称为该系列的端员组分；而主要由端员组分组成，仅含不多于一定数量比的类质同象替代组分的矿物，则称为端员矿物，如上例中的钨铁矿和钨锰矿。完全类质同象系列与固溶体中的完全固溶系列相对应。

② 不完全类质同象。相互替代的组分仅在与端员组分相连的某个局部范围内能以各种不同的含量比形成混晶的类质同象，相应的系列称为不完全类质同象系列。它对应于固溶体中的有限固溶系列。例如，在钾长石 K[$AlSi_3O_8$]中可有部分 K^+ 被 Na^+ 所替代，在钠长石 Na[$AlSi_3O_8$]中也可有部分的 Na^+ 被 K^+ 所替代，但在 450 ℃以下，这两方面的类质同象替代的数至多能达到百分之几(分子数)，而介于这两个极限含量比之间的钾—钠长石混晶则不存在。此外，一些在地壳中丰度很低的稀有元素，往往以类质同象替代的方式进入适当的其他化合物的晶格中，形成不完全类质同象。它们的替代量都非常小，有的只达百分之几。这种微量元素以不完全类质同象形式替代晶体中主要元素的现象，在地球化学中称为内潜同晶；而这些替代元素则常被称为类质同象杂质。

(2) 决定和影响类质同象的因素

不论是完全或不完全系列，类质同象混晶中相互替代的原子或离子，都必须具有相近的半径和近似的化学键合特征。如果相互替代的原子或离子半径的差值小于 15%，易于形成类质同象；此值在 15%～30%之间，只形成不完全类质同象，而且较少见；如大于 30%，一般难以形成类质同象。

环境温度是影响类质同象形成的最重要因素。与真正的溶液类似，温度增高，一般可使固溶体的溶解度增大，有利于类质同象的形成。某些在常温下不能形成类质同象的组分，在高温下就可以形成；原来只能形成不完全类质同象的，高温下则有可能形成完全类质同象。温度降低，溶解度逐渐减小，直至达到过饱和。此时，原来呈均匀的单一结晶相的类质同象混晶，可分离成为各自独立的两种结晶相，它们的化学组成则分别趋近于该类质同象系列的两个端员组分，但其总和始终等同于原始的单一类质同象混晶的化学组成，这些现象称为离溶(出溶)。

例如，$K[AlSi_3O_8]$与$Na[AlSi_3O_8]$在约700 ℃以上形成完全类质同象系列，而当温度降低时便成为不完全系列，且随着温度的下降，其不混溶区的范围也随之扩大，此时，高温下形成的钾—钠长石类质同象混晶，若其K^+ ∶ Na^+含量比落在不混溶区范围内，便会发生离溶，分别结晶成只含较少Na^+的钾长石和只含较少K^+的钠长石，两者常平行嵌生而组成所谓的纹长石。

出现类质同象替代有一定要求：互相替代的离子或原子半径大小应该相等或相近，互相替代的离子总电价应该相等，互相替代质点的离子类型应该相同。同时，除温度影响外，还有晶体结构、组分浓度和压力都对类质同象有影响。

3.3.3 胶体矿物成分

胶体矿物，实际就是指水胶凝体矿物。胶体是一种物质的微粒（直径1～100 nm）分散在另一种物质中形成的不均匀的细分散体系，是一种多项物质组成的混合物。前者称为分散相，后者称为分散媒。固体、液体或气体都可以作为分散相，也可以作为分散媒。

在矿物中分散相以固体为主，分散媒以液体为主。当分散媒远多于分散相时，分散相的微粒呈悬浮状态散布于分散媒中，称为胶溶体；当分散相远多于分散媒时，整个胶体呈凝固状，称为胶凝体。

胶体矿物绝大部分都形成于表生作用中。胶体矿物的形成大体经历了两个阶段：首先是原生矿物在风化过程中被磨蚀成为胶体质点，这些质点分散在水中，并进一步饱和聚集，即成为胶体溶液（水胶溶体），这是形成胶体矿物的物质基础；然后是胶体溶液的凝聚，即胶体溶液在迁移过程中或汇聚于水盆地后，与不同电荷质点发生电性中和而沉淀，或因水分蒸发而凝聚，从而形成各种胶体矿物。

各种地质作用形成的固态的水胶凝体物质和结晶胶溶体物质均属于胶体矿物。水胶凝体是由水胶溶体脱水凝结（或沉淀）形成的，其分散媒是水，分散相是固态的微粒，如蛋白石（$SiO_2 \cdot nH_2O$）、多种黏土矿物等；结晶胶溶体的分散媒为固态的结晶质，分散相为气态物质、液态物质及固态物质的极细小微粒，如分散有气态微粒的乳白石英、分散有极细小的Fe_2O_3微粒的红色方解石等。

胶体矿物中的分散相微粒的排列是不规则的、分布是不均匀的，外形上不能自发地形成规则的几何多面体。因此，胶体矿物不能自发地形成规则的几何多面体的外部形态，在光学性质上具有均质体的特点，故通常将胶体矿物看作非晶质矿物。胶体矿物在形态上常呈钟乳状、葡萄状、鲕状、肾状等；而在变胶体矿物中则可呈现由细微到明显的晶质构造，如细粒状、纤维状、同心放射性、带状等。在光学性质上具非晶质体特点，故通常将胶体矿物看作非晶质矿物。但它的微粒本身可以是结晶的，因粒径太细，是一种超显微的晶质（如黏土矿物）。

由于胶体的吸附作用，使胶体矿物的化学成分复杂化。同时，因为胶体矿物的分散相和分散媒介的量比不受定比定律约束，其化学组成具有可变性。

3.3.4 矿物中的水

自然界的许多矿物常含有水，含水矿物的某些性质与水有关。在不同含水矿物中，水的存在形式是不同的。根据水在矿物中的存在形式，可以分为以下基本类型：不参与晶格结构的水主要是吸附水；参与晶格结构的主要有结晶水和结构水；另有两种过渡类型是沸石水和层间水。

（1）吸附水

吸附水是指被矿物颗粒或裂隙表面机械吸附的中性水分子。在常压下当温度达到100～110 ℃时，吸附水就全部逸出而不破坏矿物的晶体构造。水胶凝体中的水称为胶体水，作为分散媒，凭借微弱的结合力依附在胶体分散相的表面，是吸附水的一种特殊类型。

吸附水不属于矿物本身的化学组成，所以在化学式中一般不予表示。但在水胶凝体矿物中，水作为胶体分散媒散布在分散相的表面，它是胶体矿物的固有特征，因而在化学式中必须予以反映。通常在化学式的末尾用 nH_2O 来表示，如蛋白石 $SiO_2 \cdot nH_2O$。

（2）结晶水

结晶水是以中性水分子的形式存在于矿物晶格中一定位置上的水。其含量固定，水分子的数量与该化合物中其他组分之间有简单的比例关系。如石膏 $Ca[SO_4] \cdot 2H_2O$（图 3-5）、胆矾 $Cu[SO_4] \cdot 5H_2O$，分别表示其中含有 2 个和 5 个分子的结晶水。由于在不同的矿物晶格中，结晶水与晶格联系的牢固程度不同，因此从矿物中逸出的温度也不相同，通常为 100～200 ℃，一般不超过 600 ℃。当结晶水逸出时，矿物晶格会被破坏，物理性质也发生变化。

（3）构造水

构造水也称化合水，是以 H^+、$(OH)^-$、$(H_3O)^+$ 离子的形式参入矿物晶格中的水。它在晶格中占有固定的位置，数量上与其他组分呈一定比例。其与矿物的结合力很强，因此，只有在较高的温度下（一般为 600～1 000 ℃之间），当晶格破坏时，其才成为水分子从矿物中逸出。在矿物中以含 $(OH)^-$ 的形式最为常见，如高岭石 $Al_4[Si_4O_{10}](OH)_8$（图 3-6）、滑石 $Mg_3[Si_4O_{10}](OH)_2$ 等。

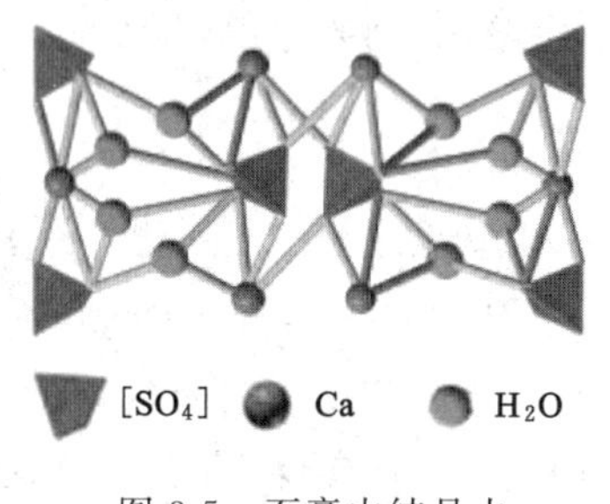

图 3-5　石膏中结晶水

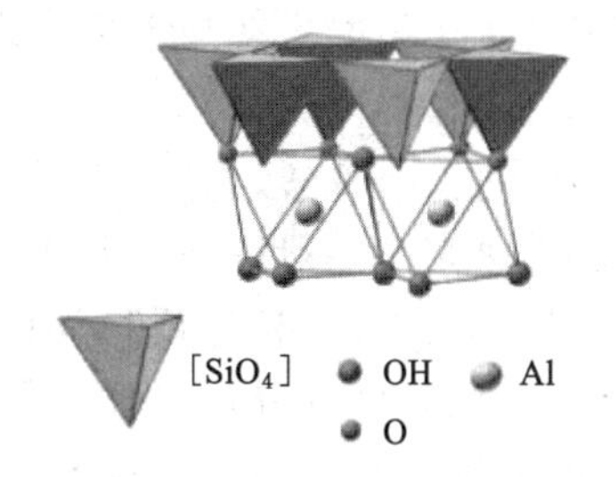

图 3-6　高岭石中构造水

（4）沸石水

沸石水是吸附水与结晶水之间的过渡类型，是以中性水分子存在于沸石族矿物的空腔和通道中而得名。其占据的位置十分固定，含量随温度和湿度的变化而变化，但含量有一定的上限。温度达到 60～80 ℃时，水即大量脱出，但不引起晶格的破坏，只改变某些物理性质（如相对密度、折射率降低）。沸石结构中沸石水如图 3-7 所示。

（5）层间水

层间水也是吸附水与结晶水之间的过渡类型，是存在于层状构造硅酸盐类矿物构造层之间的水。层间水在矿物中的含量不定，随外界条件而变。当温度升高时，水分即逐渐逸出，至 110 ℃时便大部逸出。在失水过程中并不导致晶格的破坏，仅相邻结构层之间的距离减小，同时，折射率、相对密度则增大；而在适当的外界条件下，又吸水膨胀，并相应地改变其物理性质。具有层间水的矿物如蒙脱石 $(Na,Ca)_{0.33}(Al,Mg)_2Si_4O_{10}(OH)_2 \cdot nH_2O$（图 3-8）。

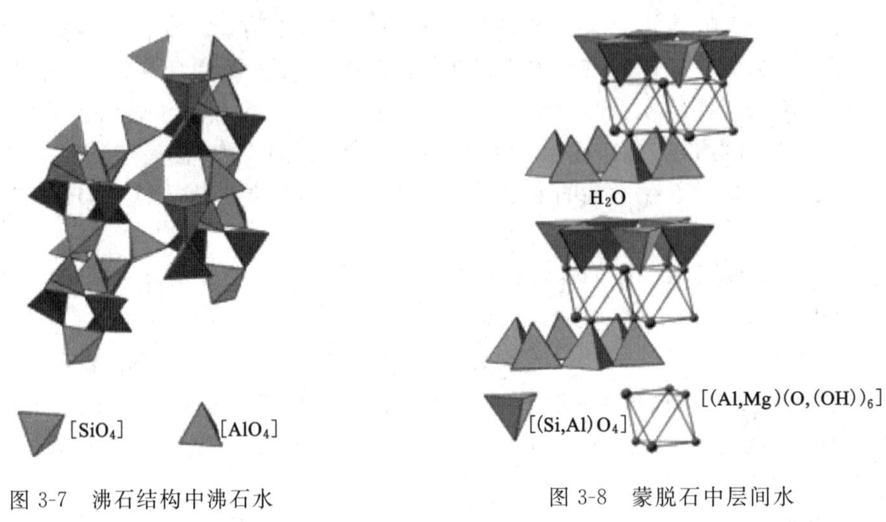

图 3-7　沸石结构中沸石水　　图 3-8　蒙脱石中层间水

3.4　矿物的形态及物理性质

3.4.1　矿物的形态

自然界部分矿物是以单个晶体产出的，而大多数矿物是以集合体形式出现的。故矿物的形态可以分为单体的形态和集合体的形态两类。单体形态指矿物单晶体的形态，集合体形态指矿物集合体的外貌。

（1）矿物的单体形态

矿物的单体形态一般用晶体习性来描述。在相同的生长条件下，一定成分的同种矿物往往呈现相同的形态，这种性质称为矿物的结晶习性。大体可分为三种类型：一向延伸型（晶体沿一个方向特别发育），二向延伸型（晶体沿两个方向特别发育），三向延伸型（晶体沿三个方向特别发育）。当晶体表现为某一单形发育占优势时，可用单形来描述。矿物的单晶体，沿一个方向生长，成为柱状、针状或纤维状，如电气石、角闪石、辉铋石等；沿着两个方向延展，成为板状、片状或鳞片状，如石膏、重晶石、云母、辉钼矿等；沿三向等长，成为等轴状或粒状，如石榴石、橄榄石等。

（2）矿物的集合体形态

矿物晶粒的聚集体称为集合体。根据集合体中矿物单体的可辨识程度可分为：肉眼可以辨识单体的显晶集合体，显微镜下才能辨识单体的隐晶集合体，还有显微镜下也不能辨识单体的胶态集合体。

① 显晶集合体

显晶集合体往往具有某种习惯性的形态。矿物单体如果为单向伸长，其集合体常为纤维状或毛发状。单体如果为两向延展，其集合体常为鳞片状或板状。单体如果为三向等长形,其集合体常为粒状或块状。块状集合体中坚硬者称为致密块状,疏松者称为土状。此外,还有一些特殊形态的显晶集合体。

放射状:长柱状或针状矿物以一点为中心向四周呈放射状排列,形似菊花。例如,钠钙石的放射针状集合体。

晶簇:在一个共同基底上生长的单晶体群所组成的集合体。一般发育在岩石的空洞或裂隙中,以洞壁或裂隙壁作为共同基底。例如,常见的石英晶簇、辉锑矿晶簇等。

树枝状:由于结晶速度快、溶液过饱和度大或溶液方向性运移导致,单体生长的棱角处生长速度快,不断分叉形成树枝状集合体。

② 隐晶和胶态集合体

隐晶和胶态集合体主要有以下几种类型:

结核和鲕状体:由矿物的圆球所组成的集合体,球体内部有同心圆构造;产生于多孔或者疏松岩石中的圆球状、透镜状、团块状或者姜状的矿物集合体。结核直径一般大于2 mm,有的甚至大于 30 cm;一般直径小于 2 mm 如同鱼子,称为鲕状体。

分泌体:球状或不规则的岩石空洞内自洞壁向中心逐渐沉积形成的矿物集合体。平均直径小于 2 cm 的称为杏仁体,平均直径大于 2 cm 的称为晶腺。

钟乳状集合体:大多为胶体矿物,常常是胶体矿物蒸发失水于矿物表面围绕凝聚中心形成许多钟乳状的小的突起。形似冬季屋檐下凝结之冰锥,横切面呈圆形,内部具有同心层状构造,有时还兼有放射状构造。根据外表形态与物体类比给予不同名称,如葡萄状、肾状等。

此外,还有被膜状(不稳定矿物受到风化后形成在矿物表面的皮壳)、土状体(疏松粉末状的无光泽的矿物集合体)、假化石(岩石中由氧化锰等溶液沿裂隙发育而成的酷似植物的矿物集合体)等。

部分集合体形态如图 3-9 所示。

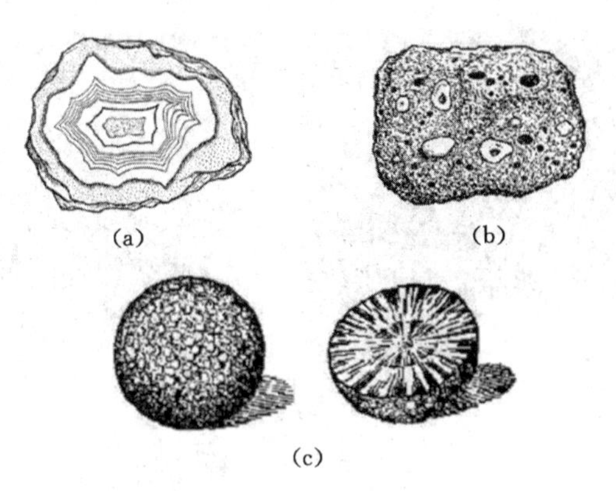

图 3-9　集合体形态

(a) 晶腺状玛瑙;(b) 杏仁状沸石;(c) 结核状黄铁矿

3.4.2　矿物的物理性质

(1) 光学性质

矿物的光学性质有颜色、条痕、光泽和透明度等。它是矿物对可见光的吸收、反射和透射等的程度不同所致,与矿物的化学成分和晶体结构密切相关。它们是鉴别矿物的主要标志。

① 颜色

颜色是矿物对不同波长可见光吸收程度不同的反映。如对各种波长可见光不同程度的均匀吸收，则显出黑、灰等颜色；如矿物选择吸收某些波长的可见光，则显示出各种不同的颜色。不透明的金属矿物颜色较固定；某些透明矿物常因混有不同杂质，或因其他原因而呈现不同的颜色。

矿物的颜色多种多样。呈色的原因，一类是白色光通过矿物时，内部发生电子跃迁过程而引起对不同色光的选择性吸收所致；另一类则是物理光学过程所致。导致矿物内电子跃迁的内因，最主要的是色素离子的存在，如 Fe^{3+} 使赤铁矿呈红色，V^{3+} 使钒榴石呈绿色等。晶格缺陷形成“色心”，如萤石的紫色等。

矿物学中将颜色分为 3 类：自色，是指矿物固有的颜色；他色，是指由混入物引起的颜色；假色，则是指由于某种物理光学过程所致。如斑铜矿新鲜面为古铜红色，氧化后因表面的氧化薄膜引起光的干涉而呈现蓝紫色的锖色。矿物内部含有定向的细微包体，当转动矿物时可出现颜色变幻的变彩，透明矿物的解理或裂隙有时可引起光的干涉而出现彩虹般的晕色等。

② 条痕

矿物的条痕是矿物粉末的颜色。一般是指矿物在白色无釉瓷板上划擦时留下的粉末的颜色。矿物的条痕可以与其本身的颜色一致，也可以不一致。如方铅矿的颜色是铅灰色，条痕却是黑色(图 3-10)；斜长石的颜色是白色，条痕也是白色。矿物的条痕可以消除假色，减弱他色，因而要比矿物颜色稳定得多，所以，它是鉴定矿物的重要标志之一；但是透明矿物的条痕均为白色或近于白色，所以无鉴定意义。

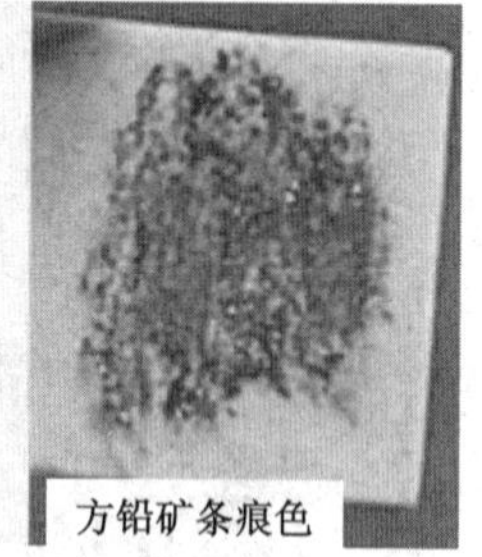

图 3-10　方铅矿晶体的条痕

③ 透明度

透明度，是指光线透过矿物的程度，它与矿物吸收可见光的能力有关，并取决于晶体中的阳离子类型和键性，可分为透明、半透明和不透明三个等级。常见的透明矿物有石英、方解石、长石等；黄铁矿、磁铁矿、赤铁矿为不透明矿物；介于两者之间的称为半透明矿物，如闪锌石、雄黄等。

影响矿物透明度的因素除了本质因素外，矿物表面的光滑程度、粒度、致密程度、有无包裹物或裂缝等也都对矿物透明度有不同程度的影响。如纯净的石英是无色透明的，而乳石英由于内部含有许多细小的气液包裹体，成为乳白色，透明度大为下降。

④ 光泽

矿物的光泽，是指矿物对可见光反射的能力。矿物光泽的强弱取决于矿物的折射率和吸收系数及反射率。反射率越大，矿物的光泽就越强。矿物光泽强弱差别很大，常见的有如下几种(图 3-11)：

图 3-11　矿物的光泽

(a) 金具有金属光泽；(b) 黄铁矿具有金属光泽；(c) 辰砂具有金属光泽；
(d) 针铁矿具有半金属光泽；(e) 铬铁矿具有半金属光泽；(f) 水晶具有玻璃光泽

金属光泽：如同金属抛光后的表面所反射的光泽。例如，方铅矿、黄铜矿、自然金和银的光泽。

半金属光泽：指比新鲜金属的抛光面略暗一些的光泽，像陈旧金属器皿表面所反射的光泽。例如，磁铁矿、铬铁矿、褐铁矿和闪锌矿等。

金刚光泽：是指如同金刚石等宝石的磨光面上所反射的光泽。如金红石的光泽。

玻璃光泽：如同玻璃表面所反射的光泽。例如，方解石的光泽。

珍珠光泽：某些矿物呈浅色透明状，由于一系列平行的解理对光多次反射的结果而呈现出如蚌壳内面的珍珠层所表现的那种光泽。例如，透石膏等。

油脂光泽：也称“脂肪光泽”。在某些透明矿物的断口上，由于反射表面不平滑，使部分光发生散射而呈现的如同油脂般的光泽。例如，光卤石的光泽。

丝绢光泽：在呈纤维状集合体的浅色透明矿物中，由于各个纤维的反射光相互影响的结果，而呈现出如一束蚕丝所表现的那种光泽。例如，石棉的光泽。

蜡状光泽：某些隐晶质块体或胶凝体矿物表面，呈现出如石蜡所表现的那种光泽。例如，块状叶蜡石、蛇纹石的光泽。它们是软玉类矿物，可做印章和工艺品。

土状光泽：在矿物的土状集合体上，由于反射表面疏松多孔，使光几乎全部发生散射而呈现如同土状般的暗淡光泽。如高岭石土状块体的光泽。

⑤ 发光性

矿物的发光性，是指矿物受到外加能量激发而发出可见光的性质。根据激发源的不同，发光可分为光致发光(主要是紫外线、阴极射线和 X 射线等)、热发光、电致发光、摩擦发光和化学发光等。根据持续时间长短，发光分为荧光(激发停止，发光现象在 10～8 s 内迅速消失)和磷光(发光现象可以持续 10～8 s 以上)。

矿物的发光性与晶格中存在微量杂质有关，因杂质而产生的晶格缺陷带来了局部附加能级，成为发射可见光的中心。但同一种矿物表现出不同的发光性，取决于作为激活剂（能促使矿物发光的物质）的杂质的有无和多少。含量低，则晶格缺陷不显著，不会发光；含量过多，一些缺陷发出的光会被相邻缺陷吸收，同样也不会发光。如硅酸盐矿物发光的激活剂通常是铁族过渡元素和稀土元素。

在矿物鉴定上有意义的主要是比较稳定的发光，如紫外线下白钨矿总是发浅蓝色荧光，独居石发绿色荧光，金刚石在X射线下发天蓝色荧光。

（2）力学性质

矿物的力学性质包括密度、硬度、解理、裂理、断口、弹性、挠性、脆性等，它是矿物受外力作用后的反映，与矿物的晶体构造等有关。

① 密度和相对密度

矿物的密度，是指矿物单位体积的质量，以 g/cm^3 表示。矿物鉴定通常使用相对密度。相对密度，是指矿物在空气中的质量与4 ℃时同体积水的质量之比，数值与密度相同，无量纲。

肉眼鉴定和重砂分析时，矿物的相对密度分为三级：轻矿物：相对密度小于2.5，如石盐、石膏；中等矿物：相对密度介于2.5～4，如石英、金刚石、方解石；重矿物：相对密度大于4，如重晶石、自然金。

大多数金属矿物属于重矿物，而非金属矿物属于中等矿物。矿物的相对密度取决于组成元素的相对原子质量和晶体结构的紧密程度。矿物组成成分的相对原子质量及离（原）子半径直接影响密度。相对原子质量增大会使矿物质量增加，而且其离（原）子半径也会增大，密度的变化就要看相对原子质量和离（原）子半径两者哪个变化更明显。

虽然不同矿物的相对密度差异很大，如琥珀的相对密度小于1，而自然铱的相对密度可高达22.7，但大多数矿物具有中等相对密度（2.5～4）。矿物的相对密度可以实测，也可以根据化学成分和晶胞体积计算出理论值。例如，Ca比Mg的相对原子质量大，但 Ca^{2+} 比 Mg^{2+} 半径增大更明显，所以方解石 $CaCO_3$ 反而比菱镁矿 $MgCO_3$ 相对密度小。

② 硬度

矿物的硬度，是指矿物抵抗外来机械作用（如刻画、压入或研磨等）的能力。矿物的硬度与矿物内部质点的联结力有关，矿物中离子半径越小，其结合力越大，矿物的硬度也越大。质点间化学键的类型常影响矿物的硬度，化合物为离子键，其硬度常较大，金属键的硬度较小，呈分子键的硬度最小。

在矿物学和地质工作中通常采用摩氏硬度计。将10种矿物作为标准，待鉴定矿物与其相互刻画来进行比较确定。这10种矿物按其硬度从小到大依次为滑石、石膏、方解石、萤石、磷灰石、长石、石英、黄玉、刚玉、金刚石，硬度级依次从1到10，并称之为十级摩氏硬度计。以上10种标准矿物所构成的等级只表示硬度的相对大小，各级间的硬度差值并不是均等的。因此，摩氏硬度又称为相对硬度，用HM表示。

另一种硬度为维氏硬度，是用显微硬度仪测出的压入硬度，也是精确测定矿物硬度的方法，以 N/mm^2 表示。方法是在矿物抛光面上加一定质量金刚石或合金的角锥压入，通过施加重力和矿物抛光面上留下的压痕面积或深度之间的关系，求得矿物硬度。矿物硬度越大，抵抗压入的能力越强，在相同负荷下，留下的压痕越浅，压痕面积越小。

③ 解理

解理，是指在外力作用下，矿物晶体沿着一定的结晶学平面破裂的固有特性。因解理裂开的面叫解理面。

解理是矿物的固有性质，由晶体结构所决定。因为晶体具有异向性，不同结晶方向的化学键力有差异，在外力作用下，键力弱的面网之间就会产生解理，所以解理面总是沿着晶体中链接较弱的面网之间发生，一般也是原子排列最密的面，并服从晶体的对称性，一般在标本上如果见到晶粒的断裂面为闪光的小平面，即为解理面。有的矿物只在一个方向出现一系列平行的解理面，即具一组解理，如云母；有的矿物在几个方向出现一系列平行且相交的解理面，即具几组解理，如方铅矿具三组相互垂直的解理。闪锌矿解理如图3-12所示。

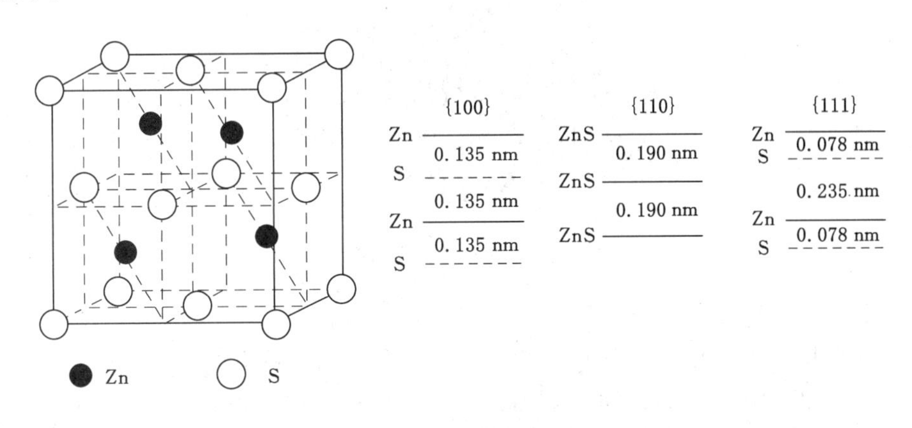

图 3-12　闪锌矿解理

根据解理产生的难易和解理面的大小和光滑程度，将解理分为极完全解理（如云母）、完全解理（如方解石）、中等解理（如普通辉石）、不完全解理（如磷灰石）和极不完全解理（如石英）。

解理可以用来区别不同的矿物质，不同的晶质矿物，解理的数目、解理的完善程度和解理的夹角都不同。利用这一特性可以在样品和显微镜下区别不同的矿物质。不论矿物形成程度高低，解理的特征不变，是鉴定矿物的重要特征依据。一般可依据解理的有无、发育完全程度（以解理面的完整程度为标志）以及组数和各组交角来区分矿物。

④ 裂理

裂理也称裂开，是矿物晶体在外力作用下，沿一定的结晶学平面破裂的非固有性质，但并非是晶格本身薄弱方向破裂成平面的性质。这种平面称裂开面。它外观极似解理，但两者产生的原因不同。裂理往往是因为含杂质夹层或双晶的影响等，并非某种矿物所必有的因素所致。

裂理是杂质、包裹体、固溶体等组分在矿物结晶过程中沿某些结晶学方向均匀、规则排列，致使该方向成为力学薄弱面，当受到外力作用时表现出来的类似于解理的特性。

裂理和解理的表现形式十分相似，但是裂理不是矿物晶体固有的性质，不严格遵循晶体的对称性，矿物中存在定向缺陷，矿物才会出现裂理。磁铁矿有时会出现平行{111}方向的裂理，是因为在{111}面网分布有微细的钛铁晶石的出溶片晶的缘故。

⑤ 断口

断口，是指矿物在外力作用如敲打下，沿任意方向产生凹凸不平的各种断面。没有解理或解理不清楚的矿物才容易形成断口。极不完全解理，尤其是无解理的晶质矿物和非晶质矿物，在外力作用下会产生断口。断口有别于解理面，它一般是不平整弯曲的面，具一定的形态特征，常见的形态有：贝壳状断口（图 3-13）、次贝壳状断口、锯齿状断口、参差状断口、平坦状断口、阶梯状断口、刀片状或纤维状断口等。其可作为鉴定矿物的辅助依据，如石英具贝壳状断口，断面呈椭圆形光滑曲面，类似蚌壳的表面形态；黄铁矿等矿物具参差状断口，断面参差不平，粗糙起伏。

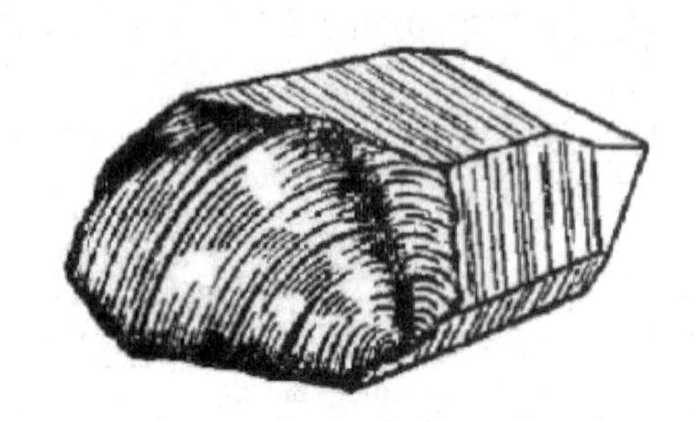

图 3-13　石英的贝壳状断口

⑥ 弹性、挠性、延展性和脆性

矿物受外力作用时，能发生弯曲形变而不发生断裂，外力撤除后，又能恢复原状的性质称为弹性；外力撤除后，不能恢复原状的性质称为挠性。弹性和挠性在一些片状或纤维状矿物中表现明显，如云母、石棉具有弹性，而石墨、辉钼矿具有挠性。具有弹性和挠性的矿物应具有层状或链状结构，而表现为弹性还是挠性与结构层或链之间键力的强弱有关。键力强，矿物表现为脆性；键力弱但有一定强度，表现为弹性；键力很弱，表现为挠性。

矿物在外力拉引或锻压下，能形成细丝或薄片而不断裂的性质分别称为延性和展性，合称为延展性。延展性是金属键矿物的特征之一，由于金属晶格内部以金属键连接金属原子，其化学键无方向性，同时，其化学组成和晶格结构都很简单，对称程度高，使得在外力作用下晶格可以滑移，即晶格可以伸长或变薄，并能保证结构上的完整性而不发生断裂。如自然金、自然银都具有良好的延展性。

矿物在外力作用下容易破碎的性质称为脆性。脆性矿物受力时表现为无显著的形变，即发生破裂。

（3）其他物理性质

① 磁性

矿物的磁性，是指矿物受外磁场作用时，因被磁化而呈现出能被外磁场吸引或排斥或对外界产生磁场的性质。矿物的磁性主要决定于矿物晶格中是否存在未成对的电子。未成对电子越多，其磁性表现越强。晶格中的过渡型离子常有未成对的电子，因此，含有铁、钴、镍、铬、钛、钒以及锰、铜等元素矿物，常具有磁性，且与这些元素的多少有关。

依据矿物在外磁场作用下的表现，可分为四类：磁性矿物或铁磁性矿物（其碎屑及粉末能够被普通磁铁吸引的矿物，如磁铁矿、磁黄铁矿）；电磁性矿物或弱磁性矿物（其碎屑及粉末不能被普通磁铁吸引，但能被磁场强度大得多的电磁铁所吸引的矿物，如赤铁矿、普通角闪石)；逆磁性矿物或抗磁性矿物(其碎屑及粉末在外磁场作用下被排斥的矿物，如方解石、自然银)；无磁性矿物(其碎屑及粉末不能被磁场强度大的电磁铁所吸引的矿物，如石英、斜长石)。

② 电学性质

矿物的电学性质包括导电性、介电性、压电性及焦电性等物理性质。

导电性，是指矿物对电流的传导能力。金属矿物是电的良导体，如黄铁矿、辉钼矿、石墨、自然铜等；非金属矿物是电的不良导体，如石英、长石、方解石；有些矿物则是半导体，如金刚石、铁和锰的氧化物。

介电性，是指矿物在电场中被极化的性质，以测定介电常数研究。其是矿物最固有的重要的特征及鉴定标志。选矿及科研中利用的介电分离法，是依据不同介电常数的几种矿物在同一种电介质液体中，它们之中介电常数大于电介质溶液者能够被电极所吸引，从而实现矿物的分离。

压电性，是指矿物在压力或张力作用下，一定结晶方向呈现电荷的性质。在压缩时产生正电荷的部位，在伸张时就产生负电荷。在机械力压应力和张应力的交替作用下，就可以产生一个交变电场，即压电效应。此类矿物处于交变电场中，会产生伸长与压缩的机械振动，即电致伸缩效应。石英既具有此类特性。

焦电性，是指矿物在温度变化时，在晶体的某些结晶方向的两端产生不同性质等量电荷的性质。电气石晶体即会在加热到一定温度时，一端带正电，另一端带等量负电；已加热的晶体冷却，则两端电荷变号。

3.4.3　矿物的化学性质

当矿物与空气、水及各种溶液相接处时，有的矿物几乎不发生变化，有的矿物则会发生不同程度的溶解、分解、氧化等化学变化。其化学性质决定本身的应用范围。因此，矿物的化学性质的介绍十分有必要。以下主要从矿物的可溶性、氧化性及其与酸碱反应等化学性质进行介绍。

(1) 可溶性

矿物的可溶性，是指其在液态水中的溶解能力，以溶解度或溶度积来表示。

溶解度主要取决于矿物自身的化学组成和晶体结构类型。一般情况下，具有共价键、金属键的矿物和由高电价、小半径的阳离子所组成的化合物或单质矿物在水中的溶解度极小；由低电价、大半径的阳离子所组成的具有离子键的矿物在水中的溶解度较大；含$(OH)^-$和H_2O的矿物溶解度也较大。因此，常温常压下，卤化物、硫酸盐、硝酸盐、碳酸盐以及含有$(OH)^-$和H_2O的矿物较易溶解于水中；而大部分自然元素的矿物、硫化物、氧化物以及硅酸盐矿物则难以溶解于水中。

同时，矿物的溶解度还受环境条件的影响，如温度、压力、矿化度、溶液 pH 值等。一般温度升高，矿物的溶解度相应增加。但也有特例，如常压下石膏溶解度，0 ℃时为 1.76 g/L，40 ℃时为 2.12 g/L，100 ℃时为 1.67 g/L。硬石膏和方解石等在常压下的溶解度随温度升高而降低。

(2) 可氧化性

矿物的可氧化性，是指能与氧及其他氧化剂发生相互作用而解体最终形成新矿物的性质。当矿物中含有低氧化态的变价元素时，在氧化条件下，这些元素由低氧化态变为高氧化态。氧自身作为氧化剂，同时往往在与矿物的反应中还可衍生出新的氧化剂，参与对矿物的氧化作用。

自然界中，硫化物是容易被氧化的矿物，但其氧化速率各不相同，其快慢次序如下：Fe[AsS]（毒砂）＞FeS_2（黄铁矿）＞$CuFe[S_2]$（黄铜矿）＞ZnS（闪锌矿）＞PbS（方铅矿）＞Cu_2S（辉铜矿）。

矿物的氧化是比较普遍的现象，不仅影响矿物的稳定性和水中的溶解度，而且矿物氧化后，其表面性质发生变化，对于矿物的鉴定和分选有直接影响。

(3) 与酸碱溶液反应

不同矿物与各种类型的酸碱的反应是不同的。大部分自然元素矿物易溶于硝酸，而石墨和金刚石不溶于任何酸。氧化物大多可溶在盐酸中。所有的碳酸盐都溶于多种酸溶液，一般以盐酸的效果最好，并产生大量气泡，放出 CO_2 气体。

一些硅酸盐矿物，如蒙脱石、高岭石、长石、石英等难溶或不溶于一般的矿物酸，但与碱液有较显著的反应，反应类型主要是表面离子交换或离子附加反应，同时，还发生溶解或沉淀，破坏原有的晶体结构并沉淀出新产物。例如，高岭石 $Al_4[Si_4O_{10}](OH)_8$ 与苛性钠 NaOH 反应，高岭石溶解并形成新矿物方沸石 $NaAlSi_2O_6 \cdot nH_2O$。

3.5 矿物鉴定的研究方法

3.5.1 矿物样品的采集、分选及肉眼鉴定

(1) 样品采集

野外采样应采集新鲜样品，并注意样品的代表性及目的性。采集样品的规格和数量要能够满足鉴定和研究的需要。对于矿物学研究，采集样品时，首要记录样品的野外产状和方位，观察矿物所处的地质特征，即注意矿物的成因、时代、矿物共生及伴生组合以及矿化阶段等方面的宏观特征。

(2) 样品分选

在鉴定和研究矿物的工作中，所用样品必须新鲜和纯净，否则会影响鉴定结果，甚至得出错误结论。因此，在选取样品时，应按测试方法规范的要求，考虑样品的代表性。例如，粒度较粗的样品用手选并经显微镜严格检查；若粒度过细，根据具体情况选择不同的分离方法。选取的样品仍需通过显微镜检查。

(3) 样品肉眼鉴定

矿物的肉眼鉴定，凭借放大镜、小刀、稀盐酸等简单工具和试剂，通过观察矿物形态、颜色、条痕、光泽、透明度、解理、硬度、相对密度等物理化学性质，确定矿物的种类和名称；并提出进一步研究的合理方法。肉眼鉴定矿物是各种地质工作的基础。

3.5.2 化学类方法

此类方法是通过元素成分鉴别矿物，样品结构会遭到破坏。包括简易化学分析法和化学全分析法。

(1) 简易化学分析法

此方法使用的化学药品用量少、操作简便，能较快获得待测矿物所含主要化学成分。主要包括以下几种方法：

斑点法：在白色滤纸、瓷板或玻璃板上将少量待测定矿物的粉末溶于溶剂中，使矿物中元素呈离子状态，然后加微量试剂于溶液中，根据反应的颜色确定元素的种类。

显微结晶分析法：将矿物制成溶液，吸取一滴置于玻璃片上，加适当的试剂，在显微镜下观察反应沉淀物的晶形和颜色等特征。

珠球反应法：将铂金丝的前端做成一个直径约为 1 mm 的小圆圈，放入氧化焰中加热，清污后趁热沾上硼砂(或磷酸盐)，再放入氧化焰中煅烧，反复直至硼砂熔成无色透明的珠球。此时蘸取少许疑为变价元素的矿物粉末，先后将珠球送入氧化焰及还原焰中煅烧，发生氧化—还原反应，根据反应后高低价离子的颜色即可判断何种元素。

焰色法：测定碱金属和碱土金属。此类元素矿物在高温氧化焰作用下，使火焰染成各自特有的颜色。

此外，还有染色法、条痕法、磷酸溶矿法等。但此类方法都是根据元素的特有性质进行鉴定，确定成分较少，不全面。

(2) 化学全分析法

此方法包括定性和定量的系统化学分析。进行此类分析，需要繁多的设备和试剂、较多的样品，耗用时间较长，相对成本很高。因此，此方法多用于研究矿物新种的详细成分、组成，矿物成分的变化规律，及矿床的工业评价时采用。

3.5.3 物理类方法

此类方法以物理学原理，借助专用仪器鉴定矿物的性质。

(1) 偏光显微镜和反光显微镜鉴定

该方法利用晶体的光学性质鉴定矿物。偏光显微镜主要观察和测定透明矿物，样品磨制成厚度为 0.03 mm 的薄片。反光显微镜主要观察和测定不透明矿物，样品磨制成光片。通过观测矿物的形态、解理、颜色、多色性、其他光学常数等特征来鉴定矿物。

(2) 电子显微镜鉴定

该方法原理是用电子束激发样品的微区产生各种信息，将其转换成各种图像、图谱或强度数据等，借以观测样品的形貌、结构和成分。

(3) X 射线衍射分析鉴定

该方法是鉴定隐晶质矿物最独特和最有效的方法之一。当 X 射线入射晶体后会与晶体中的原子发生各种相互作用。其中，相干散射的 X 射线，会由于晶体中原子排列的周期性影响，使之发生叠加或抵消。由于不同晶体的原子种类、原子位置以及晶格常数都有所不同，其衍射方向和强度都会有所差异。

此外，还有发光分析、光谱类分析等方法。

3.5.4 物理—化学方法

当前矿物鉴定主要的物理—化学方法有 X 射线衍射分析、热分析、红外光谱分析和电渗析等。X 射线衍射分析和热分析是对各类矿物都能应用的鉴定方法，特别是对黏土矿物、碳酸盐矿物和氢氧化物的鉴定最为有效。

热分析法包括差热(DT)分析、热重(GT)分析和示差扫描量热(DSC)分析，是目前较常用的研究矿物物理、化学性质与温度间关系的一种方法，尤其适用于含水矿物的研究。可根据矿物在不同加热温度下所发生的脱水、分解、氧化、同质多象转变等热效应特征，来鉴定矿物。

差热分析，是指在程序控温下，测量物质和参比物的温度差与温度或者时间关系的一种测试技术。该法广泛应用于测定物质在热反应时的特征温度及吸收或放出的热量，包括物质相变、分解、化合、凝固、脱水、蒸发等物理或化学反应。差热分析的具体工作过程是，将试样粉末与中性体(加热过程中不产生热效应的物质，常用煅烧过的 Al_2O_3)粉末分别装入样品容器，一同送入高温炉中加热。由于中性体不产生任何热效应，所以试样发生吸热或放热效应时，其温度会低于或高于中性体。此时，通过相关设备可以记录出差热曲线(图 3-14)。

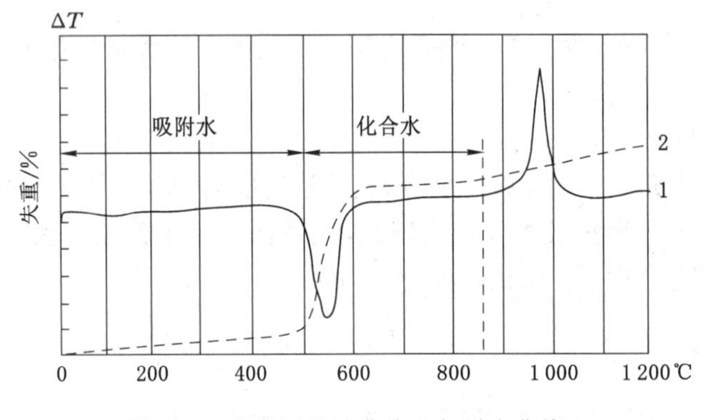

图 3-14　高岭石差热曲线 1 与脱水曲线 2

差热分析样品使用少，分析时间短，设备简单，但许多矿物的热效应数据相似，较难处理，还需要与其他方法配合使用。该方法广泛应用于无机、硅酸盐、陶瓷、矿物金属、航天耐温材料等领域，是无机、有机，特别是高分子聚合物、玻璃钢等方面热分析的重要仪器。

热重分析，是指在温度程序控制下，测量物质质量与温度之间关系的技术，观测试样在受热过程中质量变化。其质量变化是因为矿物在加热时脱水而失去一部分质量。热重分析所用的仪器是热天平，它的基本原理是，样品质量变化所引起的天平位移量转化成电磁量，这个微小的电量经过放大器放大后，送入记录仪记录；而电量的大小正比于样品的质量变化量。当被测物质在加热过程中有升华、汽化、分解出气体或失去结晶水时，被测的物质质量就会发生变化。此时，热重曲线就不是直线而是有所下降。通过分析热重曲线，就可以知道被测物质在多少度时产生变化，并且根据失重量，可以计算失去了多少物质(如 $CuSO_4 \cdot 5H_2O$ 中的结晶水)。从热重曲线就可以知道 $CuSO_4 \cdot 5H_2O$ 中的 5 个结晶水是分三步脱去的。

示差扫描量热分析的原理和功能与差热分析相似，但其测量的是热反应的能量而不是温度差。其测定精度高于差热分析，但测量的温度范围一般只有 700 ℃，明显低于差热分析。

3.6 常见矿物

3.6.1 自然元素矿物

这类矿物较少，其中包括人们所熟知的矿物，如石墨、金、自然铜、硫黄、金刚石等。

(1) 石墨 C(图 3-15)

英文名称：Graphite。

形态：片状、块状。

颜色：铁黑色、钢灰色。

条痕：黑灰色。

光泽：金属光泽。

硬度：1～2，小于指甲。

解理：一组极完全解理。

图 3-15　石墨

相对密度：2.21～2.26。

比表面积：5～10 m^2/g。

耐高温性：石墨的熔点为 3 850±50 ℃，沸点为 4 250 ℃，即使经超高温电弧灼烧，质量的损失很小，热膨胀系数也很小。石墨强度随温度提高而加强，在 2 000 ℃时，石墨强度提高一倍。

导电、导热性：石墨的导电性比一般非金属矿物高一百倍。导热性超过钢、铁、铅等金属材料。导热系数随温度升高而降低，甚至在极高的温度下，石墨成绝热体。石墨能够导电是因为石墨中每个碳原子与其他碳原子只形成 3 个共价键，每个碳原子仍然保留 1 个自由电子来传输电荷。

化学稳定性：在常温下有良好的化学稳定性，能耐酸、耐碱和有机溶剂的腐蚀。

抗热震性：石墨在常温下使用时能经受住温度的剧烈变化而不致破坏，温度突变时，石墨的体积变化不大，不会产生裂纹。

石墨多在高温低压下的还原作用中形成，见于变质岩中；一部分由煤炭变质而成。石墨可制坩埚、电极、铅笔等。

(2) 金刚石 C(图 3-16)

英文名称：Diamond。

形状：八面体或六面体。

颜色：无色透明。

光泽：强金刚光泽。

硬度：10。

解理：解理完全、性脆。

图 3-16　金刚石

单折光性：钻石的单折光性，是由钻石的本质特性决定的。而其他天然宝石或人造宝石大都是双折光性的。假冒的钻石在 10 倍放大镜观察下，从正面稍斜的角度看，很容易看出棱角线出现重叠影像，并同时呈现出两个底光。双折射率差别小的如锆石等，也可看出底光重叠的影像。

吸附性：钻石对油脂及污垢有一定的亲和力，即油污很容易被钻石吸附。因此，用手指抚摸钻石会感到胶黏性，手指似乎有黏糊的感觉。

金刚石经琢磨后成为钻石，不纯金刚石用于钻探研磨等方面。

3.6.2 硫化物及其类似化合物矿物

(1) 黄铁矿 FeS_2(图 3-17)

英文名称：Pyrite。

形状：立方体、粒状、块状。

颜色：浅铜黄色。

光泽：金属光泽。

条痕：黑色(微绿)。

硬度：6～6.5，大于小刀。

解理：无解理，性脆，参差状断口。

图 3-17 黄铁矿

黄铁矿是制作硫酸的主要原料。黄铁矿因其浅黄铜的颜色和明亮的金属光泽，常被误认为是黄金，故又称为“愚人金”。

(2) 方铅矿 PbS(图 3-18)

英文名称：Galena。

形状：立方体、粒状、块状。

颜色：铅灰色。

光泽：金属光泽。

条痕：黑灰色。

硬度：2.5～3.0。

相对密度：7.4～7.6。

解理：三组解理完全，性脆。

图 3-18 方铅矿

方铅矿是最重要的铅矿石，其中常含银，也是重要的银矿石。其晶体属于等轴晶系，其中也可以包含至1%的银。方铅矿往往呈完美的立方体状的晶体，不过有时也有平顶金字塔状或者骨头状的晶体。

3.6.3 氧化物及氢氧化物类矿物

(1) 石英 SiO_2(图 3-19)

英文名称：Quartz。

形状：双锥柱状、块状。

颜色：无色、白色(含杂质而带各种其他颜色)。

光泽：玻璃光泽。

条痕：白色。

硬度：7。

解理：无解理，贝壳状断口，性硬。

图 3-19 石英

相对密度:2.65。

石英砂是一种坚硬、耐磨、化学性能稳定的硅酸盐矿物,其化学、热学和机械性能具有明显的异向性,不溶于酸,微溶于 KOH 溶液,熔点 1 750 ℃。其具有压电性,压电石英用于无线电工业,在光学、化学、仪表、航空工业等领域也广泛应用。

(2) 赤铁矿 Fe_2O_3(图 3-20)

英文名称:Hematite。

形状:块状、肾状、鲕状。

颜色:钢灰色、铁黑色、红褐色。

光泽:半金属光泽。

条痕:樱红色。

硬度:5.5~6。

解理:无解理。

图 3-20　赤铁矿

赤铁矿为最重要的铁矿石之一。其各种形态和无磁性,可与相似的磁铁矿、钛铁矿相区别。呈铁黑色、金属光泽、片状的赤铁矿,称为镜铁矿;呈钢灰色、金属光泽、鳞片状的称为云母赤铁矿,中国古称“云子铁”;呈红褐色土状而光泽暗淡的称为赭石,中国古称“代赭”,而以“赭石”泛指赤铁矿。赤铁矿分布极广。各种内生、外生或变质作用均可生成赤铁矿。赤铁矿经常与磁铁矿一起,在沉积变质、接触变质铁矿中产出。

(3) 磁铁矿 $FeFe_2O_4$(图 3-21)

英文名称:Magnetite。

形状:块状、粒状。

颜色:铁黑色、深灰色。

光泽:半金属光泽。

条痕:黑色。

硬度:5.5~6。

解理:无解理,性脆。

图 3-21　磁铁矿

磁铁矿分布广,有多种成因。生于变质矿床和内生矿床中,岩浆成因矿床以瑞典基鲁纳为典型;火山作用有关的矿浆直接形成的以智利拉克铁矿为典型;接触变质形成的铁矿以中国大冶铁矿为典型;含铁沉积岩层经区域变质作用形成的铁矿,品位低、规模大,俄罗斯、北美、巴西、澳大利亚和中国辽宁鞍山等地都有大量产出。磁铁矿是炼铁的主要矿物原料,也是传统的中药材。

3.6.4　卤化物矿物

(1) 岩盐 NaCl(图 3-22)

英文名称:Halite。

形状:立方体、粒状。

颜色:无色、白色。

光泽:玻璃光泽。

条痕：白色。

硬度：2.1～2.2。

解理：三组解理。

相对密度：2.1～2.2。

岩盐燃烧火焰呈黄色，具咸味，常有拗陷晶面，部分具荧光特性，具弱导电性和极高的热导性，在0 ℃时溶解度35.7%，100 ℃时溶解度39.8%，熔点804 ℃。岩盐主要用于加工食用盐、防腐剂、制碱、制盐酸等。

图 3-22　岩盐

(2) 萤石 CaF_2(图 3-23)

英文名称：Fluorite。

形状：粒状、块状。

颜色：绿色、紫色、黄色。

光泽：玻璃光泽。

条痕：白色。

硬度：3～3.2。

解理：四组解理。

图 3-23　萤石

萤石，又称氟石。萤石之所以得名，是因为它在紫外线或阴极射线照射下会发出如同萤火虫一样的荧光，但当萤石含有一些稀土元素时，它就会发出磷光。也就是说，在离开紫外线或阴极射线照射后，萤石依旧能持续发光较长一段时间。这种能发磷光的萤石产量所占比例不大。事实上，绝大多数夜明珠都是萤石材质的，由于萤石的晶体普遍较大，所以萤石夜明珠有非常大体积的。萤石的硬度较低，且性脆，一般来说需要注意避免剧烈碰撞，同时避免接触酸性物质。萤石常用于制作溶剂。

3.6.5　含氧盐类矿物

(1) 橄榄石$(Mg,Fe)_2[SiO_4]$(图 3-24)

英文名称：Olivine 或 Peridot。

形状：粒状。

颜色：橄榄绿色。

光泽：玻璃光泽。

条痕：白色。

硬度：6.7～7。

相对密度：随铁含量的增加而增大，为3.3～4.4。

解理：无解理，贝壳状断口。

图 3-24　橄榄石

在自然界中最常见。晶体呈短柱状，常成粒状集合体。富镁的色浅，常带黄色色调；富铁的则色深，玻璃光泽，断口油脂光泽。橄榄石是组成上地幔的主要矿物，也是陨石和月岩的主要矿物成分。它作为主要造岩矿物常见于基性和超基性火成岩。镁橄榄石还产于镁夕卡岩。橄榄石受热液作用蚀变变成蛇纹石。

透明而色泽鲜艳、无瑕疵的橄榄石晶体可作为宝石。橄榄石为主要造岩矿物,可制作耐火材料。

(2) 正长石 $K[AlSi_3O_8]$(图 3-25)

英文名称:Orthoclase。

形状:柱状、板状。

颜色:肉红色、玫瑰红、褐黄色。

光泽:玻璃光泽。

条痕:白色。

硬度:6～6.5。

相对密度:2.55～2.75。

解理:两组解理。

图 3-25　正长石

正长石广泛分布于酸性和碱性成分的岩浆岩、火山碎屑岩中,在钾长片麻岩和花岗混合岩以及长石砂岩和硬砂岩中也有分布。正长石是陶瓷业和玻璃业的主要原料,也可用于制取钾肥。

(3) 白云母 $KAl_2[AlSi_3O_{10}][OH]_2$(图 3-26)

英文名称:Muscovite。

形状:板状、鳞片状集合体。

颜色:较淡的褐、绿、红色到无色。

光泽:玻璃、珍珠光泽。

条痕:白色。

硬度:2～3。

解理:一组解理。

图 3-26　白云母

白云母也叫普通云母、钾云母或云母,是云母类矿物中的一种。白云母是良好的电绝缘体和热绝缘体,并且它能够大量出产,因此具有重要的经济价值。一般它产于变质岩中,但也产于花岗岩等岩石中。其形状为大板块状,六方晶体或细粒的集合体。白云母用于电器工业。

(4) 石膏 $CaSO_4 \cdot 2H_2O$(图 3-27)

英文名称:Gypsum。

形状:板状、块状、纤维状。

颜色:白色、浅灰色。

光泽:玻璃、珍珠光泽。

条痕:白色。

硬度:1.5～2。

解理:纤维状石膏断口为锯齿状,板状石膏具有一组解理。

图 3-27　石膏

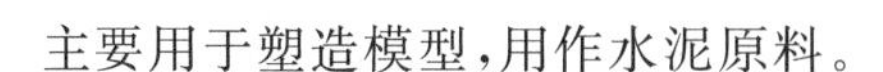

主要用于塑造模型,用作水泥原料。

(5) 方解石 $CaCO_3$(图 3-28)

英文名称:Calcite。

形状:菱面状、粒状、结核状、钟乳状。

图 3-28　方解石

颜色：无色、灰色；因含金属而呈现淡红、淡黄、淡茶、紫多种颜色。

光泽：玻璃光泽。

条痕：白色。

硬度：3。

相对密度：2.6～2.8。

解理：三组完全解理。

方解石是地壳最重要的造岩矿石，属于变质岩、碳酸盐矿物，遇稀盐酸剧烈起泡。非常纯净完全透明的晶体俗称为冰洲石(Iceland Spar)，具有强烈双折射功能和最大的偏振光功能，是人工不能制造也不能替代的自然晶体。方解石主要用作建筑材料、光学仪器材料。

(6) 白云石 $CaMg(CO_3)_2$(图 3-29)

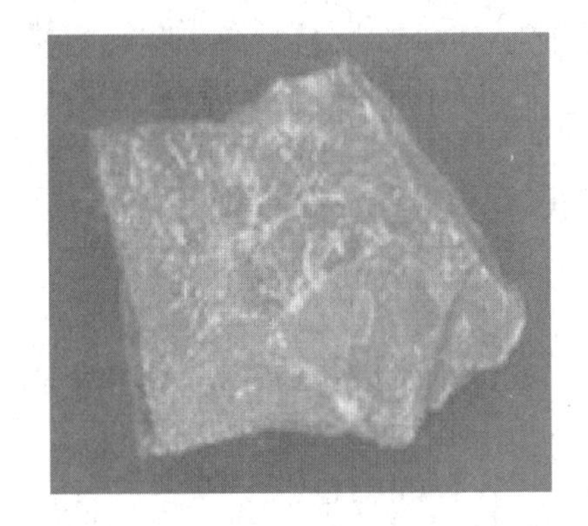

图 3-29　白云石

英文名称：Dolomite。

形状：菱面状、粒状、块状。

颜色：白色、浅黄色、红色。

光泽：玻璃光泽。

条痕：白色。

硬度：3.5～4。

解理：三组解理。

相对密度：2.86～3.20。

光性特征：白云石为一轴晶，负光性；常为非均质集合体。

紫外荧光：橙、蓝、绿、绿白。

白云石是碳酸盐矿物，分别有铁白云石和锰白云石。它的晶体结构像方解石，常呈菱面体。遇冷稀盐酸时会慢慢出泡。有的白云石在阴极射线照射下发橘红色光。白云石是组成白云岩和白云质灰岩的主要矿物成分。白云石可用于建材、陶瓷、玻璃和耐火材料、化工以及农业、环保、节能等领域。主要用作碱性耐火材料和高炉炼铁的熔剂；生产钙镁磷肥和制取硫酸镁；以及生产玻璃和陶瓷的配料。

课后习题

[1]　矿物是如何分类的？

[2]　矿物的物理性质有哪些？

[3]　如何用肉眼鉴定常见矿物？

4 黏土矿物

4.1 黏土矿物及其分类

4.1.1 黏土矿物概述

黏土物质种类繁多,成分复杂,性质独特,尽管对黏土的研究已有很大的进展,但是关于黏土和黏土矿物这两个术语还是没有一个大家均能接受的定义。

从岩石角度分析,黏土是指天然的细粒物质,它是地质作用的产物。黏土是黏土矿物的集合体,具有明显的可塑性。在沉积岩岩石学中,黏土是指疏松的尚未固结成岩的以黏土矿物为主的沉积物,经过成岩作用以后,就变成"黏土岩"。显然,黏土与黏土岩是互相对应的。黏土岩主要是黏土矿物组成的沉积岩,其中,黏土矿物含量应大于 50%。与黏土岩相近的岩石术语还有泥岩、页岩、板岩和泥板岩。

从粒度角度出发,黏土是指粒度分析中的最细粒部分,也即黏土级部分。它们主要由黏土矿物组成,其粒径一般都在 5 μm 或 4 μm 以下甚至在 2 μm 或 1 μm 以下,因此从粒度的观点出发,黏土级部分应该是粒径小于 5 μm(或 4 μm,或 2 μm,或 1 μm)的部分。关于黏土级的上限,世界各国和各个学科也不尽一致。譬如,我国的水文工程部门和土壤以 5 μm 作为黏土级的上限;海洋部门以 10 μm 作为黏土级的上限,而沉积岩研究工作中使用的黏土级的上限是 2 μm(成都地质学院陕北队,1978)。目前,比较统一的黏土级的上限是2 μm,我们认为这个上限值是比较合适的,因为粒度大于 2 μm 时,常会含有众多的石英、长石、云母和重矿物等非黏土矿物,而粒度小于 2 μm 时,非黏土矿物就比较少见。当然,在粒度为 30～60 μm 的部分中也有高岭石和蒙皂石等黏土矿物存在,但是此时的高岭石和蒙皂石等黏土矿物多是以集合体的形式存在,并非是单矿物。黏土矿物以大晶体形式产出的情况是不多见的。

与其他的岩石相比,大多数黏土铝的含量比较高。黏土的化学分析表明,它们主要含氧化硅、氧化铝和水,还有少量的铁、碱金属和碱土金属。简单地说,黏土主要是由含水的层状构造铝硅酸盐矿物组成。

人们普遍认同的定义如下:黏土矿物是细分散的含水的层状硅酸盐或含水的非晶质硅酸盐矿物的总称。其是组成黏土岩和土壤的主要矿物。层状构造的含水铝硅酸盐矿物是构成黏土岩、土壤的主要矿物组分,如高岭石、蒙脱石、伊利石等。一般颗粒极细,小于 0.01 mm。加水后具有不同程度的可塑性,同时具有耐火性和烧结性,是陶瓷、耐火材料、水泥、造纸、石油、化工、油漆、纺织等工业的重要天然原料。

但是,这种定义并非十分准确。第一,许多含水的层状构造铝硅酸盐矿物(如云母、绿泥石等)常常是在火成岩和变质岩中作为粗粒组分存在,而另一些含水的层状构造铝硅酸盐(如蒙皂石等)几乎是仅在黏土的细粒组分中出现;第二,许多黏土中常见的或仅限于黏土中的矿物(如海泡石、坡缕石、水铝英石等)并不是层状构造硅酸盐,显然,所有这些均与上面的定义不相符合。

4.1.2 黏土矿物的分类

黏土矿物可以划分为两部分:晶质含水的层状硅酸盐,如高岭石、蒙脱石、云母、绿泥石等(层状硅酸盐包括过去所说的链状的坡缕石、海泡石等纤维状矿物);非晶质含水硅酸盐矿物,如水铝英石、胶硅铁石等。

不同时期随着对黏土矿物的发现和认识的不同有不同的分类。表 4-1 是国际黏土研究协会(AIPEA)1980 年公布的国际分类方案,它同以前分类不同的是:① 根据 1975 年墨西哥城会议的决议,正式采用蒙皂石代替蒙脱石—皂石作为 2∶1 型中单位化学式电荷数为 0.2～0.6 的矿物族的统称;② 取消 2∶1∶1 型,把绿泥石看作层间含有氢氧化物片的 2∶1 型矿物,这是为了强调绿泥石与其他含有层间物质的黏土矿物的相似性。

表 4-1　　1980 年国际黏土矿物分类

层型	单位化学式电荷数	族	亚族	种
1∶1	0	高岭石—蛇纹石	高岭石	高岭石、地开石、埃洛石
			蛇纹石	纤蛇纹石、鳞蛇纹石、镁绿泥石
2∶1	0	叶蜡石—滑石	叶蜡石	叶蜡石
			滑石	滑石
	0.2～0.6	蒙皂石	蒙皂石	蒙皂石
			皂石	锂皂石、锌皂石
	0.6～0.9	蛭石	二八面体	黏粒蛭石
			三八面体	蛭石
	−1	云母	二八面体	白云母、钠云母
			三八面体	黑云母、锂云母
	−2	脆云母	二八面体	珍珠云母
			三八面体	绿脆云母、钡铁脆云母
	不定	绿泥石	二八面体	顿绿泥石
			过渡型	锂绿泥石、须藤石
			三八面体	斜绿泥石、镍绿泥石
	−0.1	坡缕石—海泡石	坡缕石	坡缕石
			海泡石	海泡石

1981 年 11 月我国第一次全国黏土学术会议,组成专题组讨论了我国黏土矿物分类命名与译名问题。会议起草了黏土矿物分类。该分类基本与国际分类方案相同,只是增加了一个半晶质和非晶质矿物,并保留了 2∶1∶1 结构层的地位,但对混层黏土矿物没有给予考虑。如表 4-2 所示。

表 4-2　　**1981 年中国黏土矿物分类**

	单元类型	层间物	层间电荷数	族	亚族	种
晶质	1∶1 $Si_4O_{10}(OH)_8$	无或有水分子	0	高岭石 —蛇纹石	di	高岭石、地开石、埃洛石
					di-tri	镁绿泥石、绿锥石
					tri	纤蛇纹石、叶蛇纹石
	2∶1 $Si_4O_{10}(OH)_2$	无	0	叶蜡石 —滑石	di	叶蜡石
					tri	滑石
		有阳离子 或水化阳离子	0.2～0.6	蒙皂石	di	蒙脱石、绿脱石
					di-tri	斯温福石
					tri	锂皂石、锌皂石
			0.6～0.9	蛭石	di	二八面体蛭石
					tri	三八面体蛭石
			0.9～1	水云母	di	伊利石、水白云母
					tri	水金云母、水黑云母
			−1	云母	di	白云母、钠云母
					di-tri	鳞云母、铁锂云母
			−2	脆云母	tri	黑云母、铁云母
					di	珍珠云母
					tri	绿脆云母、黄绿脆云母
	2∶1∶1 $Si_4O_{10}(OH)_8$	有氢氧化物层	不定	绿泥石	di	顿绿泥石
					di-tri	锂绿泥石、须藤绿泥石
					tri	斜绿泥石、叶绿泥石
	2∶1 层链状	有水化阳离子	−0.1	纤维棒石	di-tri	坡缕石、绿绯帖石
					tri	海泡石、镍海泡石
非晶质	水铝英石、硅铁石、硅锰石					

注：二八面体缩写为 di；三八面体缩写为 tri。

4.2　黏土矿物的基本结构

4.2.1　基本结构单元

黏土矿物大体上可以分为晶质黏土矿物和非晶质黏土矿物两个部分。晶质黏土矿物主要是层状构造硅酸盐。硅酸盐矿物是由与金属阳离子结合的 SiO_4^{4-} 离子团组成。氧离子在离子大小上远比大多数阳离子要大得多，因此，从体积上说，氧离子构成硅酸盐矿物的主体，可以把硅酸盐矿物看作氧离子的聚集体，各种阳离子充填在氧离子的间隙中。

(1) 硅氧四面体

硅氧配位四面体（SiO_4^{4-}）（符号 T）是硅酸盐矿物的最稳定的基本结构单元。硅氧四面体是由一个 Si^{4+} 等距离地配上四个比它大得多的 O^{2-} 离子构成[图 4-1(a)]。每个硅氧四面体中有三个氧位于同一个平面上，另外一个氧位于顶端。位于同一平面上的三个氧称为"底氧"或"底面氧"，位于顶端的氧称为"顶氧"。硅氧四面体的黏土矿物的基本结构单元(格里姆，1953)四个氧各带一个负电荷。

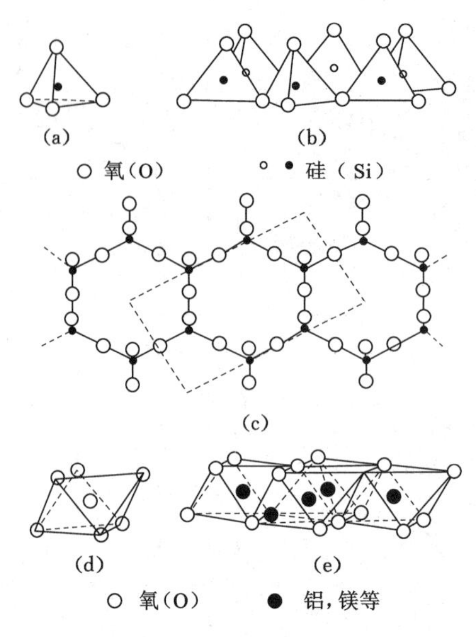

图 4-1　黏土矿物的基本结构单元(据格里姆，1953)

(a) 单独的硅氧四面体；(b) 呈六边形网格状排列的硅氧四面体——四面体片；(c)(b) 图的底面投影图；(d) 单独的八面体片；(e) 八面体片

(2) 四面体片

层状构造硅酸盐以硅氧四面体联结成片为特征。在层状构造中，所有的硅氧四面体都分布在一个平面内，每个四面体底部的三个氧(底氧)分别与相邻的三个硅氧四面体共用，在二维平面上连成无限延展的硅氧四面体片[图 4-1(b)]，一个四面体片中所有的未共用顶氧都指向同一个方向。应该注意的是，每一个四面体片含有两个氧面，下层氧面比上层氧面具有更多的氧。硅氧四面体片平面上呈六方网格状[图 4-1(c)]，它的分子式为$[Si_4O_{10}]^{4-}$。由于四面体片含有负电荷，所以，在实际的矿物结构中，四面体片仅能以与阳离子和附加氧离子结合的形式存在。四面体配位位置只适应体积较小的阳离子，这些阳离子主要是Si^{4+}，其次为Al^{3+}和Fe^{3+}。占据四面体配位位置的阳离子，称为四面体阳离子。

(3) 八面体与八面体片

在层状构造中，四面体片总是以某种方式与八面体片联结。八面体是由两层氧离子或氢氧离子紧密堆积而成，大阳离子位于其中呈八面体配位[图 4-1(e)]。这种构型适应像Al^{3+}、Mg^{2+}、Fe^{2+}和Fe^{3+}等较大的阳离子配位，但不适应像Ca^{2+}、Na^{+}或K^{+}等更大的阳离子配位。占据八面体配位位置的阳离子称为八面体阳离子。八面体片含有两个六边形氧或氢氧面，如果把这两个面的第一个面(下层氧或氢氧面)形象化地表示就会发现，每三个球内就有一个是虚线或空心的[图 4-1(e)]，这个位置可以交替地被阳离子或上层面的氧(或氢氧)所占据。八面体中，联结六个最近的氧或氢氧的棱形成一个具有八个面的几何整体，也即八面体[图 4-1(d)]。在八面体片中，八面体各自以它的一个面摆置成一个平面[图 4-1(e)]。

(4) 三八面体与二八面体

与四面体片不同，八面体片能够独立地存在，水镁石[$Mg_3(OH)_6$]和三水铝石[$Al(OH)_3$]就是全部由八面体片组成的矿物。图 4-1(e)是水镁石的结晶构造示意图，从图中可以看出，所有的阳离子配位位置上均有阳离子占位，而在三水铝石的结晶构造中，仅有三分之二的阳离子配位位置上有阳离子占位。这一事实引出了一对非常重要的结构术语：三八面体和二八面体。水镁石是三八面体结构(3/3 占位)矿物，三水铝石是二八面体结构(2/3 占位)矿物。显然，三八面体就是八面体阳离子配位位置全部被阳离子(Mg^{2+}，Fe^{2+}等)充填，二八面体就是八面体阳离子配位位置只有三分之二被阳离子(Al^{3+}，Fe^{3+}等)充填。

4.2.2　基本结构层

四面体片与八面体片的相互结合构成层状构造硅酸盐矿物的基本结构层。按照四面体片和八面体片配合比例，可以把层状构造硅酸盐矿物的基本结构层分为 1∶1 层型和 2∶1 层型两个基本类型。高岭石是 1∶1 层型矿物的典型代表，白云母是 2∶1 层型矿物的典型代表。

(1) 1∶1 层型

由一个八面体片和一个四面体片结合而成的 1∶1 层是层状构造硅酸盐黏土矿物的最简单的结晶构造(图 4-2)。1∶1 层可以是二八面体的，也可以是三八面体的。

从图 4-2 可以看出，在 1∶1 层中，四面体片的未共用顶氧构成八面体片的一部分，替代了八面体片的羟基。因此，1∶1 层中共有五层原子面，三层大阴离子[$(OH)^-$或 O^{2-}]面和二层分布在阴离子面之间的八面体阳离子面和 Si^{4+} 离子面。如果八面体片位于下边(图 4-2)，那么，第一个面全部是$(OH)^-$，接着是八面体阳离子面，再就是$(OH)^-$和 O^{2-}(四

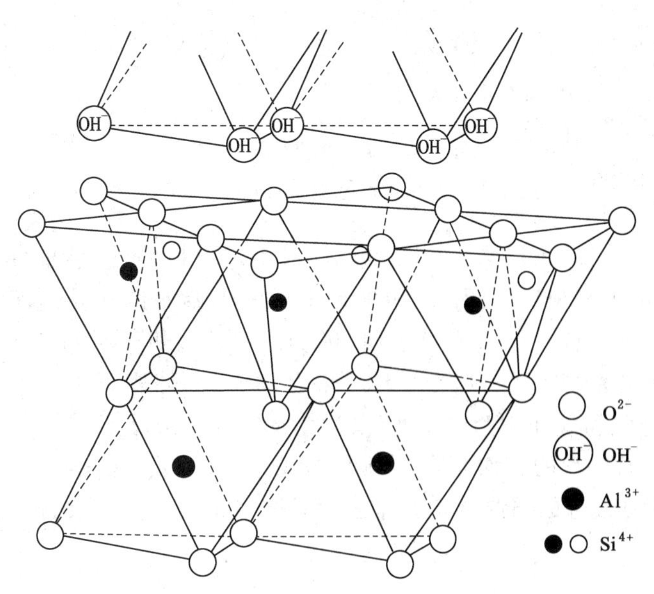

图 4-2　高岭石的结晶构造——1∶1 层型二八面体层状构造硅酸盐(据格里姆，1953)

面体顶氧)混合面,其后是 Si^{4+} 阳离子面,最上边的是全部为 O^{2-} 的氧面。三层大阴离子面的中间一个面同属于八面体片和四面体片。图 4-2 中上面的不完整层是等同于第一个 1∶1 层的另外一个 1∶1 层的一部分。

(2) 2∶1 层型

层状构造硅酸盐黏土矿物的另外一个基本层型就是由两个四面体片和一个八面体片组成的 2∶1 层(图 4-3)。

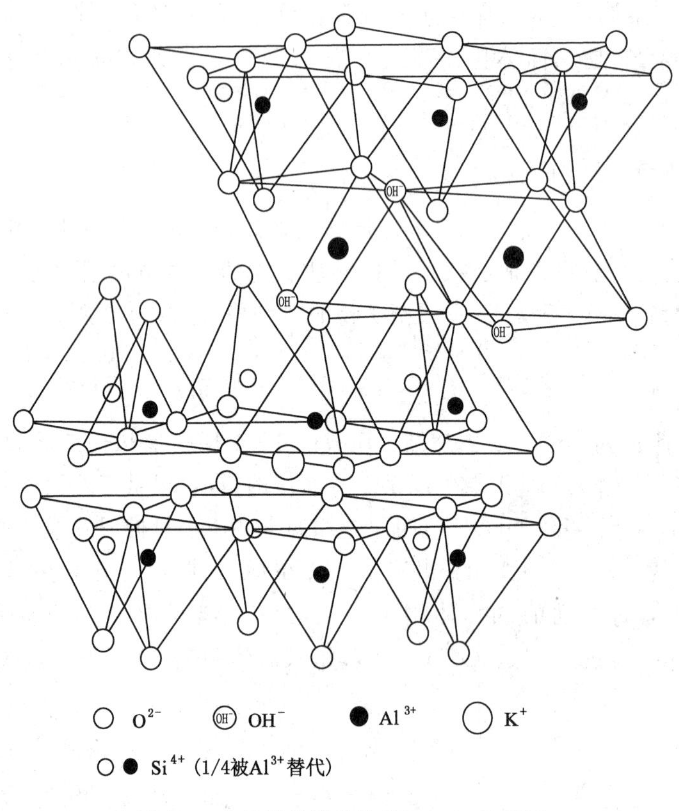

图 4-3　白云母的结晶构造——2∶1 层型

二八面体层状构造硅酸盐(据格里姆,1953)

从图 4-3 可以看出,2∶1 层与 1∶1 层类似,只不过是另外一个四面体片的方位与第一个四面体片的方位正好相反。图 4-3 中的最下面一个四面体片是另外一个 2∶1 层的一部分。整个 2∶1 层含有四层大阴离子面[$(OH)^-$、O^{2-}]和三层阳离子面。2∶1 层的底面全部为 O^{2-},其次为 Si^{4+} 面、O^{2-}、$(OH)^-$ 混合面、八面体阳离子面,再其次是另外一个 O^{2-}、$(OH)^-$ 混合面和另外一个 Si^{4+} 面,最后为 O^{2-} 面。应注意的是,八面体片的氧部分地由上、下两个四面体片的相对指向的顶氧构成。2∶1 层可以是二八面体,也可以是三八面体,图 4-3 是白云母的结晶构造,它是一种 2∶1 层型的二八面体层状构造硅酸盐矿物。

4.2.3　层间域、层间物、层电荷和单位构造

层状构造硅酸盐黏土矿物是由基本结构层(1∶1 层或 2∶1 层)重复堆叠而成的。当两

个基本结构层重复堆叠时，相邻的基本结构层之间的空间称为层间域，常用的代号是Ⅰ(图4-4)。层间域中可以有物质存在，也可以没有物质存在。存在于层间域的物质为层间物。

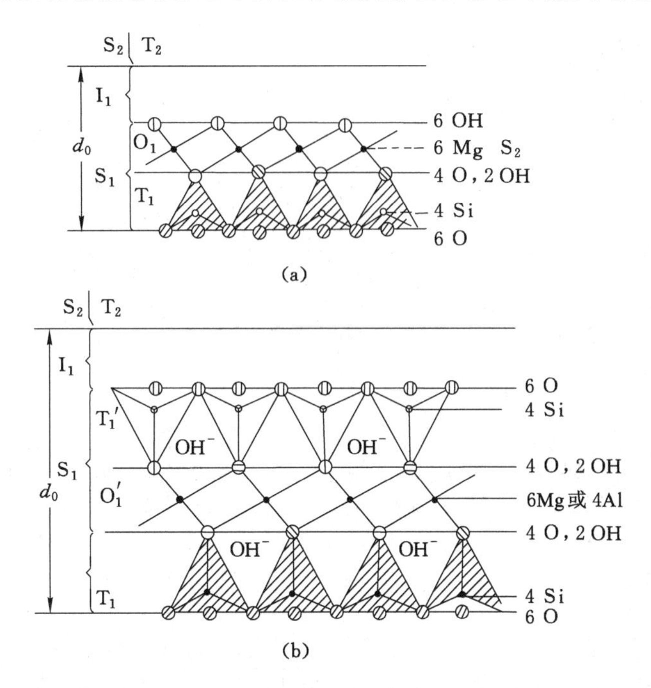

图4-4　1∶1层和2∶1层的沿b轴投影图(据须藤俊男，1974)

(a) 1∶1层；(b) 2∶1层

T_1，T_2——第一、第二单位构造层的四面体(片)；T_1'——2∶1结构层的第二个四面体(片)；

O_1——第一单位构造层的八面体(片)；O_1'——第一单位构造层的八面体(片)；

$Ⅰ_1$——第一单位构造层的层间域；S_1，S_2——第一、二单位构造层；d_0——单位构造层的高度

层间物可以是水(如埃洛石)、水和交换阳离子(如蒙皂石和蛭石)，也可以是阳离子(如云母类矿物)。值得提出的是绿泥石矿物，在它的层间域存在着一层氢氧化物(水镁石)八面体片(图4-5)。

基本结构层与层间域组成的层状体称为单位构造层，高度用 d_0 表示(图4-4和图4-5)。如果忽略边缘破键，单位构造层的1∶1层或2∶1层可以是电中性的，也可以是带有负电荷的，如果是带有负电荷，所带的负电荷被层间域内的层间物平衡。层间域中平衡1∶1层或2∶1层的负电荷的阳离子称层间阳离子。理想的1∶1层或2∶1层都是电中性的，层电荷是四面体片或八面体片中的阳离子替代的结果。显然，层电荷受四面体片或八面体片中的阳离子替代控制，四面体片中的阳离子替代所产生的层电荷称为四面体电荷，八面体片中的阳离子替代所产生的层电荷称为八面体电荷。

4.2.4 有序—无序和多型

(1) 有序—无序

有序—无序是一个结晶学概念。从理论上讲，原子或离子在结晶过程中总是倾向于进入特定的结构位置，形成有序结构，从而最大限度地降低内能，达到最稳定的状态。通常所

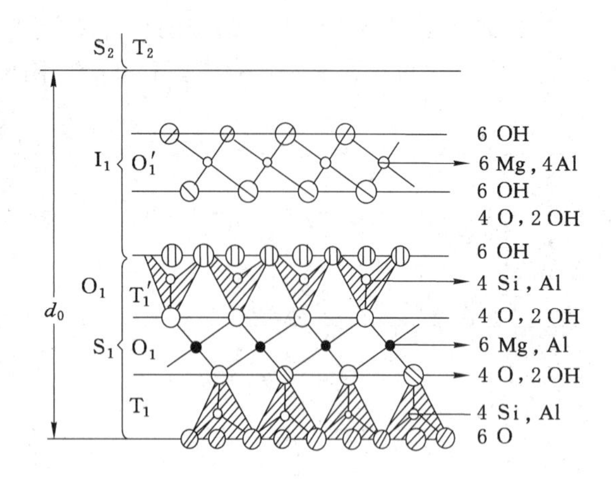

图 4-5　绿泥石结构的沿 b 轴投影图

(据须藤俊男 1974)

T_1,T_2——第一、第二单位构造层的四面体(片);T_1'——2∶1 结构层的第二个四面体(片);

O_1——第一单位构造层的八面体(片);O_1'——第一单位构造层的八面体(片);

I_1——第一单位构造层的层间域;S_1,S_2——第一、第二单位构造层;

d_0——单位构造层的高度

指的结构有序是长程有序,也就是全部点阵都作有秩序有规律的分布。与长程有序相对应的是短程有序,短程有序是指镶嵌在一个个小区域(晶畴)内的有序结构。结晶过程中的热扰动或晶体的快速生长都会促使原子或离子随机地占据任何可能的结构位置,从而形成无序结构。由于无序结构中的原子或离子是随机地占据任何可能的结构位置,内能大,所以无序结构是一种不稳定的结构。有序—无序之间是可以相互转化的,当温度高于某一临界值时,有序结构可转变为无序结构;反之,当温度低于这个临界值时,无序结构又会向有序结构转变。由无序结构向有序结构的转变作用称为有序化。有序结构有时也称为超结构或超点阵。

有序—无序现象在黏土矿物中十分普遍,既存在有阳离子替代的有序—无序,也存在有晶层重叠的有序—无序。如果各晶层重叠时的位移不一样,就形成无序黏土矿物。不同晶层的相互重叠称间层结构,如果从重叠顺序考虑则有完全有序、部分有序和无序之分。有序间层是一种整体有序现象,也就是说在一个单晶体的范围内,不同晶层的有序分布(不同晶层规则交替出现)延伸到整个晶体的全部,从整个晶体范围来看,不同晶层的分布都是有序的。部分有序间层是一种局部有序现象,也就是说在一个单晶体的范围内,在其晶体的一个个局部区域(晶畴)内,不同晶层均呈有序分布,但从整个晶体范围来看,不同晶层的分布则是无序的。无序间层是整个晶体范围内的不同晶层的分布都是无序的。

(2) 多型

在结晶学上,成分相同的物质在不同的物理化学条件下形成不同结构的现象称为同质多象,由此形成的晶体称为该成分的同质多象变体,或称多型。在层状构造硅酸盐中,单元晶层沿 c 轴按不同方式重叠而成的同质多象变体称为多型,也即多型是一维的狭义多型,是一种特殊类型的多型。

从多型的定义可以看出,对于同一物质的各个多型变体而言,由于它们晶体内部的结构单元层都是相同的，仅是层的堆积顺序和堆积方式（平移和旋转）不同，因此，各变体间在平行于层面的两个方向上，晶胞参数的数值必然全都相等或有一定的对应关系，而在垂直于层面的第三个方向上，各变体的晶胞高度均应等于某一数值的整数倍。因此，公因子的值取决于单独一层结构单元层的高度，而整数即为单位晶胞中结构单元层的数目，迪开石和珍珠石是高岭石的多型，高岭石是一层型，其单位晶胞的高度约为 7.2×10^{-1} nm，与结构单元层（单位构造层）的高度相等；迪开石是二层型多型变体，其单位晶胞的高度约为 14.4×10^{-1} nm，是结构单元层高度的 2 倍；珍珠石是六层型多型变体，其单位晶胞的高度约为 43.2×10^{-1} nm，是结构单元层高度的 6 倍。

由于层的堆积顺序和堆积方式不同，同一物质的各个多型变体结构对称性——空间或晶系也不相同。

常用的多型符号一般是由一个数字和一个字母组成。前面的数字指示单位晶胞内结构单元层的数目，即重复层数，显然它必定是一个自然数；后面的大写斜体字母指示所属的晶系；如果有两个或两个以上的变体属于同一晶系并且有相等的重复数时，则在最后再加下标以区别。如云母的两种单斜晶系的二层型多型变本 $2M_1$ 和 $2M_2$（M 表示单斜晶系，O 表示四方晶系，T 表示三方晶系，H 表示六方晶系）。

4.3 黏土矿物的性质

4.3.1 物理性质

黏土矿物由于它的微粒性，一般矿物的硬度、相对密度、条痕等常见的性质并不是主要的，代之是黏土矿物所特有的性质。

（1）可塑性

可塑性是用黏土和水糅和的黏土泥团，对其加以外力就产生变形，去掉外力这种形变不再改变，也不破裂。如果把这个泥团继续加水，泥团就变成黏糊状而且能缓慢流动。把达到这个界限的水质量与风干黏土的质量的百分比，称为液性界限（W_L）。另一方面，水量逐渐减少就变脆而破裂或者破碎，不发生变形。把达到这个界限前所失去的水量与干样品的质量比叫作塑性界限（W_P）。$W_L-W_P=I_P$ 称为塑性指数。这个指数表明塑性的含水量范围。

（2）稠性

稠性表示原来既不是固体（在外力作用下不容易发生形状和体积变化的物体），也不是液体（在常温下虽然不具有固定形状，却具有一定体积的流体）的中间型物体的硬度—柔度的术语，叫作稠度。换言之，稠度就是将要变形时显现出的抵抗性质。

（3）黏性

黏性是在流动着的物质内部设想一个平面，在与速度（移动速度、变形速度、速度梯度）（D）同一方向上，外力（移位的应力）（F）以该面为界，相对地表现在两侧流体部分的性质。这样黏性可以用 D 与 F 的关系来表示，可分为为宾厄姆流动（Bingham flow）和牛顿流动。

不管是牛顿流动还是宾厄姆流动，其 D，F 的比例系数 η 都可用于黏度对比，所以，叫作黏性系数或黏度。比例系数 η 的单位为泊（P）。

（4）触变性

黏土凝胶经搅拌后就变成溶液,再放置些时间又变成凝胶,这种性质称为触变性。在英国某海岸地区及我国的黄河湿地等区域,初看好像是一片很硬的砂地,但是踏上去就立刻变成溶胶状态而成为危险的地方,这就是由于砂中存在的黏土造成的触变性所致。古代沉积沼泽相里,由于具触变性黏土的存在,成岩后形成表面膜,观察研究这种表面膜对相分析有用处。

4.3.2 化学性质

(1) 膨胀性

膨胀性指因吸水而体积增大的现象。膨胀性可根据产生膨胀的原因,分为内膨胀性和外膨胀性。

内膨胀性,就是水分子进入晶层间而发生的膨胀。例如,蒙脱石层间距 $d_0=15.4$ Å,如果加水成为胶状则增大到 20 Å 左右。诺里斯用 Na 型蒙脱石浸在不同的盐类溶液中,逐渐降低溶液浓度,观察其底面的间距,到 20 Å 为止呈阶梯性增大,到 100～120 Å 则与盐类浓度的平方根之倒数呈比例地增大。须藤俊男推断比 20 Å 更大的值,可能不单是底面间距的增大,而是由各种不同值的混合层引起的。

外部膨胀性,是水存在于颗粒与颗粒之间而产生的膨胀性。因为黏土矿物多为层状硅酸盐,它的表面积主要是底表面积。也就是说,水主要存在于小薄片与小薄片之间而使其发生膨胀,这种膨胀性称为外部膨胀性。

不同的黏土矿物具有不同的膨胀性。根据黏土在水化条件下的膨胀性,可将它们大致分为膨胀型黏土和非膨胀型黏土。高岭石在水化时,只有少许膨胀或不膨胀,属于非膨胀型黏土;钠蒙脱石则相反,在水中的膨胀体积多达干土体积的许多倍,钙蒙脱石和镁蒙脱石具有中等的膨胀性,属于膨胀型黏土。伊利石较为复杂,有些不具有膨胀性,有些则具有膨胀性。

(2) 分散性

分散性是指将黏土悬浮在水中则难于沉淀,又称反絮凝性。这种液体称为悬浮液或溶胶。这种性质的产生不仅是由于粒度细小,而更主要的是黏土矿物表面带有很多阴电荷,吸附阳离子。由于黏土质点之间同号离子相互排斥,颗粒不能顺利地按照重力关系沉降,而在水中长期浮游。

(3) 凝聚现象

如果在前面所说的悬浮液中加入盐类溶液,这时小的黏土质点就会凝聚成较大的颗粒,这是由于离子浓度过高而引起的。其实引起凝聚的因素很多,例如,加热、蒸发、干涸、冷冻及振荡等。这些因素对减小电偶层厚度或者对促进颗粒与颗粒的接触方面都有作用。由凝聚而成的黏土矿物的聚合状态并非全紊乱状态,而是具有各种各样的结构。近来用骤冷干燥或者用特殊树脂加以固结,用金刚石刀切制超微薄片,在透射及扫描电子显微镜下观察,其中一种为片架状结构。该结构的形成与溶液的 pH 值大小有关。

(4) 离子交换性

离子交换性,是指含有离子(A^+)的物质(AR)与含有离子(B^+)的溶液(BS)相接触时,一部分 B^+ 进入 AR 中,A^+ 的一部分进到溶液中。此时,进入 AR 中的 B^+ 和进入溶液中的 A^+ 的当量数相等。黏土矿物发生离子交换可分成两大类:

① 层间包含着交换性阳离子，如蒙脱石、蛭石等，其交换基为 2∶1 型，层间电荷 0.2～0.9。

② 出露在晶体破碎面上的一部分氧原子价，可以把它看作出露在破碎面上的一部分氧原子价在未平衡的情况下进入溶液中。与未饱和原子价相结合的交换性阳离子和位于层间的交换性阳离子相比较，虽然其数量较少，但在所有黏土矿物中都能见到。如果溶液中有 H^+ 存在时，这种破碎面的氧就形成未解离的 OH^-。在破碎面上生成氧离子而吸附溶液中的离子，这时被吸附的离子承担着交换性离子的任务。

在离子交换反应中，被交换的程度因离子的种类而不同，称之为离子交换选择性。经离子交换反应，离子进入黏土矿物并结合于黏土矿物中，这种现象称为黏土矿物对阳离子固定。

根据格里姆 1962 年的资料，不同黏土矿物离子交换容量(CEC)为：

蛭　石　　100～150 meg/100 g(每 100 克的毫克当量)
蒙脱石　　80～150 meg/100 g
高岭石　　3～15 meg/100 g
海泡石、坡缕石　　20～30 meg/100 g
绿泥石　　10～40 meg/100 g

关于阴离子也有人进行过研究，主要是研究了磷酸根离子。发现 pH 值越小，而且样品中含有可交换性铝离子或者水铝英石的情况下，磷酸根离子越容易被固定。另外，在磷酸与黏土矿物反应中，黏土矿物的结构被破坏，磷酸根与这些分解物相结合而生成各种磷酸化合物。

4.3.3　黏土的吸附作用

吸附作用是黏土的主要性质之一。

(1) 物理吸附

其吸附作用是由于分子间范德华引力产生的，吸附以后吸附剂不发生变化，这种作用称为物理吸附。物理吸附与物质的分散度有关，分散度越高，吸附现象就越明显、越激烈。

(2) 化学吸附

黏土颗粒表面吸附的离子与周围介质中的离子之间所发生的当量交换作用，使黏土的性质发生改变，这种吸附作用就叫化学吸附，也称为离子交换吸附。这种交换吸附反应是可逆的。黏土颗粒表面的离子可以像水溶液中的离子一样，继续发生交换。离子交换反应可以在水溶液中发生，也可以发生在非水溶液中。

影响阳离子交换反应的因素有很多，与黏土矿物种类和颗粒的大小、阳离子大小、浓度、价数及其在晶体构造中的位置、阴离子的性质和浓度、介质的 pH 值和温度等有关。

通常，高岭石的反应最快，蒙脱石和凹凸棒石较慢，伊利石最慢。

温度升高可使交换反应速度稍微加快，但加热会使交换容量降低。高岭石、伊利石的阳离子交换容量随颗粒变细而增加；颗粒的大小对蒙脱石的阳离子交换容量影响不大，研磨可使蒙脱石颗粒变细，阳离子交换容量稍有增加，但长时间的研磨容易引起晶格破坏，交换容量反而降低。

吸附态的阳离子可以部分电离，电离率大的离子交换性强，一般二价离子比一价离子的电离率小，交换能力差。

阳离子交换反应符合质量作用定律，增加代换离子的浓度，可使交换反应顺利进行；pH值升高，阳离子交换能力增大。常见的阳离子交换能力顺序为：$Li^+ < Na^+ < K^+ < Rb^+ < Cs^+ < Mg^{2+} < Ca^{2+} < Ba^{2+} < H^+$。

黏土矿物的表面能吸附水，它吸附的阳离子也多以水合阳离子的形式存在。水的吸附与黏土矿物的性质、可交换阳离子的类型和温度等因素有关。

在黏土颗粒表面，水分子呈现出高度的定向排列，其有序的程度由里向外递减。水在黏土矿物上吸附时会放出吸附热。

4.4 黏土矿物鉴定的研究方法

黏土矿物的研究方法多样，主要有黏土分离、热分析、红外光谱分析、扫描电子显微镜分析、电子探针分析、X射线能谱分析、化学分析、透射电子显微镜分析、核磁共振分析、Mossbaure谱分析等。其中，每种分析方法各有其优缺点，只有具体问题具体对待、综合分析，才能达到事半功倍、准确鉴定的目的。

在研究黏土矿物时，切不可仅局限于使用一种方法，而应该多种方法相互验证、综合研究。以上方法最常用的是X射线衍射和扫描电镜分析技术。

4.4.1 X射线衍射分析技术

4.4.1.1 基本特点

X射线衍射效应是在晶体(绝大多数矿物都是晶体)中发生的。因此，X射线衍射学科的基本特点就是涉及晶体结构。不同的矿物具有不同的晶体结构，因此X射线衍射技术就是根据不同晶体结构发生衍射谱图的特点来鉴别矿物的种类，对于片架状硅酸盐类的黏土矿物尤为如此。其基本特点有如下三个方面：

(1) X射线谱图解释

可以这样讲，只有对矿物的晶体结构有了比较透彻的理解，才能对谱图作出较好的解释。不同的黏土矿物在不同温度下其结构均发生变化，因此应选择合适的温度等条件下，测得可对比的数据。比如蒙脱石是一种2∶1型的层状硅酸盐，其层间水可进可出，受室内温度影响很大。

(2) 矿物演变的因素

矿物的晶体结构是矿物在不同地质条件下发生演变的内在因素。例如，蒙脱石的晶体结构决定其在富钾的环境下，随着埋藏的加深和湿度的升高会逐渐向伊利石转化，其间会出现混层矿物。

综上所述，无论是谱图解释，还是矿物演变转化规律以及样品制备技术，都与矿物的晶格结构密切相关。也正因为此，每个X射线衍射分析工作者都特别注意去了解矿物的晶体结构。

4.4.1.2 X射线鉴定矿物方法的优缺点

(1) 优点

① 不破坏样品，不改变矿物种属。在薄片鉴定中，由于磨片过程需要水，故有的盐类矿物(如食盐)溶解于水、有的与水起反应(如钙芒硝与水作用后生成石膏)，这会导致对某些矿

物鉴定不出来或对其作出不正确的鉴定。而X射线衍射方法则不存在这个问题。

② 对于同质多象、类质同象能作出较准确的判断，如方石和方解石的化学成分均为$CaCO_3$，这就是一种同质多象。同用化学分析的方法是无法区分开它们的，而用衍射方法则十分容易。

③ 准确、快速、可靠，对于常见的含量多的矿物，从制样上机到谱图解释，一般1 h即可解决问题。

④ 可用于多种矿物种系，这一点对分析地层中的黏土矿物十分重要。因为大多数样品都有3种、4种乃至5种黏土矿物存在。

⑤ 制样方法简单，用于黏土矿物分析的定向片也是一种多用片，它既能进行乙二醇饱和又可以进行加热处理，这对于定性、定量分析均十分重要。

⑥ 其他。对于细粒度的黏土矿物及其他矿物，在矿物晶形发生很大变化甚至面目全非时，X射线方法是最有效的方法。至于伊利石/蒙皂石和绿泥石/蒙皂石两类混层矿物的鉴定和混层比的计算问题，恐怕目前还只能应用X射线方法。

(2) 缺点

① 不敏感，对于低含量(1%～2%)的矿物难以作出准确的鉴定。

② 不易判断成因，由于不知道矿物的产状和它们之间的相互关系，因而难以判断矿物的成因。例如，碎屑石英和自生石英，其谱图完全一样，无法区别；自生伊利石(砂岩中)和碎屑伊利石情况类似。

③ 其他。抽象、不形象，谱图解释困难。对非晶态物质，如火山玻璃，不能给出准确的相分析。价格较贵。

(3) X射线谱图的内容

X射线分析矿物的结果最终体现在一张或一套X射线谱图上，包括以下内容(图4-6)。

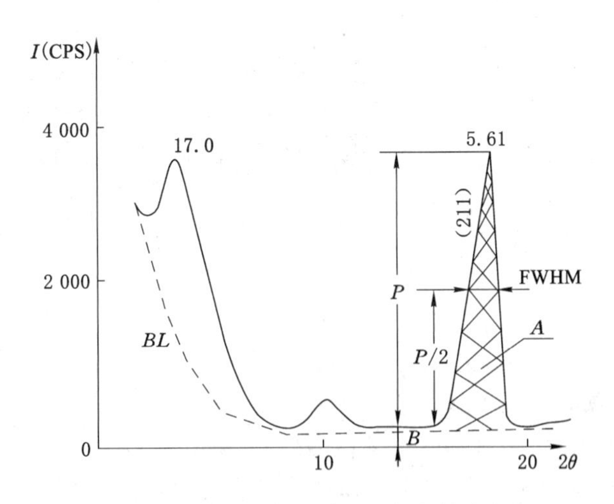

图4-6　一张X射线谱图所包含的内容

纵坐标为衍射强度，用I表示。单位为Counts Per Second，意义是记数/秒。

横坐标为衍射角，用2θ表示，是Bragg角的两倍，单位为度。

峰顶标值为晶面间距，用d表示，单位为Å。可根据峰顶对应的2θ值，比如$2\theta=15.8°$，由Bragg方程算出相应的d值。

$$d=1.5418/2\sin\theta=5.61(\text{Å})\quad(\text{Cu-K}\alpha\text{ 辐射})$$

d 值是进行矿物鉴定的基本数据。例如,绿泥石的 $d(001)=14.26$ Å;高岭石的 $d(001)=7.15$ Å 等。在蒙皂石向绿泥石转化过程中,其第一个峰的 d 值从 17 Å(经乙二醇处理后)逐渐减小,直至 14.26 Å 为止。

基线 BL,即图 4-6 中的虚线。

背景 B 为基线与横坐标之间的距离,单位也是 cps。

半高宽 FWHM(Full Width of Half Maximum Intensity)单位为(°)。此值可以用来表示伊利石的结晶度。砂岩中的自生高岭石半高宽均很小,一般为 0.18°。而碎屑高岭石的峰则较宽。沸石的结晶度均很高,故 FWHM 值一般为 0.18°。

衍射强度表示法:

① 峰高 P,单位为 cps。常用于定性分析。也用于全岩 X 射线定量分析。对于同一种矿物的衍射峰,要换算成相对强度。最强峰为 100,其余按比例换算。

② 峰面积 A 代表积分强度,单位是记数,也可以用 mm^2 表示。黏土矿物的定量分析采用峰面积来计算强度。

峰背比 P/B,此值越大越好。在衍射仪上装上单色器之后,一般都能得到高 P/B 值的谱图。

峰形函数(2θ),同一类矿物的峰形变化反映了矿物本身在演变中。例如,蒙皂石向无序混层 I/S 转化过程中,17 Å 峰变得越来越不对称,直至该峰消失为止。伊利石的结晶度的变化也可以从峰形变化中看出来。

总之,一张 X 射线谱图包含着许多内容及重要信息,应充分应用这些信息并与地质应用紧密结合起来。

4.4.2 扫描电镜分析

扫描电子显微镜是利用具有一定能量的电子束轰击固体样品,使电子和样品相互作用产生一系列有用信息,借助特殊的探测仪器分别进行收集处理并成像的大型综合分析仪器。它可以用来直接观察样品的微观形貌结构并进行微区元素成分分析。

4.4.2.1 扫描电镜的结构

通常,扫描电镜由电子光学系统、信息检测系统、电源系统以及 X 射线能谱仪组成。它们的功能介绍如下:

(1) 电子光学系统

由电子枪、电磁透镜、扫描线圈和样品室组成。

电子枪(一般为热钨丝)发射出直径为 50 μm 左右的电子束,在加速电压(一般从 1 000~30 000 V)的作用下形成高能电子束,经过 3 个电磁透镜的聚焦作用,会聚成一个直径细小到 50 Å 的电子束(电子探针)轰击在样品上。末透镜上部的扫描线圈使电子束在样品表面作光栅式扫描。

样品室给样品提供了一个三维运动的空间,并安装有各种信息的探测器。样品在样品室可以上下、左右、前后移动。可以倾斜、旋转,便于对样品作各个部位、各个角度的观察。

(2) 信息检测系统

由各种类型的探测器、放大器、电信息处理单元、显示器和相应的记录设备组成。

电子束轰击样品表面产生各种信息，根据实验目的，用不同探测器收集有关的信息。经过几次放大器的连续线性放大，馈送到信息处理单元做有选择的处理，最后馈送到显示器中阴极射线管的控制栅极上，调制阴极射线管的亮度，形成扫描电子图像。最后，根据需要可以采用录像机、图像分析仪、照相机记录扫描电子图像。

(3) 扫描系统

由扫描信号发生器、扫描放大器组成。

扫描信号发生器产生扫描信号，经扫描放大器放大后同时馈送到镜筒的扫描线圈上和阴极射线管的扫描线圈上，使两者的电子束在样品表面和阴极射线管的荧光屏上作同步扫描，从而达到扫描成像的目的。

(4) 真空系统

一般由旋转机械泵、油扩散泵、离子泵、各种真空阀门和真空检测单元组成。真空系统是为电子光学系统提供所需要的高真空，以确保电子束的强度和防止样品的污染。一般热钨丝电子枪要求 10^{-4} Pa 以上的真空度，六硼化镧(LaB_6)电子枪要求 10^{-6} Pa 以上的真空度，长发射电子枪要求 10^{-10} Pa 的超高真空。

(5) 电源系统

由一系列的变压器、稳压器及相应的安全控制线路组成。

电源系统是为上述各系统和整个仪器提供各种高压、低压、交流、直流电源，并提供一系列高稳定度的电源，以保证仪器正常工作。

4.4.2.2 扫描电镜的工作原理

镜筒中的扫描线圈使电子束在样品表面一个微小的区域内作光栅状扫描，电子束是在样品表面从左到右逐点、逐行扫描，使样品产生信息。

阴极射线管上扫描线圈也是使阴极射线管发射的电子束在荧光屏上逐点地从左到右扫描，使荧光屏产生亮点。具体步骤同电子束在样品上的扫描。两者扫描信号都是由扫描系统控制的，它们进行同步扫描，即样品上被扫描区域和荧光屏是点点对应的，从样品某一点激发出来的信息经探测器放大处理后，调制荧光屏相应点的亮度，按照从左到右、从上到下的顺序将样品上信息依次在荧光屏上呈现，形成样品被分析区域的扫描电子像。阴极射线管的荧光屏尺寸是固定的，它和样品被扫描区的比例就是扫描电子像的放大倍数，可以通过改变镜筒中的扫描线圈的电流大小来改变电子束对样品扫描区域的尺寸，从而实现改变放大倍数。例如，荧光屏尺寸为 100 mm×100 mm，电子束在样品上 0.1 mm×0.1 mm 范围内扫描，则放大倍数为：$M=100/0.1=1\ 000$ 倍。

4.4.2.3 扫描电镜的特点

扫描电镜与光学显微镜及其他类型的电子显微镜相比较具有下述特点：

① 样品制备简单，能够直接观察样品原始表面，原则上讲任何固体样品只要能放进样品室就可以进行观察分析。

② 样品消耗少，损伤小，污染轻。

③ 能观察大样品、原始样品、样品自由度大。样品在样品室中活动空间大，可以在三维空间、六个自由度运动(即三度空间平移、三度空间旋转)，这就为观察不规则样品各个区域的细节带来了很大便利，观察样品的视场大。

④ 扫描电镜的放大范围可以从 10 倍到 20 万倍，而且连续可调。

⑤ 对样品进行处理如加热、冷却、弯曲、延伸的同时，可在扫描电镜下观察其动态变化并加以研究。

⑥ 能对样品表面进行各种信息的综合分析。最常用的是把微区形貌分析和微区成分分析、微区晶体分析结合起来进行综合分析。

然而，扫描电镜也有一定的局限性。首先是它的分辨率不很高，它不能显示样品的内部细节，也不能反映样品的颜色等光学特征。

4.4.2.4 样品制备方法

扫描电镜对样品无特殊要求，岩芯、岩屑、地面手标本、单矿物颗粒、化石、现代花粉等固体样品均可进行分析。样品的大小根据各型号扫描电镜样品桩的尺寸而定。扫描电镜样品制备有三个主要环节：样品的预处理、将样品固定到样品桩上的黏结技术及镀膜。分述如下：

① 样品的预处理：主要步骤为洗油、磨制、酸化、净化、干燥等。

② 样品上桩黏结技术：通常采用导电胶把经上述处理后的样品黏结到样品桩上。

③ 镀膜：最常用的镀膜材料是金，其纯度应为光谱纯，另外，还可以用金—钯合金。镀膜一般在真空镀膜机中进行，要注意使镀层均匀。

4.4.2.5 扫描电镜下黏土矿物的特征

黏土矿物的结晶特点是晶体微细，多数为单斜晶系，部分为胶体状态。表 4-3 为几种常见的黏土矿物在扫描电镜下的特征。几种常见黏土矿物的扫描电镜图如图 4-7 所示。

表 4-3　主要黏土矿物在扫描电镜下的特征

构造类型	黏土矿物族	代表黏土矿物	化学分子式	X 射线衍射谱 $d(001)$/Å	扫描电镜下单体形态	扫描电镜下集合体形态
两层构造铝硅酸盐	高岭石族	高岭石、地开石等	$Al_4(Si_4O_{10})(OH)_8$	7.1～7.2	假六方惯用的鳞片状	书页状、蠕虫状、手风琴状
	埃洛石族	埃洛石	$Al_4(Si_4O_{10})(OH)_8$	10.05	针状、管状	细微的棒状集合体
三层构造铝硅酸盐	蒙脱石族	蒙脱石、囊脱石	$(Al,Mg)_2(Si_4O_{10})(OH)_2 \cdot 4H_2O$	Na:12.99；Ca:15.50	棉絮状	皱成鳞片、蜂窝状、絮状集合体
	伊利石族	伊利石、海绿石	$K,Al[(AlSi_3)O_{10}](OH)_2 \cdot mH_2O$	10	片状、蜂窝状、丝缕状	薄片状、碎片状、羽毛状集合体
混合构造铝硅酸盐	绿泥石族	各种绿泥石	Fe、Mg、Al 的层状硅酸盐含 OH^-	14、7.14 3.55、4.72	针叶片状、玫瑰花朵状、绒球状	薄片状、鳞片状集合体
链状构造铝硅酸盐	海泡石族	山软木等	$MgAl_2[Si_4O_{10}](OH)_2 \cdot 4H_2O \cdot nH_2O$	10.40、3.14 2.59	棕丝状	丝状、纤维状集合体

图 4-7　几种黏土矿物的扫描电镜图

4.4.3 其他分析方法

① 黏土矿物的分离：首先要进行系统粒度分析，按不同粒级进行分离，分别研究各粒级黏土矿物成分，因为不同黏土矿物经常分布在不同粒级中，高岭石常常出现在粗粒级，而蒙脱石在细粒级比较富集。常用的方法是用沉速法（沙巴宁法）分离粒径小于 0.002 mm 的颗粒。

② 热分析（包括差热分析、热重分析、比热分析、热膨胀与收缩分析等），它是黏土矿物热学性质研究不可缺少的手段。差热分析法简便、易行，由于石英、长石等非黏土矿物是热惰性矿物，在热谱中反映很不明显，因此差热分析可以对黏土矿物进行总体定性鉴定，大体确定高岭石、埃洛石、地开石和珍珠陶石。

③ 红外吸收光潜分析是黏土矿物鉴定的一个重要手段，同时也是矿物结构分析一个重要的辅助手段，特别是对矿物有序—无序的认识是一个简易快速的方法，主要是要有目的地进行矿物学研究。

④ 核磁共振吸收：所谓核磁共振，就是原子核置于外部静电磁场中，此时可发生原子的核磁从外部磁场吸收能量或发散能量的现象，当吸收时产生吸收谱。对黏土矿物目前主要应用于 H_2O 及 OH^- 的原子核磁共振谱的研究。如高岭石、埃洛石、蒙脱石能看出吸附水和结构水之间能量级的差异，但在沸石或水铝英石中难以看出能量级的差异。

⑤ 穆斯堡尔效应：R. L. Mossbaure 1958 年发现的一种原子核 γ 射线照射固体时发生的无反冲散射及共振吸收现象。这种方法对铁族元素研究有意义，研究绿泥石、蒙脱石、铁皂石、水黑云母、铁海泡石等含铁黏土矿物八面体中铁、钛占位情况，根据吸收带的面积求出结构中 Fe^{3+}/Fe^{2+} 的比值。

⑥ 紫外吸收光谱：主要是研究有机黏土，在石油部门应用很多。

⑦ 各种无机和有机试剂处理及热处理的研究法：各种处理法都要与 X 光衍射相配合，测定矿物的衍射数据。

黏土矿物鉴定的方法非常复杂，要建立一个完善的黏土矿物鉴定程序是非常困难的，应用时，一方面根据黏土矿物的特征特点，抓住彼此间的主要区别；另一方面，多实践，多实验，增加鉴定黏土矿物的经验和水平。只有这样，才能对黏土矿物做到有效鉴定和研究。

4.5 常见黏土矿物

4.5.1 1∶1 型

(1) 高岭石 $Al_4[Si_4O_{10}](OH)_8$（图 4-8）

英文名称：Kaolinite。

形态：白色软泥状，颗粒细腻，状似面粉。

颜色：白或浅灰、浅绿、浅黄、浅红等。

条痕：白色。

光泽：土状光泽。

硬度：2～2.5。

解理：极完全解理。

图 4-8 高岭石

相对密度：2.60～2.63。

高岭石是长石和其他硅酸盐矿物天然蚀变的产物，是一种含水的铝硅酸盐。它还包括地开石、珍珠石和埃洛石及成分类似但非晶质的水铝英石。它们总是以极微小的微晶或隐晶状态存在，并以致密块状或土状集合体产生。高岭石为或致密或疏松的块状，一般为白色，如果含有杂质便呈米色。高岭石经风化或沉积等作用变成高岭土，而高岭土是制作陶瓷的原料。除此以外，高岭土还可作化工填料、耐火材料、建筑材料等，用途十分广泛。中国江西的景德镇有一个高岭村，盛产高岭土，故得名。

(2) 埃洛石 $Al_2[Si_2O_{10}](OH)_8 \cdot 4H_2O$(图 4-9)

图 4-9　埃洛石

英文名称：Halloysite。

形状：八面体或六面体。

颜色：白色。

光泽：蜡状或油脂状光泽。

断口：贝壳状。

相对密度：2.1 左右。

埃洛石又称多水高岭石、叙永石，俗称羊油矸，也常与高岭土同名。埃洛石与高岭土在晶体结构上的区别在于，一是管状构造，一是片状构造，化学成分十分类似。

埃洛石是典型的风化作用产物，在风化壳中常与高岭石、三水铝石和水铝英石等共生。中国四川叙永、贵州习水一带和山西阳泉等地风化壳中均有产出，并因产地而又得名为叙永石。它也产于金属硫化物矿床的氧化带中，有时也少量产于现代沉积物中，与大量高岭石共生。埃洛石的用途与高岭石相似，也是优质陶瓷的原料，在化学工业上可以合成分子筛和作催化剂的载体，在塑料、橡胶和油漆工业中用作填料等。

(3) 叶蛇纹石 $Mg_6[Si_4O_{10}](OH)_8$(图 4-10)

图 4-10　叶蛇纹石

英文名称：Antigorite。

形态：叶片状、粒状。

透明度：半透明。

颜色：黄绿色至绿色，淡黄色至无色。

光泽：油脂或蜡状光泽。

条痕：绿白色。

解理：极完全和不完全解理。

硬度：3.0～3.5。

相对密度：2.60～2.70。

叶蛇纹石多产在火成岩或变质岩内，而台湾地区的叶蛇纹石主要产在花莲寿丰、万荣、瑞穗、卓溪和宜兰县南澳等地，是由基性岩浆岩或超基性岩浆岩经蚀变而来，呈致密块状者，可作为建材、饰品或工艺品，若裂隙较多者，则可提炼氧化镁，作为耐火材料或炼铁造渣剂之用。

4.5.2　2∶1 型

(1) 滑石 $Mg_3[Si_4O_{10}](OH)_2$(图 4-11)

英文名称:Talcum。

形状:块状、叶片状、纤维状或放射状。

颜色:白色、灰白色。

光泽:脂肪光泽或珍珠光泽(片状集合体)。

条痕:白色。

硬度:1。

相对密度:2.6~2.8。

解理:极完全解理。

图 4-11 滑石

滑石,亦名画石、液石、脱石、冷石、番石、共石。滑石非常软并且具有滑腻的手感。摩氏硬度的 10 个级别中,第一个就是滑石。柔软的滑石可以代替粉笔画出白色的痕迹。滑石一般呈块状、叶片状、纤维状或放射状,颜色为白色、灰白色,并且会因含有其他杂质而带各种颜色。滑石的用途很多,如作耐火材料、造纸、橡胶的填料、绝缘材料、润滑剂、农药吸收剂、皮革涂料、化妆材料及雕刻用料等。

(2) 蒙脱石$(Na,Ca)_{0.33}(Al,Mg)_2[Si_4O_{10}](OH)_2 \cdot nH_2O$(图 4-12)

英文名称:Montmorillonite。

形状:块状、土状。

颜色:白灰,或浅蓝或浅红色。

光泽:暗淡。

条痕:白色。

硬度:1。

解理:无解理,贝壳状断口,性硬。

相对密度:约为 2。

图 4-12 蒙脱石

蒙脱石名称来源于首先发现的产地——法国的 Montmorillon。蒙脱石亚族属于蒙皂石族矿物之一,是重要的黏土矿物。当它们吸收水分后还可以膨胀并超过原体积的几倍。蒙脱石的用途多种多样,人们将它的特性运用到化学反应中以产生吸附作用和净化作用。它还可以作为造纸、橡胶、化妆品的填充剂,石油脱色和石油裂化催化剂的原料等,还可作为地质钻探用泥浆,冶金用黏合剂及医药等方面。

(3) 蛭石$(Mg,Ca)_{0.7}(Mg,Fe,Al)_{6.0}[(Al,Si)_{8.0}](OH)_{4.8}H_2O$(图 4-13)

英文名称:Vermiculite。

形状:土壤状。

颜色:褐、黄、暗绿色。

光泽:油脂光泽或珍珠光泽。

条痕:樱红色。

硬度:1~1.5。

相对密度:2.4~2.7。

解理:解理完全。

图 4-13 蛭石

蛭石矿物的名称来自拉丁文,带有"蠕虫状"、"虫迹形"的意思。

蛭石是一种与蒙脱石相似的黏土矿物。一般由黑云母经热液蚀变或风化形成。蛭石可用作建筑材料、吸附剂、防火绝缘材料、机械润滑剂、土壤改良剂等。

(4) 伊利石 $K_{0.75}(Al_{1.75}R)[Si_{3.5}Al_{0.5}O_{10}](OH)_2$(图 4-14)

英文名称:Illite。

形状:鳞片状。

颜色:洁白(含杂质而呈浅绿、浅黄色)。

光泽:油脂光泽。

条痕:黑色。

硬度:1~2。

相对密度:2.6~2.9。

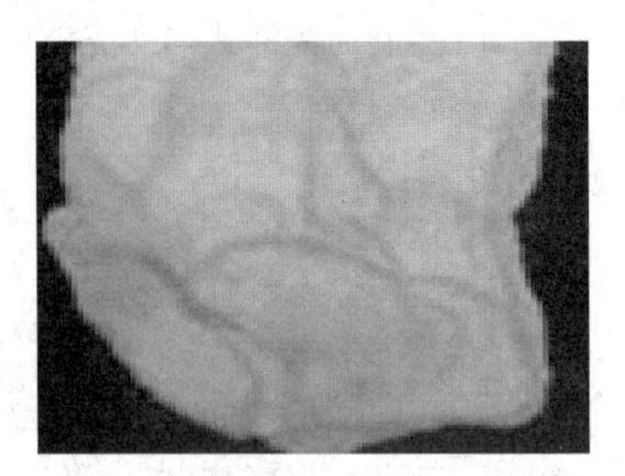

图 4-14 伊利石

伊利石是介于云母和高岭石及蒙脱石间的中间矿物,成因有多种:由长石和云母风化分解而成;蒙脱石受钾的交代;热液蚀变;胶体沉积的再结晶。其广泛发育在风化壳、土壤及现代沉积物中,亦产于其他沉积岩和石灰岩中。伊利石黏土的用途很广,在陶瓷工业上利用伊利石黏土作为生产高压电瓷、日用瓷的原料,在化工工业上用作造纸、橡胶、油漆的填料,在农业上制取钾肥等。

(5) 白云母 $KAl_2(AlSi_3O_{10})(OH)_2$(图 4-15)

英文名称:Muscovite。

形状:大板块状。

颜色:白色,较淡的褐、绿、红色到无色。

光泽:玻璃或丝绸光泽。

条痕:无色。

硬度:2.5~3。

解理:极完全解理。

相对密度:2.76~3.10。

图 4-15 白云母

白云母的特性是绝缘、耐高温、有光泽、物理化学性能稳定,具有良好的隔热性、弹性和韧性。经加工成云母粉还有较好的滑动性和较强的附着力。由于云母和云母粉本身的性能,主要有如下用途:日用化工原料、云母陶瓷原料、油漆添料、塑料和橡胶添料、建筑材料、用于焊条药皮的保护层、用于钻井泥浆添加剂,近年在玻璃鳞片替代方面也很突出等。

(6) 绿脆云母 $Ca(Mg,Al)_3(Al_3Si)O_{10}(OH)_2$(图 4-16)

英文名称:Clintonite。

形状:片麻状或片状。

颜色:无色、橙色、红色、褐色、棕色、绿色。

光泽:玻璃光泽、珍珠光泽。

条痕:白色、微黄色、灰色。

硬度:4~5。

相对密度:3.0~3.1。

解理:完全解理。

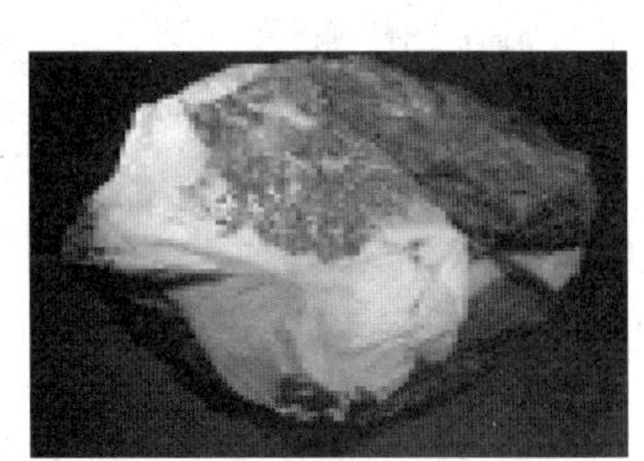

图 4-16 绿脆云母

一种云母矿物，为铁、镁、钙的基性铝硅酸盐，与金云母的区别是其化学式中钙取代了钾。绿脆云母是云母类矿物中的重要成员，它比其他云母要硬且脆些。

4.5.3 非晶质

水铝英石$(Al_2O_3)(SiO_2)_{1.3\sim2}\cdot2.5\sim3H_2O$(图 4-17)

英文名称：Allophane。

形状：葡萄状。

颜色：白色、绿色、蓝色、黄色到棕色。

光泽：蜡状光泽。

条痕：白色。

硬度：3。

相对密度：1.9。

解理：无解理。

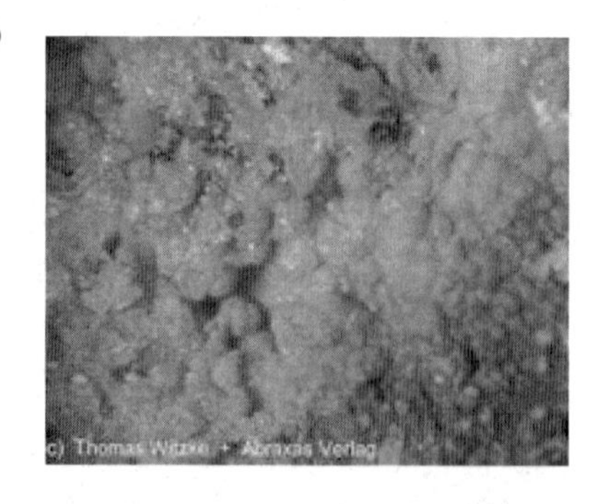

图 4-17 水铝英石

水铝英石用于制作耐火黏土(耐火度大于 1 580 ℃的黏土)，依据其性能、矿石特征和工业用途，耐火黏土主要用于冶金、机械、轻工、化工、建材及国防等。

课后习题

[1] 试述黏土矿物如何分类。

[2] 什么是解理和断口，如何理解两者的相互关系？

[3] 黏土矿物的主要性质有哪些？

[4] 黏土矿物常用的鉴定方法有哪些？

5 岩　　石

岩石是天然产出的具有一定结构、构造的矿物集合体，是构成地壳和上地幔的物质基础。岩石不仅是构成地壳的物质基础，还是构造运动的“记录者”，记载了地壳的发展历史。

5.1 岩石的分类

传统的分类方法，即按照岩石的成因分类，分为岩浆岩、沉积岩和变质岩三大类。从三大类岩石在地表的出露状况来看，沉积岩分布最广，约占陆地总面积的75%，岩浆岩和变质岩约占25%，随着深度的不断增大，沉积岩所占比例逐渐缩小，到地表以下16～20 km，沉积岩仅占5%。

科学技术的突飞猛进使得人们对于资源的需求量及开采量不断地增大，资源的开采逐渐由浅部开采转入深部开采。进入深部开采阶段后，岩石表现出不同于浅部的物理力学性质。

5.1.1 岩浆岩

岩浆岩又称火成岩，是由地壳深处的高温熔融的岩浆，经侵入地壳或喷出地表，冷凝后形成的岩石，约占地壳总体积的95%。侵入地壳未喷出地表的叫侵入岩，喷出地表的叫喷出岩。

5.1.1.1 岩浆岩的物质组成

岩浆岩的组成元素主要有O、Si、Al、Fe、Mg、Ca、Na、K、Ti等，这些元素在岩浆岩中主要以SiO_2、Al_2O_3、FeO、Fe_2O_3、MgO、CaO、Na_2O、K_2O等氧化物的形式存在，其中，SiO_2的含量最高，对岩浆岩的矿物成分影响最大。

组成岩浆岩的矿物有30多种，对于研究岩浆岩的化学成分、成因及生成条件具有重大的意义，同时也是岩石鉴别的重要依据。按照颜色分类主要分为浅色矿物和暗色矿物。

浅色矿物：又称硅铝矿物，SiO_2和Al_2O_3含量较高，不含铁镁。如石英、长石类及似长石类。

暗色矿物：又称铁镁矿物，FeO与MgO含量较高，SiO_2含量较低。如橄榄石、辉石类、闪石类和黑云母类。

对于具体的岩石来讲，这些矿物并不是同时存在的，通常由其中的几种主要矿物组成，如花岗岩主要由石英、正长石和黑云母组成，玄武岩主要由基性长石和辉石组成。

5.1.1.2 岩浆岩的结构和构造

岩石的结构和构造与岩石的形成和赋存环境息息相关，它是区分和鉴别各种岩浆岩的重要标志，对现场工程的设计等具有指导意义。

(1) 岩浆岩的结构

岩浆岩的结构，是指岩浆岩中矿物的结晶程度、颗粒大小、形状特征以及组分之间的相互关系所反映的岩石特征。它是决定岩石内部联结的重要因素，是影响岩石强度的重要因素。

岩石的结构分类很多，主要分类如下：

① 按岩石中矿物的结晶程度分类

结晶程度，是指岩石中结晶物质和非结晶玻璃物质的含量比例。按结晶程度分为以下几种结构类型：

全晶质结构——岩石全部由结晶矿物组成，多见于深成岩和浅成岩中，如花岗岩、花岗斑岩(图 5-1)等。

半晶质结构——岩石中部分矿物结晶，部分为玻璃质，多见于喷出岩中，如流纹岩(图 5-2)。

玻璃质结构——岩石全部为非晶质所组成，均匀致密似玻璃，是由于岩浆急剧喷出地表，骤然冷却，所有矿物来不及结晶，即行凝固而成的，为喷出岩所特有的结构，如黑曜岩(图 5-3)。

图 5-1　花岗岩

图 5-2　流纹岩

图 5-3　黑曜岩

② 按矿物颗粒大小(粒度大小)分类

包括绝对大小和相对大小两个方面。

按照矿物颗粒的绝对大小(粒度)和肉眼下可辨别的程度，可将岩浆岩的结构划分为：

显晶质结构——矿物颗粒在肉眼或放大镜下可以分辨者。按岩石中主要矿物颗粒的平均直径又可分为：

粗粒结构，颗粒直径>5 mm；

中粒结构，颗粒直径 5～1 mm；

细粒结构，颗粒直径 1～0.1 mm；

微粒结构，颗粒直径<0.1 mm。

隐晶质结构——是指颗粒非常细小，肉眼或放大镜下不可分辨，但在显微镜下可以分辨矿物晶粒者。这是浅成岩和熔岩中常有的一种结构，这种结构很致密，有时和玻璃物质不易区分，但是它们的手标本一般无玻璃光泽和贝壳状断口，也不像玻璃那样脆，常有瓷状断面。按其晶粒在显微镜下的可见程度还可以进一步细分为显微显晶质结构和显微隐晶质结构。

按照矿物颗粒的相对大小可以分为：

等粒结构——指矿物中的矿物全部是显晶质(肉眼或放大镜下可辨别)颗粒，主要矿物颗粒大小大致相等的结构(图 5-4)。

不等粒结构——指岩石中同种主要矿物颗粒大小不等，这种结构可见于深成侵入岩的边部或浅成岩中(图 5-4)。

斑状结构——指岩石中较大的矿物晶体被细小晶粒或隐晶质、玻璃质矿物所包围的一种结构。较大的晶体矿物称为斑晶,细小的晶粒或隐晶质、玻璃质称为基质(图 5-4)。如果基质为显晶质时称为似斑状结构,基质为隐晶质或玻璃质时称斑状结构(图 5-4)。斑状结构为浅成岩及部分喷出岩所特有的结构,如花岗斑岩。

③ 按矿物颗粒的形状分类

矿物的形状特点包括矿物的自形程度和结晶习性。自形程度,是指矿物晶面发育的完善程度。据其可将岩石结构分为:

自形晶:矿物晶形发育完整,这种晶体多半是在空间有利或晶体生长能力较强的情况下形成的(图 5-5)。如果岩石全部由这种自行晶粒组成,即构成全自形粒状结构。

图 5-4 按矿物颗粒相对大小划分的结构

图 5-5 按矿物颗粒形状划分的结构

半自形晶:矿物晶形发育得不完整,仅有部分有完整的晶面,部分则为不规则的轮廓。这是因为晶体生长有先有后,或多种矿物都在生长,条件不充分造成的(图 5-5)。

他形晶:所有的晶面都不发育,称为形状不规则的他形晶体,一般多充填于其他矿物颗粒之间,常常是特定条件下的形成物(图 5-5)。如岩石全由这种他形晶粒组成,即构成他形粒状结构。

由于矿物的结晶习性不同,矿物的形态也不一样,常见的有粒状、板状、柱状、片状、针状、纤维状等。据其可命名为相应的结构,如粒状结构、柱状结构等。

(2) 岩浆岩的构造

岩浆岩的构造,是指岩石中不同矿物集合体之间及其与其他组成部分(如玻璃质)之间的排列方式及充填方式,常可表示岩石的外貌形态及成岩过程的变化。一般的常见构造有下列几种。

块状构造:指岩石中矿物分布比较均匀,无定向排列的现象。这种构造在深成岩中分布最广,如花岗岩(图 5-6)。

斑杂构造:为一种不均一的构造,是由岩石的不同组成部分在结构上或成分上有较大差异造成的。表现在颜色上或粒度上都非常不均一,而呈现出斑驳陆离的外貌。它们或由岩浆分异或是因岩浆同化混染作用而成。

带状构造：为一种不均一的构造，由不同成分、颜色或不同结构的条带相间成带分布而成。常见于层状辉长岩中，常常是由岩浆脉动侵入或重力结晶分异而造成的。

球状构造：由矿物围绕某些中心呈同心层状分布而成。如北京密云的球状花岗岩的球体，由浅色的条纹长石和深色的黑云母、闪石和酸性斜长石组成。

晶洞构造：深成侵入岩中的原生孔洞就是晶洞结构。如孔洞壁上有晶面发育良好的矿物排列生长，称晶腺或晶簇构造。

气孔构造：岩浆喷出地表后，由于压力急剧降低，岩浆中的挥发性成分呈气体状态析出，并聚集成气泡分散在岩浆中，当温度降低，岩浆凝固，气体逸出，则形成孔洞，构成气孔构造，如浮岩（图 5-7）。

图 5-6　块状构造

图 5-7　气孔构造

杏仁构造：具有气孔构造的岩石，气孔被次生矿物，如方解石、蛋白石等所充填，形似杏仁，故称为杏仁构造。杏仁构造多见于喷出岩中，如安山岩（图 5-8）。

流纹构造：指岩石中不同颜色的条纹、拉长的气孔和长条形矿物，按一定的方向排列形成的构造。它反映岩浆喷出地表后流动的痕迹，如流纹岩即因具有流纹构造而得名（图 5-9）。

图 5-8　杏仁构造

图 5-9　流纹构造

枕状构造：为水下喷溢的基性熔岩形成的一种构造，常呈枕状椭球体，互相堆叠而成。枕体大小不等，上表面多呈弧形，底面较平，有时受下伏枕状体的影响，局部楔入两枕间隙中，借此可以判断熔岩流的顶底。枕状构造多发育在熔岩层的顶面，据此可识别熔岩层的顶面。枕体核部较致密，边缘有薄的玻璃质外壳，两者之间可有呈同心圆分布的气孔或杏仁体。枕体之间还可有其他沉积物或次生产物充填。

流面流线构造：岩浆岩中的片状、板状矿物，扁平的析离体和捕虏体平行定向排列构成流面或流线构造。若长柱状和针状矿物平行定向分布时，即构成流线构造。它们的出现表明岩体形成时曾有流动现象发生，一般多分布于岩体的边部。利用流面可以判断岩体接触面的产状。

原生片麻构造：多见于侵入体的边缘，其特征是有些矿物呈断续定向分布。它们是由于半凝固的岩浆岩受到较强的机械挤压形成的。

5.1.1.3 岩浆岩的分类及鉴别

(1) 岩浆岩的分类

岩浆岩一般根据化学成分、矿物成分、产状和结构进行分类。

① 根据化学成分分类

岩浆岩主要由硅酸盐矿物组成，岩浆岩的主要氧化物是 SiO_2，SiO_2 的含量直接决定岩浆岩中其他金属氧化物含量的多少，所以 SiO_2 的质量分数是岩浆岩分类的一个重要依据。

根据 SiO_2 的含量百分数，岩浆岩可以分为酸性岩、中性岩、基性岩、超基性岩(表 5-1)。

表 5-1　岩浆岩分类表

名　称	SiO_2 含量/%	主要矿物成分
超基性岩	<45	橄榄石、辉石
基性岩	45～52	斜长石、辉石
中性岩	52～65	正长石、斜长石、闪石
酸性岩	>65	石英、正长石

岩浆岩按化学成分分类，对全部或部分由玻璃物质组成的岩石特别有用。

② 根据矿物成分分类

岩浆岩的矿物成分与化学成分有密切的对应关系，对于显晶质岩石根据矿物成分分类是很便利的。岩浆岩根据矿物成分的分类，主要根据长石的性质与含量，以及石英、橄榄石、副长石等矿物的有或无及其含量(表 5-2)。

按矿物成分划分的岩石类型与按化学成分划分的岩石类型对应关系：

橄榄岩—苦橄岩类(超基性岩)

辉长岩—玄武岩类(基性岩)

闪长岩—安山岩类(中性岩)

正长岩—粗面岩类(中性岩)

花岗岩—流纹岩类(酸性岩)

③ 根据产状和结构分类

岩浆岩根据产出环境可以分为侵入岩和喷出岩，根据侵入岩离地表的距离可以进一步分为深成岩和浅成岩。岩浆岩的结构和产状有对应关系：深成岩往往为显晶质等粒、半自形粒状或似斑状结构，浅成岩往往为显晶质细粒或斑状结构，喷出岩往往为隐晶质结构、玻璃质结构或斑状结构。

为了便于肉眼鉴定，提供综合岩浆岩的化学成分、矿物成分、产状和结构的分类简表，见表 5-2。

表 5-2　岩浆岩分类简表

<table>
<tr><td colspan="2" rowspan="2">岩　类</td><td>超基性岩</td><td>基性岩</td><td colspan="2">中性岩</td><td>酸性岩</td></tr>
<tr><td>橄榄岩—苦橄岩</td><td>辉长岩—玄武岩</td><td>闪长岩—安山岩</td><td>正长岩—粗面岩</td><td>花岗岩—流纹岩</td></tr>
<tr><td colspan="2">$\omega(SiO_2)$/%</td><td><45</td><td>45～52</td><td colspan="2">52～65</td><td>>65</td></tr>
<tr><td rowspan="3">浅色矿物</td><td>石英含量/%</td><td>0</td><td>0</td><td colspan="2">0～20</td><td>20～60</td></tr>
<tr><td>长石含量/%</td><td>0～10</td><td>10～40</td><td colspan="2">40～70</td><td>30～70</td></tr>
<tr><td>长石性质</td><td>无或少量斜长石</td><td>斜长石为主</td><td>斜长石为主</td><td>钾长石为主</td><td>钾长石为主</td></tr>
<tr><td colspan="2">暗色矿物种属及含量</td><td>橄榄石、辉石、闪石为主，含量>90%</td><td>以辉石为主，可有橄榄石、闪石、黑云母，含量<90%</td><td colspan="2">以闪石为主，辉石、黑云母次之，含量15%～40%</td><td>以黑云母为主，闪石次之，含量<15%</td></tr>
<tr><td>深成岩</td><td>全晶质、粗粒或似斑状结构</td><td>橄榄岩、辉石岩</td><td>辉长岩</td><td>闪长岩</td><td>正长岩</td><td>花岗岩</td></tr>
<tr><td>浅成岩</td><td>隐晶质、细粒或斑状结构</td><td>苦橄玢岩、金伯利岩</td><td>辉绿岩</td><td>闪长玢岩</td><td>正长斑岩</td><td>花岗斑岩</td></tr>
<tr><td>喷出岩</td><td>隐晶质、斑状或玻璃质结构</td><td>科马提岩（苦橄岩）</td><td>玄武岩</td><td>安山岩</td><td>粗面岩</td><td>流纹岩</td></tr>
</table>

(2) 岩浆岩的鉴别

根据岩石的外观特征对岩浆岩进行鉴定时，首先要注意岩石的颜色，其次是岩石的结构和构造，最后分析岩石的主要矿物成分。

① 先看岩石整体颜色的深浅。岩浆岩颜色的深浅，是岩石所含深色矿物多少的反映。一般来说，从酸性到基性(超基性岩分布很少)，深色矿物的含量是逐渐增加的，因而岩石的颜色也随之由浅变深。如果岩石是浅色的，那就可能是花岗岩或正长岩等酸性或是偏于酸性的岩石。但无论是酸性岩或基性岩，因产出部位不同，还有深成岩、浅成岩和喷出岩之分，究竟属于哪一种岩石，需要进一步对岩石的结构和构造特征进行分析。

② 分析岩石的结构和构造。岩浆岩的结构和构造特征，是岩石生成环境的反映。如果岩石是全晶质粗粒、中粒或似斑状结构，说明很可能是深成岩。如果是细粒、微粒或斑状结构，则可能是浅成岩或喷出岩。如果斑晶细小或为玻璃质结构，则为喷出岩。如果具有气孔或杏仁构造，则为喷出岩无疑。

③ 分析岩石的主要矿物成分，确定岩石的名称。这里可以举例说明。假定需要鉴别的是一块含有大量石英，颜色浅红，具全晶质中粒结构和块状结构的岩石。浅红色为浅色，浅色岩石一般是酸性或偏于酸性的，这就排除了基性或偏于基性的不少深色岩石。但酸性的或是偏于酸性的岩石中，又有深成的花岗岩和正长岩、浅成的花岗岩和正长岩以及喷出的流纹岩和粗面岩。但它是全晶质中粒结构和块状构造，因此可以肯定是深成岩。这就进一步排出了浅成岩和喷出岩。但究竟是花岗岩还是正长岩，需要对岩石的主要矿物成分作仔细的分析之后，才能得出结论。在花岗岩和正长岩的矿物组成中，都含有正长石，同时也都含有黑云母和闪石等深色矿物。但花岗岩属于酸性岩，酸性岩除含有正长石、黑云母和闪石外，一般都含有大量的石英。而正长岩属于中性岩，除含有大量的正长石和少量的黑云母与闪石外，一般不含石英或仅含有少许的石英。矿物成分的这一重要区别，说明被鉴别的这块

岩石是花岗岩。

5.1.1.4　常见岩浆岩的特征

常见岩浆岩的特征见表 5-3。

表 5-3　　常见岩浆岩的特征

序列	名称	颜色	产状	结构和构造	造岩矿物	岩类
1	花岗岩	多为肉红、灰白色	产状多为岩基和岩株	全晶质粒状结构；块状构造	主要造岩矿物为石英、正长石和钾长石，次要造岩矿物为黑云母、闪石等	酸性深成岩
2	流纹岩	常为灰白、粉红、浅紫色	岩流状产出	斑状结构或隐晶质结构，斑晶为钾长石、石英，基质为隐晶质或玻璃质；块状构造，具有明显的流纹和气孔状构造	主要造岩矿物为石英、正长石和钾长石，次要造岩矿物为黑云母、闪石等	酸性喷出岩
3	花岗斑岩	灰红或浅红	多为小型岩体或为大岩体边缘	斑状结构，斑晶和基质均由钾长石、石英组成；块状构造	主要造岩矿物为石英、正长石和钾长石，次要造岩矿物为黑云母、闪石等	酸性浅成岩
4	正长岩	浅灰或肉红色	多为小型侵入体	全晶质粒状结构；块状构造	主要造岩矿物为正长石、黑云母、辉石等	中性深成侵入岩
5	正长斑岩	浅灰或肉红色	多为岩脉、岩墙或岩株状产出	斑状结构，斑晶多为正长石，有时为斜长石，基质为微晶或隐晶质结构；块状构造	主要造岩矿物为正长石、黑云母、辉石等	中性浅成侵入岩
6	粗面岩	浅红或灰白	喷出岩产出	斑状、粗面状、球粒状结构，块状、流纹状；气孔状构造	主要造岩矿物为正长石、黑云母、辉石等	中性喷出岩
7	闪长岩	灰或灰绿色	常以岩株、岩床等小型侵入体产出	全晶质中、细粒结构；块状构造	主要造岩矿物为闪石和斜长石，次要造岩矿物为辉石、黑云母、正长石和石英	中性深成侵入岩
8	闪长玢岩	灰色或灰绿色	常呈岩脉或在闪长岩体边部产出	斑状结构，斑晶主要为斜长石，有时为闪石；块状构造	主要造岩矿物为闪石和斜长石，次要造岩矿物为绿泥石、高岭石和方解石	中性浅成侵入岩
9	安山岩	灰、灰棕、灰绿等色	产状以陆相中心式喷发为主，常与相应成分的火山碎屑岩相间构成层火山，有的呈岩钟、岩针侵出相产出	斑状结构，斑晶多为斜长石，基质为隐晶质或玻璃质；块状构造，有时含气孔、杏仁状构造	主要造岩矿物为闪石和斜长石	中性喷出岩
10	辉长岩	灰黑至暗绿色	多为小型侵入体，常以岩盆、岩株、岩床等产出	中粒全晶质结构；块状构造	主要造岩矿物为辉石和斜长石，次要造岩矿物为闪石和橄榄石	基性深成侵入岩

续表 5-3

序列	名称	颜色	产状	结构和构造	造岩矿物	岩类
11	辉绿岩	暗绿或绿黑色	多以岩床、岩墙等小型侵入体产出	典型的辉绿结构，其特征是粒状的微晶辉石等暗色矿物充填于由微晶斜长石组成的空隙中；块状或杏仁状构造	主要造岩矿物为辉石和斜长石，两者含量相近	基性浅成侵入岩
12	玄武岩	灰绿、绿灰或暗紫色	喷溢地表易形成大规模熔岩流和熔岩被，但也有呈层状侵入体的	隐晶质和斑状结构，斑晶为斜长石、辉石；常有气孔、杏仁状构造	主要造岩矿物为辉石和斜长石，次要造岩矿物为闪石和橄榄石	基性喷出岩
13	橄榄岩	橄榄绿色		全晶质，中、粗粒结构；块状构造	主要造岩矿物为橄榄石和少量辉石	超基性喷出岩

5.1.2 沉积岩

沉积岩是在地表或接近地表的常温常压环境下，各种既有岩石遭受外力地质作用下，经过风化剥蚀、搬运、沉积和硬结成岩过程而形成的岩石；除此之外，生物碎屑的沉积、火山爆发碎屑物的沉积也会形成沉积岩。沉积岩在地表分布广泛，占陆地面积的 75%。

沉积岩的形成一般经历四个阶段：风化剥蚀、搬运（风、水、冰川及重力等）、沉积、硬结成岩（图 5-10）。

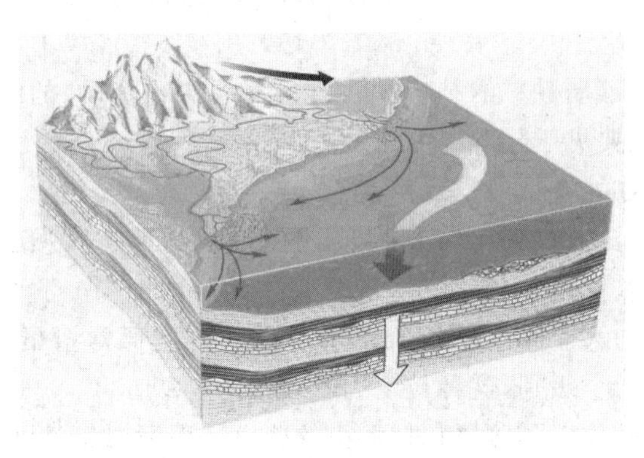

图 5-10　沉积岩的形成过程

5.1.2.1　沉积岩的物质组成

沉积岩的物质组成主要来源于地表出露的岩石，这些岩石经过风化剥蚀、搬运、沉积、成岩等阶段，形成沉积岩。沉积岩所含有的矿物与原岩不尽相同，按成因类型主要分为：

碎屑矿物——主要来自于原岩的原生矿物碎屑以及火山喷发的碎屑物（火山灰等），这些矿物一般耐磨、抗风化能力强且性能较稳定，如石英、白云母等。

黏土矿物——原岩风化分解后产生的次生矿物，如高岭石、蒙脱石等。

化学及生物沉积矿物——经化学或者生物残骸沉积而形成的矿物，如白云石、方解石、石油等。

沉积岩的物质组成中还包括胶结物，对矿物颗粒有着胶结的作用，常见的有以下几种：

硅质胶结：主要成分为石英等硅化物，颜色浅，多呈灰白或淡黄色，质地坚硬，抗压强度高，抗风化能力强。

铁质胶结：主要成分为铁的氧化物或氢氧化物，颜色深，多呈棕色、红色或黄褐色，强度高，仅次于硅质胶结，抗风化能力差。

钙质胶结：主要成分为方解石和白云石，颜色浅，多呈灰白或灰色，强度较高，性脆，具有可溶性。

泥质胶结：主要成分为黏土，多呈黄褐色，胶结松散，强度低，抗风化能力差，遇水易崩解。

5.1.2.2 沉积岩的结构

沉积岩的结构和构造反映了沉积岩的形成环境及条件，是鉴别各种沉积岩的重要根据之一，同时，研究沉积岩的结构和构造，对于建筑、桥隧等工程及岩石力学的研究等都有着很大的意义。

沉积岩的结构，是指沉积岩组成物质的颗粒大小、形状和排列方式。沉积岩的结构类型大体可划分为：机械作用形成的结构、化学结构、生物结构和次生结构。

(1) 机械作用形成的结构

机械作用形成的结构，是指结构组分的大小、形态和组合方式，它们都受介质的运动特征和机械作用规律控制。机械作用形成的结构包括陆源碎屑结构、粒屑结构和泥状结构。其主要特点是，岩石由颗粒与填隙物(胶结物或基质)两部分组成。结构的全貌取决于颗粒的结构和填隙物(胶结物或基质)的结构以及两者的量比和组合关系。

① 陆源碎屑结构

陆源碎屑结构包括碎屑颗粒的结构、填隙物(胶结物和基质)的结构和两者之间的相互关系。陆源碎屑结构主要见于陆源碎屑岩中。

a. 碎屑颗粒的结构

碎屑颗粒的结构主要通过颗粒的大小与分选、颗粒的形态和颗粒的表面特征三方面的定量和定性指标来描述。

粒度和粒级：颗粒的大小称为粒度。单个碎屑的粒度通常指最大视粒径；为了方便研究，需将粒度划分为若干个级别，这种粒度的等级称为粒级。

在沉积物研究中，砂粒以下碎屑颗粒大小的确定一般通过筛选法和沉速法获取。其中，沉速法主要应用于粉砂级以下的碎屑颗粒大小的分析。在碎屑岩的研究中，砂粒以上碎屑颗粒的大小主要通过薄片粒度分析法进行。

分选：是指碎屑颗粒大小的均匀程度，一般将其划分为极好、好、中等、差和极差 5 个级别。

颗粒的形态：颗粒的形态一般根据圆度和球度来描述。

圆度：是指颗粒棱角的磨圆程度，一般分为棱角状、次棱角状、次圆状、圆状。圆度的划分和识别可以根据颗粒的切面(薄片)或颗粒的投影定性或定量地获取。

球度：是指颗粒接近球体的程度。球度是根据与颗粒体积相同的球体横切面面积与该颗粒的最大投影面积的比值来确定的。

球度与圆度是两个不同的概念，球度高的颗粒其圆度不一定好。

颗粒的表面特征:颗粒的表面特征包括颗粒表面的光滑程度和刻蚀痕迹。由表面特征可判断搬运和沉积介质的性质。如一般认为颗粒表面呈毛玻璃状的霜面是风力搬运时颗粒间摩擦造成的,是沙漠石英颗粒所特有。目前,对于碎屑颗粒表面的研究,主要集中于砾石和石英砂。

颗粒组构:颗粒组构是指沉积岩中颗粒的排列方式、充填方式以及颗粒之间的接触关系,是沉积物结构中的一个重要方面。

沉积物的定向排列是一种重要的组构,反映沉积介质和沉积物相互作用的关系,具体表现为不同成因的砾石在空间上的排列方式不同。沉积物的充填方式直接影响孔隙率和渗透率,充填方式又取决于颗粒的大小、形状和分选。孔隙率高时,倾向于立方体形充填,孔隙率低时,倾向于斜方六面体形充填。

b. 填隙物(胶结物与基质)的结构

碎屑岩中填隙物分为胶结物与基质两种类型。胶结物是指以化学或胶体化学方式沉淀的自生矿物,基质则由粒度小于 0.03 mm 的碎屑黏土矿物和细粉砂构成。

胶结物的结构:按照胶结物的结晶程度可将胶结物分为非晶质结构、隐晶质结构、显晶质结构。

基质的结构:基质是由粒度小于 0.03 mm 的碎屑黏土矿物和细粉砂构成,是机械沉积的产物。这里指的基质的粒度界限主要适用于砂岩,而对较粗的碎屑岩基质的粒度也相应变粗。

c. 胶结类型和支撑类型

碎屑颗粒与胶结物之间的相互关系和结合方式定义为胶结类型,而碎屑颗粒与基质之间的相互关系和结合方式习惯称为支撑类型。

胶结类型包括基底式胶结、孔隙式胶结和接触式胶结以及充填胶结四种类型。支撑类型细分为基质支撑和颗粒支撑。

② 粒屑结构

粒屑结构主要见于内源沉积岩中,尤其是在碳酸盐中最为常见。虽然具有粒屑结构的岩石也是由颗粒和填隙物两部分组成,但其构成与陆源碎屑结构完全不同。内源碎屑岩中常见的粒屑为内碎屑、生物碎屑、鲕粒和豆粒、团粒、团块和核形石。填隙物可分为两种:一类为粒度为 0.001~0.004 mm 的泥晶方解石,另一类为粒度通常大于 0.01 mm、干净透明的亮晶方解石。

③ 泥状结构

泥状结构是粒径小于 0.004 mm 的颗粒组成的结构类型,几乎完全由黏土矿物组成。常见于泥质岩和细粒内源沉积岩中。纯泥状结构少见,通常都有数量不等的砂或粉砂混入,从而构成砂泥状结构或粉砂泥状结构等过渡类型。

(2) 化学结构

化学结构由化学结晶作用形成,最常见的类型为结晶结构。岩石的全貌取决于矿物的形态、大小和结合方式。化学结构主要见于内源沉积岩中。按照结晶程度分为非晶质结构、隐晶质结构和显晶质结构。

(3) 生物结构

生物结构是原地生长的底栖固着生物通过生命活动,由生物骨架和伴生的生物化学组分构成的结构，也称生物骨架结构。生物结构主要指生物岩中的结构，其形成与生物的生命活动有关。

(4) 次生结构

次生结构形成于成岩或后生阶段，是沉积物质在成岩和后生阶段中重新分配的结果。常见的类型有交代结构、重结晶结构和残余结构等。

5.1.2.3　沉积岩的构造

沉积岩的构造，是指沉积岩的各个组成部分的空间分布和排列方式。层理构造和层面构造是沉积岩最重要的特征，是区别于岩浆岩和变质岩的主要标志。

(1) 层理构造

层理是指沉积岩在形成的过程中，由于沉积环境的改变所引起沉积物质的成分、颗粒大小、形状或颜色沿垂直方向发生变化而显示出的成层现象。

层是指当沉积物在一个基本稳定的地质环境条件下，连续不断沉积形成的单元岩层。层与层之间的界面称为层面，层面是由于上下层之间产生较短的沉积间断而造成的。单元岩层上下层面之间的垂直距离称为岩层厚度，根据岩层的厚度可分为巨厚层(>1 m)、厚层(1～0.5 m)、中厚层(0.5～0.1 m)和薄层(<0.1 m)。

当层理与层面延长方向相互平行时，称为平行层理，其中，当层理面平直时称水平层理[图 5-11(a)]，当层理波状起伏时称波状层理；当层理与层面斜交时，称为斜层理[图 5-11(b)]；多组不同方向的斜交层理相互交错时，称为交错层理[图 5-11(c)]；有些岩层一端较厚，而另一端逐渐变薄以致消失，这种现象称为尖灭层。若在不大的距离内两端都尖灭，而中间较厚，则称为透镜体。

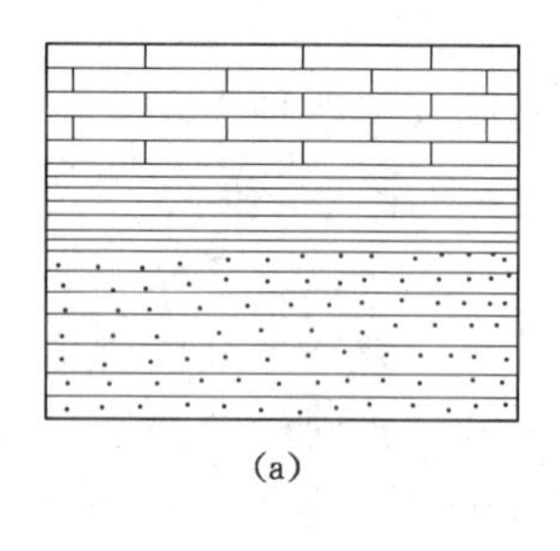

(a)

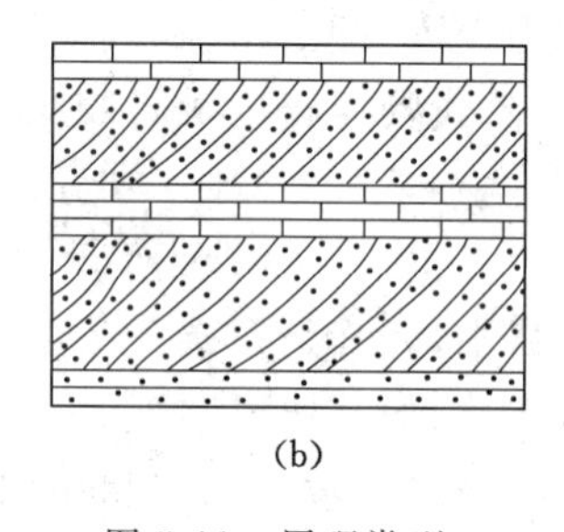

(b)

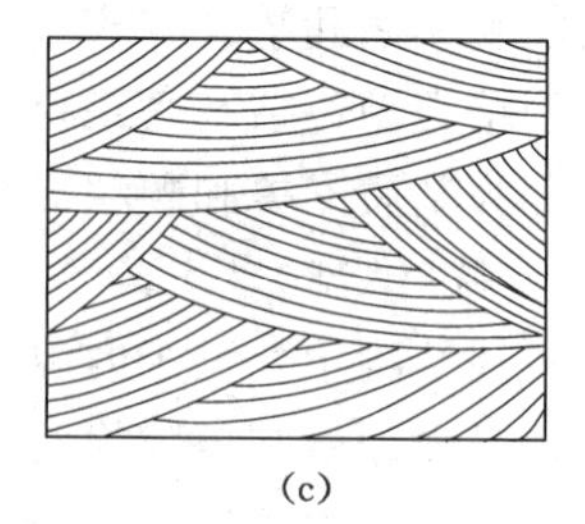

(c)

图 5-11　层理类型

(a) 水平层理；(b) 斜层理；(c) 交错层理

(2) 层面构造

层面构造，是指层面上保留的一些外力作用形成的构造特征，常见的有波痕、泥裂、雨痕等(图 5-12)。波痕是指在沉积过程中，沉积物由于受风力或水流的波浪作用，在沉积岩层面上遗留下来的波浪的痕迹；黏土沉积物表面由于失水收缩而形成不规则的多边形裂缝，称为泥裂，裂缝内部常被泥沙、石膏等物质充填；沉积物表面经受雨点、冰雹打击后遗留下来的痕迹，称为雨痕。

(3) 化石

沉积岩中常见古代动植物的遗骸和痕迹，它们是经过石化交替作用保存下来而称为化石，如三叶虫化石(图 5-13)、鳞木化石(图 5-14)等，化石是沉积岩的重要特征。通常，根据化石的种类可以确定岩石形成的环境和地质年代。

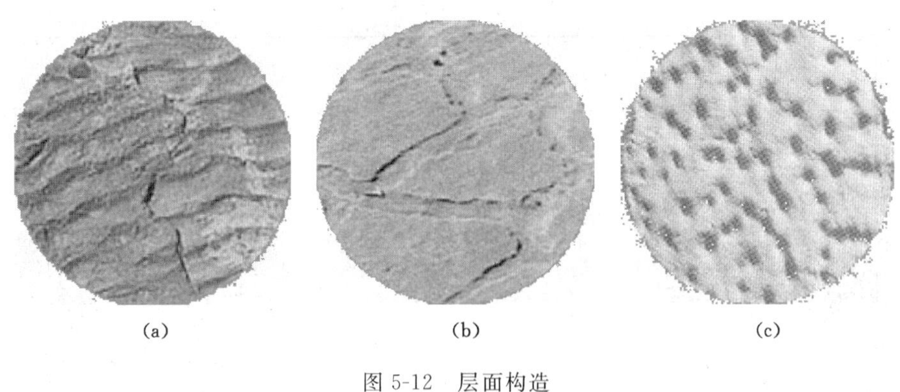

(a)　(b)　(c)

图 5-12　层面构造

(a) 波痕;(b) 泥裂;(c) 雨痕

图 5-13　三叶虫化石

图 5-14　鳞木化石

(4) 结核

沉积岩中常见的圆形或者不规则的与周围岩石成分、颜色、结构不同,大小不一的无机物包裹体,称为结核。结核是由于胶体物质聚集而呈凝块状析出的,也可以是胶体物质围绕某些支点中心聚集,形成具有同心圆结构的团块,如石灰岩中的燧石结核,黏土岩中的石膏结核、磷质结核及黄土中的钙质结核等。

5.1.2.4　沉积岩的分类及鉴别

根据沉积岩的组成成分、结构和形成条件,可将沉积岩分为碎屑岩、黏土岩、化学岩及生物化学岩类,详见表 5-4。

鉴别沉积岩时,可以先从观察岩石的结构开始,结合岩石的其他特征,先将所属的大类分开,然后再作进一步分析,确定岩石的名称。

从沉积岩的结构特征来看,如果岩石是由碎屑和胶结物两部分组成,或者碎屑颗粒很细而不易与胶结物分辨,但触摸有明显的含砂感,一般是属于碎屑岩类的岩石。如果岩石颗粒十分细密,用放大镜也看不清楚,但断裂面暗淡呈土状,硬度低,触摸有滑腻感的,一般多是黏土类的岩石。具结晶结构的可能是化学岩类。

表 5-4　　沉积岩的分类

岩类	结构		岩石分类名称	主要亚类及其组成物质
碎屑岩类	碎屑结构	砾质结构（粒径＞2 mm）	砾岩	角砾岩：由带棱角的角砾经胶结而成；砾岩：由浑圆的砾石经胶结而成
		砂质结构（粒径 0.05～2 mm）	砂岩	石英砂岩：ω(石英)＞90%、ω(长石和岩屑)＜10%；长石砂岩：ω(石英)＜75%、ω(长石)＞25%、ω(岩屑)＜10%；岩屑砂岩：ω(石英)＜75%、ω(长石)＜10%、ω(岩屑)＞25%
		粉砂结构（粒径 0.005～0.05 mm）	粉砂岩	主要由石英、长石的粉、黏粒及黏土矿物组成
黏土岩类	泥质结构（粒径＜0.005 mm）		泥岩	主要由高岭石、微晶高岭石及水云母等黏土矿物组成
			页岩	黏土质页岩：由黏土矿物组成；碳质页岩：由黏土矿物及有机质组成
化学岩及生物化学岩类	结晶结构及生物结构		石灰岩	石灰岩：ω(方解石)＞90%、ω(黏土矿物)＜10%；泥灰岩：ω(方解石)＝50%～75%、ω(黏土矿物)＝25%～50%
			白云岩	白云岩：ω(白云石)＝90%～100%、ω(方解石)＜10%；灰质白云岩：ω(白云石)＝50%～75%、ω(方解石)＝25%～50%

碎屑岩：鉴别碎屑岩时，可先观察碎屑粒径的大小，其次分析胶结物的性质和碎屑物质的主要矿物成分。根据碎屑的粒径，先区分是砂岩（图 5-15）、砾岩（图 5-16）还是粉砂岩。根据胶结物的性质和碎屑物质的主要矿物成分，判断所属的亚类，并确定岩石的名称。

图 5-15　砂岩

图 5-16　砾岩

例如，有一块由碎屑和胶结物质两部分组成的岩石，碎屑粒径介于 0.25～0.5 mm 之间，点盐酸起泡强烈，说明这块岩石是钙质胶结的中粒砂岩。进一步分析碎屑的主要矿物成分，发现这块岩石除含有大量的石英外，还含有 30%左右的长石。最后可以确定，这块岩石是钙质中粒长石砂岩。

黏土岩：常见的黏土岩，主要有页岩（图5-17）和泥岩（图 5-18）两种。它们在外观上都有黏土岩的共同特征，但页岩层理清晰，一般沿层理能分成薄片，风化后呈碎片状，可以与层理不清晰、风化后呈碎块状的泥岩相区别。

图 5-17　页岩

图 5-18　泥岩

化学岩：常见的化学岩，主要有石灰岩（图 5-19）、白云岩和泥灰岩等。它们的外观特征都很类似，所不同的主要是方解石、白云石及黏土矿物的含量有差别。所以在鉴别化学岩时，要特别注意对盐酸试剂的反应。石灰岩遇盐酸强烈起泡，泥灰岩遇盐酸也起泡，但由于泥灰岩的黏土矿物含量高，所以泡沫浑浊，干后往往留有泥点。白云岩遇盐酸不起泡，或者反应微弱，但当粉碎成粉末之后则发生显著泡沸现象，并常伴有咝咝的响声。

图 5-19　石灰岩

5.1.2.5　常见沉积岩的特征

常见沉积岩的特征见表 5-5。

表 5-5　常见沉积岩的特征

序列	名称	沉　积　岩　特　征
1	砾岩	由大小不等、性质不同并且磨圆度较好的卵石堆积胶结而成的岩石。胶结物通常有硅质、铁质、钙质、砂和黏土。砾石呈圆形，是长距离流水搬运或海浪冲击的结果。如砾石为被磨圆且棱角明显者，称为角砾岩
2	砂岩	由各种成分的砂粒（直径 2～0.05 mm）被胶结而成的岩石。砂岩的颜色与胶结物成分有关，通常硅质与钙质胶结者颜色较浅，铁质胶结颜色常呈黄色、红色或棕色。硅质胶结者最为坚硬。砂岩的强度相当高，但遇水浸泡后强度则会大大降低，尤其黏土胶结的砂岩，性能较差。钙质胶结的砂岩易被酸性水溶蚀。沉积岩的强度一般均低于岩浆岩，特别是中间有页岩或黏土岩夹层时更为不利
3	粉砂岩	由直径为 0.05～0.005 mm 的砂粒经胶结而生成。粉砂岩成分以石英为主，其次是长石、云母、和岩石碎屑等
4	页岩	层理十分发育的黏土岩，沿层理方向易裂成薄片
5	泥岩	呈块状，层节理不明显的黏土岩
6	黏土	主要由细黏土矿物组成的土状沉积物。按成分可分为高岭石黏土、蒙脱石黏土和水云母黏土等类型
7	石灰岩	一种以方解石为主要组分的碳酸盐岩，常混入有黏土、粉砂等杂质。呈灰色或灰白色，性脆，硬度不大，小刀可以刻画，滴稀盐酸会剧烈起泡。按成因可分为生物灰岩、化学灰岩等。由于石灰岩易溶蚀，在石灰岩发育地区，常形成石林、溶洞等自然景观

续表 5-5

序列	名称	沉积岩特征
8	白云岩	一种以白云石为主要组分的盐酸盐岩，常混入有方解石、黏土矿物和石膏等杂质。外貌与石灰岩很相似，滴稀盐酸缓慢起泡或者不起泡。白云岩风化表面常有白云石粉及纵横交叉的刀砍状的溶沟，且较石灰岩坚硬
9	泥灰岩	属于石灰岩和黏土岩之间的过渡型岩石。以黏土质点和碳酸盐质点为主，呈微粒或泥质结构。与石灰岩区别之处是滴稀盐酸后，多有暗色泥质残余物
10	硅质岩	硅质岩是通过化学作用、生物化学作用形成的，化学成分以 SiO_2 为主的沉积岩。它的主要矿物成分是石英、玉髓和蛋白石，多为隐晶质结构，呈灰黑或灰白等色。多数致密坚硬，化学成分稳定，不易风化。这类岩石包括硅藻土、燧石岩及碧玉岩等。其中，以燧石岩最为常见。常以结核状、透镜状或薄层状存在于碳酸盐岩中
11	火山碎屑岩	一种介于由喷出岩浆冷凝形成的熔岩与正常沉积岩之间的过渡类型岩石。主要由火山作用形成的各种碎屑物堆积而成。根据碎屑粒径，可进一步分为集块岩（粒径＞64 mm）、火山角砾岩（粒径 2～64 mm）和凝灰岩（粒径＜2 mm）

5.1.3 变质岩

变质岩是由原来的岩石（岩浆岩、沉积岩和变质岩）在地壳中受到高温、高压及化学成分加入的影响，在固体状态下发生矿物成分及结构构造变化后形成的新的岩石。所以，变质岩不仅具有自身独特的特点，而且还常保留着原来岩石的某些特征。

变质岩在地壳上分布广泛，从前震旦纪至新生代的各个地质时期都有分布，特别是前寒武纪的地层。变质岩广泛分布于世界各地，常呈区域性大面积出露，也可呈局部出现，如我国辽宁、山东、河北、山西、内蒙古等地均有大量分布。古生代以后形成的变质岩，在我国不同省区的山系也有广泛的分布，如天山、祁连山、秦岭、大兴安岭以及青藏高原、东南沿海等地，均可见有不同时期的变质岩。

5.1.3.1 变质作用的因素及类型

在变质因素的影响下，促使岩石在固体状态下改变其成分、结构和构造的作用，称为变质作用。引起变质作用的主要因素是高温、高压和新的化学成分的加入。

(1) 高温

大部分的变质作用都是在高温条件下进行的。因为温度升高后，一方面能促使岩石发生重结晶，形成新的结晶结构，如石灰岩发生重结晶作用后晶粒增大，成为大理岩；另一方面，还能促使矿物间的化学反应，产生新的变质矿物。

引起变质作用的热源：一是炽热岩浆带来的热量；二是地壳深处的高温；三是构造运动所产生的热。

(2) 高压

引起岩石发生变质的高压，一是上覆岩层重力产生的静压力；二是构造运动或岩浆活动所引起的横向挤压力。在静压力的长期作用下，能使岩石的孔隙减少，因而使岩石变得更加致密坚硬。同时在一定温度的作用下，会使岩石的塑性增强，相对密度增大，形成像石榴石等体积小而相对密度大的变质矿物。由构造运动产生的定向横压力，有时比静压力更大。它一方面使岩石和矿物发生变形和破裂，形成各种破碎构造；同时在与静压力的综合作用下，有利于片状、柱状矿物定向生长；随着温度的升高，促进新的矿物组合发生重结晶作用，而形成变质岩特有的片理构造。

(3) 化学活动性流体

在岩石发生变质作用的过程中，新的化学成分主要来自岩浆活动带来的含有复杂化学元素的热液和挥发性气体。在温度和压力的综合作用下，这些具有化学活动性的成分，容易与围岩发生反应，产生各种新的变质矿物，甚至会使岩石的化学成分发生深刻的变化。

变质作用是一种地质作用，地质作用是引起岩石变质的根本因素。但直接影响岩石矿物成分、结构构造发生改变的因素是变质作用发生时的物理条件和化学环境，如高温、高压、化学活动性流体、构造应力作用等。

岩石发生变质，经常是上述因素综合作用的结果。但由于变质前岩石的性质不同，变质过程中的主要因素和变质的程度不同，因而形成各种不同特征的变质岩。

根据变质作用的因素及变质岩形成条件，可将变质作用分为下列几种类型。

① 接触变质作用。接触变质作用是指在地下高温高压下，含有大量溶液和气体的岩浆上升侵入上部岩层时，与其接触的周边岩石发生矿物成分、结构构造改变的变质现象。接触带岩石的变质程度的深浅，除与侵入岩浆的距离有关外，还与温度压力有关。例如，接触带的砂岩变质成石英岩，纯石灰岩变成大理岩。接触变质带的岩石具有烘烤和挤压现象，且一般岩石较破碎，裂隙发育，强度降低。

② 区域变质作用。区域变质作用是指在地壳地质构造和岩浆活动都很强烈的地区，在区域构造应力和高温、高压、化学活动性流体的综合作用下发生大范围深埋地下岩体的区域变质现象。其变质范围可达数平方千米甚至数万平方千米，大部分变质岩属于此类。区域变质岩的岩性，在很大范围内是比较均匀的，其强度则取决于岩石本身的结构和成分等。如大面积的板岩、片麻岩等。

③ 动力变质作用。动力变质作用是指在褶皱带、断裂带附近的岩层发生强烈定向动力构造运动形成的变质现象。通常，发生动力变质主要使岩石在强大的压力挤压下破碎，再经结晶后形成变质岩，如生成糜棱岩、千枚岩和断层角砾岩等。这种岩石分布不广，但因岩石受挤压较易破碎，易风化，抗剪强度低，故对水工建筑物是不利的。

④ 交代变质作用。交代变质作用是指岩石与岩浆中的活动性气体接触而发生交代作用的变质现象。也就是岩浆中的某些化学活动性气体等新矿物取代了母岩中的某些原生矿物而形成新的岩石现象。例如，交代作用产生的蛇纹岩、云英岩等。

⑤ 混合岩化作用。在区域变质作用基础上地壳内部热流继续升高，便产生深部热液和局部重熔熔浆的渗透、交代并贯入变质岩中，形成混合岩的一种变质作用。

5.1.3.2　变质岩的物质组成

变质岩是原岩受高温高压等变质作用形成的，因此变质岩的化学成分及矿物成分具有一定的继承性，另一方面变质作用与岩浆作用、沉积作用有所不同。组成变质岩的矿物，一部分是与岩浆岩或沉积岩共有，如石英、长石、云母、闪石、辉石、方解石等；另一部分是变质作用所特有的变质矿物，如红柱石、夕线石、蓝晶石、硅灰石、刚玉、绿泥石、绿帘石、绢云母、滑石、叶蜡石、蛇纹石、石榴石等。这些矿物具有变质分带指示作用，如绿泥石、绢云母、蛇纹石多出现在浅变质带，白云母、黑云母、蓝晶石代表中变质带，而夕线石、硅灰石则存在于深变质带中。这类矿物称为标准变质矿物。

一定的原岩成分，经过变质作用会产生不同的矿物组合。例如，同样是含 Al_2O_3 较多的黏土岩类，在低温时产生绿泥石、绢云母与石英组合的变质岩；在中温条件下产生白云母、石英的矿物组合；在高温环境中则产生夕线石、长石的矿物组合。变质矿物的共生组合还取决于原岩成分，不同的原岩，变质条件相同，所产生的变质矿物也不相同。例如，石英砂岩受热力变质生成石英岩；而石灰岩同样也受热力变质则形成大理岩。

5.1.3.3 变质岩的结构和构造

变质岩的结构和构造基本含义与前面岩浆岩、沉积岩中所论述的是相当的。即变质岩的结构是指岩石组分的形状、大小和相互关系，它着重于组分个体的性质和特征。变质岩的构造是由岩石组分在空间上的排列和充填所反映的岩石构成方式，着重于矿物集合体的空间分布特征。

根据成因，变质岩的结构一般可分为四类：变余结构、变晶结构、变形结构、交代结构；变质岩的构造可分成两类：变余构造和变成构造。

(1) 变质岩的结构

① 变形结构

原岩在应力作用下，当应力超过岩石或矿物的弹性极限时，便发生塑性变形。如应力超过其强度极限时，则发生破裂和粒化作用，形成各种变形结构。根据变形、破碎特点和程度可分为：

碎裂结构——岩石或矿物颗粒产生裂隙、裂开并在颗粒的接触处和裂开处被破碎成许多小碎粒(也称碎边)，因而矿物颗粒或其集合体的外形都呈不规则的棱角状、锯齿状，粒间则为粒化作用形成的细小碎粒和粉末；但破碎的颗粒间一般位移不大。

碎斑结构——当破碎剧烈时，在粉碎了的矿物颗粒(即碎基)中还残留有部分较大的矿物颗粒，形似斑晶，称为碎斑结构。碎斑形状不规则，具撕碎状边缘、裂纹，波状消光发育。碎基是细小碎粒至隐晶质状的粉末，小碎粒往往也具波状消光等现象。当碎斑很少时，过渡为碎粒结构；当碎基粒径 <0.02 mm 时，可称为碎粉结构。

糜棱结构——矿物颗粒几乎全部破碎成细小颗粒(常为粒径 0.5 mm 以下的细粒至隐晶质状，称为糜棱质)，并在应力作用下形成矿物的韧性流变现象，糜棱质呈明显的定向排列，形成明显的定向构造(糜棱面理、片理或条带状、条纹状构造等)。其中，可残留少量稍大的矿物碎粒(即碎斑，常为具粒内变形的石英、长石等)，若碎斑含量较多时，可称为初糜棱结构；当碎基为主且其粒径 <0.02 mm 时，可称为超糜棱结构。

② 变晶结构

岩石在基本保持固态条件下发生重结晶、变质结晶等形成的结构称为变晶结构。这是变质岩中最常见、最重要的结构。

变晶结构的分类：根据变晶矿物的粒度、形状和相互关系等特点进行。

a. 按变晶矿物的粒度分类

按变晶矿物颗粒的相对大小可分为：等粒变晶结构，大部分主要变晶矿物的粒度大致相等；不等粒变晶结构，岩石中同种主要变晶矿物的粒度大小不等，呈连续变化；斑状变晶结构，在粒度较细的矿物集合体中，有显著较大的变晶矿物，其粒度的变化是截然的。较细的矿物集合体如已重结晶，称为变基质，较大的变晶矿物则称为变斑晶。变斑晶中常见有较多的变基质矿物包体。

按变晶矿物颗粒的绝对大小可分为：粗粒变晶结构，主要矿物颗粒的平均直径>3 mm；中粒变晶结构，主要矿物颗粒的平均直径 1～3 mm；细粒变晶结构，主要矿物颗粒的平均直径 0.1～1 mm；显微变晶结构，在显微镜下才能分辨矿物颗粒，主要矿物颗粒的平均直径<0.1 mm。

b. 按变晶矿物颗粒的形状（结晶习性）分类

包含：

粒状变晶结构，亦称花岗变晶结构，变晶矿物呈近似于等轴的颗粒。

鳞片变晶结构，变晶矿物呈二向延长的鳞片状，这些鳞片矿物可以定向排列，也可无定向排列。为云母片岩、绿泥石片岩等片岩类常见的结构。

纤状变晶结构，变晶矿物呈一向延长的长柱状、纤维状。长柱状、纤维状矿物可呈向心状或束状排列，这时分别称为向心结构、蒿束结构。

c. 按变晶矿物的相互关系分类

包含：

变晶结构，较大的变晶矿物（主晶）中，包裹一些不定向的细小矿物颗粒（客晶）。

筛状变晶结构，包裹很多小晶粒，致使主晶呈筛网状。

残缕结构，较大的变晶矿物中包裹的细小矿物颗粒作平行定向排列，并与变晶基质中的同种矿物断续相连。

③ 变余结构（残余结构）

原岩在变质作用过程中，由于重结晶、变质结晶作用不完全，原岩的结构特征被部分残留下来，这时就称为变余结构。其命名只要在原岩结构名称前加上“变余”二字即可。

④ 交代结构

发生交代作用时，原岩中的矿物被取代、消失，与此同时形成新生矿物。在此过程中，既可以置换原有矿物，以保持原岩的结构方式进行（如交代假象结构），也可以形成新矿物新结构的方式进行。按照交代作用的方式和强度分为：交代穿孔结构、交代蠕虫结构、交代净边结构、交代蚕食结构、交代残留结构和交代假象结构等。

（2）变质岩的构造

变质岩的构造是识别各种变质岩的重要标志之一，其中主要是变余构造和变成构造。

① 变余构造

岩石经变质后，仍保留原岩的构造特征。变余构造是恢复原岩性质最直接的重要标志之一。

正变质岩中常见的变余构造有：变余气孔构造、变余杏仁构造、变余流纹构造、变余枕状构造、变余斑杂构造等。

副变质岩中常见的变余构造有：变余层理构造、变余斜层理构造、变余韵律层理构造、变余泥裂构造、变余波痕构造等。

② 变成构造

经变质作用形成的构造称为变成构造（变质构造）。常见的主要类型按其定向性分为两类：

a. 不具定向性的

包括：

块状构造，由矿物成分和结构都呈无向的均匀分布所组成的一种构造。是一些大理岩(图 5-20)和石英岩(图 5-21)等岩石中常见的构造。

图 5-20　大理岩

图 5-21　石英岩

斑点状构造，岩石中由于某些组分的聚集，构成不同形状和大小的斑点所成。斑点的成分常为碳质、硅质、铁质或红柱石、堇青石等雏晶。斑点可进一步重结晶成变斑晶。当聚集的组分在岩石中呈瘤状突起时，就构成瘤状构造。

条带状构造，由矿物成分、结构或其他特征不同的部分呈条带状相间分布而成。

b. 具有定向性的

包括：

板状构造，岩石中矿物颗粒细小，肉眼难以分辨。片理面平直，易沿片理面劈开成厚度均匀的薄板。片理面偶有绢云母、绿泥石出现，光泽暗淡；有时片理面上有碳质斑点出现，是板岩所具有的构造(图 5-22)。

千枚状构造，片理薄，片理面较平直，颗粒细密，沿片理面有绢云母出现，容易裂开呈千枚状，呈现丝绢光泽，即称千枚状构造，是千枚岩所具有的结构(图 5-23)。

片状构造，岩石中含有大量的片状、针状或柱状矿物，作平行排列，片理特别清楚，是片岩(图 5-24)所具有的构造，如云母片岩。

片麻状构造，岩石中的深色矿物(黑云母、闪石等)和浅色矿物(长石、石英)相间呈条带状分布，构成黑白相间的断续条带，称为片麻状构造。具这种构造的岩石沿片理面不易劈开，如片麻岩(图 5-25)。

就广义而言，板状、千枚状、片状、片麻状构造可通称为“片理”或“结晶面理”。片理在变质岩中的分布极普遍，所以是变质岩的重要特征之一。片理的形成往往不是一次、一个过程就终结。岩石的变形作用和重结晶作用经常反复交叉进行，晚生成的片理切割早生成的片理的现象是屡见不鲜的。因此，区别变形作用与重结晶和变质结晶作用的次数、先后关系是变形—变质分析的重要内容。另外，具有片理的岩石对确定岩石的基本类型和名称是很重要的，如具有板状构造的岩石称为“板岩”，具有片状构造的岩石就称为“片岩”。

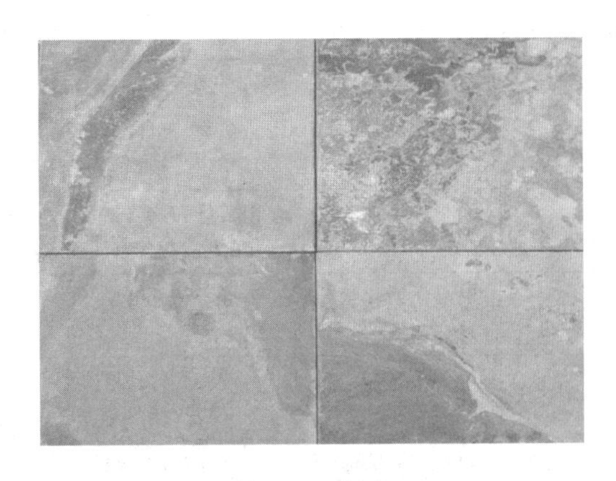

图 5-22　板岩

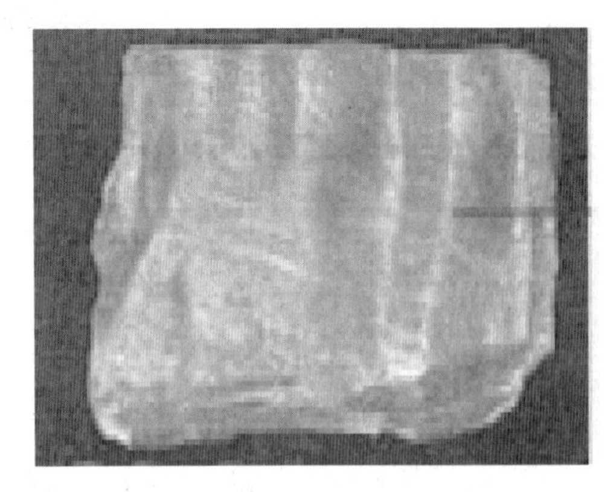

图 5-23　千枚岩

图 5-24　片岩

图 5-25　片麻岩

5.1.3.4　变质岩的分类及鉴别

变质岩具有特殊的结构、构造和变质矿物，其分类命名比较复杂，一般可采用以下原则来确定：区域变质岩主要根据岩石的构造，块状构造的变质岩主要根据矿物成分，动力变质岩主要根据反映破碎程度的结构来分类定名，如表 5-6 所示。

鉴别变质岩时，可以先从观察岩石的构造开始，首先将变质岩区分为片理构造和块状构造两类。然后可进一步根据片理特征和主要矿物成分，分析所属的亚类，确定岩石的名称。

例如，有一块具有片理构造的岩石，其片理特征既不同于板岩的板状构造，也不同于云母片岩的片状构造，而是一种粒状的浅色矿物与片状的深色矿物，断续相间呈条带状分布的片麻构造，因此可以判断，这块岩石属于片麻岩。是什么片麻岩呢？经分析，浅色的粒状矿物主要是石英和正长石，片状的深色矿物是黑云母，此外，还含有少许的闪石和石榴石，可以肯定，这块岩石是花岗片麻岩。

块状构造的变质岩，其中，常见的主要是大理岩和石英岩。两者都是具变晶结构的单矿岩，岩石的颜色一般都比较浅。但大理岩主要由方解石组成，硬度低，遇盐酸起泡；而石英岩几乎全部由石英颗粒组成，硬度很高。

表 5-6　　常见变质岩的分类

变质类型	岩类	岩石名称	构造	结构	主要矿物成分
区域变质 （由板岩至片麻岩变质程度递增）	片理状	板岩	板状	变余结构 部分变晶结构	黏土矿物、云母、绿泥石、石英、长石等
		千枚岩	千枚状	显微鳞片 变晶结构	绢云母、石英、长石、绿泥石、方解石等
		片岩	片状	显晶质鳞片状 变晶结构	云母、闪石、绿泥石、石墨、滑石、石榴石等
		片麻岩	片麻状	粒状变晶结构	石英、长石、云母、闪石、辉石等
接触变质或区域变质	块状	大理岩	块状	粒状变晶结构	方解石、白云石
		石英岩		粒状变晶结构	石英
		夕卡岩		不等粒变晶结构	石榴石、辉石、硅灰石（钙质夕卡岩）
交代变质	块状	蛇纹岩	块状	隐晶质结构	蛇纹石
		云英岩		粒状变晶结构 花岗变晶结构	白云母、石英
动力变质	构造破碎	断层角砾岩		角粒状结构 碎裂结构	岩石碎屑、矿物碎屑
		糜棱岩		糜棱结构	长石、石英、绢云母、绿泥石

5.1.3.5　常见变质岩的特征

常见变质岩的特征见表 5-7。

表 5-7　　常见变质岩的特征

序列	名称	变　质　岩　特　征
1	板岩	具板状构造的浅变质岩石。由黏土岩、粉砂岩或中酸性凝灰岩经轻微变质形成。原岩因脱水硬度增大，但矿物成分基本上没有重结晶或只有部分重结晶，常具有变余构造。外表呈致密隐晶质，矿物颗粒很细，肉眼难以鉴别。有时在片理面上有少量的绢云母、绿泥石等新生矿物。板岩一般根据颜色和杂质不同而详细命名，如黑色碳质板岩、灰绿色钙质板岩等。沿板状破裂面可将板岩成片剥下，作为房瓦、铺路等建筑材料
2	片岩	具明显片状构造的岩石。一般以云母、绿泥石、滑石、闪石等片状或柱状矿物为主，并呈定向排列。粒状矿物主要为石英和长石。岩石的变质程度比千枚岩高，矿物颗粒肉眼易于分辨
3	千枚岩	具千枚状构造的浅变质岩石。原岩类型与板岩的相同。变质程度比板岩稍高，原岩成分大部分已发生重结晶，主要由细小的绢云母、绿泥石、石英、钠长石等新生矿物组成。千枚岩可根据矿物成分和颜色不同而详细命名，如硬绿泥石千枚岩、黄绿色钙质千枚岩等
4	片麻岩	含长石、石英较多，具明显片麻状构造的变质岩石。岩石中的长石（钾长石、斜长石）和石英的质量分数＞50%，长石质量分数一般大于石英。片状和柱状矿物主要为云母、闪石、辉石等。一般为变质程度较深的区域变质岩石，但也可通过热液接触变质作用形成。片麻岩一般根据长石种类及主要的片状或柱状矿物详细命名，如黑云（钾长）片麻岩、斜长片麻岩

续表 5-7

序列	名称	变质岩特征
5	夕卡岩	由中酸性侵入体与碳酸盐类岩石接触时，发生交代作用形成的岩石。夕卡岩根据其中主要矿物的化学成分特点分为两种类型：一种是主要矿物为石榴石（钙铝榴石—钙铁榴石）、辉石（透辉石—钙铁辉石）、符山石、方柱石、硅灰石等富钙的硅酸盐矿物，称为钙质夕卡岩；另一种是主要矿物为镁橄榄石、透辉石、尖晶石、金云母、硅镁石、硼镁石等富镁的硅酸盐矿物，称为镁质夕卡岩。夕卡岩与铁、铜、铅、锌、硼、金云母等许多金属和非金属矿产的形成有密切的关系
6	石英岩	石英质量分数大于85%的变质岩石。由石英砂岩或硅质岩经区域变质作用或热接触变质作用而形成。一般具粒状变晶结构及块状构造，部分具条带状构造，分布较广，是优良的建筑材料和制造玻璃的原料
7	角岩	为具有细粒状变晶结构和块状构造的中高温热接触变质岩的统称。原岩可以是黏土岩、粉砂岩、岩浆岩及火山碎屑岩。原岩成分基本上全部重结晶，一般不具变余结构，有时可具不明显的层状构造
8	云英岩	主要由花岗岩在高温液体影响下经交代作用所形成的一种变质岩石。一般为浅色，如灰白色、粉红色等。矿物成分主要为石英、云母、黄玉、电气石和萤石等。云英岩一般分布在花岗岩侵入体边部及接触带附近的围岩
9	蛇纹岩	一种主要由蛇纹石组成的岩石。由超基性岩经中低温热液交代作用或中低级区域变质作用，使原岩中的橄榄石和辉石发生蛇纹石化形成。岩石一般呈黄绿至黑绿色，致密块状，硬度较低，略具滑感。风化面常呈灰白色，有时可见网纹状构造。因外表与蛇皮的花纹相近，故得名。蛇纹岩常与镍、钴、铂等金属矿床密切共生。蛇纹石化过程中还可形成石棉、滑石、菱镁矿等非金属矿床
10	混合岩	由混合岩化作用所形成的各种变质岩石。主要特点是岩石的矿物成分和结构、构造不均匀。在交代作用较弱的岩石中，可分辨出来原来变质岩的基体和新生成的脉体两部分。脉体主要由浅色的长石和石英组成，可含少量暗色矿物。随着交代作用增强，基体与脉体之间的界限逐渐消失，最后可形成类似花岗质岩石的混合岩。根据混合岩化作用的方式、强度以及岩石的构造特征等，可将混合岩分为不同的类型，如眼球状混合岩、条带状混合岩、混合片麻岩、混合花岗岩等
11	大理岩	是一种碳酸盐矿物（方解石、白云石）为主，其质量分数大于50%的变质岩石。由石灰岩、白云岩等经区域变质作用或热接触变质作用形成。大理岩可根据碳酸盐矿物的种类、特征变质矿物、特殊的结构、构造和颜色等详细命名，如大理岩、白云质大理岩、透闪石大理岩、条带状大理岩、粉红色大理岩等。大理岩一般呈白色，如含有不同的杂质，则可出现不同的颜色和花纹，磨光后非常美观。其中，结构均匀、质地致密的白色细粒大理岩，称为汉白玉
12	断层角砾岩	属动力变质岩中破碎程度最低的岩石。由岩石的碎块组成，角砾内部并无矿物成分或结构的变化而保留着原岩的特点。角砾之间主要为更细的碎屑基质胶结，有时也有岩石压溶物质或地下水循环带来的物质（铁质、碳酸盐、硅质等）沉淀于角砾之间
13	糜棱岩	为原岩遭受强烈挤压破碎后所形成的一种粒度细的动力变质岩石。显微镜下观察，主要由细粒的石英、长石及少量的新生重结晶矿物（绢云母、绿泥石等）所组成。矿物碎屑的粒度一般小于0.5 mm，有时可见少量较粗的原岩碎屑，呈眼球状的碎斑，碎屑呈明显的定向排列，形成糜棱结构。由于碾碎程度的差异或被碾碎物质成分和颜色的不同，可以形成条纹状构造。岩性坚硬致密，肉眼观之与硅质岩相似，见于断层破碎带中
14	碎裂岩	属动力变质岩，见于断层带中。它与断层角砾岩的区别，一方面在于破碎程度较高，岩石被挤压和碾搓得更为细碎；另一方面还在于原岩中的矿物颗粒的破碎。显微镜下观察，破碎的石英、长石产生波状消光，斜长石双晶发生弯曲、错动，云母出现挠曲。岩石的原生结构遭到破坏，形成碎裂结构或碎斑结构。很少见矿物颗粒呈定向排列
15	片理化岩	凡因断裂作用而使断裂带中的岩石发生强烈的压碎和显著的重结晶作用，并具有片状构造的动力变质岩均属片理化岩。它与糜棱岩的主要区别是重结晶作用显著，有大量新生变质矿物的出现

5.2　岩石的物理性质

5.2.1　岩石的基本物理性质

描述岩石某种物理性质的数值或者物理量称为岩石的物理性质指标。在岩体力学研究中，经常应用的岩石基本物理性质指标有岩石的重度、相对密度及孔隙率、吸水性等。

(1) 岩石的重度(γ)

岩石重度是岩石单位体积的重力，在数值上它等于岩石试件的总重力(包括孔隙中水的重力)与其总体积(包括孔隙体积)之比。

$$\gamma=\frac{W}{V} \tag{5-1}$$

式中　W——岩石试件重力，kN；

V——岩石试件的体积(包括孔隙体积)，m^3。

根据岩石含水状况的不同，重度可以分为天然重度、干重度和饱和重度。岩石在完全干燥状态下的重度称为干重度。岩石孔隙中全部被水充满时的重度称为饱和重度。天然的饱和重度又称湿重度。由于一般岩石的孔隙很少，其干重度和湿重度在数值上差别不大。通常，可用干重度来表示岩石的天然重度。

岩石的天然重度决定于岩石的矿物成分、孔隙率及含水状况。

(2) 岩石的相对密度(d_s)

岩石的相对密度，是指岩石固体部分质量与同体积 4 ℃水的质量之比。即：

$$d_s=\frac{m_s}{V_s\rho_w} \tag{5-2}$$

式中　m_s——体积为 V_s 的岩石固体部分的质量，kg；

V_s——岩石固体部分的体积(不包括孔隙体积)，m^3；

ρ_w——4 ℃时水的密度，kg/m^3。

岩石相对密度取决于组成岩石的矿物相对密度及其在岩石中的相对含量。在基性、超基性岩中含相对密度大的矿物较多，其相对密度一般较大；酸性岩石相反，其相对密度较小。

测定岩石相对密度，需将岩石研磨成粉末烘干后，再用比重瓶法测定。常见岩石相对密度多为 2.5～3.3。

(3) 岩石的孔隙率(n)

岩石中孔隙和裂隙的体积与岩石总体积的比值，称为岩石的孔隙率，常用百分数表示，即：

$$n=\frac{V_n}{V}\times 100\% \tag{5-3}$$

式中　V_n——孔隙中岩石孔隙和裂隙的总体积，m^3；

V——岩石总体积(包括孔隙体积)，m^3。

5.2.2　岩石的水理特性

岩石的水理性质，系指岩石与水相互作用时表现出来的性质，包括岩石的吸水性、透水性、软化性和抗冻性等。

(1) 岩石的吸水性

岩石在一定试验条件下的吸水性能，称为岩石吸水性。它取决于岩石孔隙体积大小、开闭程度和分布情况。表征岩石吸水性的指标有吸水率、饱水率、饱水系数。

岩石吸水率(w_1)，是指岩石试件在常温常压下自由吸入水的质量(m_{w_1})与岩石烘干后的质量(m_s)之比值，以百分数表示。即：

$$w_1=\frac{m_{w_1}}{m_s}\times 100\% \tag{5-4}$$

岩石饱水率(w_2)，是指岩石在高压(一般为 15 MPa)或真空条件下吸入水的质量(m_{w_2})与岩石烘干后的质量(m_s)之比值，以百分数表示。即：

$$w_2=\frac{m_{w_2}}{m_s}\times 100\% \tag{5-5}$$

岩石饱水系数(k_s)，系指岩石吸水率(w_1)与岩石饱水率(w_2)之比，即：

$$k_s=\frac{w_1}{w_2} \tag{5-6}$$

岩石饱水系数反映了孔隙发育程度，可用来间接判定岩石抗冻性和抗风化能力。一般情况下，岩石的饱水系数为 0.5～0.8 。岩石的饱水系数越大，抗冻性越差。当岩石的饱水系数小于 0.8 时，说明在常温常压条件下岩石吸水后尚有余留孔隙没被水充满，所以在冻结过程中岩石内的水有膨胀和挤入孔隙的余地，岩石不被冻坏。当岩石的饱水系数大于 0.8 时，说明在常温常压条件下岩石吸水后的余留孔隙相当小，几乎没有余留孔隙，所以在冻结过程中所形成的冰会在岩石内产生十分强大的冻胀力，致使岩石被冻裂。

(2) 岩石的透水性

岩石的透水性，是指岩石允许水透过本身的能力。透水性的强弱取决于土或岩石中孔隙和裂隙的大小，透水性的强弱以渗透系数来表示。在透水性强的岩层中钻进，易发生渗透漏失或者涌水。通常近似认为水在节理岩中渗流服从达西定律，即：

$$k=\frac{v}{I}=\frac{v}{\Delta H+\dfrac{p}{\gamma_w}} \tag{5-7}$$

式中　k——岩石的渗透系数，取决于岩石的物理性质；

v——渗透水流速；

I——水头梯度，表示水流单位长度距离水头损失；

ΔH——水流过单位长度距离位置的竖向高差；

p——渗流水压力；

γ_w——水的重度。

(3) 岩石的软化性

岩石浸水后强度降低的特性称为岩石软化性。岩石软化性与岩石孔隙、矿物成分、胶结物质等有关。岩石软化性大小常用软化系数(k_d)来表示，即：

$$k_d=\frac{\sigma_w}{\sigma_d} \tag{5-8}$$

式中，σ_w 和 σ_d 分别为岩石饱水状态和干燥状态的单轴抗压强度，kPa。

软化系数小于1,通常认为:岩石 $k_d>0.75$,软化性弱,抗风化和抗冻性能强;$k_d<0.75$,软化性强,抗风化和抗冻性能较差。

(4) 岩石的抗冻性

岩石抵抗冻融破坏的性能,称为岩石的抗冻性。岩石浸水后,当温度降到 0 ℃以下时,其孔隙中的水将被冻结,体积增大 9%,产生较大的膨胀压力,使岩石的结构和联结发生改变,直至破坏。反复冻融,可使岩石强度降低。岩石的抗冻性通常采用抗冻系数及质量损失率来表示。

岩石的抗冻系数(R_p),是指岩石冻融试验后的抗压强度(σ_{cr})与未冻融(冻融试验前)的抗压强度(σ_c)之比的百分率,即:

$$R_p=\frac{\sigma_{cr}}{\sigma_c}\times 100\% \tag{5-9}$$

岩石的质量损失率(k_m),是指岩石冻融前后的干质量差(m_s-m_{sr})与冻融试验前的干质量(m_s)之比的百分率,即:

$$k_m=\frac{m_s-m_{sr}}{m_s}\times 100\% \tag{5-10}$$

测定岩石的 R_p 和 k_m 时,要求先将岩石试样浸水饱和,然后在−20 ℃温度下冷冻,冻后融化,融化后再冻,如此反复 25 次或更多次。具体冻融次数可以根据工程地区的气候条件而定。岩石的抗冻性主要取决于岩石中大开孔隙数量、亲水性和可溶性矿物含量,以及矿物间联结力大小等。一般认为,$R_p>75\%$,$k_m<2\%$的岩石抗冻性好。尤其是岩石吸水率 $w_1<5\%$,软化系数 $k_d>0.75$,而饱水系数 $k_s<0.8$ 的岩石具有足够的抗冻能力。

(5) 岩石的溶解性

岩石溶解于水的性质,称为岩石的溶解性,常用溶解度来表示。一般富含 CO_2 的水对岩石的溶解力较强。石灰岩、白云岩、大理岩、石膏和岩盐等,是自然界中常见的可溶性岩石。岩石的溶解性不但和岩石的化学成分有关,而且和水的性质也有很大的关系。表 5-8 为一些常见岩石的物理性质和水理性质指标。

表 5-8　常见岩石的物理性质和水理性质指标

岩石类型	颗粒密度 ρ_s/(g/cm³)	块体密度 /(g/cm³)	孔隙率 n/%	吸水率 /%	软化系数 k_d
花岗岩	2.50～2.84	2.30～2.80	0.4～0.5	0.1～4.0	0.72～0.97
闪长岩	2.60～3.10	2.52～2.96	0.2～0.5	0.3～5.0	0.60～0.80
辉绿岩	2.60～3.10	2.53～2.97	0.3～4.0	0.8～5.0	0.33～0.90
辉长岩	2.70～3.20	2.55～2.98	0.3～5.0	0.5～4.0	
安山岩	2.40～2.80	2.30～2.70	0.3～4.0	0.3～4.5	0.81～0.91
玢岩	2.60～2.84	2.40～2.80	1.10～4.5	0.4～1.7	0.78～0.81
玄武岩	2.60～3.30	2.50～3.10	2.1～5.0	0.3～2.8	0.3～0.95
凝灰岩	2.56～2.78	2.29～2.50	0.5～7.2	0.5～7.5	0.52～0.86
砾岩	2.67～2.71	2.40～2.66	1.5～7.5	0.3～2.4	0.50～0.96
砂岩	2.60～2.75	2.20～2.71	0.8～10.0	0.2～9.0	0.65～0.97

续表 5-8

岩石类型	颗粒密度 ρ_s/(g/cm³)	块体密度 /(g/cm³)	孔隙率 n/%	吸水率 /%	软化系数 k_d
页岩	2.57～2.77	2.30～2.62	1.6～28.0	0.5～3.2	0.24～0.74
石灰岩	2.48～2.85	2.30～2.77	0.4～10.0	0.1～4.5	0.70～0.94
泥灰岩	2.70～2.80	2.10～2.70	0.5～27.0	0.5～3.0	0.44～0.54
白云岩	2.60～2.90	2.10～2.70	1.0～10.0	0.1～3.0	
片麻岩	2.63～3.01	2.30～3.00	0.3～25.0	0.1～0.7	0.75～0.97
石英片岩	2.60～2.80	2.10～2.70	0.7～2.2	0.1～0.3	0.44～0.84
绿泥石片岩	2.80～2.90	2.10～2.85	0.8～2.1	0.1～0.6	0.53～0.69
千枚岩	2.81～2.96	2.71～2.86	0.4～3.6	0.5～1.8	0.67～0.96
泥质板岩	2.70～2.85	2.30～2.80	0.1～0.5	0.1～0.3	0.39～0.52
大理岩	2.80～2.85	2.60～2.70	0.1～6.0	0.1～1.0	
石英岩	2.53～2.84	2.40～2.80	0.1～8.7	0.1～1.5	0.94～0.96

5.2.3　岩石的热学性质

据研究，岩石内或岩石与外界的热交换方式主要有传导传热、对流传热及辐射传热等几种。其交换过程中的能量与守恒等服从热力学原理。在以上几种热交换方式中，以传导传热最为普遍，控制着几乎整个地壳岩石的传热状态，对流传热主要在地下水渗流带内进行，辐射传热仅发生在地表面。热交换的发生导致岩石力学性质的变化，产生独特的岩石力学问题。

岩石的热学性质，在诸如深埋隧洞、高寒地区及地温异常地区的工程建设、地热开发以及核废料处理和石质文物保护中具有重要的实际意义。在岩体力学中，常见的热学性质指标有：比热容、热扩散率和热膨胀系数等。

(1) 岩石的比热容

在岩石内部及其与外界进行热交换时，岩石吸收热能的能力，称为岩石的热容性。根据热力学第一定律，外界传导给岩石的热量(ΔQ)，消耗在内部热能改变(温度上升)ΔE 和引起岩石膨胀所做的功(A)上，在传导过程中热量的传入与消耗总是平衡的，即 $\Delta Q=\Delta E+A$。对岩石来说，消耗在岩石膨胀上的热能与消耗在内能改变上的热能相比是微小的，此时传导给岩石的热量主要用于岩石升温上。因此，如果设岩石由温度 T_1 升高至 T_2 所需要的热量为 ΔQ，则：

$$\Delta Q=cm(T_2-T_1) \tag{5-11}$$

式中，m 为岩石的质量；c 为岩石的比热容，J/(kg·K)，其含义为使单位质量岩石的温度升高 1 K 时所需要的热量。

岩石的比热容是表征岩石热容性的重要指标，其大小取决于岩石的矿物组成、有机质含量以及含水状态。如常见矿物的比热容多为$(0.7\sim1.2)\times10^3$ J/(kg·K)，与此相应，干燥且不含有机质的岩石，其比热容也在该范围内变化，并随岩石密度增加而减小。又如有机质的比热容较大约为$(0.8\sim2.1)\times10^3$ J/(kg·K)，因此，富含有机质的岩土体(如泥炭等)，其比热容也较大。多孔且含水的岩石常具有较大的比热容，因为水的比热容[4.19×10^3 J/(kg·K)]较岩石大得多。因此，设干燥岩石质量为 x_1，岩石中水的质量为 x_2，则比热容 $c_{湿}$ 为：

$$c_{湿}=\frac{c_d x_1+c_w x_2}{x_1+x_2} \tag{5-12}$$

式中，c_d，c_w 分别为干燥岩石和水的比热容。

岩石的比热容常在实验室采用差示扫描量热法(DSC)测定。

(2) 岩石的导热系数

岩石传导热量的能力，称为热传导性，常用导热系数表示。根据热力学第二定律，物体内的热量通过热传导作用不断地从高温点向低温点流动，使物体内温度逐步均一化。设在面积为 A 的平面上，温度仅沿 x 方向变化，此时通过 A 的热流量(Q)与温度梯度 $\mathrm{d}T/\mathrm{d}x$ 及时间 $\mathrm{d}t$ 成正比，即：

$$Q=-kA\frac{\mathrm{d}T}{\mathrm{d}x}\mathrm{d}t \tag{5-13}$$

式中，k 为导热系数，W/(m·K)，含义为当 $\mathrm{d}T/\mathrm{d}x$ 等于1时单位时间内通过单位面积岩石的热量。

导热系数是岩石重要的热学性质指标，其大小取决于岩石的矿物组成、结构及含水状态。多数沉积岩和变质岩的热传导性具有各向异性，即沿层理方向的导热系数比垂直层理方向的导热系数平均高10%～30%。

岩石的导热系数常在实验室用非稳定法测定。

研究表明，岩石的比热容(c)与导热系数(k)间存在如下关系：

$$k=\lambda\rho c \tag{5-14}$$

式中，λ 为岩石的热扩散率，$\mathrm{cm^2/s}$；ρ 为岩石的密度。

热扩散率反映岩石对温度变化的敏感程度，越大，岩石对温度变化的反应越快，且受温度的影响也越大。常见岩石的热扩散率见表5-9。

表5-9　常见岩石的热学性质指标

岩　石	比热容 c /[J/(kg·K)]	导热系数 k /[W/(m·K)]	线膨胀系数 α /(10^{-3}/K)	弹性模量 E /GPa	热应力系数 α /(MPa/K)
辉长岩	720.1	2.01	0.5～1	60～90	0.4～0.5
辉绿岩	699.2	3.35	1～2	30～40	0.4～0.5
花岗岩	782.9	2.68	0.6～6	10～80	0.4～0.6
片麻岩	879.2	2.55	0.8～3	30～60	0.4～0.9
石英岩	799.7	5.53	1～2	20～40	0.4
页　岩	774.6	1.72	0.9～1.5	40	0.4～0.6
石灰岩	908.5	2.09	0.3～3	40	0.2～1.0
白云岩	749.4	3.55	1～2	20～40	0.4

(3) 岩石的热膨胀系数

岩石在温度升高时体积膨胀，温度降低时体积收缩的性质，称为岩石的热膨胀性，用线膨胀(收缩)系数表示。

当岩石试件的温度从 T_1 升高至 T_2 时，由于膨胀使试件伸长，伸长量用下式表示：

$$\Delta l=\alpha l(T_2-T_1) \tag{5-15}$$

式中，α 为线膨胀系数，1/K；l 为岩石试件的初始长度，由式(5-15)可得：

$$\alpha=\frac{\Delta l}{l(T_2-T_1)} \tag{5-16}$$

岩石的体积膨胀系数大致为线膨胀系数的3倍。某些岩石的线膨胀系数见表5-9，可知多数岩石的线膨胀系数为$(0.3\sim3)\times10^{-3}$/K。另外，层状岩石具有热膨胀各向异性，同时，岩石的线膨胀系数和体积膨胀系数都随应力的增大而降低。

(4) 温度对岩石特性的影响

人类在开发地下资源及工程建设的过程中，都要遇到高温或低温条件下的岩体力学问题。这时有必要研究岩石的热学性质及温度对岩石特性的影响。

温度对岩石特性的影响主要包括两方面：一是温度对岩体力学性质的影响；二是由于温度变化引起的热应力的影响。目前，这方面的研究刚起步。在国内，由于液化天然气的贮存、复杂地质条件下的冻结施工及核废料处理等工程的需要，温度的影响问题已逐渐被人们所重视。

岩石在低温条件下，总的来说，其力学性质都有不同程度的改善，各种岩石的抗压强度与变形模量随温度降低而逐渐提高。但其改善的程度则取决于冻结温度、岩石的空隙性及力学性质。

在高温条件下，岩石特性甚至有某些化学上的变化，目前这方面的研究还很少。就已有的资料来看，岩石的抗压强度和变形模量均随温度升高而逐渐降低。

另外，温度的变化在岩石中产生热应力效应，使岩石遭受破坏。某些研究资料表明，在较高的温度作用下，温度改变1 ℃，可在岩石内产生0.4～0.5 MPa的热应力变化(表5-9)，这是相当可观的。

5.3 岩石与岩体的工程地质性质

5.3.1 岩石的力学性质

在岩体上进行工程建筑，直接影响建筑物变形与稳定性的是岩石的力学性质，其中，又主要是变形特性与强度特性。前者是在外力作用下岩石中的应力与应变的关系特性，后者则为岩石抵抗应力破坏作用的性能。

(1) 单向无侧限岩石抗压实验的应力与应变关系

岩石在外力作用下会产生变形，其变形性质可分为弹性变形与塑性变形，破坏方式有塑性和脆性破坏之分。岩石抗压变形的实验方法一般有单向逐级维持载荷法、单向单循环载荷法、单向多循环载荷法，其曲线如图5-26和图5-27所示。

单向逐级维持载荷法应力—应变关系根据 σ—ε 曲率的变化，可将岩石变形过程划分为四个阶段，如图5-26所示。

① 孔隙裂隙压密阶段(图5-26中的 OA 段)：岩石中原有的微裂隙在载荷作用下逐渐被

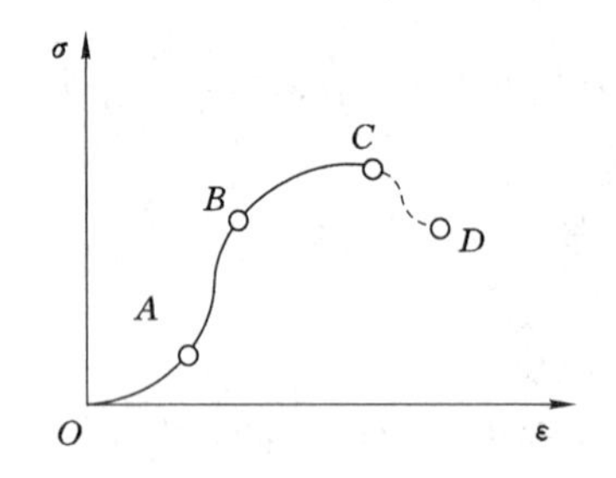

图 5-26　单向逐级维持载荷法曲线

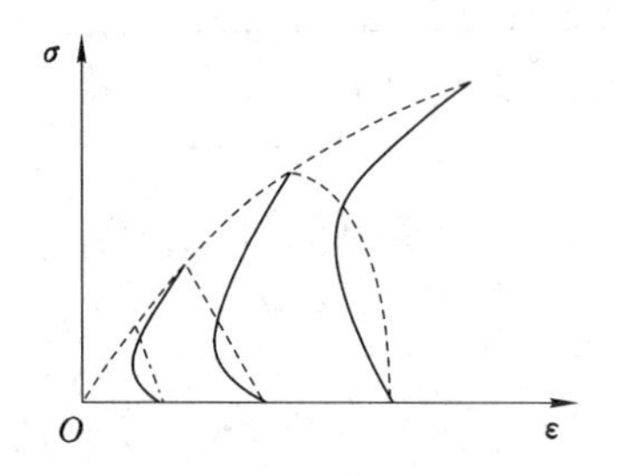

图 5-27　单向单循环载荷法曲线

压密，曲线呈上凹形，曲线斜率随应力增大而逐渐增加，表示微裂隙的变化开始较快，随后逐渐减慢。A 点对应的应力称为压密极限强度。对于微裂隙发育的岩石，本阶段比较明显；而致密坚硬的岩石很难划出该阶段。

② 弹性变形至微破裂稳定发展阶段(图 5-26 中的 AB 段)：岩石中的微裂隙进一步闭合，孔隙被压缩，原有裂隙基本没有新的发展，也没有产生新的裂隙，应力与应变基本呈正比关系，曲线近于直线，岩石变形以弹性为主。B 点对应的应力称为弹性极限强度。

③ 塑性变形阶段至破坏峰值阶段(图 5-26 中的 BC 段)：当应力超过弹性极限强度后，岩石中产生新的裂隙，同时已有裂隙也有新的发展，应变的增加速率超过应力的增加速率，应力—应变曲线的斜率逐渐降低，并呈曲线关系，体积变形由压缩转变为膨胀。应力增加，裂隙进一步扩展，岩石局部破损，且破损范围逐渐扩大形成贯通的破裂面，导致岩石破坏。C 点对应的应力达到最大值，称为峰值强度或单轴极限抗压强度。

④ 破坏后峰值跌落阶段至残余强度阶段(图 5-26 中的 C 点以后)：岩石破坏后，经过较大的变形，应力下降到一定程度开始保持常数，D 点对应的应力称为残余强度。

(2) 岩石在三向压力(围压)作用下的应力与应变关系

岩石单元体的三向受力状态(图 5-28)可以有两种方式：一种是 $\sigma_1>\sigma_2>\sigma_3$，称为三向不等压实验，也称为真三轴状态；另一种则是 $\sigma_1>\sigma_2=\sigma_3$，称为假三轴状态。目前，常用的岩石三向压力实验是后一种方式，因此，通常所说的三轴实验是指假三轴实验。

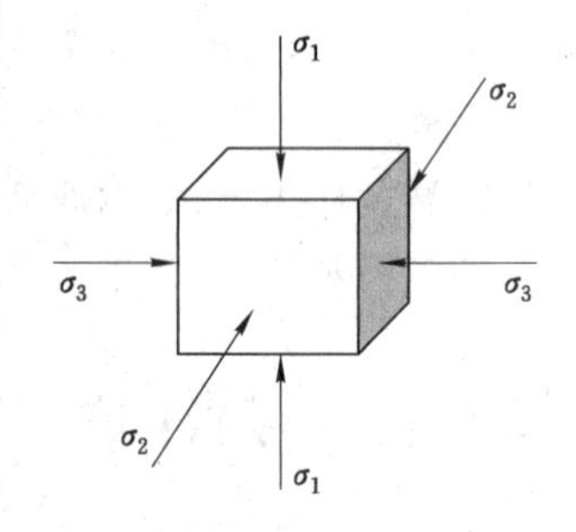

图 5-28　岩石单元体的三向应力状态

大量的岩石力学实验表明，岩石在三向受力状态下的应力—应变关系与单向无侧限受力状态下的应力—应变关系有很大的区别。最典型的特征可以用大理岩在三向围压压缩条件下的应力—应变曲线(图 5-29)来表示。

由图 5-29 可以看出：

① 在单向无侧限压力状态下($\sigma_3=0$)，大理岩试件在变形不大的情况下就产生破坏，且表现为脆性破坏。

② 随着围压 σ_3 的增大，岩石在破坏以前的总变形量也随之增大，而且主要是塑性变形的变形量增大。当 σ_3 增大到一定范围以后，岩石变形就成为典型的塑性变形。这说明岩石抵抗变形和破坏的性能会随着围压的增大而增强。

③ 不论 $\sigma_3=0$ 或是 $\sigma_3>0$，在岩石的应力—应变曲线的初始阶段都表现为近似直线关

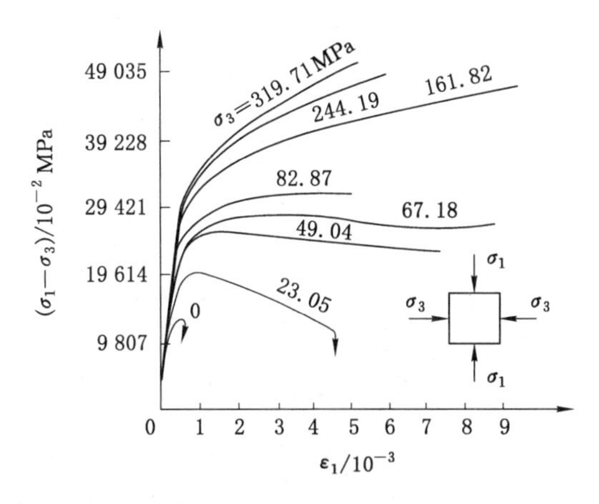

图 5-29　大理岩在三向压缩条件下的应力—应变关系曲线

系，说明当 $\sigma_1-\sigma_3$ 的数值在一定范围内，岩石的变形特性还是符合弹性变形特征，而当 $\sigma_1-\sigma_3$ 超出某一范围后，岩石的变形才出现塑性变形的特征。由此可见，岩石的应力—应变关系与围压 σ_3 的大小有关。

（3）岩石的蠕变

岩石的蠕变是指岩石在恒定应力不变的情况下，岩石的变形随时间而增长的现象，见图 5-30。岩石的蠕变实质上是岩石恒定加载后，岩石内部孔隙逐渐压密的过程。岩石的蠕变特性可以通过蠕变实验，即在岩石试件上加一恒定载荷，观测其变形随时间的发展状况来研究。

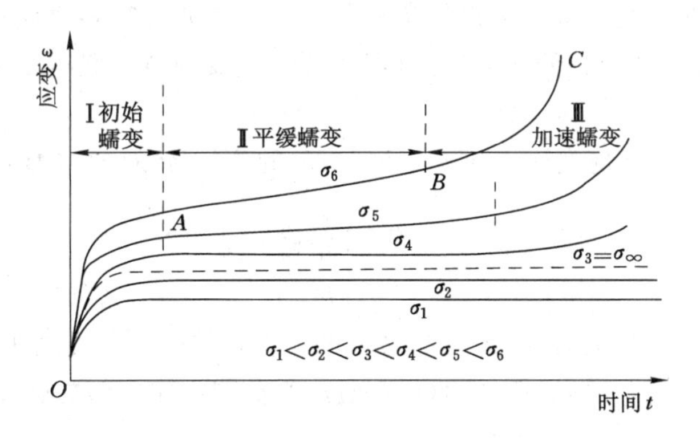

图 5-30　不同应力条件下岩石的蠕变曲线

（4）岩石的松弛

岩石的松弛是指当岩石保持应变恒定时，应力随着时间的延长而降低的现象，见图 5-31。如岩石中的挖孔桩施工会使得挖孔桩周边岩石松弛。松弛实验的条件就是使试件的变形保持恒定值，借此来观察载荷随时间的变化特性。

（5）岩石的变形指标

岩石的变形性能一般用弹性模量、变形模量和泊松比这三个指标来表示。

① 弹性模量 E_e 是应力与弹性应变的比值，即：

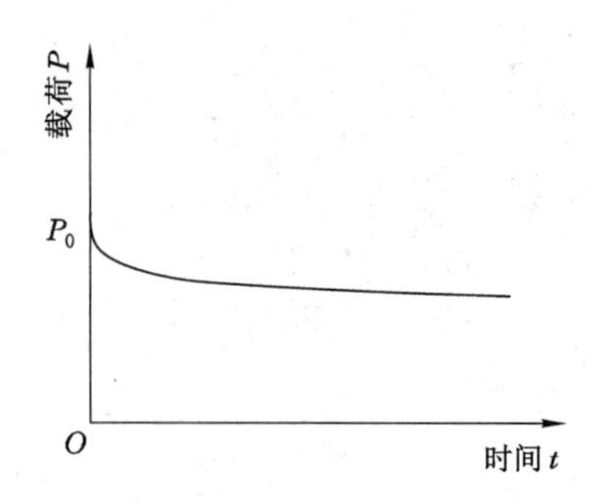

图 5-31　恒定应变条件下岩石(体)的松弛曲线

$$E_e=\frac{\sigma}{\varepsilon_e} \tag{5-17}$$

式中　E_e——弹性模量，MPa；

σ——岩石试件中的应力，压应力为正值，MPa；

ε_e——岩石的弹性应变。

岩石的弹性模量越大，变形越小，说明岩石抵抗变形的能力越高。

② 变形模量 E_p 是应力与总应变的比值，即：

$$E_p=\frac{\sigma}{\varepsilon_p+\varepsilon_e} \tag{5-18}$$

式中　E_p——变形模量，MPa；

ε_p——岩石的塑性应变。

岩石的弹性模量和变形模量可以从实验曲线上某点的切线斜率获得，也可以从曲线上某点(通常在强度极限的一半处取点)与原点间所作直线的斜率获得。前者称为切线模量，后者称为割线模量。

③ 泊松比(μ)是横向应变(ε_d)与纵向应变(ε_L)的比值(绝对值)，即：

$$\mu=\left|\frac{\varepsilon_d}{\varepsilon_L}\right| \tag{5-19}$$

(6) 岩石的强度

岩石抵抗外力破坏的能力，称为岩石的强度。岩石的强度与受力形式有关。受压变形破坏的为抗压强度；受拉变形破坏的为抗拉强度；受剪应力作用剪切破坏的为抗剪强度。

① 单向无侧限岩石的抗压强度

岩石抗压强度也就是岩石在单轴受压作用下抵抗压碎破坏的能力，相当于岩石受压破坏时的最大压应力，即：

$$\sigma_c=\frac{P_c}{A} \tag{5-20}$$

式中　σ_c——抗压强度，kPa；

P_c——岩石受压破坏时的极限轴向力，kN；

A——试件受压面积，m^2。

② 岩石的抗剪强度

抗剪强度是岩石抵抗剪切破坏的能力。相当于岩石受剪切破坏时，沿剪切破坏面的最大剪应力。由于岩石的组成成分和结构、构造比较复杂，在应力作用下剪切破坏的形式有多种。主要的有三种，如图5-32所示。

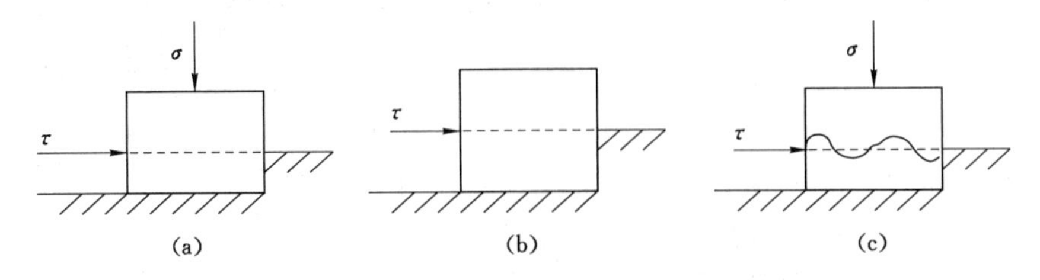

图5-32　岩石的三种受剪方式示意图

(a) 抗剪断实验；(b) 抗切实验；(c) 弱面抗剪切实验

室内的岩石抗剪强度测定，最常用的是测定岩石的抗剪断强度。岩石的抗剪断强度，是岩石在外部剪切力作用下，抵抗剪切破坏的能力。通过岩石剪切实验，确定岩石剪切破坏时剪切面上的正应力 σ 与剪应力 τ 之间的关系，确定岩石的内摩擦角 φ 和内聚力 C，从而获得岩石的抗剪断程度。一般用楔形剪切仪，其主要装置如图5-33所示。

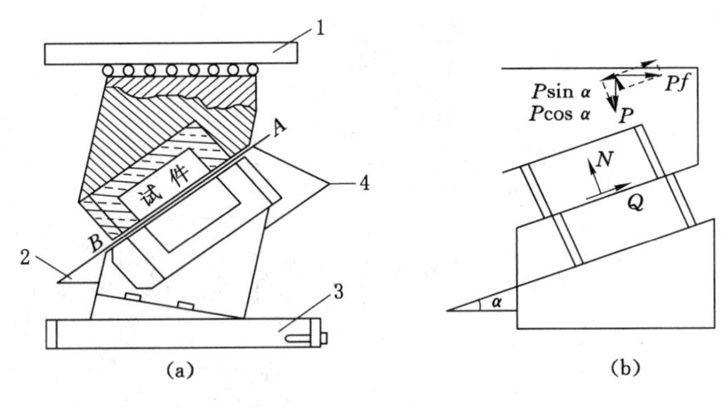

图5-33　楔形剪切仪

(a) 装置示意图；(b) 实验时受力情况

1——上压板；2——倾角；3——下压板；4——夹具

不同 α 角的夹具下试样剪断时所受正应力和剪应力按式(5-21)和式(5-22)计算：

$$\sigma=\frac{P}{A}(\cos\alpha+f\sin\alpha) \tag{5-21}$$

$$\tau=\frac{P}{A}(\sin\alpha+f\cos\alpha) \tag{5-22}$$

式中　σ——剪断面上的法向压应力；

τ——剪断面上极限剪应力；

P——压力机加在夹具中试件上的最大铅直载荷；

A——剪断面的面积；

f——滚珠的摩擦系数，由摩擦校正实验确定；

α——用夹具固定的剪断面与水平面的夹角。

③ 岩石的抗拉强度

抗拉强度是岩石力学性质的重要指标之一。由于岩石的抗拉强度远小于其抗压强度，故在受载时，岩石往往首先发生拉伸破坏，这一点在地下工程中有着重要意义。

岩石试件在单轴拉伸载荷作用下所能承受的最大拉应力就是岩石的抗拉强度，以 σ_t 表示。即：

$$\sigma_t=\frac{P_t}{A} \tag{5-23}$$

式中 σ_t——岩石的抗拉强度，MPa；

P_t——试件被拉断时的拉力，N；

A——试件的横截面积，mm^2。

岩石的抗拉强度很小，不少岩石小于 20 MPa。

由于直接拉伸实验受夹持条件等限制，岩石的抗拉强度一般均由间接实验得出。在此采用国际岩石学会实验室委员会推荐并为普遍采用的间接拉伸法(劈裂法)测定岩样的抗拉强度。实验装置如图 5-34 所示。

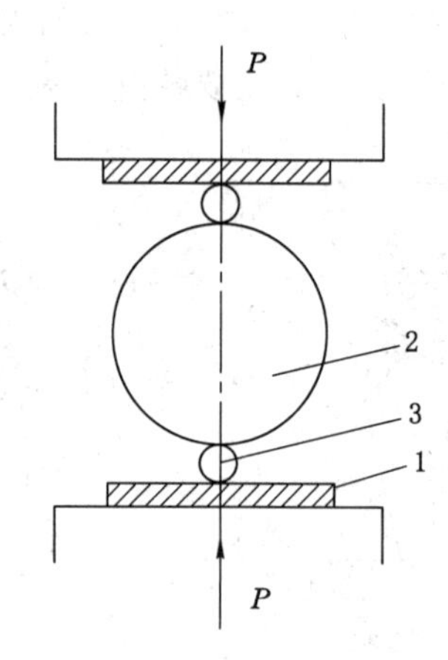

图 5-34 劈裂法实验示意图

1——承压板；2——试件；3——钢丝

圆柱或立方形试件劈裂时的抗拉强度 σ_t 由式(5-24)确定：

$$\sigma_t=\frac{2P_{max}}{\pi Dt} \tag{5-24}$$

式中 P_{max}——破裂时的最大载荷，N；

D——圆柱体试件的直径；

t——圆柱体试件厚度。

④ 岩石的物理力学参数与强度之间的相互关系

实验资料表明，同一种岩石，由于受力状态不同，强度值相差悬殊。各种强度间有如下的统计关系：同一种岩石一般情况下单轴抗压强度最大，抗剪强度次之，抗拉强度最小。

岩石的单轴抗拉强度为单轴抗压强度的 1/5～1/38；岩石的抗剪强度为单轴抗压强度的 1/2～1/15。

此外，岩石在长期载荷作用下的抵抗破坏能力，要比短时间加载下的抵抗破坏能力小。对于坚固岩石，长期强度为短时强度的 70%～80%；对于软质与中等坚固岩石，长期强度为短时强度的 40%～60%。

岩石的物理性质、水理性质及力学性质参数(指标)是工程设计重要的基本参数。一般通过实验测定求得,表 5-10 列出了一些常见完整岩石的实验结果,以供参考。

表 5-10　几种岩石的力学参数

岩石种类	抗压强度 MPa	抗拉强度 /MPa	弹性模量 /GPa	泊松比	抗剪强度指标	
					内摩擦角/(°)	内聚力/MPa
花岗岩	100～250	7～25	50～100	0.2～0.3	45～60	14～50
流纹岩	180～300	15～30	50～100	0.1～0.25	45～60	10～50
安山岩	100～250	10～20	50～120	0.2～0.3	45～50	10～40
辉长岩	180～300	15～35	70～150	0.1～0.2	50～55	10～50
玄武岩	150～300	10～30	60～120	0.1～0.35	48～55	20～60
砂　岩	20～200	4～25	10～100	0.2～0.3	35～50	8～40
页　岩	10～100	2～10	20～80	0.2～0.4	15～30	3～20
石灰岩	50～200	5～20	50～100	0.2～0.35	35～50	10～50
白云岩	80～250	15～25	40～80	0.2～0.35	30～50	20～50
片麻岩	50～200	5～20	10～100	0.2～0.35	30～50	3～5
大理岩	100～250	7～20	10～90	0.2～0.35	35～50	15～30
板　岩	60～200	7～15	20～80	0.2～0.3	45～60	2～20

5.3.2　岩体的工程地质性质

岩石和岩体虽都是自然地质历史的产物,然而两者的概念是不同的。所谓岩体,是指包括各种地质界面——如层面、层理、节理、断层、软弱夹层等结构面的单一或多种岩石构成的地质体,它被各种结构面所切割,由大小不同的、形状不一的岩块(即结构体)所组合而成。所以,岩体是指某一地点一种或多种岩石中的各种结构面、结构体的总称。因此,岩体不能以小型的完整单块岩石作为代表,例如,坚硬的岩层,其完整的单块岩石的强度较高,而当岩层被结构面切割成碎裂状块体时,构成的岩体之强度则较小。所以,岩体中结构面的发育程度、性质、充填情况以及连通程度等,对岩体的工程地质特性有很大的影响。

作为工业与民用建筑地基、道路与桥梁地基、地下硐室围岩、水工建筑地基的岩体,作为道路工程边坡、港口岸坡、桥梁岸坡、库岸边坡的岩体等,都属于工程岩体。在工程施工过程中和在工程使用与运转过程中,这些岩体自身的稳定性和承受工程建筑运转过程传来的载荷作用下的稳定性,直接关系着施工期间和运转期间部分工程甚至整个工程的安全与稳定,关系着工程的成功与否,故岩体稳定性分析与评价是工程建设中十分重要的问题。

影响岩体稳定性的主要因素有:区域稳定性、岩体结构特征、岩体变形特性与承载能力、地质构造及岩体风化程度等。

5.3.2.1　*岩体结构分析*

(1) 结构面

① 结构面类型

存在于岩体中的各种地质界面(结构面)包括:各种破裂面(如劈理、节理、断层面、顺层裂隙或错动面、卸荷裂隙、风化裂隙等)、物质分异面(如层理、层面、沉积间断面、片理等)以及软弱夹层或软弱带、构造岩、泥化夹层、充填夹(泥)层等,所以"结构面"这一术语,具有广义的性质。不同成因的结构面,其形态与特征、力学特性等也往往不同。按地质成因,结构面可分为原生的、构造的、次生的三大类。

a. 原生结构面是成岩时形成的,分为沉积的、火成的和变质的三种类型。

沉积结构面如层面、层理、沉积间断面和沉积软弱夹层等。

一般的层面和层理结合是良好的,层面的抗剪强度并不低,但由于构造作用产生的顺层错动或风化作用会使其抗剪强度降低。

软弱夹层是指介于硬层之间强度低,又易遇水软化,厚度不大的夹层;风化之后称为泥化夹层,如泥岩、页岩、泥灰岩等。

火成结构面是岩浆岩形成过程中形成的,如原生节理(冷凝过程形成)、流纹面、与围岩的接触面、岩浆岩中的凝灰岩夹层等,其中的围岩破碎带或蚀变带、凝灰岩夹层等均属于火成软弱夹层。

变质结构面如片麻理、片理、板理都是变质作用过程中矿物定向排列形成的结构面,如片岩或板岩的片理或板理均易脱开。其中,云母片岩、绿泥石片岩、滑石片岩等片理发育,易风化并形成软弱夹层。

b. 构造结构面是在构造应力作用下,于岩体中形成的断裂面、错动面(带)、破碎带的统称。其中,劈理、节理、断层面、层间错动面等属于破裂结构面。断层破碎带、层间错动破碎带均易软化、风化,其力学性质较差,属于构造软弱带。

c. 次生结构面是在风化、卸荷、地下水等作用下形成的风化裂隙、破碎带、卸荷裂隙、泥化夹层、夹泥层等。风化带上部的风化裂隙发育,往深部渐减。

泥化夹层时某些软弱夹层(如泥岩、页岩、千枚岩、凝灰岩、绿泥石片岩、层间错动带等)在地下水作用下形成的可塑黏土,因其摩阻力甚低,工程上要给予很大的注意。

② 结构面的特征

结构面的规模、形态、连通性、充填物的性质以及其密集程度均对结构面的物理力学性质有很大影响。

a. 结构面的规模。不同类型的结构面,其规模可以很大,如延展数十千米、宽度达数十米的破碎带;规模可以较小,如延展数十厘米至数十米的节理,甚至是很小的不连续裂隙。对工程的影响是不一样的,对具体工程要具体分析,有时小的结构面对岩体稳定也可起控制作用。

b. 结构面的形态。各种结构面的平整度、光滑度是不同的。有平直的(如层理、片理、劈理)、波状起伏的(如波痕的层面、揉曲片理、冷凝形成的舒缓结构面)、锯齿状的或不规则的结构面。这些形态对抗剪强度有很大影响,平滑的与起伏粗糙的结构面相比,后者有较高的强度。

结构面的抗剪强度一般通过室内外实验测定其指标内摩擦角(φ)及内聚力(C)值。

c. 结构面的密集程度。该指标反映岩体完整的情况,通常以线密度(条/m)或结构面的间距表示。见表 5-11。

表 5-11　　节理发育程度分级

分　级	Ⅰ	Ⅱ	Ⅲ	Ⅳ
节理间距/m	>2	0.5～2	0.1～0.5	<0.1
节理发育程度	不发育	较发育	发育	极发育
岩体完整性	完整	块状	碎裂	破碎

d. 结构面的连通性。是指在某一定空间范围内的岩体中，结构面在走向、倾向方向的连通程度，如图 5-35 所示。结构面的抗剪强度与连通程度有关，其剪切破坏的性质亦有区别；要了解地下岩体的连通性往往很困难，一般通过勘探平硐、岩芯、地面开挖面的统计作出判断。风化裂隙有向深处趋于泯灭的情况，即到一定深度分化裂隙有消失的趋向。

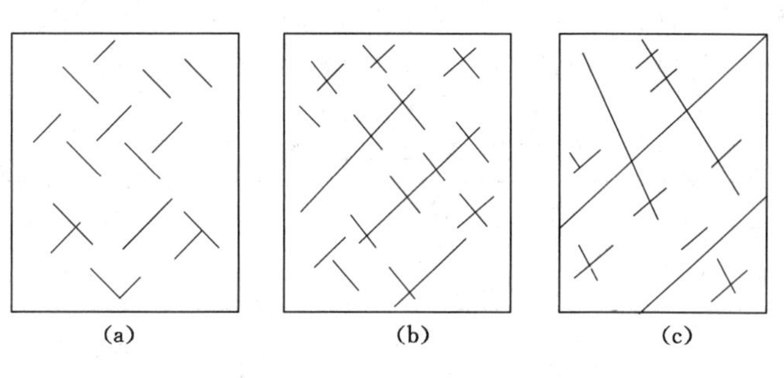

图 5-35　岩体内结构面连通性

(a) 非连通的；(b) 半连通的；(c) 连通的

e. 结构面的张开度和充填情况。结构面的张开度是指结构面的两壁离开的距离，可分为 4 级：闭合的：张开度小于 0.2 mm 者；微张的：张开度在 0.2～1.0 mm 者；张开的：张开度在 1.0～5.0 mm 者；宽张的：张开度大于 5.0 mm 者。

闭合的结构面的力学性质取决于结构面两壁的岩石性质和结构面的粗糙程度。微张的结构面，因其两壁岩石之间常常多处保持点接触，抗剪强度比张开的结构面大。张开的和宽张的结构面，抗剪强度则主要取决于充填物的成分和厚度：一般充填物为黏土时，强度要比充填物为砂质时的更低；而充填物为砂质者，强度又比充填物为砾质者更低。

(2) 结构体

由于各种成因的结构面的组合，在岩体中可形成大小、形状不同的结构体。

岩体中结构体的形状和大小是多种多样的，但根据其外形特征可大致归纳为：柱状、块状、板状、楔形、菱形和锥形等六种形态。如图 5-36 所示。

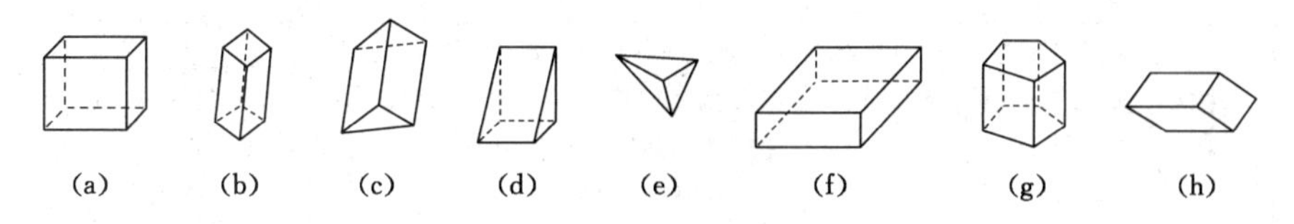

图 5-36　结构体的类型

(a) 方柱(块)体；(b) 菱形柱体；(c) 三棱柱体；(d) 楔形体；(e) 锥形体；
(f) 板状体；(g) 多角柱体；(h) 菱形块体

当岩体强烈变形破碎时，也可形成片状、碎块状、鳞片状等形式的结构体。

结构体的形状与岩层产状之间有一定的关系。例如，平缓产状的层状岩体中，一般由层面(或顺层裂隙)与平面上的“X”形断裂组合，常将岩体切割成方块体、三角形柱体等；在陡立的岩层地区，由于层面(或顺层错动面)、断层与剖面上的“X”形断裂组合，往往形成块体、锥形体和各种柱体。

结构体的大小，可采用 A. Palmstram 建议的体积裂隙数 J_v 来表示，其定义是，岩体单位体积通过的总裂隙数(裂隙数/m^3)，表达式为：

$$J_v = \frac{1}{S_1} + \frac{1}{S_2} + \cdots + \frac{1}{S_n} = \sum_{i=1}^{n} \frac{1}{S_i}$$

式中　S_i——岩体内第 i 组结构面的间距；

　　$1/S_i$——该组结构面的裂隙数(裂隙数/m)。

根据 J_v 值大小可将结构体的块度进行分类(表 5-12)。

表 5-12　　结构体块度(大小)分类

块度描述	巨型块体	大型块体	中型块体	小型块体	碎块体
体积裂隙数 J_v/(裂隙数/m^3)	<1	1～3	3～10	10～30	>30

(3) 岩体结构特征

① 岩体结构概念与结构类型。岩体结构，是指岩体中结构面与结构体的组合方式。岩体结构类型多种多样，具有不同的工程地质特性(承载能力、变形、抗风化能力、渗透性等)。

岩体结构的基本类型可分为整体块状结构、层状结构、碎裂结构和散体结构，它们的地质背景、结构面特征和结构体特征等列于表 5-13。

表 5-13　　岩体结构的基本类型

结构类型		地质背景	结构面特征	结构体特征	
类	亚类			形态	强度/MPa
整体块状结构	整体结构	岩性单一，构造变形轻微的巨厚层岩层及火成岩体，节理稀少	结构面少，1～3 组，延展性差，多呈闭合状，一般无充填物，tan $\varphi \geqslant 0.6$	巨型块体	>60
	块体结构	岩性单一，构造变形轻微至中等的厚层岩体及火成岩体，节理一般发育，较稀疏	结构面 2～3 组，延展性差，多闭合状，一般无充填物，层面有一定结合力，tan $\varphi=0.4 \sim 0.6$	大型的方块体、菱块体、柱体	一般>60
层状结构	层状结构	构造变形轻微至中等的中厚层状岩体(单层厚>30 cm)，节理中等发育，不密集	结构面 2～3 组，延展性较好，以层面、层理、节理为主，有时有层间错动面和软弱夹层，层面结合力不强，tan $\varphi=0.3 \sim 0.5$	中至大型层块体、柱体、菱柱体	>30
	薄层(板)状结构	构造变形中等至强烈的薄层状岩体(单层厚<30 cm)，节理中等发育，不密集	结构面 2～3 组，延展性较好，以层面、层理、节理为主，不时有层间错动面和软弱夹层，结构面一般含泥膜，结合力差，tan $\varphi \approx 0.3$	中至大型的板状体、板楔体	一般 10～30

续表 5-13

结构类型		地质背景	结构面特征	结构体特征	
类	亚类			形态	强度/MPa
碎裂结构	镶嵌结构	脆硬岩体形成的压碎岩，节理发育，较密集	结构面＞3 组，以节理为主，组数多，较密集，延展性较差，闭合状，无至少量充填物，结构面结合力不强，$\tan\varphi=0.4\sim0.6$	形态大小不一，棱角显著以小至中型块体为主	＞60
	层状破裂结构	软硬相间的岩层组合，节理、劈理发育，较密集	节理、层间错动面、劈理带软弱夹层均发育，结构面组数多，较密集至密集，多含泥膜、充填物，$\tan\varphi=0.2\sim0.4$	形态大小不一，以小至中型的板柱体、板楔体、碎块体为主	骨架硬结构体≥30
	碎裂结构	岩性复杂，构造变动强烈，岩体破碎，遭受弱风化作用，节理裂隙发育、密集	各类结构面均发育，组数多，彼此交切，多含泥质充填物，结构面形态光滑度不一，$\tan\varphi=0.2\sim0.4$	形态大小不一，以小型块体、碎块体为主	含微裂隙＜30
散体结构	松散结构	岩体破碎，遭受强烈风化，裂隙极发育，紊乱密集	以风化裂隙、夹泥节理为主，密集无序状交错，结构面强烈风化、夹泥、强度低	以块度不均的小碎块体、岩屑及夹泥为主	碎块体，手捏即碎
	松软结构	岩体强烈破碎，全风化状态	结构面已完全模糊不清	以泥、泥团、岩粉、岩屑为主，岩粉、岩屑呈泥包块状态	“岩体”已呈土状，如土松软

② 风化岩体结构特征。工程利用岩面的确定与岩体的风化深度有关，往地下深处岩体渐变至新鲜岩石，但各种工程对地基的要求是不一样的，可以根据其要求选择适当风化程度的岩层，以减少开挖的工程量。

5.3.2.2　岩体的工程地质性质

岩体的工程地质性质首先取决于岩体结构类型与特征，其次才是组成岩体的岩石的性质（或结构体本身的性质）。譬如，散体结构的花岗岩岩体的工程地质性质往往要比层状结构的页岩岩体的工程地质性质要差。因此，在分析岩体的工程地质性质时，必须首先分析岩体的结构特征及其相应的工程地质性质，其次再分析组成岩体的岩石的工程地质性质，有条件时配合必要的室内和现场岩体（或岩块）的物理力学性质实验，加以综合分析，才能确定地把握和认识岩体的工程地质性质。

不同结构类型岩体的工程地质性质：

① 整体块状结构岩体的工程地质性质。整体块状结构岩体因结构面稀疏、延展性差、结构体块度大且常为硬质岩石，故整体强度高，变形特征接近于各向同性的均质弹性体，变形模量、承载能力与抗滑能力均较高，抗风化能力一般也较强，所以这类岩体具有良好的工程地质性质，往往是较理想的各类工程建筑地基、边坡岩体及硐室围岩。

② 层状结构岩体的工程地质性质。层状结构岩体中结构面以层面与不密集的节理为主，结构面多闭合微张状，一般风化微弱，结合力一般不强，结构体块度较大且保持着母岩岩块性质，故这类岩体总体变形模量和承载能力均较高。作为工程建筑地基时，其变形模量和承载能力一般均能满足要求。但当结构面结合力不强，有时又有层间错动面或软弱夹层存在，则其强度和变形特性均具各向异性特点，一般沿层面方向的抗剪强度明显比垂直层面方

向的更低，特别是当有软弱结构面存在时，更为明显。这类岩体作为边坡岩体时，一般来说，当结构面倾向坡外要比倾向坡里时的工程地质性质差得多。

③ 破裂结构岩体的工程地质性质。破裂结构岩体中节理、裂隙发育，常有泥质充填物质，结合力不强，其中，层状岩体常有平行层面的软弱结构面发育，结构体块度不大，岩体完整性破坏较大。其中，镶嵌结构岩体因其结构体为硬质岩石，尚具较高的变形模量和承载能力，工程地质性能尚好；而层状破裂结构和碎裂结构岩体变形模量、承载能力均不高，工程地质性质较差。

④ 散体结构岩体的工程地质性质。散体结构岩体节理、裂隙很发育，岩体十分破碎，岩石手捏即碎，属于碎石土类，可按碎石土类研究。

课后习题

［1］ 岩石是如何分类的？

［2］ 三大类岩石的主要性质有哪些？

［3］ 简述常见岩石的主要特点和鉴别方法。

6 地质年代

6.1 地层系统

6.1.1 地层的基本概念

地层是地壳发展过程中，在一定地质阶段形成的，具有一定新老顺序的以沉积岩为主的岩石组合。这些岩石不一定成层，但都具有一定的形成时代。地层除了有一定的形体和岩石内容外，还具有时间顺序的意义。斯丹诺于 1669 提出的年地层的水平律、连续律和层序律是地层划分和对比的基础。水平律是指沉积物在原始沉积条件下沉积成几乎水平的地层，倾斜或直立的地层就是沉积后层内变形的证据。连续律是指在一段特定的时期内，同一类型的沉积物遍布整个沉积盆地，因此同一时期沉积的地层具有连续性。层序律是指在沉积盆地中，新近的沉积层覆盖在旧的沉积层上，层序律是地层学最基本的规律。根据自然露头确定地层层次示意图如图 6-1 所示。

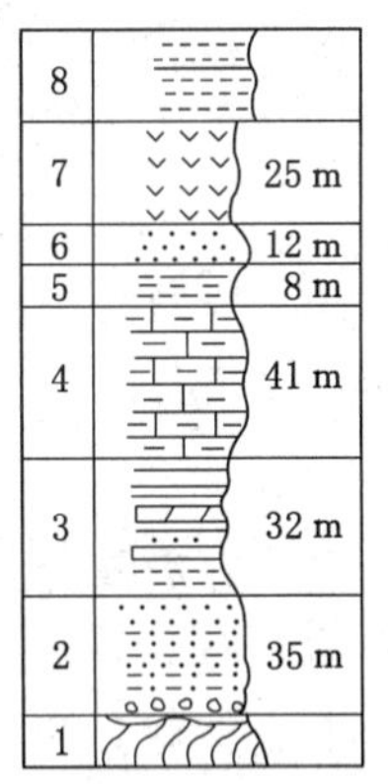

图 6-1 根据自然露头确定地层层序示意图

（转引自《地史学教程》，1980）

6.1.2 地层的接触关系及其地质意义

6.1.2.1 地层的接触类型

由于一套地层与相邻地层经历的演化历史不同，地层具有不同的接触关系，主要有整合接触和不整合接触，以及侵入接触和沉积接触。

(1) 整合接触

整合接触指相邻地层间没有明显的地层缺失，地层一层接着一层不间断地沉积。整合接触又分为连续接触和沉积间断接触两类(图 6-2)。如果在一个沉积盆地中沉积作用不间断进行，那么形成的地层接触关系称为连续。连续的两套地层间没有明显的岩性变化，通常是逐渐过渡的。如果在沉积的过程中，曾经有一段时间沉积作用停止，但并没有发生明显的剥蚀作用，然后继续接受沉积，造成地层的间断。

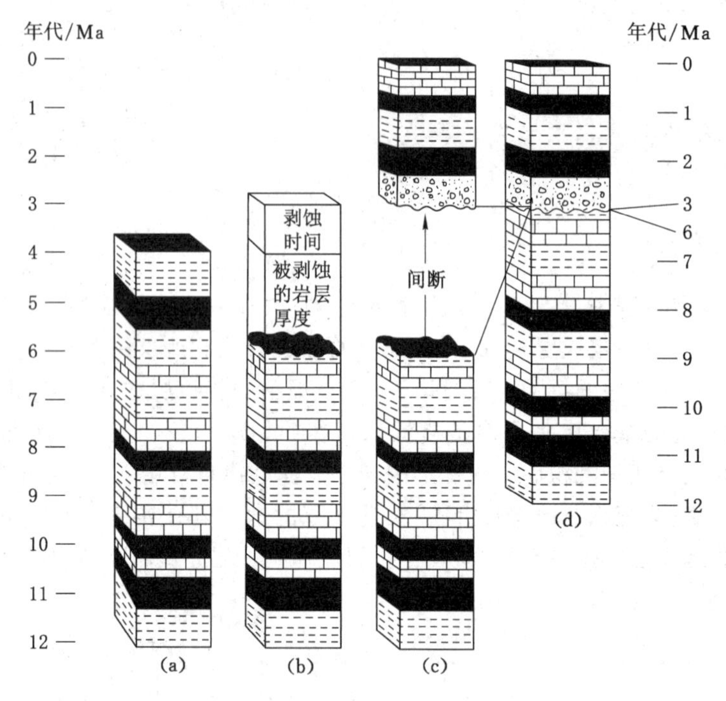

图 6-2　不整合与沉积间断接触的形成示意图

(a) 沉积作用从 12 Ma 前开始一直连续沉积到 4 Ma 前；

(b) 在 4 Ma 前出现了一次延续时间大约 1 Ma 的侵蚀事件，同时代表 2 Ma 地质记录的地层遭受剥蚀；

(c) 在老地层和开始于 3 Ma 前沉积作用形成的地层之间存在一个 3 Ma 的沉积间断；

(d) 真正的地层记录

(2) 不整合接触

不整合是分开较新地层和较老地层的一个侵蚀面，代表地质历史时期一段沉积记录的缺失。不整合接触分为两类，一类是平行不整合(图 6-3)，也称假整合或者拟整合；另一类是角度不整合(图 6-4)，也称截合。

平行不整合是因地壳运动使原来的沉积区抬升至陆上接受剥蚀，没有新的物质沉积的同时原有的沉积物被剥蚀，造成成岩后的地层间存在大陆侵蚀面，但两者的产状平行，所以这种接触关系称为平行不整合。由于平行不整合面的上下地层基本上是平行的，通常不易识别。

角度不整合是沉积盆地在抬升接受剥蚀的同时，发生构造变形，使原始地层的水平状态发生变化，然后再次下降接受沉积，这样地层间不但隔着大陆侵蚀面，而且地层间岩层的产状还呈截交关系。这种接触关系称为角度不整合，角度不整合以上下或新老地层间的角度不连续为标志。

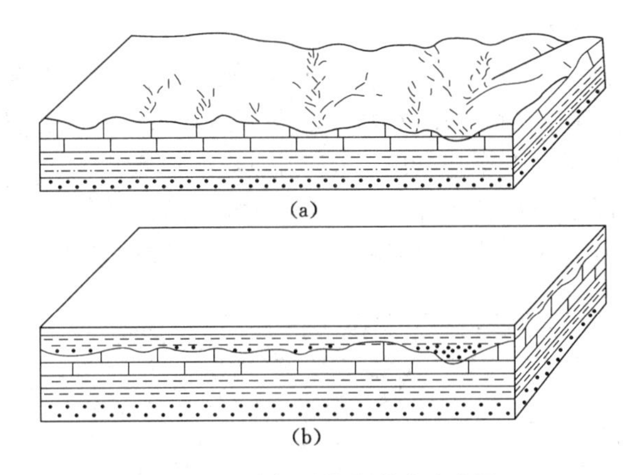

图 6-3 平行不整合形成示意图

(a) 地壳抬升造成的大陆剥蚀面;(b) 地壳重新下降接受新的沉积

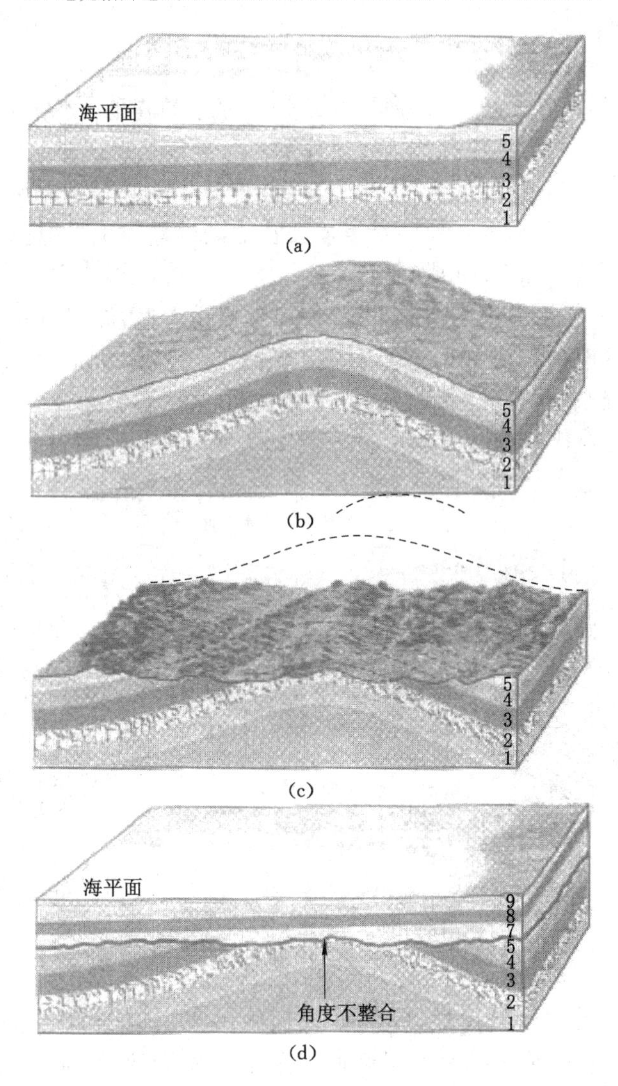

图 6-4 角度不整合的形成过程

(3) 侵入接触和沉积接触

当岩浆岩侵入先前形成的沉积岩时，侵入体和围岩的接触带上会出现烘烤变质等现象，侵入岩中往往还残留有围岩的捕虏体，有时还被与侵入体共生的岩脉贯入，这种关系称为侵入接触。另一种情况下，侵入岩冷却凝固，由于剥蚀作用而露出地面，其后随着地壳下降又重新接受沉积，这种情况下沉积岩底部会出现侵入岩的砾石，这种关系称为沉积接触。在侵入接触中，沉积岩老于侵入体；在沉积接触中，侵入岩老于沉积岩。如图 6-5 所示。

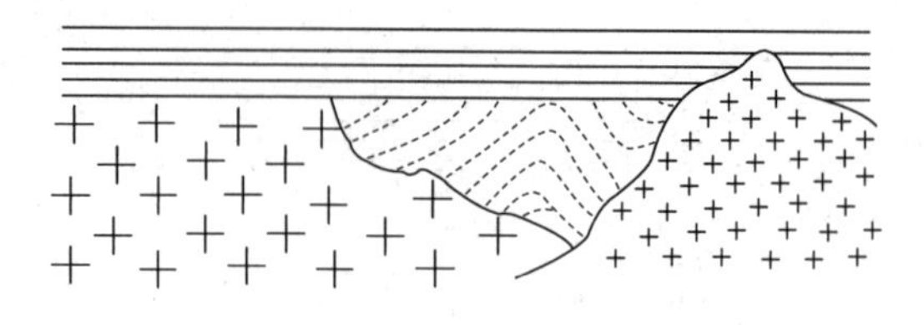

图 6-5　侵入接触和沉积接触

6.1.2.2　海侵和海退

当海平面上升时，海水面积扩大，海岸线延伸到原来的陆地，这种现象叫作海侵。海水不断向陆地侵入过程中的沉积序列称为海进序列。海进序列表现在地层剖面图的特点是岩性由上向下沉积颗粒逐渐变细；从各时期地层展布情况来看，上部地层的展布范围大于下部地层的展布范围，而且一部分上部地层直接覆盖在更老的地层上，这种现象称为超覆，发生超覆的地区称为超覆区。如图 6-6(a)所示。

当海平面下降时，海水面积不断缩小，这种现象称为海退，海退过程中形成的沉积序列称为海退序列。海退序列表现在地层剖面图的特点是岩性沉积颗粒自下向上逐渐变细；从各时期地层展布情况来看，新沉积的地层分布范围越来越小，这种现象称为退覆，较新地层未覆盖的地区称为退覆区。如图 6-6(b)所示。

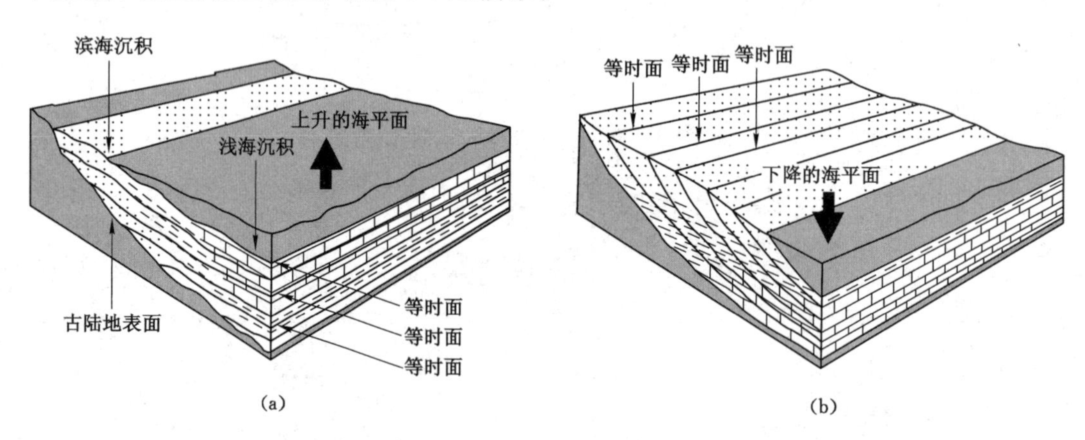

图 6-6　海侵与海退的沉积相

6.1.2.3　沉积旋回

当海退序列紧接着一个海侵序列之后，地层中沉积物成分、粒度和化石等特征有规律地镜像对称分布，这种现象称为沉积旋回。除了海侵海退外，湖水进退也可以造成沉积旋回。

6.1.3 地层划分和对比

(1) 地层划分

地层是地球发展演化的物质记录，地层划分是把岩层按其原来的顺序系统地组织成为具有任一特征、性质或属性的有关单位。

常用的地层划分方法有三种，分别为：① 构造学方法，根据角度不整合面、平行不整合面把上下的地层分开。② 岩石学的方法，根据上下地层岩性的不同或岩石物理、化学性质的不同将两套地层划分开来，可以根据岩石的组合情况及沉积旋回划分地层。③ 古生物学的方法，时代不同地层中含有不同的生物化石，根据上下地层中所含化石的不同来划分地层；因为生物演化具有从低级、简单向高级、复杂演变的规律，具有不可逆性，所以到目前古生物学方法是确定地层相对年代和区域对比最重要最有效的方法。

(2) 地层对比

地层对比是把不同地区的地层单位，根据岩性、古生物化石等特征作地层层位上的比较研究，进而证明这些地层单位是否在层位上相当，在时间上相近。

地层对比的方法有野外直接追索对比、岩石相似性对比、标志层对比、古生物标志的对比、地质事件的对比、同位素年龄对比和地球物理方法。

野外直接追索对比是在野外根据露头从一个剖面直接追索到另一个剖面。这是一种最原始最简单但最可靠的方法，但由于地层剖面间的构造被破坏或被沉积物覆盖，这种方法在野外工作中的应用受到限制。

岩石相似性对比是根据两地层岩石的颜色、成分、结构、构造的相似来建立对比关系。对岩性复杂的两套地层还可以根据岩石组成的序列来对比。

标志层对比是通过标志层来对比地层，标志层是一个具有明显特征能易于被识别而不能与其他岩层混淆的薄而分布广泛的沉积岩层。

古生物标志的对比是根据地层中所含化石内容或者化石组合的一致性或者相似性来进行大范围的地层对比。标准化石和化石组合是古生物法用来对比和划分地层的主要工具。标准化石是指演化迅速、分布广泛、数量众多、特征明显的古生物化石。由于标准化石所具有的上述特点，通过掌握标准化石所对应的地质年代，只要在地层中找到标准化石，便可以迅速地确定地层时代并进行准确有效的地层对比和划分。共生在同一层位的化石称为化石组合或化石群，当古地理环境发生变化时，生物群的组合面貌会发生变化，形成新的生物组合，因此在不同的地层单位中，化石组合不同，利用各地层单位中化石组合的异同，可以进行地层的划分对比工作。

地质事件的对比法根据对地质事件的物质记录来对比地层，虽然同一地质事件产生的物质记录不同，但不同的物质记录的都是同一事件，因此可以对比等时性。具体地质事件对比方法有地磁极性反转对比、小星体撞击事件对比和冰川事件对比。

同位素年龄对比是通过测定岩石或矿物中的放射性同位素的半衰期来判断地层的年代。常用的同位素测年方法有铀—钍—铅法、铷—锶法、钾—氩法、普通铅法、放射性碳法和裂变径迹法。

地球物理法能够突破上述方法在深度上的限制，能够探测出深部地层和地质构造。具体方法有地震资料对比地层法和测井法。

6.2 地层单位和地质年代

6.2.1 岩石地层单位

岩石地层单位是根据地层的岩石特征建立的地层单位。一个岩石地层单位是由岩性、岩相或变质程度均一的岩石组成的地层体，一个岩石单位可以由沉积岩或火成岩或变质岩组成。岩石地层单位是客观的物质单位。这些单位建立在岩石特征在纵、横两个方向同时延展的基础上，而不考虑其年龄。

而岩石特征又是受沉积环境与沉积条件控制的；同一时期各地的沉积环境与条件不会相同，随着时间发展又可能发生变化。但是作为地质历史记录的岩石地层单位的界面，与时间界面往往斜交；同时，它与化石延续时限的界限以及其他任何一种地层单位的界限斜交；而且一个岩石地层单位的时间间隔也不可能到处相等，这就是岩石地层单位穿时性的基本内容。

正式的岩石地层单位分为四级：群(group)、组(formation)、段(member)和层(bed)。

组是野外地质调查和区域填图中最重要的基本岩石地层单位。组是野外宏观岩类或岩类组合相同、结构相似、颜色相近、呈现整体岩性和变质特性一致、在空间上有一定延展性的地层体。组的含义在于具有岩性、岩相和变质程度的一致性。组或者由一种岩石构成，或者以一种主要岩石为主，夹有重复出现的夹层，或者由两三种岩石交替出现构成，还可能以很复杂的岩石组分为一个组的特征，而与其他比较单纯的组相区别。所以组的界线在岩性上应当容易识别。组的厚度没有特别限制，但为了描述和研究区域地层发育特点和填图方便，除了岩性和地质发育历史特殊者外，组的厚度不宜过大或过小。空间上，组应当展布于一定范围，在此范围内其岩性、岩相基本稳定。在古地理环境稳定均一的地区，组的分布范围比较广泛；而在古地理环境复杂多变的地区，组的分布范围比较有限。

群是比组高一级的地层单位，也是岩石地层系统中最大的分类单位。群有两种使用方法：一种用法是群由两个或两个以上经常伴生在一起的相邻或者相关而且又具有某些统一岩石学特点的组联合而成；另一种用法是一套地层厚度巨大、岩类复杂，又因受到构造扰动致使原始顺序无法重建时，可视为一个特殊的群。群的顶底界即顶底组的上界和下界，而不应当从组内穿过。群内不能有重要的间断或不整合存在。将一个地层单位确定为群时，其厚度并不重要。在特殊情况下，一个群可以划分为若干个亚群，群也可以合并为超群。超群是具有共同重要岩性特征的几个相关的群或者相关的组合群。

段是低于组的岩石地层单位，是组的组成部分，具有与组内相邻岩层不同的岩性特征，而且分布广泛。段的范围和厚度没有固定的标准。段一般有两种使用方法：一种是把一个组的全部地层连续地划分为若干段；另一种用法是因为特殊需要仅把一个组中的某个特殊部分划分命名为段，其余部分不正式命名为段。

层是级别最低的岩石地层单位，是组内或段内的一个岩性、成分、生物组合等特征显著而又明显区别于上下岩层的单位层。层的厚度不大，可以从数厘米、数米到十余米。习惯上，只有特殊的、在地层工作中特别有用的层(通常称为标志层)才能给予合适的名称，作为正式的岩石地层单位，介于其间的层则不予命名。

岩石的性质不但表现在岩石的成分、结构和构造方面，而且还表现在其他很多物理和化学性质上，利用这些性质也可以划分出名目繁多的各种地层单位，这些名目繁多的地层单位亦可以归于岩石地层单位的范畴。

6.2.2 生物地层单位

生物地层单位是根据地层中所含有的生物化石特征所划分出来的地层单位，是以含有相同的化石为特征，并与相邻层化石有别的三维空间岩石体。在地层层序中，有许多不含化石的部分，因此它们就不具有生物地层的特征，就不是生物地层划分的对象。

生物地层单位统称生物地层带，简称生物带。生物带的厚度和地理分布范围变化很大。小至地方性的单一薄层，大到遍布全球、厚度达数千米的地层单位。生物带所代表的时间跨度变化也很大。生物地层面（生物面）是一个显著而重要的生物地层变化界面，生物面在地层对比方面极为有用，通常作为生物带的界面。

(1) 生物地层单位的类型

常用的生物地层单位有 4 种类型：组合带、延限带、顶峰带和种系带。

组合带指所含的化石或其中的某一类化石，从整体看，构成一个自然的组合，并以此区别于相邻地层内的生物组合的地层体。组合带的界线是该单位所特有的组合产出界限的界面（生物面）。

延限带是指从地层序列的化石组合中任选一个或几个化石分类单元的已知延限所代表的地层体。延限带可以是一个分类单元（种、属、科、目等），或若干分类单元的归并。延限带有两种类型：分类单元延限带和共存延限带。分类单元延限带是指一个特定分类单元（种、属、科等）标本的已知产出延限所代表的地层。分类单元延限带的界限是指代表该延限的分类单元的标本在每一个地方性剖面中已知产出的外包容面（生物面）。任何一个剖面中某分类单元延限带的界限就是该特定分类单元标本在该剖面产出的最底层面和最高地层面。共存延限带是包含两个或两个以上特定的分类单元延限带的共存、一致或重叠部分的地层体。这些分类单元是从包含一个地层序列中的所有生物类型中选取出来的。

顶峰带是一个特有的化石分类单元（或一组特定的化石分类单元）极大或最大发育阶段所代表的一个地层或地层体。通常指某一分类单元的化石标本数量极大丰富，或指某一群分类单元数量的突然增大。顶峰带不包括该分类单元前期出现数量不多时的地层，也不包括其后期逐渐稀少时的地层，即不代表这类生物总延限范围的地层体。

种系带是含有代表进化种系中某一特定片段的化石标本的地层体。种系带可以是某一分类单元在一个种系中的总延限，也可以是该分类单元在其后裔分类单元出现之前的那段延限。

上述的组合带、延限带、顶峰带和种系带是生物地层单位的 4 种类型，而不是相互包括或从属的 4 个级别。对于一个地区的地层划分来说，生物地层单位并不是普遍建立的，各生物单位之间也不一定是互相连续的，对一个地区的地层划分来说，生物地层单位并不是普遍建立的，个生物单位之间也不一定是互相连续的，对那些缺少特征化石的地层就无法建立生物地层单位，这时称之为间隔带。间隔带是位于两个特点的生物地层面（生物面）之间含化石的地层体。间隔带本身不含特征的化石，或只含不明显的化石。间隔带顶、底界线的标志可以是某一特定分类单元在任何一个特定剖面中的最低产出生物面，也可以是某一特定分类单元在任何一个特定剖面中的最高产出生物面，还可以是其他可以区别的生物面。如果位于两个特定生物面之间的是不含化石的地层(哑地层)，则不是间隔带，而称为间带。间带不属于生物地层单位。

(2) 地质年代

地质年代定义：地球发展的时间段落，按地壳的发展历史划分的若干自然阶段。指地球上各种地质事件发生的时代，地层自然形成的先后顺序。

地质年代表述方法：相对地质年代和绝对地质年代。相对地质年代指各地质事件发生的先后顺序，岩层形成的新老关系，能说明岩层形成过程。绝对地质年代是通过测定岩石中放射性同位素含量，根据其衰变规律计算岩石的准确年龄，但不能反映岩层形成过程。

6.3 年代地层单位和地质年代系统

年代地层单位是在特定的地质时间间隔内形成的所有岩石的综合岩石体。年代地层单位以等时面为界。按地质历史中生物演化的阶段可建立6个级别的年代地层单位(表6-1)。由于生物演化阶段反映了时间阶段，所以宇、界、系、统、阶、时带都有其对应的地质年代单位，即宙、代、纪、世、期、时。年代地层单位的级别和相对大小与其代表的时间间隔的长短相对应，而与岩石的实际厚度和岩性无关。

表6-1　不同地层单位之间的对应关系

时间(年代)地层单位	地质时代(年代)单位	岩石地层单位
宇(Eonothem)	宙(Eon)	群(Group)
界(Erathem)	代(Era)	组(Formation)
系(System)	纪(Period)	段(Member)
统(Series)	世(Epoch)	层(Bed)
阶(Stage)	期(Age)	
时带(Chronozone)	时(Chron)	

宇是年代地层单位中级别最高的单位，与宇对应的地质年代单位是宙。宇代表一个宙的时代段内形成的所有地层。

界是传统年代地层级别体系中级别高于系、低于宇的单位，与界对应的地质年代单位是代。界是在一个代内形成的所有地层。

系是传统年代地层级别体系中的主要级别单位，级别高于统而低于界，与系对应的地质年代单位是纪。系是在一个纪内形成的所有地层。

统是传统年代地层级别体系中级别高于阶而低于系的一个单位，与统对应的地质年代单位是世。统是在一个世内形成的所有地层。由于统代表的时间较长，而生物界在较长的演化阶段内其总面貌是一致的，因而统的应用范围是全球性的。

阶是传统年代地层级别体系中级别高于时带而低于统的一个单位，与阶对应的地质年代单位是期。阶是一个期内形成的所有地层。阶是目前《国际地层表》中最小的全球性年代地层单位。

时带也称时间带，是传统年代地层级别体系中级别最低的一个正式单位，与时带对应的地质年代单位是时。时带是在一个时的时间内形成的所有地层，是根据生物的种或属的生物带建立的时间带。时带是阶的组成部分。

一般情况下，地层单位级别越高，用来划分它们的生物分类单位级别越大。低级的年代地层单位，如阶和时带，往往以属种的更新为特征；而统和系，往往以科和目的更新为特征；系以上的单位则以纲和目的更新为特征。

中、新元古代形成的地层单位叫作中、新元古界。中、新元古代又称作晚前寒武纪，相应的地层叫作上寒武系。我国的中、新元古界自下而上包括中元古界的长城系、蓟县系；新元古界的青白口系、南华系和震旦系(表 6-2)。

表 6-2　　中国上前寒武系的划分

<table>
<tr><td rowspan="5">上前寒武系</td><td rowspan="3">新元古界</td><td>震旦系</td><td>6.8 亿年</td></tr>
<tr><td>南华系</td><td>8 亿年</td></tr>
<tr><td>青白口群</td><td>10 亿年</td></tr>
<tr><td rowspan="2">中元古界</td><td>蓟县群</td><td>14 亿年</td></tr>
<tr><td>长城群</td><td>18 亿年</td></tr>
</table>

中、新元古代的无机界和生物界都有很大的变化，稳定大陆不断扩大，碳酸盐岩广泛发育，后期冰川广泛发育；另一特点是藻类植物大发展，早期真核生物出现，后期出现了不具硬体的软体动物群体，即埃迪卡拉(Edicara)动物群，为以后无脊椎动物大发展奠定了基础。

(1) 前震旦纪

吕梁运动发生于 18 亿～17 亿年前，其结果使华北地区和塔里木地区基本固结，形成所谓“原地台”，这一地区接受了以盖层式的半稳定类型中、晚古代沉积。华北地区中部中元古代的长城系、蓟县系，在燕山和阴山一带形成深陷的沉降带接受了巨厚的钙泥质沉积，在沉积带以外则形成陆表海的海侵型沉积。华北南部在同一时期则为向南开放的陆棚海。塔里木天山区及北山同期地层以碳酸盐沉积为主，在中天山也形成巨厚的深陷海槽补偿充填。新元古代，华北地区完全固结为地台，大部升出海面。

(2) 震旦纪

震旦纪时，华北地台区，除东缘胶辽徐淮一带被海水所淹没，西南缘有短期海侵和冰成堆积外，整个高出海面。中北天山和准噶尔一带也是陆地，塔里木地台东北缘震旦纪相当发育并具有冰水沉积。晋宁运动结果使扬子地台和柴达木地块基本固结，震旦纪时两者均为海水所覆。中国南部扬子地台从震旦纪起出现真正的陆表海沉积，形成盖层；从湘桂延伸到浙皖的江南区，出现过渡型沉积，华南区当时为海槽环境，是非火山型的碎屑泥质和硅质的复理石沉积区。在震旦纪时，自西昆仑经祁连山至秦岭以东一带，存在着东西狭长海槽活动带。当时，广大的藏北和塔里木地台属于古隆起区。

(3) 寒武纪

寒武纪是古生代的第一个纪，开始时间距今 5.43 亿年，结束时间距今 4.9 亿年。寒武纪的地层称为寒武系。1833 年，英国人莫企逊首先在英国西部威尔士寒武山区研究下古生界地层，用寒武系命名下部层位。寒武纪可以划分为早寒武世、中寒武世和晚寒武世三个阶段，与之对应的寒武系自下而上可以划分为下寒武统、中寒武统和上寒武统三个低一级的地层单位。

寒武纪，中国有三块稳定大陆，即华北地台、塔里木地台和扬子地台。稳定大陆之外是洋壳活动区，即地槽区，其中，包含一些活动性较强的微型古陆。地台区发育稳定型寒武系，地槽区发育活动型寒武系。

寒武纪初期，海生无脊椎动物已经完成从无壳到有壳的重要演化阶段，加之气候温暖，浅海广布，寒武纪海生无脊椎动物空前繁盛，主要古生物化石有小壳动物、古杯类、三叶虫和腕足类，另外，还有古介形虫、牙形石和树形笔石等，海水无脊椎动物各重要门类几乎全部出现了。寒武系地层中因此保存了丰富的古生物化石，其中最多、最重要的是三叶虫，其次是古杯类、原始腕足类、古介形类和小壳动物化石。

华北地台区起阴山山系北缘，西到甘肃玉门以北，向东经内蒙古宝昌到东北法库、延吉一带。西南边境位于龙首山和合黎山以南，向东经清水河、六盘山西缘到甘肃天水，再转向东，经西安、洛南、六安，并沿郯庐断裂和嘉山—响水断裂带一直延入黄海，构成华北地台区的南界和东南边界。

寒武纪，华北地台区地壳稳定，地形平坦，地势西高东低，南北边缘比较低凹，气候温暖，浅海广布，海生无脊椎动物繁盛。因此，华北地台区稳定类型寒武系广泛发育，化石十分丰富。

寒武纪中国各地台区稳定下降，形成陆表海。华北地台区海水自东向西逐渐海侵，到晚寒武世形成广大的华北陆表海，只地台边缘有零星古陆残存。华北陆表海寒武纪早期沉积以紫色页岩为主，后期以碳酸盐岩为主。华南地区自震旦纪以来一直为陆表海。扬子地台区西部较高，向东变低。康滇古陆位于西部，是扬子海盆的蚀源区。扬子陆表海的沉积物以碳酸盐岩为主，向西近康滇古陆碎屑岩增多。从扬子陆表海向东南海水加深，进入大陆斜坡区。再向东南到华南区进入岛屿深海分布区，形成厚度巨大而不稳定的浊积岩。中国地槽区地壳运动剧烈，火山活动频繁，形成活动类型的寒武系。

(4) 奥陶纪

奥陶纪是早古生代的第二个纪，始于距今 4.9 亿年，结束于距今 4.38 亿年。奥陶系地层的研究最早开始于英国西部威尔士寒武山系南部，并以当地古代名族的名字命名地层。

在奥陶纪，世界各个大陆区几乎都发生过广泛的海侵，形成广大的陆表海和陆棚海，因此世界浅海相奥陶系地层分布非常广泛。在大陆边缘和大陆之间，地壳运动和火山活动比较剧烈。到奥陶纪后期，各大陆边缘的一些地槽活动区发生重要构造运动，即太康运动，部分地槽区褶皱上升成褶皱山系。海生无脊椎动物全面繁盛，生态分异明显，数量众多，门类齐全，重要的代表有珊瑚、苔藓虫、棘皮动物、头足动物鹦鹉螺类、腕足类、三叶虫、笔石、腹足类和介形虫、牙形石等，其中，笔石、三叶虫、头足动物鹦鹉螺类最重要，生物演化进入一个新的历史阶段。

我国大地构造轮廓与寒武纪相似。华北地台、塔里木地台和扬子地台等古陆区相对稳定，地形平坦，浅海分布，沉积了化石丰富、薄而稳定分布广泛的浅海灰岩相奥陶系地层。北部地槽系、秦祁昆地槽系、西南地槽系和华南地槽系等活动区，地形复杂，高差巨大，沉积物以碎屑岩、岩浆岩为主，厚度巨大，岩相和厚度横向变化大，是活动型的奥陶系。

(5) 志留纪

志留纪是早古生代的最后一个纪,下限年龄 4.38 亿年,上限年龄 4.10 亿年。志留系在英国西部威尔士研究最早,并用当地古代民族的名字命名地层。

志留纪后期,世界各个大陆边缘都不同程度不同规模地发生了强烈的构造运动,火山活动和变质作用明显,最后形成一批褶皱山系。这次构造运动称为加里东运动,在加里东运动中形成的褶皱山系称为加里东褶皱带(区)。华北地台区仍然处于古陆剥蚀状态,基本上没有志留系发育;扬子地台区不断上升、海退,志留系发育区的范围大大缩小,多数地区地层发育不全;由于褶皱山系的形成,各地槽区的志留系发育不像寒武系和奥陶系广泛,地层虽然比较厚、比较全,但地层变质变形,构造比较复杂。

由于大陆边缘强烈的构造运动,世界各大陆块都有不同程度的上升和海退,使得陆地面积扩大,浅海区缩小,地形高差明显加大,气候也变干旱,古地理环境发生巨大变化,生物界也因之发生重大变革。陆地上出现了半陆生的蕨类植物和适应淡水生活的鱼类。

(6) 泥盆纪

泥盆纪是晚古生代第一个纪,开始时间距今 4.1 亿年,结束时间距今 3.54 亿年。泥盆系是 19 世纪 30 年代英国人薛知微和莫企逊在英格兰西南部的泥盆州创建的。由于志留纪后期加里东运动的影响,泥盆纪初期的自然地理环境和早古生代相差很大,生物界因此发生重大变化。旧生物群衰落,新生物群繁盛,打破了早古生代海生无脊椎动物一统天下的局面,出现了陆生植物、脊椎动物和海生无脊椎动物共同繁盛的局面。早古生代繁盛的三叶虫,到泥盆纪衰落;笔石灭绝,只在泥盆纪初期还有正笔石类和树形笔石类残存;四射珊瑚、横板珊瑚和腕足类有新的发展,其种属与早古生代有很大不同;软体动物中的头足类出现了适应深水生活的棱角石类。由于陆地扩大,陆生植物迅速发展,鱼类也特别繁盛。

中国北部在广西运动后,祁连山地槽褶皱成山,使华北地台、塔里木地台、柴达木地块连成一片大陆,在新褶皱山系的山前以及山间拗陷中有巨厚的山麓堆积。在南方,东南加里东褶皱区的形成以及扬子地台主体升出海面;早泥盆世海域范围主要限于西南滇、黔、桂、川北地区;中晚泥盆世海侵虽然明显向东超覆,但也仅止于湘赣交界,扬子地台仅局部有所波及,主体部分仍然保持剥蚀状态,更东的苏、浙、皖、闽、赣等地区也始终为古陆隆起,低凹处仅可见河湖碎屑沉积。北部天山—内蒙古—兴安活动区,泥盆系分布广泛;当时准噶尔地块和松辽地块都是剥蚀区,此区泥盆纪的共同特点是有强烈的海底火山喷发。大西南地区,实为古地中海地槽的东延部分,其古地理特点为存在下陷地槽和中间地块相互间列的景象。喜马拉雅珠峰地区的泥盆系,下统为页岩、灰岩,中上统为石英砂岩,总厚度仅为 300 m,属于稳定浅海型沉积。

(7) 石炭纪

石炭纪是晚古生代的第二个纪,开始时间距今 3.54 亿年,结束时间距今 2.95 亿年。1808 年,比利时人 Omalius A. Hally 在古生界含煤岩系的基础上创立石炭系;1822 年,英国人康尼比尔(R. D. Conybeare)和菲利普斯(W. Phillips)才正式使用石炭纪这一时代名称。1939 年,莫企逊正式确定石炭系的位置应在泥盆系老红砂岩之上。

石炭纪北方大陆气候温暖潮湿,海侵频繁,海生无脊椎动物、陆生脊椎动物、植物和昆虫都十分繁盛,海相地层和陆相地层都很发育,使石炭纪成为一个盛产煤的时代。南方冈瓦纳大陆纬度较高,气候寒冷,以单调的舌羊齿植物群的冷水动物群为主。非洲、印度和澳大利亚南部、南美洲东南部的石炭系，发育冰碛岩层。

石炭纪是陆生高等植物繁盛的时代，高大乔木在气候潮湿的陆地上形成规模巨大的原始森林，为石炭系煤层的形成提供了雄厚的物质基础。潮湿茂密的森林为两栖动物和昆虫提供了良好的生活环境，所以石炭纪又是两栖类和昆虫大发展的时代。温暖的浅海是海生无脊椎动物良好的栖息场所，石炭纪的海生脊椎动物也十分繁盛。

中国的石炭系分布广泛，发育良好，类型多样，海相、陆相、海陆交互相石炭系地层都有代表。华北地台区一般缺失下石炭统，只发育上石炭统。华南、西北和西南等地区，石炭系发育比较完全。石炭纪时期中国境内仍有广泛的海侵，期构造格局和古地理轮廓与泥盆纪近似。北部天山—内蒙古—兴安活动区，普遍发育巨厚的碎屑岩和岩浆岩，说明仍然是强烈下陷的海槽；而准噶尔地块和松辽地块为古陆剥蚀区。中部塔里木—华北地台，基本为隆起区，其中，祁连山和华北区均发育海陆交互相沉积。根据生物化石和岩性分析，华北地台早石炭世为古陆；晚石炭世地形由西北向东南倾斜，海侵来自东南方向，晚石炭世末，此地台全面发生海退。中国南方早石炭世海水规模和范围与泥盆纪比较，略有扩大，除滇黔桂及湖广一带外，江西的大部及下扬子区开始下降为海水所覆，而贵州以北至四川盆地和闽浙地区仍为古陆；早石炭世多海陆交互相含煤沉积，说明海水时有进退，故海侵规模较小。晚石炭世普遍以浅海灰岩为主，并向东北明显超覆，说明海水加深和海域加广。我国西部的古地中海区，石炭纪的古地理与泥盆纪相似，同时，昆仑海槽和滇西三江地槽海底火山活动仍然剧烈。

石炭纪是重要的聚煤期。在中国北方和西北地区，石炭纪煤层产在华北及祁连山区，有本溪组、羊虎沟组、臭牛沟组、怀头他拉组；产于晚石炭世的有太原组，该组规模大，分布广，是我国含煤建造的重要部分。南方石炭系的煤系主要产于早石炭世，其中，滇、桂、湘、粤、赣分布尤为广泛。

(8) 二叠纪

二叠纪是古生代的最后一个纪，开始时间距今 2.95 亿年，结束时间距今 2.5 亿年。二叠纪是地球演化历史上有机界和无机界都发生重大变化的时代。古生代的海生无脊椎动物，在二叠纪末期大部分灭绝；乐平世，裸子植物大量出现，植物界面貌与三叠纪相似；脊椎动物中的爬行动物逐渐增多；二叠纪后期，菊石、箭石、双壳类和六射珊瑚等动物群崛起。二叠纪是世界大陆汇聚的时代，二叠纪末期，世界各大陆漂移汇聚成统一的泛大陆，因此二叠纪又是一个构造运动强烈的时代，古地理古气候发生巨大变化的时代。

乌拉尔世植物界的面貌与晚石炭世相似，以石松、节蕨、真蕨和种子蕨等类化石为主。其中，石松纲与石炭纪相比明显衰落。乐平世植物界面貌与乌拉尔世明显不同，裸子植物大增，除早已存在的科达类、苏铁类外，银杏类和松柏类大量出现。由于石炭纪中期发生的重要构造运动，逐渐导致二叠纪联合古陆的形成，气候分带明显，出现明显的植物地理分区。

二叠纪陆生脊椎动物有了进一步的发展，两栖动物以坚头类为主，其头骨发育完整，但仍限于匍匐爬行，以蚓螈为主。二叠纪是古生代海生无脊椎动物最后繁盛的时代，主要有䗴、珊瑚和腕足类。二叠纪末期，古生代主要海生动物群趋于衰退或灭绝，如已绝迹的有三叶虫、笔石、四射珊瑚、横板珊瑚、䗴类以及腕足类动物中的大部分。此后，中生代的菊石、箭石、双壳、六射珊瑚等动物群的崛起，成为海生无脊椎动物的主宰。

中国二叠系分布广泛，发育完全，化石丰富，沉积类型多样。华北二叠系以陆相为主，华南二叠系以海相为主。

乌拉尔世时中国境内仍有广泛的海侵，构造格局和古地理轮廓基本上与石炭纪晚期相近。塔里木—华北地台分隔南、北海区和古生物区状况继续存在。北方海槽区的西段天山、准噶尔地区，乌拉尔世陆地环境已占主导地位；东段内蒙古兴安以及松花长白海槽仍持续沉降，广泛发育浅海碎屑沉积和岩浆岩。乌拉尔世末期的地壳运动使北方海槽基本升起，与华北—塔里木地台连成一片大陆，致使从乐平世起，中国境内沿昆仑—秦岭一线为界出现"南海北陆"的对峙局面，中部塔里木—华北地台区，二叠纪基本为内陆盆地沉积。昆仑、秦岭以南的古地中海海域，二叠纪的古地理轮廓与石炭纪相似。昆仑秦岭海槽、三江滇西海槽当时发生强烈沉降，岩性以岩浆岩、碎屑岩发育为特征；甘孜—松潘一带呈现稳定浅海灰岩沉积，夹于上述两海槽之间，并与扬子地台连成一片；藏北地区则存在中间地块稳定沉积类型。龙门山—大雪山以东的中国南方区，乌拉尔世海侵广泛。当时早古生代以来长期上隆的上扬子区和闽浙地区全为海水所覆，形成中国南方地史上最大的海侵期。乌拉尔世末的上升运动(东吴运动)，遍及整个南方区并引起西侧玄武岩喷出。乐平世，广泛发育了陆相至海陆交互相含煤沉积；后期又有新的海侵，沉积相有灰岩与硅质岩的分异，表示海水深浅有所不同，此次海侵带来了古生代最高层位的生物群。

二叠纪是我国最重要的产煤地层之一。煤主要分布在较稳定型的华北及华南两大地区。华北地区，其含煤层位是下二叠统山西组，下石盒子组为次要含煤层位；典型煤田有沁水、阳泉、西山、平顶山以及淮南等煤田。华南地区整个二叠系都有含煤层位，在扬子沉积区，于栖霞组底部普遍具有滨海沼泽相的含煤层系；华南重要的成煤期是龙潭阶，有利地段分布在西部的川黔滨海平原、康滇隆起两侧的陆相成煤区，以及东部的下扬子、浙赣湘滨海平原。

(9) 三叠纪

三叠纪是中生代的第一个纪，开始时间距今 2.5 亿年，结束时间距今 2.05 亿年。三叠纪的某些特征与加里东构造期以后的泥盆纪相似，如陆地面积扩大，陆相地层增多；陆生生物大发展，爬行动物大量出现；三叠系的新红砂岩与泥盆系的老红砂岩都是气候变干旱的反映。

三叠纪植物界中裸子植物占优势；动物界中，爬行动物在陆地占优势，菊石在海洋占优势。古生代陆地上曾是蕨类植物节蕨类、石松类占优势，而到早三叠世，蕨类植物仅存一些矮小的草本植物。三叠纪中，陆生脊椎动物也有新的发展，乐平世就已经很繁盛的二齿兽类到早三叠世仍然繁盛，出现了著名的水龙兽动物群，早三叠世晚期到中三叠世出现了犬颌兽和肯氏兽动物群，这些动物群在世界各大陆的广泛分布，说明世界性联合古陆的存在。晚三叠世是全世界爬行动物大发展的时期，出现了类哺乳动物的爬行类和恐龙类。两栖动物中的坚头类在石炭二叠纪时曾相当繁盛，它们到三叠纪仍然存在，但已经衰落，到三叠纪末期灭绝。哺乳动物最早见于晚三叠世，个体小，数量小，不占重要地位。三叠纪无脊椎动物以软体类为主，其中以菊石和双壳类最重要。到三叠纪，古生代的一些重要海生无脊椎动物门类衰落或绝迹，如珊瑚类中的四射珊瑚和横板珊瑚绝迹，代之以六射珊瑚，腕足类的石燕贝类尚有残存，其他各科只有小咀贝类和穿孔贝类尚有代表；棘皮动物中的海百合类仍然相当繁盛。

由于晚古生代后期褶皱运动和地壳上升，三叠纪，中国古地理的特点是南海北陆，昆仑山—秦岭—大别山一线以北的广大地区，海水几乎全部退出，以陆地为主，仅祁连山和黑龙江部分地区仍有海水,上述一线以南的西藏、川西以及清河一带,仍是广阔海槽;华南地区有广泛海侵,形成广阔浅海区。在北方古陆上,存在明显地势分异,内陆盆地发育,包括吐鲁番、北祁连、河西走廊等山间盆地和陕甘宁、准噶尔等大型内陆盆地,盆地之间分布着山系和高原。早、中三叠纪早期,盆地内发育红色砂泥岩、砾岩;中三叠世后期和晚三叠世,地层中发育煤、含油岩系。中国南方,早、中三叠世以浅海为主,晚三叠世逐渐上升,浅海逐渐变为陆地。中国西南部是活动性较强的深海槽,包括西秦岭、巴颜喀拉—松潘、三江—滇西、雅鲁藏布海槽,三叠纪晚期受印支运动影响,大部褶皱升起,形成褶皱山系。

(10) 侏罗纪

侏罗纪开始于2.05亿年,结束于1.37亿年。起名来源于瑞士、法国交界处的汝拉山,日文音译为侏罗山,我国沿用了此名。侏罗纪是裸子植物最繁盛的时期,形成地史中第二次造煤期。

侏罗纪的植物界与三叠纪无显著不同,只是种属有变化且更加繁多而已。主要的代表仍为裸子植物的苏铁类、松柏类、银杏类及蕨类植物中的真蕨类,节蕨植物仍有不少残存。侏罗纪前期植物界在世界各地没有太大差异,但后期表现出气候分带现象。欧洲中南部、中亚南部和东南亚属热带和亚热带区,以苏铁类及蕨类最为繁盛;在北极区,松柏类占绝对优势。

侏罗纪的陆生动物中,巨大体驱的恐龙成为大陆的主宰,此时最繁盛的有蜥龙类及鸟龙类,蜥龙类又可分为肉食和草食两种。

海生无脊椎动物中最重要的是菊石动物,侏罗纪的菊石与三叠纪时不同,缝合线全是菊石式的,壳面纹饰及外形多种多样。

中生代的印支—燕山运动导致特提斯海最终闭合,引起中国南方普遍海退和古中国大陆形成。侏罗纪起,古中国大陆主体处于陆地环境,东部地区三叠纪以前以秦岭—大别山为界的南海北陆古地理格局就此结束。古太平洋板块与古亚洲大陆东缘之间斜向俯冲,导致兴安岭—太行山—武陵山一线以东地区的强烈构造、岩浆活动,于此线以西的大型稳定内陆盆地形成鲜明对照,呈现了地壳构造活动性东西分异新格局。特提斯洋壳和太平洋洋壳的消减活动,使古中国大陆西南缘和东缘仍然处于强烈活动状态,西藏、青海南部、云南西部、广东局部和东北那丹哈达岭地区仍有海相地层发育。

侏罗纪是我国最重要的成煤期之一,南方早侏罗世为成煤时期,主要产于白田坝组、香溪组。北方成煤期长,其中,早、中侏罗世是主要成煤时期,如山西大同、北京门头沟、辽宁北票、神府、北疆哈密大南湖等煤田。

(11) 白垩纪

白垩纪开始于1.37亿年,结束于0.65亿年。其名来源于英吉利海峡两岸的白垩峭壁。白垩是一种由钙质超微化石颗石藻和浮游有孔虫形成的白色、质软、极细的碳酸钙沉积。该纪是根据特殊岩性命名的唯一例子。

白垩纪植物界曾发生巨大变革,早白垩世中期出现被子植物,晚白垩世被子植物代替了裸子植物,成为陆生植物界的主要门类。早白垩世时植物群仍以裸子植物的苏铁类、松柏类、银杏类以及蕨类植物中的真蕨类为主。晚白垩世以被子植物为主。被子植物的兴起,使一度极为繁盛的蕨类及中生代原占优势的裸子的发展都受到很大的限制,趋向于衰落并退居次要地位。恐龙类在白垩纪早期仍处于鼎盛时期,蜥龙类在白垩纪稍有衰减。

白垩纪海生无脊椎动物化石仍以菊石为主要内容，但与侏罗纪时的菊石却大为不同，菊石仍有正常的螺旋形，但缝合线极为复杂。

中国白垩纪古地理总体格局与侏罗纪相似，但又发生了一系列重要的变化。大兴安岭—太行山—武陵山一线东侧的岩浆活动，较晚侏罗世相对减弱，空间分布更向东移，侏罗纪后期至白垩纪逐渐出现了北北东方向的松辽、华北、江汉等重要含油气盆地；此线西侧的大型稳定盆地，白垩纪起趋向萎缩，川滇地区最为明显；白垩纪海侵仍然局限于特提斯带和环太平洋带。古地中海仍占据着我国西南广大地区，主要占据西藏的大部，东喀喇昆仑、昆仑南缘和塔里木西缘也有分布；这一海区的雅鲁藏布江地带是深海槽区，并有中基性岩浆喷溢。古太平洋曾淹没了台湾岛和东北乌苏里江一带。除上述海区外，我国其他地区均为陆地。在陆区内分布着一系列山系、高原和古陆，同时在它们之间分布着大小不同的盆地。早白垩世中期后，我国东部发生重要地壳运动，运动结果使大兴安岭—太行山—雪峰山一线西侧的陕甘宁盆地、四川盆地先后上升转变为剥蚀区；东侧显著下陷，开始形成松辽、华北、淮北、江汉等大型盆地。东部沿海一带火山活动逐渐减弱，形成一系列小型盆地，喷发活动有向东转移的趋势。长江沿岸及其以南的中小盆地以及塔里木盆地、柴达木盆地多红层沉积；黄河沿岸以及吐鲁番、准噶尔、松辽等盆地多杂色碎屑沉积；东北阜新、鸡西、鹤岗等少数小型盆地仍有重要煤田形成。

(12) 古近纪和新近纪

1993 年全国自然科学名词审定委员会公布的《地质学名词》首次正式使用古近纪(Paleogene Period)和新近纪(Neogene Period)术语，用来代替“老第三纪”和“新第三纪”。2002 年 10 月全国地层委员会编著的《中国区域年代地层(地质年代)表》正式使用古近纪和新近纪术语，取代了第三纪或老第三纪和新第三纪(早第三纪和晚第三纪)术语。在这个地质年代表中新生代划分为三个纪，从老到新为古近纪、新近纪和第四纪。

古近纪开始于距今 65.5 百万年，结束时间距今 23.3 百万年。新近纪开始于距今 23 百万年，结束于距今 2.60 百万年。古近纪和新近纪生物界的特点主要表现为哺乳动物的兴起和被子植物的繁荣。哺乳动物是脊椎动物的一类，也是动物界最高级的一类。最早的哺乳动物出现于三叠纪晚期，整个中生代阶段变化不大，个体小，数量也少，不占重要地位。自新生代起，由于生理结构上的优点，在适应自然界的演变能力上处于有利地位而兴起。爬行类尚有鳄、龟、鳖等残存，鱼类仍有所发展。海生无脊椎动物最主要的特点是原生动物的发展。自晚白垩世发展来的被子植物已经成为主要群落。

古近纪，我国古地理的轮廓基本上是白垩纪末期的延续和发展。在西部地区仍然有与古地中海沟通的喜马拉雅海和塔里木海湾，但它们的范围与白垩纪晚期相比有所改变。我国西部现存的几个大型盆地继续下沉接受沉积；东部中生代的几个大型盆地，如陕甘宁盆地、四川盆地和松辽盆地全部转变为古陆剥蚀区。在华北地区，东西两侧上升，中部下沉，终于形成了巨大的华北盆地；苏北和江汉两大盆地仍然继承着前期的沉积条件。古近纪始新世晚期发生了喜马拉雅运动，使西部海水退出，但此时台湾仍沉没于海中。古近纪，我国的气候分带明显，从西北到东南形成广阔的干燥气候带。

新近纪，我国古地理面貌越来越与现代相近，西北区的几个大型内陆盆地仍在继续下沉，塔里木盆地西北一度遭到海侵。青藏高原地区仍在不断上升，喜马拉雅山在新近纪后期明显上升。我国东部几个大型盆地仍在继续下沉，接受巨厚沉积；而古近纪的一些中小型盆地相继升起，与此同时又有新的中小型盆地形成。台湾地区曾几次露出海面，广东雷琼地区下陷，使海南岛与我国大陆脱离。

古近纪和新近纪也是一个重要的成煤期。古近系含煤地层主要分布在秦岭以北，贺兰山—六盘山以东地区及南岭以南和藏南地区，如抚顺煤田；新近系含煤地层主要位于台湾西部和云南以及四川西部。

(13) 第四纪

第四纪是地质历史上最后一个纪，开始时间距今 2.60 百万年。第四纪是被子植物和哺乳动物高度发展的时代，人类也是第四纪出现的，是这一时期最突出的历史事件。陆地面积扩大，地形高差巨大，冰川活动广泛，气候分带明显，沉积类型复杂多样，沉积物多没有固结成岩。

第四系与人类关系十分密切，第四系地质研究在国民经济中有着特别重要的意义，已成为地质学中一个独立的学科。因为第四系沉积物年代新，没固结，含古人类化石，多层冰碛，侵蚀作用和沉积作用可以直接观察，因此对第四系的研究方法，除常规的古生物法、同位素测年等方法外，还有考古学的方法、古气候学方法、古地磁学方法和地貌学方法。

从新近纪后期开始，生物界的总体情况与现代更为接近。高等植物与现在几乎没有区别，低等植物中淡水硅藻类较为常见。大陆上海侵很少，海相沉积和海生生物化石很少。陆相地层广泛发育，含丰富的各种陆生生物和淡水生物化石。

新近纪末期至第四纪初期，出现了最早的人类化石，我国早更新世发现的古人类化石是云南的“元谋人”，其古地磁年龄是 170 万年，按人类演化阶段属直立人。中更新世，我国发现的古人类化石有陕西“蓝田人”、北京房山的“北京人”，古地磁年龄分布是 75 万～80 万年和 40 万年，属直立人阶段。晚更新世发现的古人类化石更加丰富，有山西丁村人，内蒙古河套人，广西柳江人，四川资阳人和北京“山顶洞人”等。

我国第四系以陆相地层为主，海相沉积仅见于台湾、沿海岛屿及沿海陆缘地区。我国陆相第四系分布广泛，在东部平原地区、西部黄土高原地区以及西北的沙漠地区，都形成大面积现代沉积盖层。由于我国地域辽阔，各地自然环境和地质条件差别很大，因此我国陆相第四系成因类型及特征横向变化极大。

第四纪地壳运动的主要特点是强烈的断块式升降运动以及相伴随的基性火山喷发。西部地区以上升为主，青藏高原强烈隆起，成为世界屋脊，西北区的大山系也更加高耸。东部地区在第四纪以下降为主。经过第四纪新构造运动后，我国西高东低，三级台阶式的地势起伏特点最终形成。第四纪火山喷发在东部沿海地带表现特别明显。

课后习题

［1］ 试述地层的定义。

［2］ 简述地质年代及其表述方法。

［3］ 简述年代地层单位及其分类。

7　构造运动与地质构造

7.1　基 本 概 念

7.1.1　构 造 运 动

构造运动是指地球内力所引起的岩石圈的变形、变位的地质作用。

无时不在运动，漫长的地质历史实际上就是一部不断运动的历史。在一般情况下，构造运动速度以缓慢渐变的方式进行，它所产生的变形或位移在短时间内不易察觉，经过长期积累的微量变化往往需要通过考古和大地测量方法才能发现。但在特殊情况下，构造运动可表现为快速突变，在短时间内发生变形或位移，如由地震活动引起的山崩、地陷等，这时人们就能够直接感受到构造运动。

构造运动速度尽管一般很慢，在不断地进行，但在地壳中经过长期运动可形成各类型和规模不同的地质构造（褶皱、断裂等）。

地质构造是运动的产物，是地质体在构造应力长期作用下，发生变形所遗留下来的各种构造形迹。

7.1.2　岩层及其产状

岩层是指由两个平行的或近于平行的界面所限制的岩性相同或近似的层状岩石。岩层的上下界面叫层面，分别称为顶面和底面。岩层的顶面和底面的垂直距离，称为岩层的厚度。任何岩层的厚度在横向上都有变化，有的厚度比较稳定，在较大范围内变化较小；有的则逐渐变薄，以致消失，称为尖灭；有的中间厚、两边薄并逐渐尖灭，称为透镜体。如果岩性基本均一的岩层，中间夹有其他岩性的岩层，称为夹层，如砂岩含页岩夹层，砂岩夹煤层等；如果岩层由 2 种以上不同岩性的岩层交互组成，则称为互层，如砂、页岩互层，页岩、灰岩互层等。夹层和互层反映了构造运动或气候变化所导致的沉积环境的变化。

岩层在地壳中的空间存在状态称为岩层的产状。由于岩层沉积环境和所受的构造运动不同，可以有不同的产状。一般分为水平岩层、倾斜岩层、直立岩层和倒转岩层。

水平岩层：在广阔的海底、湖泊、盆地中沉积的岩层，其原始产状大都是水平或近于水平的。在水平岩层地区，如果未受侵蚀或侵蚀不深，在地表往往只能见到最上面较新的地层；只有在受切割很深的情况下，才能出露下面较老的岩层。例如，华北平原，除非根据钻孔资料，否则不能知道地下都有什么岩层。

倾斜岩层：指岩层层面与水平面有一定交角（0～90°）的岩层。有些是原始倾斜岩层，例如在沉积盆地的边缘形成的岩层，某些在山坡山口形成的残积、洪积层，某些风成、冰川形成的岩层，堆积在火山口周围的熔岩及火山碎屑层等，常常是原始堆积时就是倾斜的。在大多数情况下，岩层受到构造运动发生变形变位，使之形成倾斜的产状。在一定范围内倾斜岩层的产状大体一致，称为单斜岩层。单斜岩层往往是褶皱构造的一部分。

直立岩层：指岩层层面与水平面直交或近于直交的岩层，即直立起来的岩层。在强烈构造运动挤压下，常可形成直立岩层。

倒转岩层：指岩层翻转、老岩层在上而新岩层在下的岩层，这种岩层主要是在强烈挤压下岩层褶皱倒转过来形成的。

岩层的产状包含三个要素，即走向、倾向和倾角。走向和倾向都以方位角表示。

走向：岩层层面与任一假想水平面的交线称走向线，也就是同一层面上等高两点的连线；走向线两端延伸的方向称岩层的走向，岩层的走向也有两个方向，彼此相差180°。岩层的走向表示岩层在空间的水平延伸方向。

倾向：层面上与走向线垂直并沿斜面向坡下所引的直线叫倾斜线；倾斜线在水平面上的投影所指示的方向称岩层的倾向，又叫真倾向，真倾向只有一个，倾向表示岩层向某个方向倾斜。其他斜交于岩层走向线并沿斜面向坡下所引的任一直线叫视倾斜线，它在水平面上的投影所指的方向，叫视倾向，视倾向有无数个。

倾角：层面上的倾斜线和它在水平面上投影的夹角，称倾角，又称真倾角；倾角的大小表示岩层的倾斜程度。视倾斜线和它在水平面上投影的夹角，称视倾角。真倾角只有一个，而视倾角可有无数个，任何一个视倾角都小于该层面的真倾角。在野外工作，都要想法求出岩层的真倾向和真倾角，但在天然剖面(如沿河谷、断崖等)和人工剖面(如沿公路、探槽、矿坑等)上所看到的岩层倾角，如果剖面方向不垂直于岩层的走向，都是视倾角。

7.1.3 岩石的变形

当一个物体受到力的作用时，它的形状或体积发生变化，或者形状和体积同时发生变化，称为变形。岩层所以由水平岩层变成倾斜岩层、直立岩层、倒转岩层，无疑是受到力的作用的结果；岩层发生褶皱和断裂，也同样是这一原因。

岩石变形包括以下3个阶段：

弹性变形：岩石受外力发生变形，如未超过弹性极限，当外力去掉后变形立即消失，这种变形即为弹性变形。地震时所产生的弹性波(地震波)即属于这种性质，弹性变形在地壳岩石中不留任何痕迹，所以对研究地质构造来说意义不大。

塑性变形：岩石受外力发生变形，如超过弹性极限，当外力消失后，不能恢复原来形状，而形成永久变形，并仍然保持其连续完整性，这样的变形称为塑性变形。在地壳中普遍保留的褶皱构造等重要地质现象即属于塑性变形。

断裂变形：岩石受外力达到或超过岩石的强度极限时，岩石内部的结合力遭到破坏，产生破裂面，失去它的连续完整性，这种变形即为断裂变形。所谓岩石的强度极限，是指在常温常压下使岩石开始出现破裂时的应力值，也称破裂极限。地壳中广泛存在各种断裂构造，即属于此种变形。

由于岩石性质不同，有脆有柔，其变形性质也不相同。一般说来，脆性岩石当外力作用达到一定程度，即由弹性变形直接转变为断裂变形，没有或只有很小的塑性变形。柔性较大的岩石，当外力作用增大，超过岩石的弹性极限时，则由弹性变形转变为塑性变形；再继续施力,也会产生断裂变形。

7.2 构造运动

7.2.1 构造运动的特征

7.2.1.1 构造运动具有方向性

构造运动包括水平运动和垂直运动两种。水平运动和垂直运动是岩石圈空间变形的两个分量,它们总是相伴而生。

(1) 水平运动

地壳或岩石圈物质大致沿地球表面切线方向进行的运动,叫水平运动。这种运动常表现为岩石水平方向的挤压和拉张,也就是产生水平方向的位移以及形成褶皱和断裂,在构造上形成巨大的褶皱山系和地堑、裂谷等。所以,也称这种产生大规模、强烈的岩石变形(褶皱与断裂等)并与山系形成紧密相关的水平运动为造山运动。

目前可以找到许多例证,说明现代水平运动。如 1970 年云南通海地震,一条 60 km 长的断裂,水平位移量达 2.2 m。1976 年 7 月 28 日唐山地震,断裂水平位移达 1 m 多。又如,著名的美国西部圣安德列斯断层,地震活动频繁(如 1906 年旧金山大地震),在 1882~1946 年间进行 4 次三角测量,结果表明断层西盘移动平均速度为 1 cm/a。近几年利用卫星测量资料,证明在断层两侧两个点(昆西和奥泰山)之间,4 年内共靠拢 35.6 cm,平均每年水平位移达 8.9 cm,出现了运动速度加快的趋势。

(2) 垂直运动

地壳或岩石圈物质沿地球半径方向的运动,叫垂直运动,也叫升降运动。它常表现为大规模的缓慢地上升或下降,形成规模不等的隆起或拗陷,并引起海侵、海退,造成地表地势高差的改变,引起海陆变迁,上升可成陆,下降可成海等。传统上称为造陆运动。

从现代垂直运动来看,大量的是缓慢运动,其上升或下降速度值一般为每年几个毫米到几个厘米。如据大地水准测量,喜马拉雅山的北坡地区,以每年 3.3~12.7 mm 的速度不断上升。但有时也产生快速垂直运动,特别是在地震过程中,沿着断层在瞬间即可产生较大的垂直位移,如 1957 年蒙古博各多断层,在一次活动中垂直位移达 300 cm。不仅是垂直运动如此,对于水平运动来说也有缓慢和迅速之分。

实际上把构造运动分为水平运动和垂直运动,并不意味着运动完全沿着水平方向或垂直方向进行。在自然界这两种运动往往相伴而生,这里所说的“相伴”有二重意思,一是在自然界,构造运动的方向不一定都是单纯的水平或垂直方向,比如一条断层更多的情况是两侧岩层斜着相对滑动,其中,既有水平位移分量,也有垂直位移分量;二是从两种类型运动的相互关系看,水平运动必然引起垂直运动,而垂直运动也会引起水平运动。例如,岩层因挤压而褶皱,有些地方隆起,有些地方拗陷;岩层因拉张而断裂,同样也有些地方上升,有些地方陷落。

在地球发展历史中,构造运动到底是以水平运动为主,还是以垂直运动为主,曾经有过很大争论。但从当前地球科学发展的趋势看,大多数人认为应以水平运动为主。从狭义角度看,所谓水平运动仅仅是指地壳上层岩石受到挤压而产生变形或错位。

7.2.1.2　构造运动的速度和幅度

构造运动有快有慢，但多数是长期缓慢的运动，其速度以每年若干毫米或若干厘米计，因此凭人们的感官无法直接感觉出来。但是不管构造运动有多么缓慢，由于地球发展历史经历了漫长悠久的时间，因而便会产生巨大的变化。

例如，喜马拉雅山是今天世界上最高大的一列山脉。在 3 000 万年以前那里还是一片东西横亘的汪洋大海（古地中海的一部分），长期处于缓慢下沉和沉积阶段，但所形成的海相沉积岩总厚度竟达 30 000 m，这是一个多么惊人的数字。后来亚洲大陆（板块）受到印度大陆（板块）的碰撞，岩层褶皱，大约在 2 500 万年前开始从海底升起，到 200 万年前初具规模，虽然上升速度很慢，平均每年只有 4 mm，但现在已居世界之巅，并仍处于继续上升的过程中。

如果构造运动在一定的时间间隔内，运动方向频繁变化，时而上升时而下降，或者作往复水平运动，那么地质历史记录反映运动幅度不大。构造运动的幅度，是随时间和地点而变化的。不论垂直运动还是水平运动，只要运动方向不变，时间越长运动幅度越大，同一时间内，速度越快，运动幅度越大。一般来说构造运动的幅度大小，直接反映着一个地区地壳的活动性。

7.2.1.3　构造运动的周期性和阶段性

在地球演化历史中，构造运动无论是水平运动还是垂直运动，都表现为比较平静时期和比较强烈时期交替出现。在比较平静时期，运动速度和幅度都小；在比较强烈时期，运动速度和幅度都大。在漫长地史发展过程中，曾有过多次构造运动相对缓和和相对强烈阶段，因而使构造运动表现出明显的周期性。构造运动从缓和到强烈，叫作一次构造旋回。一次构造旋回往往要经历 2 亿年左右的时间。

地球历史每经过一次大的构造旋回，都要引起世界性的或区域性的海陆、气候、生物、环境的巨大变化；同时，一次大的构造旋回还往往包括若干次一级的和更次一级的构造旋回，导致区域性的或局部性的地理变化。构造运动的周期性，自然也就决定了地球历史发展的阶段性。所以地史可以划分为许多“代”，“代”又分为若干“纪”，“纪”还可分为几个“世”，就是这种阶段性的反映。

虽然构造运动具有全球的周期性，但不同地区又有自己的周期性，而且不能认为每次构造运动都会波及整个地球，也不能设想每次构造运动在所有地方都会有相同的反映形式。例如，从新近纪以来，喜马拉雅山从古地中海升起，上升幅度达七八千米；而在同一时间，江汉平原地区却表现为缓慢下降，沉积了近一千米沉积层；在内蒙古高原地区表现为断裂活动和大面积的玄武岩喷发活动。

7.2.2　构造运动的分类

7.2.2.1　基本构造类型

(1) 水平构造

原始岩层一般是水平的，它在地壳垂直运动影响下未经褶皱变动而仍保持水平或近似水平的产状者，称为水平构造。在水平构造中，新岩层总是位于老岩层之上。

(2) 倾斜构造

倾斜构造是指岩层经构造运动后岩层层面与水平面间具有一定的夹角。倾斜岩层常是褶曲的一翼，断层的一盘，或者由不均匀的升降运动引起。

(3) 褶皱构造

岩层在侧方压应力作用下发生的弯曲，叫褶曲。褶曲仅指岩层的单个弯曲，而岩层的连续弯曲则称为褶皱。褶曲的基本类型有两种：背斜和向斜。背斜是核部的岩层相对较老，两翼的则较新的褶曲。向斜是核部的岩层相对较新，两翼的则较老的褶曲。

(4) 断裂构造

岩石受应力作用而发生变形，当应力超过一定强度时，岩石便发生破裂，甚至沿破裂面发生错动，使岩层的连续性完整性遭到破坏的现象，称为断裂构造。

断裂构造包括两类：按断裂两侧的岩层是否发生明显的滑动，可分为节理、断层。节理是指岩石破裂后无显著位移的断裂构造；断层是指岩层或岩体沿断裂面发生较大位移的断裂构造。断层的要素有：断层面、断层线、断盘和断距等。按断层两盘相对移动的关系，断层类型可分为：正断层、逆断层、平推断层、枢纽断层等。

7.2.2.2　其他的分类

(1) 按照地壳运动方向划分的类型

垂直运动（"升降运动"、"造陆运动"——沿地球半径方向）；

水平运动（"造山运动"——沿地球切线方向）。

(2) 按照构造运动发生的时期划分的类型

古构造运动：古近纪、新近纪（25 百万年）之前的构造运动；

新构造运动：古近纪、新近纪以来的构造运动；

现代构造运动：人类历史时期以来所发生的构造运动。

7.3　水平构造和倾斜构造

7.3.1　水平构造

沉积岩层形成时的原始产出状态（即产状）多数是水平或近于水平。如果经受地壳运动（垂直抬升）的影响，改变了原始形成时的位置，但仍保持水平产状的一套水平岩层组成的构造，称为水平构造（图 7-1）。

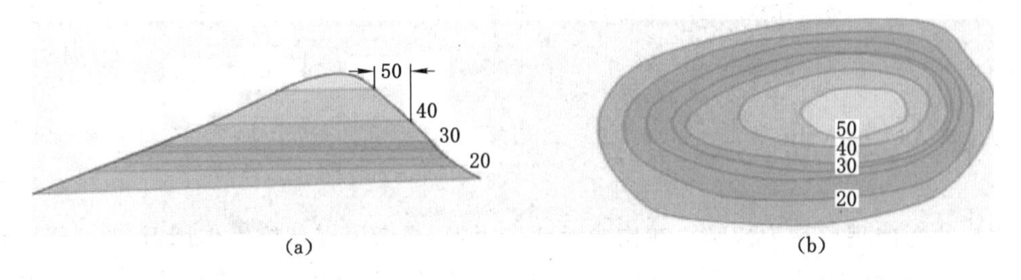

图 7-1　水平构造示意图

(a) 剖面图；(b) 平面图

水平岩层的主要特征：

① 岩层界线与等高线平行或重合；

② 老岩层在下(谷底),新岩层在上(山顶);

③ 岩层顶、底之间的高差为岩层的厚度;

④ 出露宽度是顶、底面露头线的水平距离,取决于岩层厚度、地面坡度。

7.3.2 倾斜构造

岩层受构造运动的影响,不仅改变了岩层形成时的位置,而且改变了原有的水平状态,使岩层面与水平面具有一定的交角,便形成了倾斜岩层。表明地壳是在大区域范围内受到不均匀的抬升或下降运动,使岩层向某一方向倾斜形成的简单构造。

倾斜岩层常常是组成其他构造(如褶皱和断裂等)的一部分。对倾斜岩层产状的观测(空间的产出状态),是研究其他构造的基础。

在野外,产状要素(图 7-2)直接用地质罗盘进行测量。

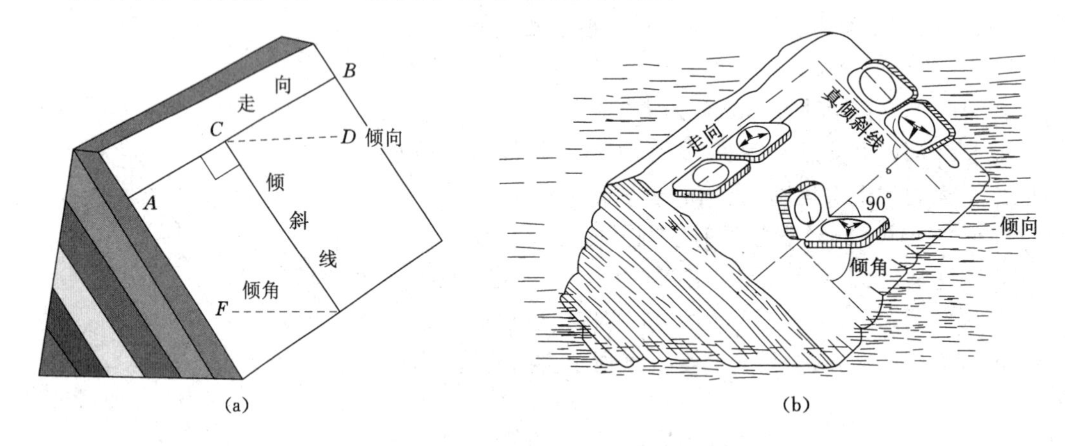

图 7-2 产状的表示方法

(1) 方位角法

倾向方位角∠倾角:如 120°∠ 60°:走向 30°or 210°,倾向 120°,倾角 60°。

(2) 符号法

走向、倾向及倾角在地质平面图上可用符号表示,符号中长线方位与走向一致,短线指向与倾向一致,长短线交点应落在测量点位置上,符号旁加注的数字为倾角。

产状类型——水平产状:岩层倾角<5°,倾斜产状:岩层倾角 5°~85°,直立产状:岩层倾角>85°。

7.4 褶皱构造

岩层的弯曲现象称为褶皱。在构造运动作用下,或者说在地应力作用下,改变了岩层的原始产状,不仅使岩层发生倾斜,而且大多数形成各式各样的弯曲。褶皱是岩层塑性变形的结果,是地壳中广泛发育的地质构造的基本形态之一。褶皱的规模可以长达几十到几百千米,也可以小到在手标本上出现。

褶皱构造通常指一系列弯曲的岩层;而把其中一个弯曲称为褶曲。但褶皱和褶曲有时并无严格的区别,而且在许多外文中也只是同一术语。

从成因上讲,褶皱主要是由构造运动形成的,它可能是升降运动使岩层向上拱起和向下拗曲,但大多数是在水平运动下受到挤压,岩层的水平距离缩短而形成的。在外力地质作用下,如冰川、滑坡、流水等作用,也可以造成岩层的弯曲变形,但一般不包括在褶皱变动的范畴中。

褶曲的形态是多种多样的,但基本形式只有背斜和向斜。从外形上看,背斜是岩层向上突出的弯曲,两翼岩层从中心向外倾斜(倾向相背);向斜是岩层向下拗陷的弯曲,两翼岩层自两侧向中心倾斜(倾向相向)。这种从形态上的划分,大多数情况下是对的。但在有些情况下则是无法判断的,例如,当褶曲是横卧时,或褶曲两翼平行而顶部被剥蚀掉时,或褶曲呈扇形弯曲而顶部亦被剥蚀,或褶曲呈翻卷状态时等,则无法利用形态确定背斜或向斜。从本质上讲,应该根据组成褶曲核部和两翼岩层的新老关系来区分,即褶曲的核部是老岩层,而两翼是新岩层,就是背斜;相反,褶曲核部是新岩层,而两翼是老岩层,就是向斜。或者说,由核到翼,岩层越来越新,并在两翼呈对称出现,为背斜;由核到翼,岩层越来越老,并在两翼呈对称出现,为向斜。褶皱的基本类型示意图如图 7-3 所示。

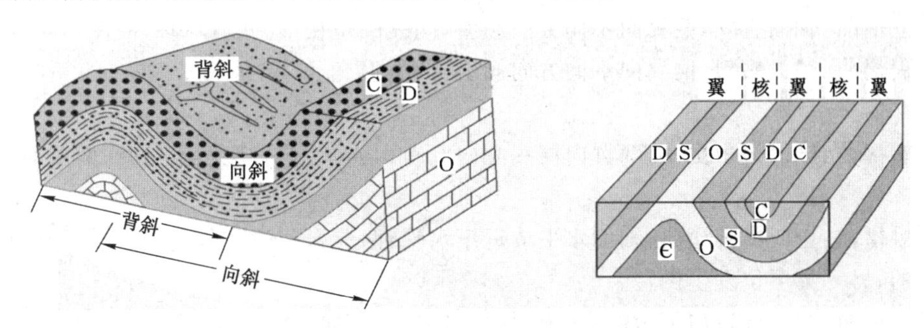

图 7-3 褶皱的基本类型示意图

(a) 未剥蚀时的形态;(b) 剥蚀后平面岩层的对称排列

7.4.1 褶皱的要素

为了便于对褶曲进行分类和描述褶曲的空间展布特征,首先应该了解褶曲要素。褶曲要素,是指褶曲的各个组成部分和确定其几何形态的要素。褶曲具有以下各要素:

(1) 核

褶曲的中心部分。通常指褶曲两侧同一岩层之间的部分。但往往也只把褶曲出露地表最中心部分的岩层叫核。

(2) 翼

指褶曲核部两侧的岩层。一个褶曲具有两个翼。两翼岩层与水平面的夹角叫翼角。

(3) 轴面

平分褶曲两翼的假想对称面,称为轴面。轴面可以是简单的平面,也可以是复杂的曲面;其产状可以是直立的、倾斜的或水平的。轴面的形态和产状可以反映褶曲横剖面的形态。

(4) 枢纽

褶曲岩层的同一层面与轴面相交的线,叫枢纽。枢纽可以是水平的、倾斜的或波状起伏的。它可以表示褶曲在其延长方向上产状的变化。

（5）轴

指轴面与水平面的交线。因此，轴永远是水平的。它可以是水平的直线或水平的曲线。轴向代表褶曲延伸的方向，轴的长度可以反映褶曲的规模。

（6）转折端

褶曲两翼会合的部分，即从褶曲的一翼转到另一翼的过渡部分，叫转折端。它可以是一点，也可以是一段曲线。这种形态变化在一定程度上可以反映褶曲的强度或岩石的强度。

7.4.2 褶皱的类型

褶曲的形态分类是描述和研究褶曲的基础，它不仅在一定程度上反映褶曲形成的力学背景，而且对地质测量、找矿和地貌研究等都具有实际的意义。褶曲要素是褶曲形态分类的重要根据。

7.4.2.1 褶曲的横剖面形态

（1）根据轴面产状并结合两翼特点分类

直立褶曲：轴面直立，两翼向不同方向倾斜，两翼倾角相等，两翼对称，故又叫对称褶曲。

倾斜褶曲：轴面倾斜，两翼向不同方向倾斜，两翼倾角不等，两翼不对称，故又叫不对称褶曲。

倒转褶曲：轴面倾角更小，两翼向同一方向倾斜，其中一翼岩层发生倒转，两翼角相等或不等。

平卧褶曲：也叫横卧褶曲，轴面水平或近于水平，两翼岩层的产状也近于水平；一翼层位是正常的，另一翼层位发生倒转。

翻卷褶曲：轴面翻转向下弯曲，此种褶曲在外观上是向（背）斜，实际上是背（向）斜，通常由平卧褶曲转折端部分翻卷而成。

上述5种褶曲，基本反映了褶曲变形程度从轻微到强烈、从简单到复杂的过程以及水平挤压力的不同强度。但不能绝对化，有时与岩性和构造条件等有关。

（2）根据转折端形状及两翼特点分类

圆弧褶曲：转折端呈圆滑弧形。

箱形褶曲：转折端平直而两翼陡峭，在两翼转折处呈膝状弯曲，形似箱状。大型箱形褶曲的一翼可称挠曲，即岩层呈一面倾斜的台阶状或膝状褶曲。

锯齿状褶曲：也叫尖棱褶曲，转折端是一点，呈锯齿状。这种褶曲常发生在岩性较坚硬且脆的岩层中。

扇形褶曲：转折端平缓而两翼岩层均倒转，在背斜中两翼岩层向轴面倾斜；在向斜中则自轴面向外倾斜。此种褶曲反映了两翼受到较大侧向压力而逐渐向轴面运动的情况。

7.4.2.2 褶曲的纵剖面形态

（1）根据枢纽的产状分类

水平褶曲：枢纽近于水平的褶曲。

倾伏褶曲：枢纽倾伏的褶曲。枢纽与其在水平面上投影的夹角，称为倾伏角。

倾竖褶曲：枢纽近于直立的褶曲。

严格地说，自然界褶曲的枢纽很少是水平的，大多数都是倾伏的；大规模的褶曲，其枢纽往往是有起伏的。倾竖褶曲比较少见，但在岩层陡立地区，如密云溪翁庄地区，即出现枢纽向东南倾伏近 80°的一个两翼开阔的倾竖向斜构造。

(2) 根据轴面产状和枢纽产状综合分类

上述褶曲的横剖面和纵剖面形态分类，都各自反映了二维空间的褶曲特征，这对描述褶曲的形态特点，分析褶曲的延伸情况和研究褶曲的变形强度及所受力的背景，都是有用的。如果把上述两者(轴面产状和枢纽产状)结合起来进行分类，则可获得褶曲在三维空间的形态。据此，可把褶曲分为几种主要类型：

直立水平褶曲：轴面近于直立(倾角 80°～90°)，而枢纽近于水平(倾伏角 0°～10°)。

直立倾伏褶曲：轴面近于直立，而枢纽倾斜(倾伏角 10°～80°)。

倾竖褶曲：轴面和枢纽均近于直立(倾伏角 80°～90°)。

倾斜水平褶曲：轴面倾斜(倾角 10°～80°)，而枢纽近于水平(倾伏角 0°～10°)。

平卧褶曲：轴面近于水平(倾角 0°～10°)，枢纽也近于水平(倾伏角 0°～10°)。

倾斜倾伏褶曲：轴面倾斜(倾角 10°～80°)，枢纽也倾伏(倾伏角 10°～80°)，但两者的倾向和倾斜程度不一致。

斜卧褶曲：轴面倾斜(倾角 10°～80°)，枢纽也倾伏(倾伏角 10°～80°)，但两者的倾向基本平行，倾角也大致相等。

其中，倾斜倾伏褶曲是在自然界分布最普遍的一类。

7.4.2.3　*褶曲的平面形态*

不同类型的褶曲，其平面形态也不一样。

(1) 线形褶曲

又称长褶曲，褶曲轴沿一定方向延伸很远，从几十千米到数百千米或者更远。长与宽之比大于 10∶1。

(2) 长圆形褶曲

又称短轴褶曲，长与宽之比在 10∶1～3∶1。若为背斜叫短背斜，若为向斜叫短向斜。它们在平面上的投影形态近似椭圆形。

(3) 浑圆形褶曲

长宽之比小于 3∶1，平面投影近似圆形。若为背斜叫穹隆，若为向斜叫构造盆地。还有一种穹隆构造，其核部为很厚的岩盐层，并刺穿上覆岩层，此种穹隆称为盐丘。一般认为岩盐层为高塑性岩石，在差异重力作用或挤压作用下，盐层向核部塑性流动加厚，向上拱起并刺穿上覆岩层，这种构造又叫底劈构造或挤入构造。

上述短背斜、短向斜、穹隆、构造盆地等，常常独立存在。其中，短背斜、穹隆、盐丘等是最理想的储油构造，是石油地质工作的重要勘探对象之一。

以上所讲的褶曲形态，是从三维空间的不同剖面(横剖面、纵剖面、水平面)上分类的，其任一名称都不能反映褶曲的整体轮廓。正确识别褶曲，必须从三维空间进行全面观察才能获得其完整的立体轮廓。

根据轴面产状分类：

直立褶皱：褶皱轴面直立，两翼倾向相反，倾角相等，又叫对称褶皱。

倾斜褶皱：褶皱轴面倾斜，两翼倾向相反，倾角不等。

倒转褶皱：褶皱轴面倾斜，两翼倾向相同，一翼正常，一翼倒转。

平卧褶皱：褶皱轴面水平，一翼正常，一翼倒转。

根据枢纽的产状分类：

水平褶皱：褶皱枢纽水平，核部宽度不变，两翼岩层的露头线平行延伸。

倾伏褶皱：褶皱枢纽倾斜，两翼岩层延伸不远就逐渐靠近而连接起来（封闭起来）。

波状褶皱：褶皱枢纽呈起伏状，在地面露头上表现为核部忽宽忽窄。

如果背斜褶皱和向斜褶皱是短轴的，宽度与长度之比在 1∶3 内，则叫穹隆构造和构造盆地。

7.4.3 褶皱的野外识别方法

褶皱构造是地质构造的重要组成部分，几乎在所有的沉积岩及部分变质岩构成的山地都会存在不同规模的褶皱构造。小型的褶皱构造可以在一个地质剖面上窥其一个侧面的完整形态；而大型构造往往长宽超过数千米到数万米。这样的褶皱构造，虽然在野外观察了一段很长的距离，但仍然未出其一个翼的范围。如果该地区有现成的地质图，应该首先查阅已有的地质图件，并进行分析。下面简述在野外研究褶皱构造的方法。

7.4.3.1 地质方法

（1）岩层观察与测量

必须对一个地区的岩层顺序、岩性、厚度、各露头产状等进行测量或基本搞清楚，才能正确地分析和判断褶曲是否存在。然后根据新老岩层对称重复出现的特点判断是背斜还是向斜；再根据轴面产状、两翼产状以及枢纽产状等判断褶曲的形态（包括横剖面、纵剖面和水平面）。

（2）野外路线考察

一是采取穿越法，即垂直岩层走向进行观察，以便穿越所有岩层并了解岩层的顺序、产状、出露宽度及新老岩层的分布特征。二是在穿越法的基础上，采取追索法，即沿着某一标志层（即厚度比较稳定、岩性比较固定鲜明、在地貌上的反映比较突出的岩层）的延伸方向进行观察，以便了解两翼是平行延伸还是逐渐汇合等情况。这两种方法可以交叉使用，或以穿越法为主，追索法为辅，以便获知褶曲构造在三维空间的形态轮廓。

7.4.3.2 地貌方法

各种岩层软硬薄厚不同，构造不同，在地貌上常有明显的反映。例如，坚硬岩层常形成高山、陡崖或山脊，柔软地层常形成缓坡或低谷，等等。下面扼要介绍几点与褶皱构造有关的地貌形态：

（1）水平岩层

有些水平岩层不是原始产状，而是大型褶皱构造的一部分，例如，转折端部分，扇形褶曲的顶部或槽部，构造盆地的底部，挠曲的转折部分等，这样的岩层常表现为四周为断崖峭壁的平缓台地、方山（平顶的山）以及构造盆地的平缓盆底。

（2）单斜岩层

大型褶曲构造的一个翼或构造盆地的边缘部分，常表现为一系列单斜岩层。这样的岩层，在倾向方向存在顺岩层层面进行的面状侵蚀，故地形面常与岩层坡度大体一致；而在反倾向方向进行的侵蚀，常沿着垂直裂隙呈块体剥落，形成陡坡和峭壁。因此，如果单斜岩层倾角较小（20°～30°），则形成一边陡坡一边缓坡的山，叫作单面山；如果单斜岩层构造盆地及其反映的部分地貌层倾角较大，则形成两边皆陡峻的山叫猪背山或猪背脊。

(3) 穹隆构造、短背斜和构造盆地

前两者常形成一组或多组同心圆或椭圆式分布的山脊,如果岩层产状平缓,里坡陡而外坡缓。有时在这样的地区发育成放射状或环状水系。在构造盆地地区,四周常为由老岩层构成的高山,至盆地底部岩层转为平缓,并且多出现较新的岩层。如四川盆地,北部大巴山主要由古生界和前古生界岩层组成,在盆地中心则主要由中生界及新生界岩层组成。但应指出,大型构造盆地的地貌形态常为次一级构造所复杂化,如四川盆地东部出现一系列隔挡式褶皱形成的平行岭谷。

(4) 水平褶皱及倾伏褶皱

在水平褶皱地区,常沿两翼走向形成互相平行而对称排列的山脊和山谷。在倾伏褶皱地区,常形成弧形或"之"字形展布的山脊和山谷。

(5) 背斜和向斜

地形有时与地质构造基本一致,即形成背斜山和向斜谷。但在更多的情况下,是在背斜部位侵蚀成谷,而在向斜部位发育成山,即形成背斜谷和向斜山。这种地形与构造不相吻合的现象称地形倒置。当岩层褶皱后,岩层顶面受张应力而伸长,底面受压应力而缩短,岩层顶面和底面之间有一个既未伸长也未缩短的"中和面"。假设在褶皱前岩层中划出许多单位球体,褶皱后它们形成的各种应变椭球体,可一目了然地反映岩层在褶皱后内部应力的分布特征。

7.4.4 研究褶皱的实用意义

褶皱构造是地壳中广泛发育的构造形式之一。它对于矿产的形成、形态、分布等有一定的控制作用;同时,也是形成地貌的重要基础。

(1) 褶皱与矿产

许多赋存于褶皱的沉积岩层中的矿产,必须搞清楚构造形态、规模,才能探明矿床的分布、大小、产状等情况。

在背斜顶部常发育一组张裂隙,提供矿液的侵入通道,在此部位容易形成脉状矿体(矿脉)。

岩层褶皱时,由于层间滑动(如同一本书挤压弯曲时,页与页间产生相对滑动),在上下层转折端部位容易形成空隙(称为虚脱),常为矿质填充提供条件,形成鞍状矿体。如辽宁东部的一金矿,在 62 个枢纽带中发现矿体 50 个。四川宁南铅锌矿,也形成于褶皱转折端部位。

具有封闭条件的穹窿、短背斜等是重要的储油、储气构造。

构造盆地常形成良好的储水构造。

(2) 褶皱与地貌

褶皱构造与地貌的关系至为密切,它几乎控制了大中型地貌的基本形态。由褶皱构造形成的山地称为褶皱山脉。研究地貌形成的基本原因,有必要研究褶皱构造。如北京西山地质构造主要为一系列交互排列的 NE 向或 NNE 向向斜构造和背斜构造,沿向斜构造形成许多 1 000 m 以上的山峰,如妙峰山、清水尖、百花山等。

(3) 褶皱构造与地球发展历史

褶皱的发育过程、特征及褶皱时代等往往代表一个地区的构造运动性质及地壳发展历史。通常,利用角度不整合的时代来确定褶皱的时代。虽然褶皱构造的形成是长期的,但其最后完成的时期常与某一构造运动联系在一起,在地层剖面上看,就是以不整合面来代表一次构造运动(一般以典型剖面地区的地名来命名,如燕山运动、喜马拉雅运动),而不整合的形成时代即是褶皱形成的时代。例如,在一个地层剖面中,存在一个角度不整合,不整合面以下的最新地层时代是早白垩世,不整合面以上的最老地层时代是始新世,那么这个不整合的形成时代(也就是下伏岩层的褶皱时代)是在早白垩世以后和始新世以前。若此不整合代表燕山运动,则这次褶皱属燕山期褶皱。

7.5 断裂构造

地壳中岩石(岩层或岩体),特别是脆性较大和靠近地表的岩石,在受力情况下容易产生断裂和错动,总称为断裂构造。它和褶皱构造一样,是地壳中普遍发育的基本构造形式之一。除去地壳表层普遍发育的各种断裂构造外,还存在许多不同规模、不同深度的断裂系统,甚至把岩石圈分割成许多板块。这里所讲的断裂构造主要指大陆壳上常见的构造。通常,根据断裂岩块相对位移的程度,把断裂构造分为节理和断层两大类。

7.5.1 节理

7.5.1.1 节理的分类

几乎在所有岩石中都可看到有规律的、纵横交错的裂隙,它的专门术语叫节理。节理即断裂两侧的岩块沿着破裂面没有发生或没有明显发生位移的断裂构造。节理的长度、密度相差悬殊,有的可延伸几米、几十米,有的只有几厘米;有的密度很大,有的则比较稀疏。沿着节理劈开的面称节理面。节理面的产状和岩层的产状一样,用走向、倾向和倾角表示。节理常与断层或褶曲相伴生,它们是在统一构造作用下形成的有规律的组合。

(1) 节理的成因分类

节理按成因分为非构造节理和构造节理。

① 非构造节理:指岩石在外力地质作用下,如风化、山崩、地滑、岩溶塌陷、冰川活动以及人工爆破等作用所产生的节理。这类节理常分布于地表浅部的岩石中,节理的几何规律性较差,一般没有矿化现象,但这些节理常形成地下水运移的通道,或在一定条件下形成储水层;风化破碎带对于工程建设有很大影响。

非构造节理还包括岩石在成岩过程中所形成的节理,即所谓原生节理。例如:

a. 侵入岩体中的节理——即岩浆侵入围岩,随着岩浆的冷却而形成的有规律性的节理。它们主要分布于岩浆侵入体的顶部和边缘部分。其形成主要与岩浆的冷却和收缩有关。岩浆体冷却收缩是从上而下,从外及内,从边缘到中心缓慢进行的,因此在岩体内容易形成平行于接触面的节理;同时,当岩体外部冷凝后,而内部仍在流动,这流动部分和冷凝部分之间也容易发生裂隙。在火成岩体中常见的节理有横节理、纵节理、层节理、斜节理等。

横节理又称 Q 节理,指节理面与岩体中流线构造(原生线状流动构造)相垂直的节理。这可能因岩浆冷凝不均,垂直流线方向产生张力所致。节理面较粗糙,产状较陡直。其中,常被岩浆填充,形成互相平行的岩墙或岩脉。

纵节理又称 S 节理,指节理面平行于流线构造的节理。这可能因岩浆在流动方向由外及里冷却收缩不均产生剪切力所致。节理面平直,节理裂隙紧闭,产状较陡。

层节理又称 L 节理,指节理面平行于流面的节理,常发育于岩体顶部或与围岩接触的平缓部位。这可能因岩浆自上而下冷却依次逐渐收缩所致。

上述 3 种节理常把侵入体分割成大小方块,促进岩石的风化。

斜节理指节理走向与流线、流面斜交的节理,常两组共生呈“X”形。节理面光滑,有时可见擦痕和光滑镜面。这种节理属于构造节理,是在上述节理形成后,岩体受压因剪切作用所致。

b. 玄武岩中的柱状节理——即在玄武岩熔岩流或其他浅成岩体中,垂直冷凝面发育而成的规则的六方柱状节理。其成因,一般认为,假设在均一基性的熔岩中有均匀分布的冷却中心(呈等边三角形分布,冷却中心距离彼此相等),然后各向中心收缩,形成六方柱状节理。在自然界,由于熔岩物质的不均一性等因素的影响,这种节理不一定都是六方柱状,也可能呈五角柱状、七角柱状及其他。徐松年(1984)等的研究表明,柱状节理面不是单纯的张裂面,还存在非平面的剪切变形。

② 构造节理:指在构造运动作用下形成于岩石中的节理,常常成组成群有规律地出现。这种节理往往与其他构造如褶皱、断层等有一定的组合关系和成因联系。表示在水平挤压下褶曲构造中可能发育的各种节理。

(2) 节理的几何分类

指按照节理与其所在的岩层或其他构造的关系进行的分类。实际上这种几何分类与力学成因有密切关系,即一定的几何关系可反映一定的力学成因。

① 根据节理与所在岩层的产状要素的关系可以分为:

走向节理:即节理的走向大致平行于岩层的走向;

倾向节理:即节理的走向大致垂直于岩层的走向;

斜向节理:即节理的走向斜交于岩层的走向;

顺层节理:即节理面大致平行于岩层层面。

② 根据节理的走向与所在褶曲枢纽的关系可以分为:

纵节理:即两者大致平行的节理;

横节理:即两者大致垂直的节理;

斜节理:即两者相互斜交的节理。

上述两种分类,在某些情况下,例如,对于水平褶皱而言,走向节理相当于纵节理,倾向节理相当于横节理,斜向节理相当于斜节理。

(3) 节理的力学成因分类

按照产生节理的力学性质,节理主要分为张节理和剪节理。

张节理:是岩石在张应力作用下所产生的节理。上述褶曲构造中的纵节理和横节理都属于张节理。张节理常具有如下特征:

① 产状不甚稳定,在岩石中延伸不深不远。

② 多具有张开的裂口,节理面粗糙不平,面上没有擦痕,节理有时为矿脉所填充。

③ 在碎屑岩中的张节理,常绕过砂粒和砾石,节理随之呈弯曲形状。

④ 节理间距较大,分布稀疏而不均匀,很少密集成带。

⑤ 常平行出现,或呈雁行式(即斜列式)出现,有时沿着两组共轭呈 X 形的节理断开形

成锯齿状张节理，称追踪张节理。

剪节理：又称剪切节理，是岩石在剪切应力（亦称扭应力）作用下所产生的节理，它一般产生于与压应力呈 45°角左右的平面上，即最大剪切面上。上述褶曲构造中的斜向节理或斜节理多属于剪节理。剪节理具有下述特征：

① 产状比较稳定，在平面中沿走向延伸较远，在剖面上向下延伸较深。

② 常具紧闭的裂口，节理面平直而光滑，沿节理面可有轻微位移，因此在面上常具有擦痕、镜面等。

③ 在碎屑岩中的剪节理，常切开较大的碎屑颗粒或砾石，或切开结核、岩脉等。

④ 节理间距较小，常呈等间距均匀分布，密集成带。

⑤ 常平行排列、雁行排列，成群出现；或两组交叉，称“X 节理”，或称“共轭节理”，两组节理有时一组发育较好，另一组发育较差。

7.5.1.2 节理与褶皱构造的关系

在一个地区，在同一应力场（或在同一构造运动）作用下，所产生的褶皱、断裂等彼此具有密切的成因联系。

(1) 岩层褶皱前的早期节理

当一套水平岩层受到水平方向的侧向压力时，在层面上出现两组剪切节理，即 X 节理（共轭节理）；这种节理面垂直于层面，是为平面型 X 节理。如果继续受力，会在沿着压力方向产生一组张节理，又叫横张节理；有时是沿着 X 节理面曲折拉开，形成追踪张节理。

(2) 岩层褶皱后的晚期节理

岩层在水平压力的继续作用下，开始弯曲褶皱，在背斜顶部产生平行于枢纽的张节理，又叫纵张节理（因在背斜顶部受到张应力作用）。这种节理垂直层面，上宽下窄呈楔形，从横剖面看，在中和面以上发育呈扇形分布。在脆性岩层中发育较好，有时追踪早期 X 节理，形成锯齿状的纵张节理。它们沿走向一般延伸不远。

如果褶皱继续发展，沿着最大剪切面又发育成 X 节理，但这晚期 X 节理与前者不同，在剖面上呈 X 交叉，而在层面上与枢纽平行，故称剖面 X 节理。

如果岩层中间夹有塑性较大岩层（如页岩），岩层褶皱时由于层间滑动所产生的力偶作用，使岩层发生小型褶皱，叫层间牵引褶皱或拖拉褶皱。

如果岩层中间夹有脆性较大的岩层，则在上下层的力偶作用下，形成层间剪节理。有时这种剪节理或其他原因的剪节理，细而密集，甚至可将岩层劈成薄片，称为劈理。

7.5.1.3 研究节理的意义

研究节理的类型、成因和分布规律有着重要的理论和实际意义。

首先，研究节理的分布、性质和组合情况，有助于推断区域性应力场的特点和各种应力的分布规律以及与各种构造的相互关系。例如，共轭节理的锐角等分线的方向，从理论上讲代表挤压作用力的方向。

有时候一条剪节理是由许多条首尾衔接的呈羽状排列的小节理组成。沿着小节理的走向向前观察，若后一条小节理重叠于前一条小节理的左侧，则为左行（或叫左旋）；若后一条小节理重叠在前一条小节理的右侧，则为右行（或叫右旋）。

其次，研究节理有很大实际意义。有些节理，主要是张节理常提供岩浆活动侵入的通道，并控制矿体的形成和分布。富含张节理的岩石，对于地下水的运动和富集有密切关系，有时构成地下水的含水层。此外，在进行隧道、水工建筑（水库大坝等）、矿井坑道、桥梁等工程设计和施工时，都必须对有关地区的岩石节理做详细的调查和测量，以防止可能引起的破坏作用和不良影响。

除此，节理对于地貌的发育、形态等有深刻的影响。节理构成岩石的软弱面，为风化和侵蚀提供了有利条件，流水、冰、植物等常沿节理风化或侵蚀，造成各种地貌。如花岗岩中的纵节理、横节理和层节理，往往把坚硬的岩石切割成方块，在棱、角处先行风化，形成球状风化地貌。有时沿着陡倾斜的节理风化侵蚀成险峻峭拔的地貌；有时沿着垂直节理侵蚀成悬崖峭壁或峰林石柱，如广东仁化丹霞地貌、河北承德棒槌山、北京西山龙门洞、云南路南石林、湖南张家界等，都是在近水平的岩层中发育了几组垂直节理，然后顺着节理差别风化，结果塑造成千姿百态、群峰林立、石柱凌空的地貌形态。有些河谷也是沿着主要节理的方向发育的。测量节理产状要素的方法与测量岩层产状相同。有时节理面未暴露在外，可将硬纸片插入节理裂隙中，然后测量其产状要素。

7.5.2 断层

岩块沿着破裂面有明显位移的断裂构造称为断层。断层的规模有大有小，所波及的深度有深有浅（深可切穿岩石圈或地壳，浅可切穿盖层或只在地表）；形成的时代有老有新；有的是一次构造运动的结果，有的是多次构造运动的结果；有的已不活动，有的还在继续活动；形成断层的力学性质或张或压或剪，各不相同。

断层的几何要素包括断层本身的基本组成部分以及与阐明断层空间位置和运动性质有关的具有几何意义的要素。图 7-4 为断层示意图。

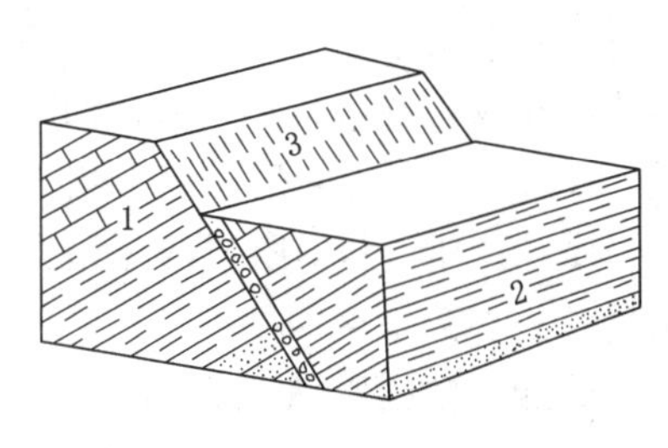

图 7-4 断层示意图

7.5.2.1 断层的要素

一条断层总要由几个部分组成，这些组成部分，就是断层要素。其中，最重要的要素是断层面、断层线、位移和断盘。

(1) 断层面

岩层或岩体断开后，两侧岩体沿着破裂面发生显著位移，这个破裂面称为断层面。它可以是平面，也可以是弯曲或波状起伏的面。它也可以是直立的，但大多是倾斜的。断层面的产状，和岩层、节理一样，用走向、倾向、倾角来表示。同是一条断层，其产状在不同部位常有很大变化，甚至倾向完全相反。大规模断层不是沿着一个简单的面发生，而往往是沿着一系列密集的破裂面或破碎带发生位移，这称之为断层带或断层破碎带。

(2) 断层线

断层面与地面的交线称断层线，表示断层的延伸方向。它可以是一条直线，也可以是一条曲线或波状弯曲的线。断层线的形状取决于断层面的产状和地形起伏条件。当地面平坦时，断层线是直是曲，决定于断层面本身的产状；如果地形起伏很大，而断层面是倾斜的，尽管断层面是平的，断层线的形状也是弯曲的。特别是在大比例尺地质图上，断层线随地形变化而弯曲的现象就更明显。

(3) 断盘

① 上盘和下盘

断层面两侧发生显著位移的岩块称为断盘。如果断层面是倾斜的，位于断层面以上的岩块叫上盘，位于断层面以下的叫下盘。如果断层面是直立的，可根据断块与断层线的关系命名，如断层线的走向为东西，则可分别称两盘为南盘和北盘。

② 上升盘和下降盘

从运动角度看，很难确定断层面两侧岩盘究竟是怎样移动的，也许是一侧上升，另一侧下降；也可能是两侧同向差异上升或两侧同向差异下降。因此，在实际工作中根据相对位移的关系来判断上升和下降，相对上升的岩块叫上升盘，相对下降的岩块叫下降盘。应该指出，上升盘与上盘，下降盘与下盘，切勿混淆，上升盘可以是上盘，也可以是下盘；下降盘可以是下盘，也可以是上盘。

(4) 位移

断层两盘的相对移动统称位移。在实际工作中，经常要推断断层两盘相对位移的方向和测算位移的距离。为此，必须以相当点或相当层为根据。在断层发生后变成位于断层面上的两个点。这两个点就是相当点。这两个点的实际距离，表示断层的真位移距离，称为总滑距。总滑距在断层面走向方向和倾斜线上的分量，称为走向滑距和倾斜滑距。同时，总滑距在铅直方向的分量称为铅直滑距，在水平面上的投影称为水平滑距。

但在自然界，在断层面上找相当点是困难的，所以在实际工作中(在野外或在地质图上)总是根据相当层被错开的距离来测量位移。同一地层由于断层错动，分别在上下盘出现，好像变成了两个地层，这两个地层就是相当层。因为相当层是具体的看得见的东西，以此为据来计算位移就容易了。通常是在垂直岩层走向的剖面上来测量相当层之间的位移，这样算出来的位移都是视位移，一般称之为断距。

① 视断距，即断层两盘上相当层的同一层面错开后的位移量。

② 地层断距，即断层两盘相当层层面之间的垂直距离，相当于两相当层之间重复或缺失的那一部分地层的厚度。

③ 铅直地层断距，即断层两盘相当层层面在铅直方向上的距离。

④ 水平断距，即在同一高度上断层面两侧相当层层面之间的距离，这个断距代表断层面两侧相当层位移拉开的水平距离或两侧相当层掩覆的水平距离。

7.5.2.2 断层的分类

为了认识断层的几何规律和成因，可以从以下几个方面对其进行分类。

(1) 根据断层走向与两盘岩层产状的关系分类

走向断层：断层的走向与岩层的走向一致。

倾向断层：断层的走向与岩层的走向垂直。

斜交断层：断层的走向与岩层的走向斜交。

顺层断层：断层与岩层面大致平行。

(2) 根据断层走向与褶曲轴或区域构造线的关系分类

纵断层：断层的走向与褶曲的轴向或区域构造线一致。实际上，纵断层基本是走向断层。

横断层：断层的走向与褶曲的轴向或区域构造线直交。实际上，横断层基本是倾向断层。

斜断层：断层的走向与褶曲的轴向或区域构造线斜交。实际上，斜断层基本是斜交断层。

(3) 根据断层两盘相对位移的关系分类

① 正断层[图7-5(a)]:上盘相对下降,下盘相对上升的断层叫正断层。断层面的倾角一般较陡,多在45°以上。正断层后相当层间出现拉开的一段水平断距,说明正断层是在张力或重力作用下形成的。正断层的规模有大有小,断距从小于1 m到数百米;断层线从数米到数百千米以上,一般比较顺直。

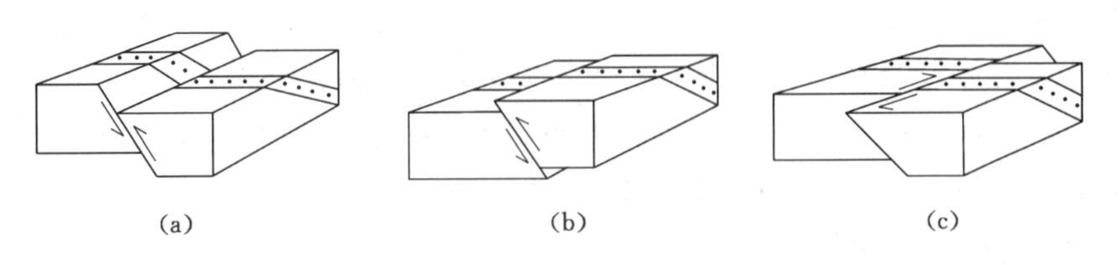

图7-5　断层分类示意图

(a) 正断层;(b) 逆断层;(c) 平推断层

② 逆断层[图7-5(b)]:上盘相对上升,下盘相对下降的断层叫逆断层。逆断层后相当层间出现一段掩覆现象,即上盘掩盖下盘的现象,说明逆断层主要是在水平挤压力作用下形成的。逆断层又可根据断层面的倾角分为:

冲断层:指高角度(倾角大于45°)的逆断层,断层线比较平直。

逆掩断层:指断层面倾角小于45°的逆断层。

推覆构造:指规模巨大、断层面倾角平缓(一般小于30°)并呈波状起伏、上盘沿断层面远距离推移(数千米至数万米)的逆掩断层,又称逆冲推覆构造或辗掩构造。

③ 平推断层[图7-5(c)]:指断层两盘沿着断层面在水平方向发生相对位移的断层,又叫平移断层。实际上无论是正断层或逆断层,很多是斜向滑动的。如果其走向断距大于倾斜断距,皆可归入平推断层一类。平推断层往往是在褶曲形成过程中在水平剪切应力作用下产生的,断层走向常与褶曲轴垂直或斜交,断层面多近于直立。

④ 枢纽断层:前述各种断层,其两盘位移都是直线运动的,但有些断层运动具有旋转性质,好像上盘围绕着一个轴做旋转运动,这样的断层叫枢纽断层或旋转断层。

(4) 根据断层的力学性质分类

断层是在一定的地应力作用下产生的,而地壳内岩石所受的力不外是张应力、压应力和扭(剪切)应力,但更多的时候是张应力兼扭应力和压应力兼扭应力。因此,可以把断层分为张性、压性、扭性、张性兼扭性(张扭)、压性兼扭性(压扭)等5种(最后两种也可以是扭张或扭压)。

根据李四光的地质力学理论,把在野外经常见到的岩层褶皱、节理、断层等地质构造现象,都叫作构造形迹。任何构造形迹在空间上的方位都可以用平面或曲面来表示,这些面称为结构面。有些结构面,如褶曲轴面实际并不存在,是一种标志性结构面;另有些结构面,如破裂形成的不连续界面,如断层面、节理面等,是实际存在的,是一种分划性结构面。结构面与地表的交线叫构造线。

① 张性断层:断层面一般较粗糙;断层带较宽或宽窄变化悬殊,其中常填充构造角砾岩,如尚未完全胶结,常形成地下水的通道;沿着断层裂缝常有岩脉、矿脉填充。正断层多属

于张性断层。

② 压性断层：断层面的产状沿走向、倾向常有较大变化，呈波状起伏；断层带中破碎物质常有挤压现象，出现片理、拉长、透镜体等现象；断层两侧岩石常形成挤压破碎带，为地下水运移和储集提供了有利条件，而断层带本身由于挤压密实，反倒形成隔水层；断层两盘或一盘岩层常直立，或呈倒转褶皱、牵引褶皱；断层带内常产生一些应变矿物(受压受热重结晶)，如云母、滑石、绿泥石、绿帘石等，并多定向排列。逆断层多属于压性断层。

③ 扭性断层：断层面产状较稳定；断层面平直光滑，犹如刀切，有时甚至出现光滑的镜面；断层面上常出现大量擦痕、擦沟等；断裂面可以切穿岩层中的坚硬砾石和矿物；断裂带中的破碎岩石常碾压成细粉，出现糜棱岩，有时也出现一些应变矿物，如绿泥石、绿帘石等。平推断层多属于扭性断层。对于扭性断层相对扭动方向，常用左行、右行或反扭、顺扭等术语来表示。判别的方法是，观察者面朝所在断盘移动方向，对盘在自己左侧向身后方向移动，就叫左行或叫反扭(反时针)；如对盘在自己右侧向身后方向移动，就叫右行或叫顺扭(顺时针)。

④ 张扭性断层：自然界纯张纯压的断层，事实上并不多见，而是多少带一些扭动。如某些上盘沿着断层面斜向往下滑动的正断层，即带有张扭性质。如果走向断距大于倾向断距，那就向真正的扭断层过渡了。这种断层具有张性和扭性断层的特点，断层面上常显示上盘斜向滑动的擦痕，断裂有时呈雁行状排列。

⑤ 压扭性断层：上盘沿着断层面斜向往上推动的逆断层，带有压扭性质。如果走向断距大于倾向断距，便向着扭断层过渡。这种断层具有压性和扭性断层的特点，断层面小范围内显示光滑平直，大范围内常呈舒缓波状；断层面上斜冲擦痕和小陡坎(阶步)发育；其他特点多与压性断层相似或相同。

7.5.2.3 断层的组合类型

在自然界，常见许多断层以一定组合形式出现。从平面上看，断层排列有平行状、雁行状、环状和放射状等。从剖面上看，有阶梯状、叠瓦状、地堑和地垒等。

(1) 阶梯状断层

两条以上的倾向相同而又互相平行的正断层，其上盘依次下降，这样的断层组合称为阶梯状断层(图 7-6)。它在地形上常表现为阶梯状下降或阶梯状上升的块状山地。

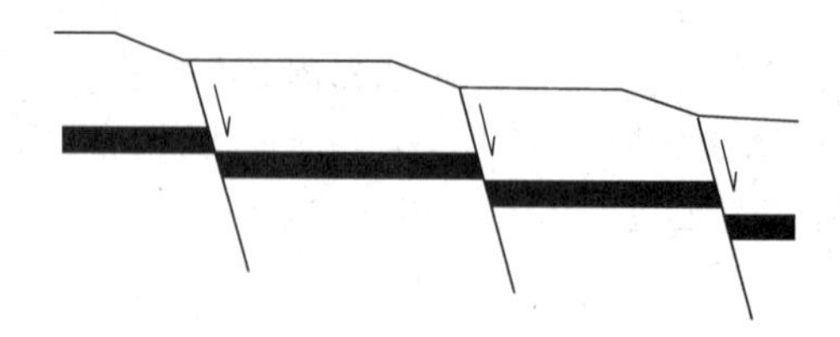

图 7-6 阶梯状断层

(2) 叠瓦状断层

两条以上的倾向相同而又互相平行的逆断层，其上盘依次向上推移，形如叠瓦，这样的组合称为叠瓦状断层(图 7-7)，又称叠瓦状构造。这种断层组合常常和一系列倒转褶皱相伴生，其断层面的倾向和褶曲轴面的倾向大体一致，断层线的走向和褶曲轴的走向大致平行，相当于一系列平行的纵断层。

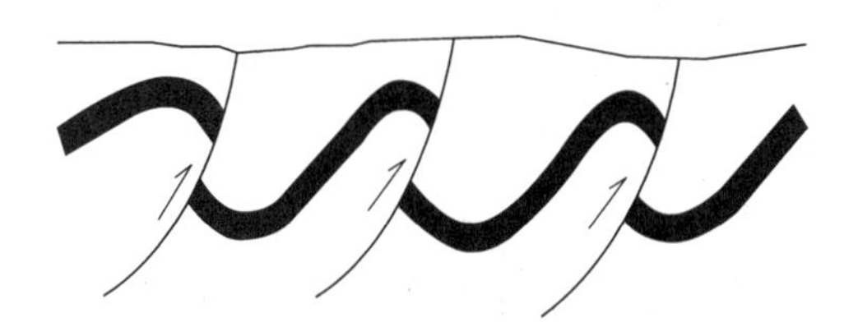

图 7-7　叠瓦状断层

(3) 地堑

两条或两组大致平行的断层,其中间岩块为共同的下降盘,两侧为上升盘,这样的断层组合叫地堑。组成地堑的断层在地表一般表现为正断层。但也有地堑在地下一定深度,正断层为倾向相反的逆断层所代替。

(4) 地垒

两条或两组大致平行的断层,其中间岩块为共同的上升盘,两侧为下降盘,这样的断层组合叫地垒。组成地垒的断层一般是正断层,但也可能是逆断层。地垒构造往往形成块状山地。

(5) 环状断层与放射状断层

在穹隆构造等地区,常出现在平面上呈环状或放射状的断层。断层产状各不相同,环形断裂断续相连,而断层的性质一般以正断层为主。

7.5.2.4　断层的识别

在野外有时在剖面上可以一眼看到断层,有时断层却比较隐蔽,特别是地面覆盖物较多时,更不易发现。有时虽然在一个点或一个剖面发现有断层存在,但要确定整个断层的面貌也不是容易的事。研究断层第一要判断是否有断层存在;第二要判断断层的性质、成因;第三要判断断层的时代。

(1) 断层存在的标志

① 断层面和断层带上的标志

断层面和断层带是断层存在的直接证据。断层面(带)上遗留的断层擦痕、断层滑面(镜面)、阶步、断层构造岩、构造透镜体等痕迹是判别断层的标志。

断层擦痕:断层两盘相对错动,在断层面上留下的平行细密而均匀的摩擦痕迹,有时形成相间平行排列的擦脊和擦槽。这些擦痕有时呈一头粗深一头细浅的"丁"字形,由粗向细的方向代表对盘运动的方向。用手抚摸擦痕,不同方向滑涩感不同,光滑方向代表对盘移动方向。

断层滑面(镜面):断层两盘相对错动引起断层面上的温度升高,使一些铁、锰、钙、硅等成分的物质粉末重熔,敷在断层面上形成的一层光滑的薄膜。在扭性、压扭性断层面上更容易出现断层滑面。

阶步:断层两盘相对错动,在断层面上所形成的小陡坎。阶步常垂直擦痕方向延伸,但延伸一般不远,阶步间彼此平行排列。阶步陡坎方向指示对盘运动方向。

断层构造岩:断层作用在断层带形成各种岩石。最常见的构造岩有断层角砾岩,其中的角砾棱角显著,大小不一,一般无定向排列,角砾的成分与断层两盘的成分相同。断层角砾常被钙、硅、铁、黏土等物质胶结。典型的断层角砾岩常见于正断层(或张性断层)。

构造透镜体:常形成于压性、压扭性断层带中。两组共轭节理,把岩石切成菱形方块,然后又沿节理面滑动,使棱角部分大多消失,呈透镜体状,叫构造透镜体。在透镜体周围往往环绕着片状矿物,形成片理。

② 岩层上的标志

断层活动常常导致岩层的错断,造成岩层的不连续、重复或缺失、加厚或变薄,还可以造成岩层产状的变化。这些现象可以指示断层的存在。

岩层的不连续:断层常把原来连续的地层、矿脉、岩脉、变质带以及各种构造线错开,使它们发生不连续或中断现象,特别是横断层、倾向断层和平推横断层,这种现象非常明显。

岩层的重复或缺失:走向断层或纵断层(无论是正断层或逆断层)必然会产生岩层重复或缺失、加厚或变薄的现象。

岩层产状的变化:枢纽(旋转)断层形成时,断层线两侧的岩层产状发生很大变化。

③ 断层两侧的伴生构造标志

在断层面的一侧或两侧,常形成一些伴生的褶皱节理等构造,作为断层存在的证据,并可用以判别断层的力学性质和两盘的移动方向。

拖拉褶皱:又名牵引褶皱。当柔性较大的岩层断开时,断层面一侧或两侧常产生一些拖拉而成的小褶皱。这种小褶皱的特点是:多为倾斜或倒转褶皱;离开断层面一定距离,这种小褶皱即渐消失;正断层和逆断层的拖拉褶皱形态不同。根据拖拉褶皱的形态可判断两盘的运动方向,从而进一步确定断层的性质。其方法是:拖拉褶皱的弧顶所指的方向指示其所在盘的移动方向。

伴生节理:即在断层面的一侧或两侧,因上下盘错动产生的若干组有规律的节理。

④ 断层的标志

由于断层活动改变了近地表岩层的状况,从而影响断层所在区域的地貌、水文、植被等自然条件,可以利用这些特征间接判断断层的存在。

断层崖和断层三角面:断层面(一般是上升盘)露出地表形成的悬崖,叫断层崖,是断层活动形成的构造地貌。有时沿着断层线,由于两侧岩石性质不同,在差异侵蚀作用下亦可形成陡坡或悬崖,叫断层线崖。多数断层崖形成后,受到流水的侵蚀切割,形成V形谷,谷与谷之间形成一系列三角形面,称断层三角面。这种面有时也可呈梯形面。山西太谷、内蒙古大青山南麓、关中华山北麓等都有明显的断层崖或三角面。但必须注意,三角面、悬崖等并不完全与断层有关。

山脉错开或中断:断层引起地层的错开,在地貌上有时会表现为山脉的错开或中断。山脉的山脊或山峰一般顺着岩层的走向延伸,如果突然错开、中断或呈大角度拐弯,或截然与平原相接触,则可考虑有断层的可能性。

断层谷、断陷湖、断层泉:断层在平面上呈线性展布,常成为控制地貌发育的构造线,沿断层线或地堑常形成断层谷,或形成一系列断陷湖盆。有时沿断层线出现一系列泉水。如内蒙古凉城县岱海,就是一个断陷湖。如果水系突然呈直角转折,也可能与断层(或节理)有关。

火山分布:第四纪火山锥常沿着断层线或断层的交叉点分布,因此有规律分布的火山锥或侵入体,可能与断层有关。

植被变化:断层线两侧因岩性不同、土壤性质不同,可以有规律地生长着各异的植被;有时断层带为地下水富水带，生长着茂盛的或喜湿的植被，在干旱、半干旱地区尤其明显。

(2) 断层性质的确定

在可能条件下，首先应该测量断层面的产状(走向、倾向、倾角)。其次，要确定断层两盘相对位移的方向。如是，断层的性质(正、逆、扭等)便可判断了。确定两盘相对位移方向的方法主要如下：

根据断层面上的擦痕、阶步和断层两侧的拖拉褶皱判断。

根据断层两盘岩层的新老对比判断：对于走向断层或纵断层来说，在断层线上同一点，其较老岩层一侧为上升盘，较新岩层一侧为下降盘。但当断层面倾向与岩层倾向一致，而断层面倾角小于岩层倾角时，则较老岩层一侧为下降盘，较新岩层一侧为上升盘。对于倾向断层或等斜褶曲中的断层来说，不论是在平面或剖面上，都不易判断升降盘，必须借助其他小构造等来判断。

根据褶曲核部或两翼的宽窄变化判断：如果是发育在背斜或向斜中的走向断层或纵断层，其一翼岩层经常出现重复或缺失。如果是发育在背斜或向斜中的倾向断层或横断层，则在断层线两侧常表现为核部宽窄不同，即在背斜中，核部或两侧相当翼变宽的一盘为上升盘，变窄的一盘为下降盘；在向斜中正好相反，核部或两侧相当翼变窄的一盘为上升盘，变宽的一盘为下降盘。如果是切过背斜或向斜的平推断层，则核部及两盘相当翼只有水平错开，而无宽窄的变化，即两侧岩层或褶曲轴各向一个方向错开。

7.5.2.5 研究断层的意义

研究断层，搞清楚断层的存在、性质和产状等，在实际应用和理论方面都有重要的意义。

(1) 断层与矿床

矿床的形成、矿体产状及其分布等，常常受断层构造的控制。岩浆、热水溶液、含矿溶液最容易循断裂带侵入或充填，形成重要成矿带。特别是在两条断裂的交叉处，断层产状(走向或倾向)突然变化的地方，断层切穿多孔隙的或化学活动性较强的岩层(如碳酸盐岩)部位等，更是成矿的良好场所。

在采矿过程中遇到断层，矿层或矿体便会突然中断，只有搞清断层的产状、性质和断距，才能求出矿层等的去向，然后决定下一步开采步骤和生产施工方案。

对于石油和天然气来说，断层是其运移的通道，例如，在一套单斜岩层中夹有厚层多孔隙含油气砂岩，油气可以通过地表逸散；若其中有断层存在，含油气层被错断，不能直接通到地表，使油气保存下来，从而构成储油气的有利条件。

(2) 断层与工程建设

进行工程建筑、水利建设等，必须考虑断层构造。例如，水库、水坝不能位于断层带上，以免漏水和引起其他不良后果；大型桥梁、隧道、铁道、大型厂房等如果通过或坐落在断层上必须考虑相应的工程措施。因此，凡是重大工程项目都必须具有所在地区的断裂构造等地质资料，以供设计者参考。

(3) 断层与地下水

断层构造与地下水的运移和储集具有密切关系。特别是在山区的基岩找水工作中，调查是否有断层存在，断层的性质和规模如何，十分重要；而压性断层带由于挤压密实，其中反倒常常无水，形成隔水墙，但断层的一盘或两盘的破碎带和裂隙带却常形成地下水的带状通道，再加上有压紧密实的断层带起到隔水作用，因而容易形成地下水的富水地带。

（4）断层与地震

断层，特别是活动性断层是导致地震活动的重要地质背景。如汾渭地堑是历史上地震的多发地带，中国东部的郯庐大断裂，美国西部圣安德列斯大断层等也都是地震活动频繁地带。断层构造是地震地质和地震预报研究的主要内容之一。

（5）断层与地貌

断层和地貌发育的关系甚为密切。如块状山地、掀斜地块、断陷盆地、断层谷、飞来峰、大裂谷以及某些水文现象（如湖泊的形成，河流的发育等）都与断层有关。研究大型断裂构造的空间展布和时间演化规律，对于认识区域构造的发育历史和进行大地构造单元的划分以及探讨全球构造的演化规律，都具有重要理论意义。如大洋中脊上的阶梯式地堑断裂、东非大断裂等，都关系到地壳和岩石圈演化以及海洋成因等重大理论问题。

（6）活（动）断层与工程建设

活断层一般指目前还在活动的断层，或者近期曾有过活动、不久的将来还可能重新活动的断层。

活断层对工程建筑物安全的威胁主要来自断层错动—突发错动，因而对活断层进行工程地质研究和工程安全评价非常必要。

怎样知道一个地区有没有活断层，或者一条断层是不是活动断层呢？地貌上的标志有：断层崖、三角面、洪积扇叠置、河流、山脊或冲沟的水平位错；最新沉积物被错断现象；遥感影像的线形标志，往往沿活断层出露一系列泉。用断层新活动年龄测定的方法对活动断层的最新活动年龄进行测定。在进行工程建设时，一般应避开活动断裂带，特别是重要的建筑物更不能跨越在活断层上。

7.6 地层的接触关系

地壳下降引起沉积，上升引起剥蚀，所以，地壳运动在岩层中记录下来的各种接触关系，也是构造运动的证据。常见的地层的接触关系有整合、假整合和不整合三种形式。

7.6.1 整合接触

当地壳处于相对稳定下降（或虽有上升，但未升出海面）情况下，形成连续沉积的岩层，老岩层沉积在下，新岩层在上，不缺失岩层，这种关系称整合接触。其特点是，岩层是互相平行的，时代是连续的，岩性和古生物特征是递变的。整合岩层说明在一定时间内沉积地区的构造运动的方向没有显著的改变，古地理环境也没有突出的变化。

7.6.2 不整合接触

由于构造运动，往往使沉积中断，形成时代不相连续的岩层，这种关系称不整合接触。两套岩层中间的不连续面，称不整合面。按照不整合面上下岩层之间的产状及其所反映的构造运动过程，可分为平行不整合（假整合）和角度不整合（斜交不整合）。

① 平行不整合的特点是不整合面上下两套岩层的产状彼此平行，但不是连续沉积的（即发生过沉积间断），两套岩层的岩性和其中的化石群也有显著的不同；不整合面上往往保存着古侵蚀面的痕迹。

平行不整合的形成过程可表示为:地壳下降,接受沉积;地壳隆起,遭受剥蚀;地壳再次下降,重新接受沉积。这种接触关系说明在一段时间内沉积地区有过显著的升降运动,古地理环境有过显著的变化。

② 角度不整合的特点是不整合面上下套岩层呈角度相交,上覆岩层覆盖于倾斜岩层侵蚀面之上;岩层时代是不连续的;岩性和古生物特征是突变的;不整合面上也往往保存着古侵蚀面。

角度不整合的形成过程可表示为:地壳下降,接受沉积;岩层褶皱隆起为山,遭受长期侵蚀;地壳再次下降,接受新的沉积。

角度不整合说明在一段时间内,地壳有过升降运动和褶皱运动,古地理环境发生过极大的变化。无论是平行不整合或角度不整合,都常具有以下共同特点:① 有明显的侵蚀面存在,侵蚀面上往往有底砾岩、古风化壳等。所谓底砾岩,是指位于不整合面上的砾岩(有时横向变为砂岩)。② 有明显的岩层缺失现象,代表长期间断。③ 不整合面上下的岩性、古生物等有显著的差异。

不整合面的上覆地层中最老一层(底层)的时代之前,与下伏地层中最新一层(顶层)的时代之后,是不整合形成的时代,也就是构造运动的时期。

7.6.3 不整合的观察和研究

7.6.3.1 研究意义

研究不整合关系,不仅可以确定地史发展过程中的构造运动以及相应的古地理环境(如海陆变迁、山脉隆起、生物界演替等)的变化,而且还可以找出某些矿产分布的规律,如在不整合面上常富集铝土、黏土、铁矿、锰矿等矿产。

还具有以下几个作用:① 研究地质发展历史;② 鉴定地壳运动特征;③ 确定构造变形时期;④ 划分地层、构造单元;⑤ 了解古地理特征和古构造状态;⑥ 寻找沉积、热液性矿床和石油、天然气田。

7.6.3.2 研究内容

(1) 确定不整合标志

① 古生物:上下两套地层中化石代表的时代有大的间断;

② 沉积侵蚀:有古侵蚀面、古风化壳、古土壤、底砾岩、残积矿床(铁帽、铝土矿、磷矿、沙金)等;

③ 构造变形:上下两套地层产状不同,构造线变化,褶皱样式、断层类型、变形程度差异,下部地层中的断层被上覆地层截切;

④ 岩浆活动:上下两套地层中岩浆岩系列的成分、产状、规模、强度积热液矿床差异;

⑤ 变质程度:上下两套地层变质程度差异。

(2) 不整合时代的确定

① 缺失地层的年代;

② 下伏最新地层之后,上覆最老地层之前;

③ 侵入的岩浆时代之前,剥蚀的岩浆时代之后;

④ 被截切断层之后,贯穿上下两套地层的断层之前;

⑤ 古风化壳的年代。

(3) 不整合的空间展布和变化

不同地段、不同部位强度、性质均有变化，综合考虑区域多种因素。

课后习题

[1] 什么是构造运动，它是如何分类的？

[2] 试述褶皱构造的类型。

[3] 试述断裂构造的分类。

[4] 地层的接触关系是如何划分的？

8 地 应 力

8.1 地应力的概念和成因

地应力是存在于地层中的未受工程扰动的天然应力，也称岩体初始应力、绝对应力或原岩应力。它是引起矿山、水利水电、土木建筑、铁路、公路、军事和其他各种地下或露天岩土开挖工程变形和破坏的根本作用力，是确定工程岩体力学属性，进行围岩稳定性分析，实现岩石工程开挖设计和决策科学化的必要前提条件。

产生地应力的原因是十分复杂的，也是至今尚不十分清楚的问题。多年来的实测和理论分析表明，地应力的形成主要与地球的各种动力运动过程有关，其中包括：板块边界受压、地幔热对流、地球内应力、地心引力、地球旋转、岩浆侵入和地壳非均匀扩容等。另外，温度不均、水压梯度、地表剥蚀或其他物理化学变化等也可引起相应的应力场，其中，构造应力场和重力应力场为现今地应力场的主要组成部分。

(1) 大陆板块边界受压引起的应力场

中国大陆板块受到外部两块板块的推挤，即印度洋板块和太平洋板块的推挤，推挤速度为每年数厘米，同时受到西伯利亚板块和菲律宾板块的约束，在这样的边界条件下，板块发生变形，产生水平受压应力场，其主应力迹线如图 8-1 所示。印度洋板块和太平洋板块的移动促成了中国山脉的形成，控制了我国地震的分布。

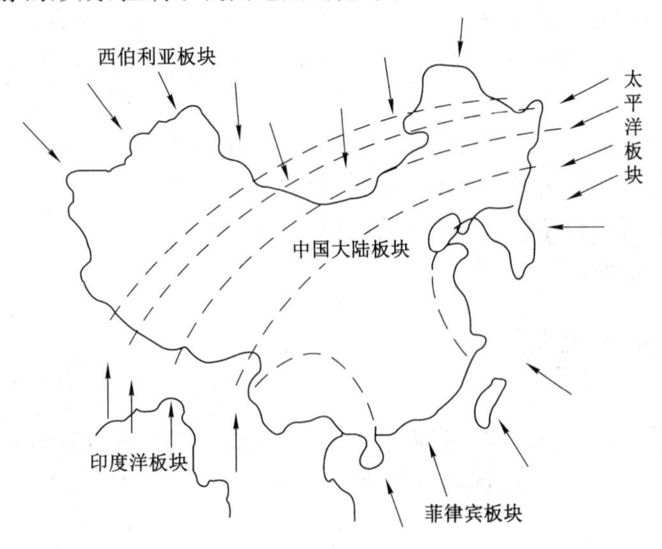

图 8-1 中国板块主应力迹线图
(引自张永兴主编《岩石力学》)

(2) 地幔热对流引起的应力场

由硅镁质组成的地幔因温度很高，具有可塑性，并可以上下对流和蠕动。当地幔深处的上升流到达地幔顶部时，就分为两股方向相反的平流，经一定流程直到与另一对流圈的反向平流相遇，一起转为下降流，回到地球深处，形成一个封闭的循环体系。地幔热对流引起地壳下面的水平切向应力，在亚洲形成由孟加拉湾一直延伸到贝加尔湖的最低重力槽，它是一个有拉伸特点的带状区。我国从西昌、攀枝花到昆明的裂谷正位于这一地区，该裂谷区有一个以西藏中部为中心的上升流的大对流环。在华北—山西地堑有一个下降流，由于地幔物质的下降，引起很大的水平挤压应力。

(3) 由地心引力引起的应力场

由地心引力引起的应力场称为重力应力场，重力应力场是各种应力场中唯一可计算的应力场。地壳中任一点的自重应力等于单位面积上覆岩层的重力，即：

$$\sigma_G = \gamma H \tag{8-1}$$

式中，γ 为上覆岩层的重度；H 为深度。

重力应力为垂直方向应力，它是地壳中所有各点垂直应力的主要组成部分，但是垂直应力一般并不完全等于自重应力，因为板块移动、岩浆对流和侵入、岩体非均匀扩容、温度不均和水压梯度均会引起垂直方向应力变化。

(4) 岩浆侵入引起的应力场

岩浆侵入挤压、冷凝收缩和成岩，均在周围地层中产生相应的应力场，其过程也是相当复杂的，熔融状态的岩浆处于静水压力状态，对其周围施加的是各个方向相等的均匀压力，但是炽热的岩浆侵入后即逐渐冷凝收缩，并从接触界面处逐渐向内部发展，不同的热膨胀系数及热力学过程会使侵入岩浆自身及其周围岩体应力产生复杂的变化过程。

与上述三种应力场不同，由岩浆侵入引起的应力场是一种局部应力场。

(5) 地温梯度引起的应力场

地层的温度随着深度增加而升高，一般温度梯度为 $\alpha = 3$ ℃/100 m。由于温度梯度引起地层中不同深度不相同的膨胀，从而引起地层中的压应力，其值可达相同深度自重应力的数分之一。另外，岩体局部寒热不均，产生收缩和膨胀，也会导致岩体内部产生局部应力场。

(6) 地表剥蚀产生的应力场

地壳上升部分岩体因为风化、侵蚀和雨水冲刷搬运而产生剥蚀作用，剥蚀后，由于岩体内的颗粒结构的变化和应力松弛赶不上这种变化，导致岩体内仍然存在着比由地层厚度所引起的自重应力还要大得多的水平应力值。因此，在某些地区，大的水平应力除与构造应力有关外，还和地表剥蚀有关。

8.2 地应力测量方法

地应力测量是目前取得各种工程需要不同深度地应力可靠资料的唯一方法。美国、澳大利亚、加拿大等矿业较发达的国家，对一些重要工程都普遍开展了地应力的实测工作。例如，澳大利亚一些主要煤矿在进行大量地应力测量的基础上，绘制了矿区地应力分布图，用于指导井下巷道的支护，有利于对矿区的长远规划和生产布置。

早在20世纪30年代，为了工程的需要就已开展了岩石应力测量工作，目前，世界上已有几十个国家开展了地应力测量工作，测量方法有10余类，测量仪器达百种。地应力测试的准确性与采用的测量方法和仪器、设备密切相关。2003年，国际岩石力学学会(ISRM)试验方法委员会推荐的地应力测试方法为应力解除法和水压致裂法。凯泽(Kaiser)效应法也常作为辅助方法在实际测量中运用。以下对此三种方法作以详述。

8.2.1 应力解除法

8.2.1.1 测量原理

目前，用于矿山地应力测量的应力解除法多为空芯包体应力解除法。空芯包体应变计是在预制的空芯环氧树脂外圆圆柱面上粘贴应变花而成的。每个应变计有12个应变片，如图8-2所示，4个应变片组成1个应变花。使用时有安装仪定向地将应变计推进至测孔内，达到预定位置之后，靠推力挤出储罐内的环氧树脂胶液，充满应变计外圆柱面与岩石孔壁间的间隙，待胶液经数小时至数十小时完全固化后，便牢固地将应变计与岩石"黏接"在一起。应力解除时，岩芯的弹性恢复牵制着使应变计变形，为其上所有的应变片所感受而取得原始测量数据。根据岩石的本构关系即应力—应变关系，建立相应的力学计算模型，由观测到的应变或位移，就能计算出地应力的6个分量或者3个主应力的大小和方向。

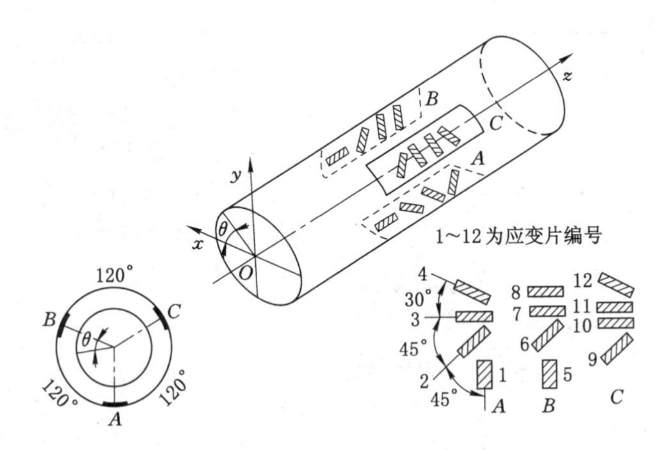

图8-2 空芯包体应变计应变片粘贴位置图

8.2.1.2 测量步骤

空芯包体环氧树脂三轴应变法的应力解除过程如下(图8-3)：

① 打大孔：在井下巷道或硐室内，用钻机向围岩钻进应力解除孔，钻孔深度以巷道围岩应力场的范围为准，终孔点应不受巷道围岩应力场的影响(一般大于巷道跨度的3～5倍)。钻头直径取130 mm，钻孔上倾3°～5°，便于渗水流出并易于清洗钻孔。

② 磨平钻孔孔底。

③ 换锥形钻头做锥形孔底：以保证后面的小孔与大孔同轴芯。

④ 打小孔：换上ϕ36 mm的小钻头，打20 cm深的一段小钻孔。小孔打好后，用细铁丝将干毛巾绑在特制的擦孔器上，第一次用酒精浸湿毛巾，反复擦洗小孔油污。再换上干毛巾，反复擦小孔。这样能够保证黏结剂将包体与小孔壁粘牢。

⑤ 空芯包体安装：用砂纸将空芯包体外侧圆柱面打毛；按比例配制好黏结剂，在空芯包

体的空腔内倒入适量的黏结剂,固定好销钉,将包体安装在定向器上。慢慢地将其送入大孔中,不断地接长推杆,并记下长度,在送入总长度为 11 m 左右时要特别注意慢推,以保证包体能够完好地进到小孔中。前端进入小孔 20 cm 左右,应注意包体筒体部分缓慢推入。再向前推进时应注意固定销的剪断,固定销剪断后向前推进 8 cm(活塞工作长度),包体成功地安装于小孔中。

⑥ 读取应变仪初始数据:一般在安装包体 20 h 左右,环氧树脂固化。将推杆和定向器小心地从钻孔中拔出,记下定向器所显示的应力计的偏角,并用罗盘测量出钻孔的方位和倾角。用 10# 铁丝将包体的电缆线从 ϕ130 mm 的钻头和岩芯套筒、钻杆穿出,将钻头、岩芯套筒和钻杆送入孔中,并记录推进的深度,以便检验钻头是否到达孔底。接通应变仪,每隔 10 min 读数一次,连续三次读数相差不超过 5 时,即认为稳定,并将此读数作为初始值。

⑦ 套芯地应力解除与应变测试:按预定分级深度钻进,进行套芯解除,每级深度为 3 cm。每解除一级深度,停钻读数,连续读取两次。套芯解除至一定深度后,应变计读数趋于稳定。每隔 10 min 读数一次,连续三次读数之差不超过 5 可认为读数稳定,不再解除。将包含包体的岩芯折断并取出,并对岩芯的岩性进行描述。

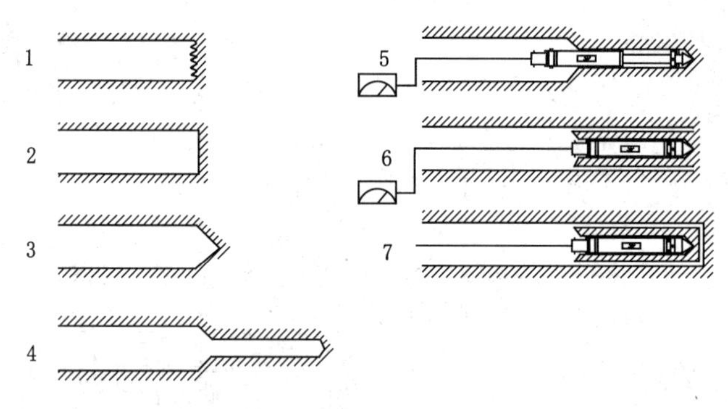

图 8-3 空芯包体应变法应力解除过程示意图

(引自张永兴主编《岩石力学》)

8.2.2 水压致裂法

8.2.2.1 测量原理

水压致裂法在 20 世纪 50 年代被广泛应用于油田,通过在钻井中制造人工的裂隙来提高石油的产量。哈伯特(M. K. Hubbert)和威利斯(D. G. Willis)在实践中发现了水压致裂裂隙和原岩应力之间的关系。这一发现又被费尔赫斯特(C. Fairhurst)和海姆森(B. C. Haimson)用于地应力测量。

从弹性力学理论可知,当一个位于无限体中的钻井中的钻孔受到无穷远处二维应力场(σ_1,σ_2)的作用时,离开钻孔端部一定距离的部位处于平面应变状态。在这些部位,钻孔周边的应力为:

$$\sigma_\theta = \sigma_1 + \sigma_2 - 2(\sigma_1 - \sigma_2)\cos 2\theta \tag{8-2}$$

$$\sigma_r = 0 \tag{8-3}$$

式中,σ_θ 和 σ_r 分别为钻孔周围的切向应力和径向应力;θ 为周边一点与 σ_1 轴的夹角。

由式(8-2)可知，当 $\theta=0°$ 时，σ_θ 取得极小值，此时：

$$\sigma_\theta=3\sigma_1-\sigma_2 \tag{8-4}$$

如果采用图 8-4 所示的水压致裂系统将钻孔某段封隔起来，并向该段钻孔注入高压水，当水压超过 $3\sigma_2-\sigma_1$ 和岩石抗拉强度 σ_t 之和后，在 $\theta=0°$ 处，也即 σ_1 所在方位会发生孔壁开裂。设钻孔壁发生初始开裂时的水压为 p_i，则有：

$$p_i=3\sigma_2-\sigma_1+\sigma_t \tag{8-5}$$

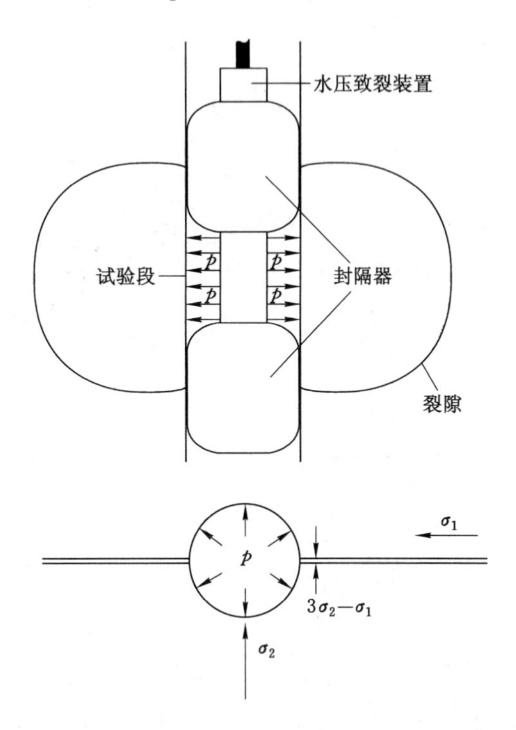

图 8-4 水压致裂应力测量原理

（引自张永兴主编《岩石力学》）

如果继续向封隔段注入高压水，使裂隙进一步扩展，当裂隙深度达到 3 倍钻孔直径时，此处已接近原岩应力状态，停止加压，保持压力恒定，将该恒定压力记为 p_s，则由图 8-4 可见，p_s 应和原岩应力 σ_2 相平衡，即：

$$p_s=\sigma_2 \tag{8-6}$$

由式(8-5)和式(8-6)，只要测出岩石抗拉强度 σ_t，即可由 p_i 和 p_s 求出 σ_1 和 σ_2。这样 σ_1 和 σ_2 的大小和方向就全部确定了。

在钻孔中存在裂隙水的情况下，如封隔段处的裂隙水压力为 p_0，则有下式：

$$p_i=3\sigma_2-\sigma_1+\sigma_t-p_0 \tag{8-7}$$

根据式(8-6)和式(8-7)求 σ_1 和 σ_2，需要知道封隔段岩石的抗拉强度，这往往是很困难的。为了克服这一困难，在水压致裂试验中增加一个环节，即在初始裂隙产生后，将水压卸除，使裂隙闭合，然后再重新向封隔段加压，使裂隙重新打开，记裂隙重开时的压力为 p_r，则有：

$$p_r=3\sigma_2-\sigma_1-p_0 \tag{8-8}$$

这样，由式(8-6)和式(8-8)求 σ_1 和 σ_2，就无须知道岩石的抗拉强度。因此，由水压致裂法测量原岩应力不涉及岩石的物理力学性质，而完全由测量和记录的压力值来决定。

8.2.2.2 测量步骤(图 8-5)

① 打钻孔到准备测量应力的部位，并将钻孔中待加压段用封隔器密封起来，钻孔直径与所选用的封隔器的直径相一致，有 38 mm，51 mm，76 mm，91 mm，110 mm，130 mm 等几种，封隔器一般是充压膨胀式的，充压可用液体，也可用气体。

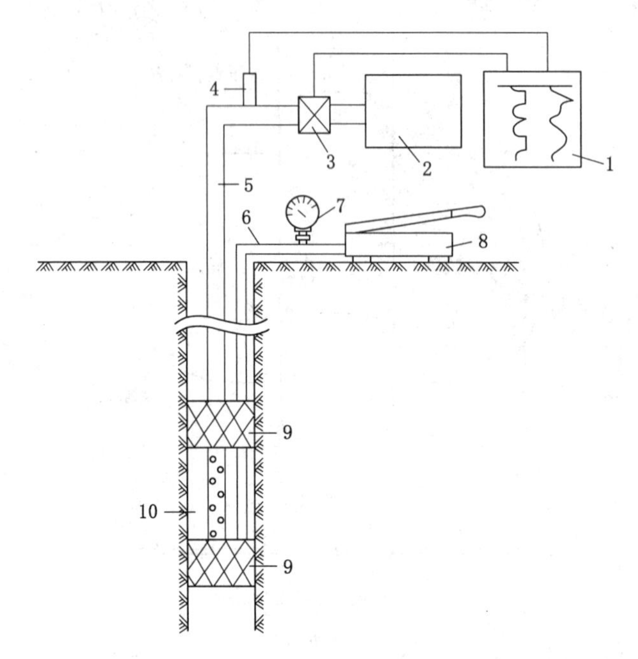

图 8-5 水压致裂应力测量系统示意图

1——记录仪；2——高压泵；3——流量计；4——压力计；5——高压钢管；6——高压胶管；7——压力表；8——泵；9——封隔器；10——压裂段

② 向两个封隔器的隔离段注射高压水，不断加大水压，直至孔壁出现开裂，获得初始开裂压力 p_i；然后继续施加水压以扩张裂隙，当裂隙扩张至 3 倍直径深度时，关闭高水压系统，保持水压恒定，此时的应力称为关闭压力，记为 p_s；最后卸压，使裂隙闭合。给封隔器加压和给封闭段注射高压水可共用一个液压回路。一般情况下，利用钻杆作为液压通道。先给封隔器加压，然后关闭封隔器进口，经过转换开关，将管路接通至给钻孔密封段加压。也可采用双回路，即给封隔器加压和水压致裂的回路是相互独立的，水压致裂的液压通道是钻杆，而封隔器加压通道为高压软管。

在整个加压过程中，同时记录压力—时间曲线图和流量—时间曲线图(图 8-6)，使用适当的方法从压力—时间曲线图可以确定 p_i，p_s 值，从流量—时间曲线图可以判断裂隙扩展的深度。

③ 重新向密封段注射高压水，使裂隙重新打开并记下裂隙重开时的压力 p_r 和随后的恒定关闭压力 p_s。这种卸压—重新加压的过程重复 2～3 次，以提高测试数据的准确性。p_r 和 p_s 同样由压力—时间曲线和流量—时间曲线确定。

④ 将封隔器完全卸压，连同加压管等全部设备从钻孔中取出。

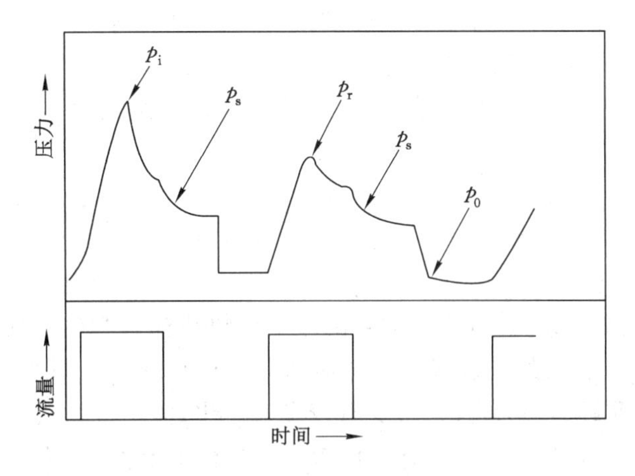

图 8-6　水压致裂法试验压力—时间、流量—时间曲线图

⑤ 测量水压致裂裂隙和钻孔试验段天然节理、裂隙的位置、方向和大小，测量可以采用井下摄影机、井下电视、井下光学望远镜或印模器，前三种方法代价昂贵，操作复杂，使用印模器则比较简便、实用。印模器的结构和形状与封隔器相似，在其外面包裹一层可塑性橡皮或类似材料，将印模器连同加压管路一起送入井下的水压致裂部位，然后将印模加压膨胀，以便使钻孔上的所有节理裂隙均印在印模器上。此印痕可保持足够时间，以便提至井上后记录下来。印模器装有定向系统，以确定裂隙的方位，在一般情况下，水压致裂裂隙为一组径向相对的纵向裂隙，很容易辨认出来。

正确地确定 p_i，p_s 值，对于准确计算地应力的大小是极其重要的，但在某些情况下，由压力(p)—时间(t)曲线却很难直接获得确定的 p_s 值。为此，可用《地应力测量原理与技术》所介绍的方法来确定 p_s 值。

水压致裂测量结果只能确定垂直于钻孔平面内的最大主应力和最小主应力的大小和方向，所以从原理上讲，它是一种二维应力测量方法，若要确定测点的三维应力状态，必须打互不平行的交汇于一点的三个钻孔，这是非常困难的。一般情况下，假定钻孔方向为一个主应力方向，如将钻孔打在垂直方向，并认为垂直应力是一个主应力，其大小等于单位面积上覆岩层的重力，则由单孔水压致裂结果也就可以确定三维应力场了。但在某些情况下，垂直方向并不是一个主应力的方向，其大小也不等于上覆岩层的重力，如果钻孔方向和实际主应力的方向偏差 15°以上，那么上述假设就会对测量结果造成较为显著的误差。

水压致裂法认为初始开裂发生在钻孔壁切向应力最小的部位，亦即平行于最大主应力的方向，这是基于岩石为连续、均质和各向同性的假设。如果孔壁本来就有天然节理裂隙存在，那么初始裂痕很可能发生在这些部位，而并非切向应力最小的部位。因而，水压致裂法较为适用于完整的脆性岩石。

水压致裂法的突出优点是能测量深部应力，已见报道的最大测深为 5 000 m，这是其他方法所不能做到的。因此，这种方法可用来测量深部地壳的构造应力场。同时，对于某些工程，如露天边坡工程，由于没有现成的地下井巷、隧道、硐室等可用来接近应力测量点，或者在地下工程的前期阶段，需要估计该工程区域的地应力场，也只有使用水压致裂法才是最经济实用的；否则，如果使用其他更精确的方法如应力解除法，则需要首先打几百米深的导硐才能接近测点,那么经济上十分昂贵。因此,对于一些重要的地下工程,在工程前期阶段使用水压致裂法估计应力场,在工程施工过程中或工程完成后,再使用应力解除法比较精确地测量某些测点的应力大小和方向,就能为工程设计、施工和维护提供比较准确可靠的地应力场数据。

8.2.3 凯泽效应法

8.2.3.1 测试原理

材料在受到外载荷作用时,其内部贮存的应变能快速释放产生弹性波,发生声响,称为声发射法。1950 年,德国人凯泽发现多晶金属的应力从其历史最高水平释放后,再重新加载,当应力未达到先前最大应力值时,很少有声发射产生,而当应力达到和超过历史最高水平后,则大量产生声发射,这一现象叫作凯泽效应。从很少产生声发射到大量产生声发射的转折点称为凯泽点,该点对应的应力即为材料先前受到的最大应力。后来,许多人通过试验证明,许多岩石如花岗岩、大理岩、石英岩、砂岩、安山岩、辉长岩、闪长岩、片麻岩、辉绿岩、灰岩、砾岩等也具有显著的凯泽效应。

凯泽效应为测量岩石应力提供了一个途径,即如果从原岩中取回定向的岩石试件,通过对加工的不同方向的岩石试件进行加载声发射试验,测定凯泽点,即可找出每个试件以前所受的最大应力,并进而求出取样点的原始(历史)三维应力状态。

8.2.3.2 测试步骤

(1) 试件制备

从现场钻孔提取岩石试样,试样在原环境状态下的方向必须确定。将试样加工成圆柱体试件,径高比为 1∶2～1∶3。为了确定测点三维应力状态,必须在该点的岩样中沿 6 个不同方向制备试件,假如该点局部坐标系为 σ_{xyz},则三个方向选为坐标轴方向,另三个方向选为 σ_{xy},σ_{yz},σ_{zx} 平面内的轴角平分线方向。为了获得测试数据的统计规律,每个方向的试件为 15～25 块。

为了消除由于试件端部与压力实验机上、下压头之间摩擦所产生的噪声和试件端部应力集中,试件两端浇铸由环氧树脂或其他复合材料制成的端帽。

(2) 声发射测试

将试件放在单轴压缩实验机上加压,并同时监测加压过程中从试件中产生的声发射现象。图 8-7 是一组典型的监测系统框图,在该系统中,两个压电换能器(声发射接受探头)固定在试件上、下部,用以将岩石试件在受压过程中产生的弹性波转换成电信号,该信号经放大、鉴别之后送入定区检测单元,定区检测是检测两个探头之间的特定区域里的声发射信号,区域外的信号被认为是噪声而不被接受。定区检测单元输出的信号送入计数控制单元,计数控制单元将规定的采样时间间隔内的声发射模拟量和数字量(事件数和振铃数)分别送到记录仪或显示器绘图、显示或打印。

凯泽效应一般发生在加载的初期,故加载系统应选用小吨位的应力控制系统,并保持加载速率恒定,尽可能避免用人工控制加载速率。如用手动加载,则应采用声发射事件数或振铃总数曲线判定凯泽点,而不应根据声发射事件速率曲线判定凯泽点,这是因为声发射速率和加载速率有关,在加载初期,人工操作很难保证加载速率恒定,在声发射事件速率曲线上可能出现多个峰值,难于判定真正的凯泽点。

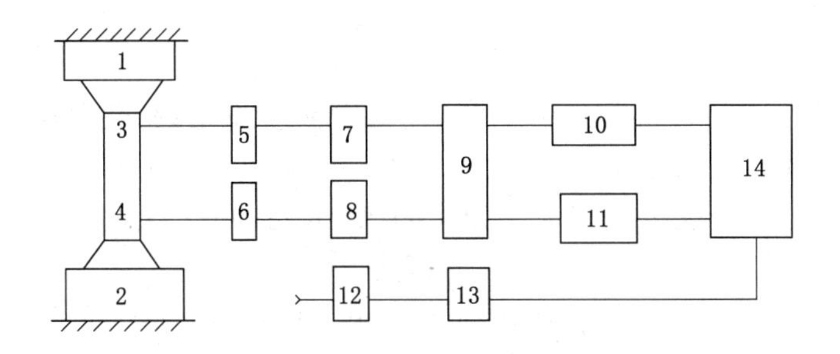

图 8-7 声发射监测系统框图

（引自张永兴主编《岩石力学》）

1,2——上、下压头；3,4——换能器 A,B；5,6——前置放大器 A,B；

7,8——输入鉴别单元 A,B；9——定区检测单元；

10——计数控制单元 A；11——计数控制单元 B；12——压力机油路压力传感器；

13——压力电信号转换仪器；14——三笔函数记录仪

(3) 计算地应力

由声发射监测所获得的应力—声发射事件数(速率)曲线(图 8-8)，即可确定每次试验的凯泽点，并进而确定该试件轴线方向先前受到的最大应力值。15～25 个试件获得一个方向的统计结果，6 个方向的应力值即可确定取样点的历史最大三维应力大小和方向。

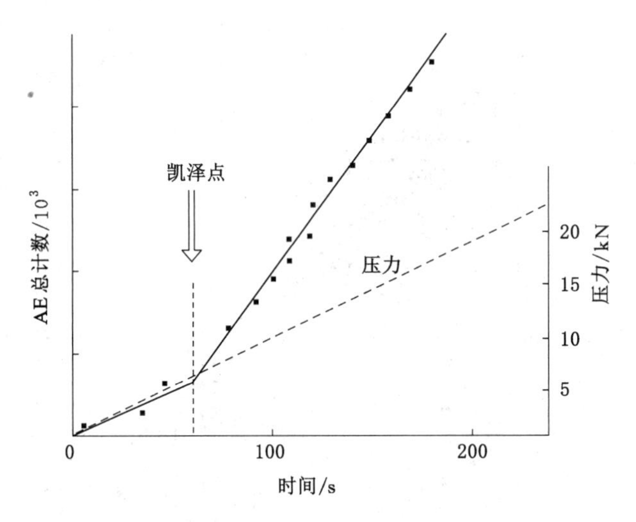

图 8-8 应力—声发射事件试验曲线图

（引自张永兴主编《岩石力学》）

根据凯泽效应的定义，用声发射法测得的是取样点的先存最大应力，而非现今地应力。但是也有一些人对此持相反意见，并提出了“视凯泽效应”的概念，认为声发射可获得两个凯泽点，一个对应于引起岩石饱和残余应变的应力，它与现今应力场一致，比历史最高应力值低，因此称为视凯泽点，在视凯泽点之后，还可获得另一个真正的凯泽点，它对应于历史最高应力。

由于声发射与弹性波传播有关，高强度的脆性岩石有较明显的声发射凯泽效应出现，而多孔隙低强度及塑性岩体的凯泽效应不明显，因此，不能用声发射法测定比较软弱疏松岩体中的应力。

通过理论研究,地质调查和大量的地应力测量资料的分析研究,已初步认识到浅部地壳应力分布的一些基本规律。

① 地应力是一个具有相对稳定性的非稳定应力场,它是时间和空间的函数。

地应力在绝大部分地区是以水平应力为主的三向不等压应力场。三个主应力的大小和方向是随着空间和时间而变化的,因而它是个非稳定的应力场。地应力在空间上的变化,从小范围来看,其变化是很明显的,从某一点到相距数十米外的另一点,地应力的大小和方向也可能是不同的,但就某个地区整体而言,地应力的变化是不大的,如我国的华北地区,地应力场的主导方向为北西到近于东西的主压应力。

在某些地震活动活跃的地区,地应力的大小和方向随时间的变化是很明显的,在地震前,处于应力积累阶段,应力值不断升高,而地震时使集中的应力得到释放,应力值突然大幅度下降,主应力方向在地震发生时会发生明显改变,在震后一段时间又会恢复到震前的状态。

② 实测垂直应力基本等于上覆岩层的重力。对全世界实测垂直应力统计资料的分析表明,在深度为 25～2 700 m 的范围内,σ_v 呈线性增长,大致相当于按平均重度 γ 等于 27 kN/m^3 计算出来的重力 γH。但在某些地区的测量结果有一定幅度的偏差,除有一部分可能归结于测量误差外,板块移动、岩浆对流和侵入、扩容、不均匀膨胀等也都可引起垂直应力的异常,如图 8-9 所示。该图是霍克(E. Hoek)和布朗(E. T. Brown)总结出的世界各国 σ_v 值随深度 H 变化的规律。

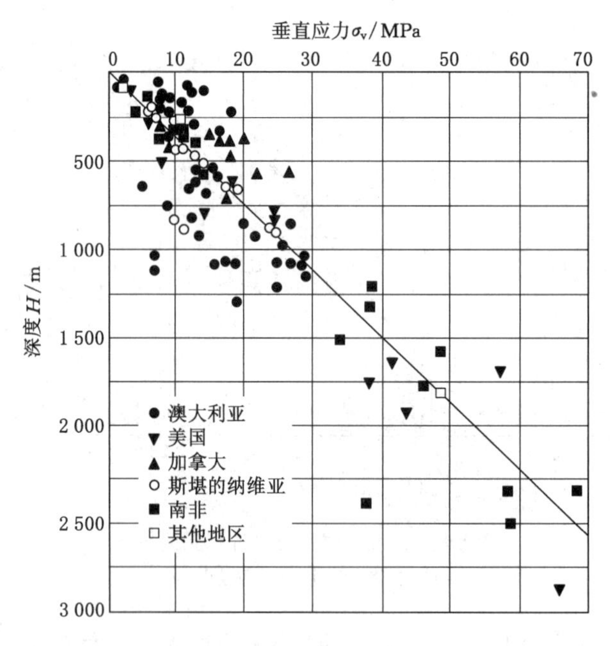

图 8-9　世界各国 σ_v 值随深度 H 变化的规律图

(引自张永兴主编《岩石力学》)

③ 平均水平应力与垂直应力的比值随深度增加而减小,但在不同地区,变化的速度很不相同,图 8-10 为世界不同地区取得的实测结果。

霍克和布朗根据图 8-10 所示结果回归出下列公式,用以表示 $\sigma_{h,av}/\sigma_v$ 随深度变化的取值范围:

$$\frac{100}{H}+0.3\leqslant\frac{\sigma_{h,av}}{\sigma_v}\leqslant\frac{1\,500}{H}+0.5$$

式中，H 为深度，单位为 m。

图 8-10 表明，在深度不大的情况下，$\sigma_{h,av}/\sigma_v$ 的值相当分散，随着深度增加，该值的变化范围逐步缩小，并向 1 附近集中，这说明在地壳深部有可能出现静水压力状态。

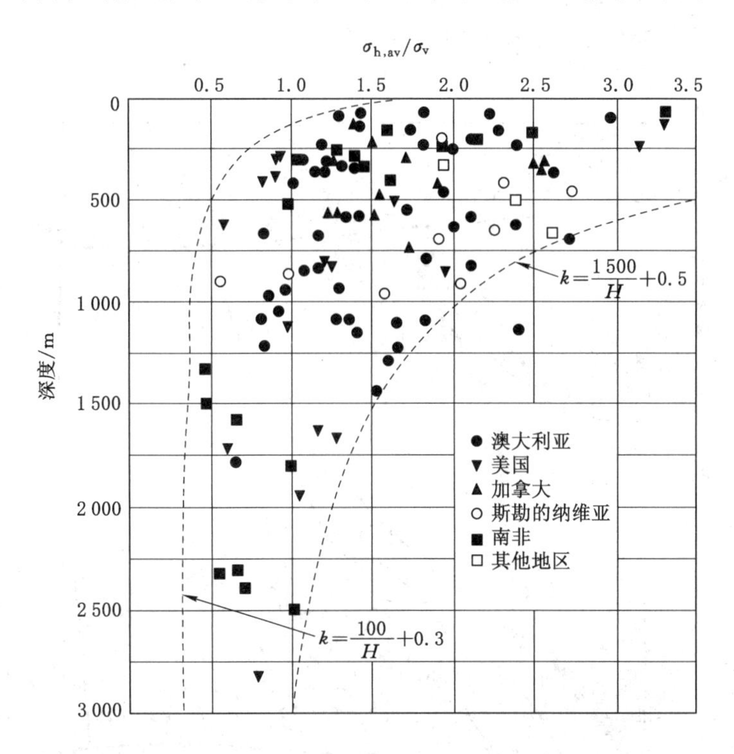

图 8-10 世界各国平均水平应力与垂直应力的比值随深度变化的规律图

（引自张永兴主编《岩石力学》）

④ 最大水平主应力和最小水平主应力也随深度呈线性增长关系。与垂直应力不同的是，在水平主应力线性回归方程中的常数项比垂直应力线性回归方程中常数项的数值要大些，这反映了在某些地区近地表处仍存在显著水平应力的事实，斯蒂芬森等人根据实测结果给出了芬诺斯堪的亚古陆最大水平主应力和最小水平主应力随深度变化的线性方程：

最大水平主应力： $\sigma_{h,max}=6.7+0.044\,4H$ (MPa)

最小水平主应力： $\sigma_{h,min}=0.8+0.032\,9H$ (MPa)

式中，H 为深度，单位为 m。

8.3 地应力现场测量在旗山煤矿的应用

8.3.1 构造应力场分析

旗山井田位于贾汪—潘家庵向斜含煤盆地的东南部，北以台儿庄断裂与山东省枣庄煤田相对；南至废黄河断裂，与安徽省淮北闸河煤田为邻；西以擂鼓山—华祖庙逆冲断层为界；

东有两山口—迷羊山逆冲断层将老地层抬起，构成一个封闭的构造系统，见图8-11。井田断裂构造及褶曲构造分布特征展示出是至少受两期不同方向、不同期次的应力作用叠加复合的产物：前期构造受印支运动的影响，处于南北均布挤压地壳运动下的产物，显示主压性而呈东西向，属纬向构造体系，如北部向斜；后期受燕山运动的影响，来自北西—南东挤压，呈现显著的NNE、NE向线性褶皱和逆冲断裂，如东大吴背斜、不牢河向斜、董1号、W-6号断层等。地应力场方向通常受近期的构造运动控制，因此，该井田的地应力场方向为北西—南东向。

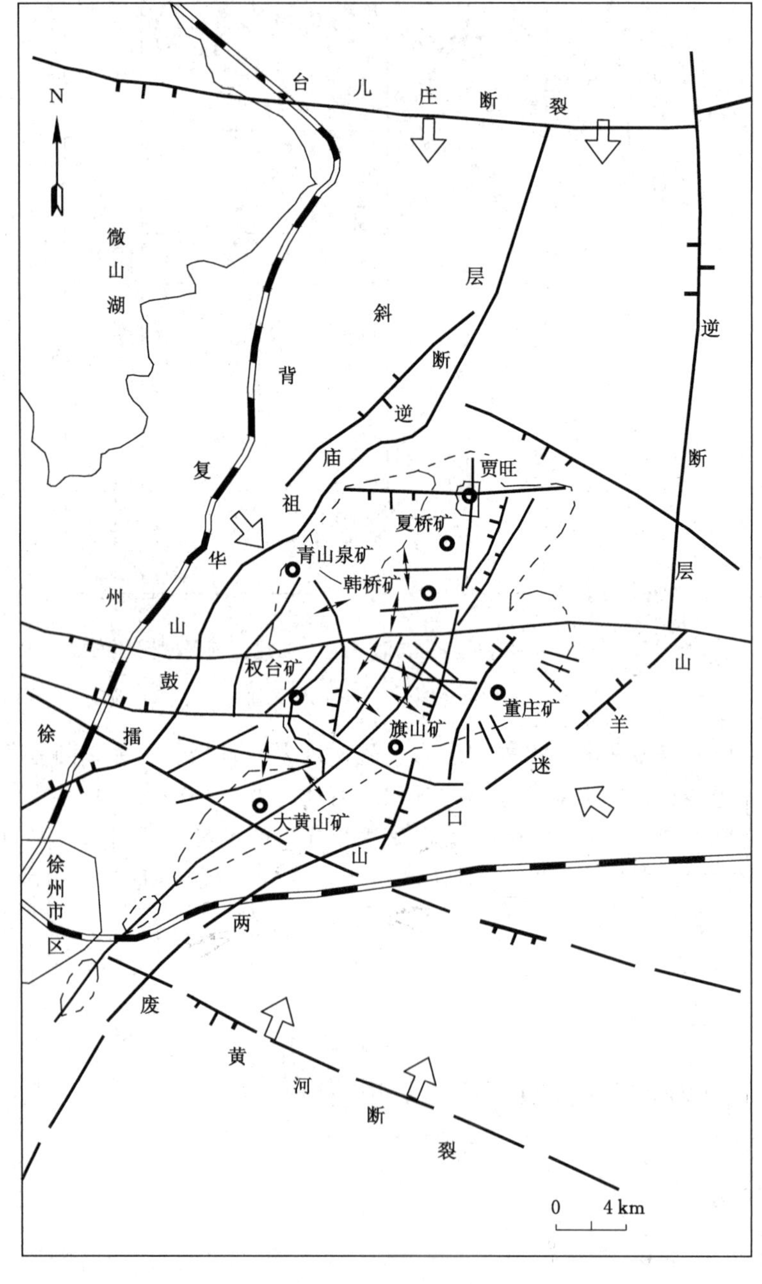

图8-11 旗山煤矿北翼地质构造简图

8.3.2 地应力现场测量

旗山煤矿地应力测量采用的是空芯包体应力解除法，共进行了两个测站(每个测站包括两个测点)的测量，其测点布置如图 8-12 所示，钻孔技术参数见表 8-1。按照地应力测量步骤对两测点进行地应力测试，可得到解除距离与应变之间的关系曲线，如图 8-13 和图 8-14 所示。

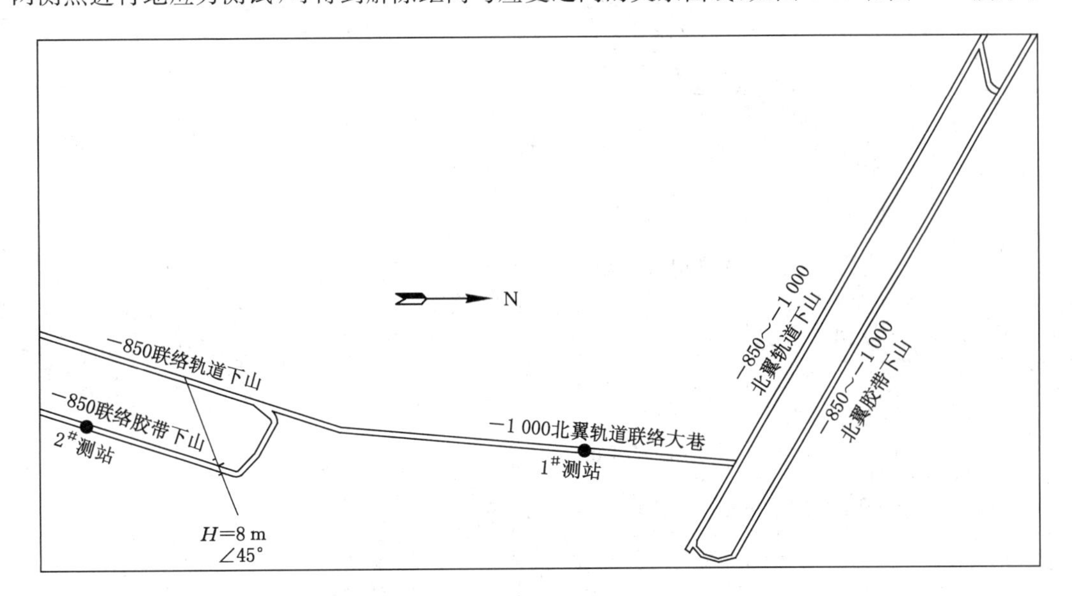

图 8-12 旗山煤矿地应力测点钻孔位置

表 8-1 **旗山矿地应力测点技术特征表**

测 站	深度/m	位 置	钻 孔		
			孔深/m	方位角/(°)	倾角/(°)
旗山 1#	1 030	−1 000 北翼轨道联络大巷	12	97	4
旗山 2#	940	−850 联络胶带下山	11	115	4

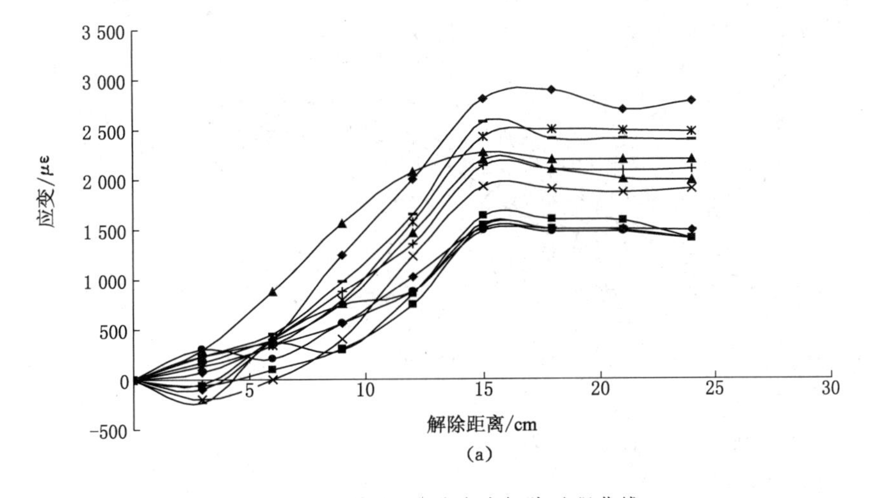

图 8-13 旗山 1# 孔应力解除过程曲线

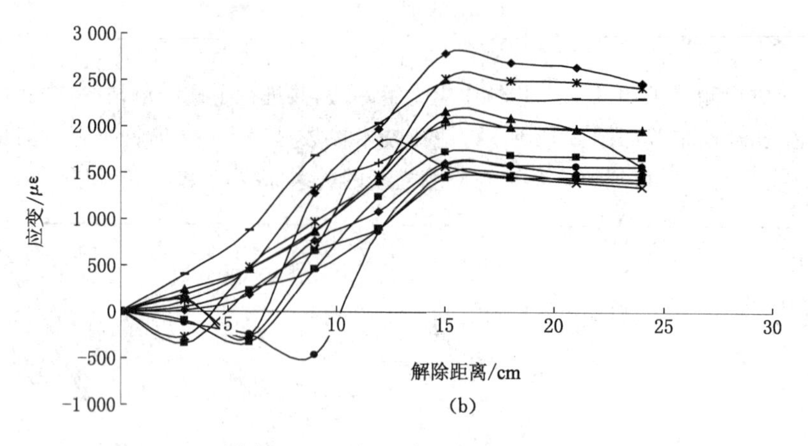

续图 8-13　旗山 1# 孔应力解除过程曲线

(a) 1# 测点；(b) 2# 测点

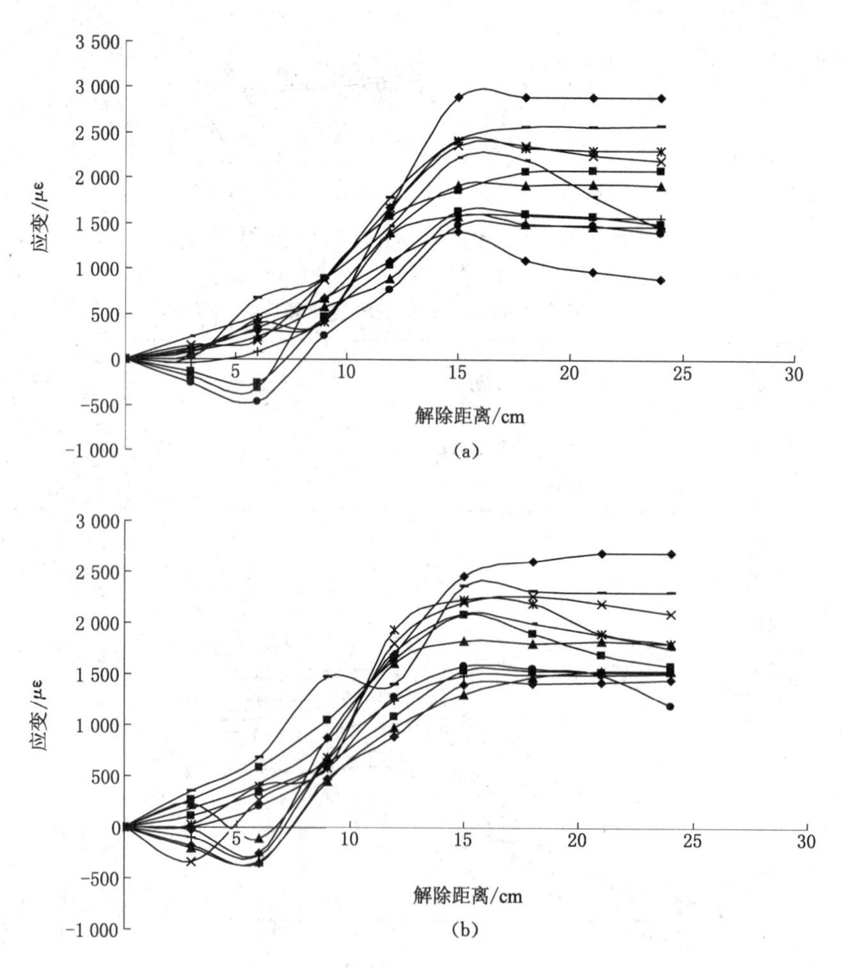

图 8-14　旗山 2# 孔应力解除过程曲线

(a) 1# 测点；(b) 2# 测点

套孔解除取出的带包体岩芯如果非常完整而未出现破裂则可以用弹模率定器进行弹性参数率定，通常在现场进行围压率定试验。它是将岩芯放进围压率定机中，然后在岩芯上施加围压，随着压力的变化，仪器读数也跟着变化，从而作出压力与仪器读数的关系曲线，称为率定曲线；此曲线可判断孔中各探头是否处于正常工作状态，有利于综合判定原始资料的可靠性；从率定结果可以求出岩石的弹性模量和泊松比。如果岩芯破碎不能取到完整岩芯，可以从现场取离测点最近的大孔岩芯在实验室加工成标准试件，通过室内实验得到其弹性常数。旗山煤矿岩石力学参数如表 8-2 所示。

表 8-2　　旗山矿岩石力学参数汇总表

岩石组别	单轴抗压强度/MPa	弹性模量/MPa	泊松比
旗山 1#	48	21 233	0.15
旗山 2#	28.3	10 192	0.3

根据实测的应变数据、测点岩石力学参数及钻孔的几何参数，由中国地质科学院地质力学研究所提供的地应力计算专用计算机软件，即可分析计算得出该测点的地应力分量及主应力的大小和方向。旗山矿地应力测量结果见汇总表 8-3。

表 8-3　　旗山矿地应力测量结果汇总表

钻孔位置	深度/m	测点号	主应力				垂向应力/MPa
			主应力	大小/MPa	方位角/(°)	倾角/(°)	
旗山−1 000 北翼轨道联络大巷	1 030	1#	σ_1	40.5	140	6.85	27.1
			σ_2	27.1	79.2	−76.2	
			σ_3	24.2	228.5	−11.9	
		2#	σ_1	40.8	121.3	0.32	26.1
			σ_2	26.1	28.5	83.45	
			σ_3	23.5	211.4	6.5	
旗山−850 联络胶带下山	940	1#	σ_1	37.8	124.4	8.2	25.4
			σ_2	25.4	−72.8	81.4	
			σ_3	22.7	214.1	−2.5	
		2#	σ_1	36.7	137.3	10.9	23.7
			σ_2	23.7	16.6	69.3	
			σ_3	21	230.8	17.34	

8.3.3　地应力测量成果分析

从 2 个测站的地应力状态，可以发现旗山煤矿地应力分布存在如下规律：

① 在每个测点均有两个主应力接近水平方向，与水平面的夹角平均为 8.1°，最大为 17.34°；另外一个主应力方向接近于垂直方向，与水平面的夹角平均为 77.6°，最大达到 83.45°。

② 最大主应力位于水平方向，其值约为自重应力的1.48～1.56倍，说明该矿区的地应力场是以水平构造应力场为主导的。

③ 最大水平主应力的走向总体上为北西—南东向，与构造应力场分析结果相同。

④ 垂直应力基本上等于或者略小于单位面积上覆岩层的重力。

⑤ −850测点的最大主应力为37.8 MPa，垂直主应力为24.55 MPa，最小主应力为21 MPa；−1 000测点的最大主应力为40.8 MPa，垂直主应力为26.6 MPa，最小主应力为23.5 MPa；在该深度范围内，可以得出最大主应力梯度为0.033 7 MPa/m，垂直主应力梯度为0.026 MPa/m，最小主应力梯度为0.022 MPa/m。

课后习题

［1］ 简述地应力的定义和分布规律。

［2］ 简述工程中常用的地应力测试方法并介绍其特点。

［3］ 简述常用的应力解除法有哪些，并结合工程实际说明应力解除法的测试过程。

9 工程岩体

工程岩体通常是指与人类活动有关的地下或地表岩体，如地面的斜坡或边坡、岩石基础、大坝基础以及库岸斜坡岩体、地下硐室围岩以及受采矿工程影响的岩体等。相对于理论岩体而言，工程岩体具有较强的复杂性，这体现在如下几个方面：① 岩体自身结构普遍赋存软弱面或不连续面，本身介质具非均质性；② 工程岩体往往处在地应力、地下水、地震等环境因素中，从而使其处于复杂的状态；③ 为满足设计要求，经常需对工程岩体进行开挖、回填以及加固处理等，从而使岩体呈现复杂的时间和空间形态；④ 工程岩体常表现为卸荷岩体力学行为。这些特征都给工程岩体的稳定性评价和利用带来很大的困难。大多数工程岩体在正常状态下常是稳定的，但在工程活动、高烈度地震或地下水的作用下就会变形失稳，如雨季或地震时山区经常发生的滑坡与泥石流，水库蓄水与泄洪时所造成的库岸失稳，地下硐室在高烈度地震作用下的破坏等。因此，研究岩体的稳定性，尤其是研究复杂环境条件下的工程岩体的稳定性与利用具有重要意义。

9.1 工程岩体的概念

人类工程活动，是指采取工程措施进行能源、资源开发利用、工农业基础设施和人民生活设施的建设等有关的活动，包括规划、设计、施工、开采和运行等。人类的活动不论其生活、生产或社会活动都依赖于工程设施，即人类工程活动所提供的产品——构筑物或建筑物。按照工程建设的行业功能，可分为水利水电工程、交通运输、矿业工程、化工冶金等工业基地、城镇设施、国防工程、灾害防治及环境保护工程等。可见，人类工程活动主要涉及基础设施的建设，这就不可避免地要利用岩体或土体。具体而言，工程岩体有四个方面的含义：

① 岩体中普遍赋存的节理裂隙、断层、层理等软弱面或不连续面使大部分岩体失去连续性，而呈现出非线性大变形的力学性态。岩体的变形与强度特征在很多情况下都是由这些结构面控制的，加之岩体介质本身的非均质性，使得岩体的力学性态要比土体复杂得多。

② 由于各种条件的限制，工程岩体往往不可避免地处于高地应力、地下水、地震、地热等环境中，处于多因素控制的受力状态，使其变形与破坏规律更为复杂，经常涉及固体力学—水力学—热力学场耦合作用。

③ 为满足工程建设要求，经常对工程岩体进行各种扰动，如开挖、回填、加固处理等，从而使得工程岩体在时间和空间上呈现出复杂的性态特征。

④ 大多数工程岩体均为地表相对浅部的地壳岩体，经历各种地质营力作用，因人类工程活动常表现为卸荷岩体力学行为和特征，不同于常规的加载岩体力学特征。

上述的复杂因素都给工程岩体的变形分析及稳定性评价与利用带来了极大的困难，可以说很难用简单的解析解或经典理论来描述这种复杂问题。因此，人们常借助于数值计算的方法或成功的工程经验求解这些问题。

9.2 岩体的基本构成——结构面和结构体

9.2.1 引言

结构面的存在是岩体作为工程介质区别于其他工程介质的本质根源。与土体相比，岩体工程性质的特殊性主要表现在以下三个方面：

① 不连续性。岩体是由不同规模、不同形态、不同成因、不同方向、不同次序的结构面以及被结构面围限而成的结构体共同组成的综合体，岩体在几何上和力学性质上都具有不连续性。

② 各向异性。由于发育在岩体中的各种结构面均具有明显的方向性，受结构面的影响，岩体的工程性质呈现显著的各向异性。随着岩体中发育的结构面组数的增多，岩体工程性质的各向异性程度趋于减弱。

③ 非均一性。由于岩体工程性质的不连续、各向异性以及岩体组成物质的非均质，加之结构面在岩体不同部位发育程度和分布规律的差异，不同工程部位的岩体常表现出不同的工程性质。

岩体工程性质的特殊性决定了岩体工程性质的复杂性，要求对岩体工程性质的研究方法应与土体及其他工程介质相区别。

9.2.2 岩石与岩体

从地质角度对岩石和岩体的定义是截然不同的。地质学将岩石定义为地壳发展过程中的自然历史产物，是构成地壳的主要独立组分，它可以由一种或几种造岩矿物或天然玻璃组成，具有稳定的外形的固态集合体。岩石按其成因可分为岩浆岩、沉积岩和变质岩。在地质学中，岩体是一个没有明确地质含义的术语，它不过是地质学家的一种习惯表达，岩体通常是指不具有成层构造的岩浆岩或混合岩化的变质岩的俗称。

在工程地质学领域，"岩石"和"岩体"是工程性质截然不同的两个术语，工程地质学家特别强调岩石与岩体的区别应用。目前，国内工程地质界对岩石和岩体的定义尚未达成共识。中国科学院地质研究所工程地质力学课题组历来注重区分岩石和岩体，他们出版的所有论著都非常严格地采用"岩体"这个强调工程概念的术语，认为岩体内存在着不同成因、不同特性的地质界面，包括物质分异面和不连续面，如层面、片理、断层和节理等，这些面统称为结构面。岩体中的结构面依自己的产状，彼此组合将岩体切割成形态不一、大小不等以及成分各异的岩块，这些由结构面包围的岩块统称为结构体。根据这个定义，岩石仅仅是指构成岩体的物质组成或材料(王思敬，1990；谷德振，1979；孙广忠，1988)。

潘别桐(1990)认为岩体由地质过程中形成的岩块和结构面网络组成，岩体具有天然应力，岩体的强度、变形和渗透性主要受结构面网络控制；岩块是没有包含显著结构面的岩石块体，是构成岩体的最小岩石单元。从力学属性看，岩块可视为均质、各向同性的连续介质；而岩体(除少数外)都是非均质、各向异性的非连续介质。

周维垣(1990)的观点是，岩石作为一种自然历史产物，是构成地壳(岩石圈)的物质基础。岩石这一术语,是工程领域和地质学领域包括岩石力学和工程地质学领域的一般用语。若把岩石视为工程建筑物的环境、基础和材料,则岩石作为一个泛指的名词,即作为地壳(岩石圈)岩石的统称,包括岩块和岩体。所谓岩块,是指脱离天然状态母岩的块体,如钻取的岩芯、爆破得到的石块和人工凿取的石料等;而岩体是指一定范围的天然岩石——地壳岩石圈的自然状态。

杜时贵(2006)认为,工程地质对岩石工程地质体的研究目的是,探索地壳(岩石圈)中人类工程所涉及的范围内作为工程作用环境和介质的岩石工程地质体的工程稳定性问题。从这个意义上说,应该突出岩石工程地质体的工程响应,即岩石工程地质体对工程的适应性,这正是地质学的岩石研究领域与工程地质学的岩石研究领域的界限所在。也就是说,从工程的角度,"岩体"一词比"岩石"更能客观地反映事物的本质,使人们对岩石的研究目的(无论是工程地质学研究的岩石还是地质学研究的岩石)一目了然。此外,为了与土体(土的工程地质体)相对应,以"岩体"作为岩石工程地质体的简称也是非常恰当的,它强调岩石工程地质工作者的研究对象是岩石工程地质体,包括结构面和结构体,以及岩石所处的自然环境如地应力、地下水等。因此,"岩体"比"岩石"包含了更广泛而深刻的内涵。

9.2.3 结构面和结构体

20世纪70年代以来,国外工程地质学家和岩体力学专家都注意到各种结构面切割的岩体与完整岩块的性质存在区别,并提出岩块和岩体的概念。他们称岩块为岩石材料、完整岩块、岩石物质或岩样;称结构面为不连续面、分离面或断裂;并认为岩体由岩块和结构面组合而成。特别是,美国加利福尼亚州立大学的古德曼和石根华(1985)创建的块体理论是岩体结构控制论观点在工程实践中成功应用的典范。

研究不同级别岩体的工程特性具有十分重要的工程意义。从工程地质的角度,从大的板块到小的岩石手标本或岩芯都可以看成由结构面和结构体构成的岩体,而其中的结构面和结构体的规模却相差悬殊。作为板块边界的洋中脊、转换断层、深海沟和地缝合线可视为地壳岩石圈最大级别的结构面。对应地分布于洋中脊、转换断层、深海沟和地缝合线之间的板块则构成地壳岩石圈最大规模的结构体。这样,整个地壳岩石圈可视为由欧亚板块、美洲板块、非洲板块、太平洋板块、澳大利亚板块和南极洲板块等六大板块为结构体,由洋中脊、转换断层、深海沟和地缝合线等板块边界构造为结构面的全球范围的超大型岩体。其中,结构体即板块内部是地壳相对稳定的地区,其工程地质稳定性较好;而结构面即板块的边界如洋中脊、转换断层、深海沟和地缝合线等则是地球上地震活动强烈、火山活动频繁、工程稳定性差的地带。例如,大陆地震主要集中在太平洋四周的环太平洋地震带、阿尔卑斯—印尼地震带和大陆裂谷地震带;海洋地震则多集中在大洋中脊地震带(朱志澄、宋鸿林,1990)。

就板块范围而言,一些对区域地壳稳定起控制作用的区域性断裂,包括大小构造单元接壤的深大断裂,是区域性的巨型结构面,相当于谷维德教授分类的Ⅰ级结构面,它们与稳定地块(结构体)共同构成区域规模的巨型岩体。其中,结构体即稳定地块内部是工程稳定性较好的"安全岛"。而结构面即区域性深大断裂带则是地震活动和新构造运动非常活跃的地带。如我国境内东部地台和西部地槽交界带分布的中枢大地震带,沿汾渭断裂带分布的华北大地震带,沿下辽河拗陷、渤海拗陷及河北平原拗陷的北东向活动断裂带分布的华北平原大地震带和沿郯城—庐江地震带等,一般工程建设均应尽量避让。

节理和中小规模断层是人类活动最常遇到的一类结构面，相当于谷维德教授分类的Ⅲ级和Ⅳ级结构面，这种级别的结构面和结构体组成的岩体被绝大多数岩体工程地质工作者所习见，其范围多包含在具体的工程作用范围之内，是容易为大家所接受的概念。

最小一级的结构面是岩石手标本或岩芯内部的微裂纹或微断裂，若将这些微裂纹或微断裂视为结构面，则其间的岩块(绝对意义上的岩块)就是结构体。因此，岩石手标本或岩芯可看成是最小级别的岩体。

就工程范围而言，Ⅲ级结构面和Ⅳ级结构面及其所围限的结构体共同构成的岩体是工程地质学家和岩体力学专家的主要研究对象。显然，自然界岩体的这种层次性、相对性和相互包容乃是辩证唯物主义的基本观点，也是岩体力学研究必须贯彻的科学思路。因此，我们强调的基本观点是，结构面和结构体构成岩体，岩体、结构面和结构体的概念都是相对的和分级别的。具体地说，结构体并不是内部没有包含任何结构面的理想岩块，事实上结构体内部总是或多或少地包含各种结构面，但这种包含于结构体内部的结构面与作为结构体分离边界的结构面相比，其几何上和力学上均可忽略不计。或者说，在工程作用下，沿结构体内部的结构面发生失稳破坏的概率是沿结构体边界的结构面发生失稳破坏概率的万分之一。

岩体结构控制论即结构面与结构体共同构成岩体的观点已得到无数工程实践和野外调查结果反复证实。尽管岩体的工程性质不等于结构体的工程性质和结构面的工程性质的简单叠加，不可否认，岩体的工程性质主要取决于结构体的工程性质和结构面的工程性质，包括岩体赋存的地质环境(地应力、地下水等)和工程作用特点。其中，结构面是岩体工程性质复杂性的总导演：一方面，结构面的存在破坏了岩体的连续性和完整性，使岩体具有不均一性和各向异性；另一方面，作为岩体组成部分的结构面本身，其几何上和力学上也是错综复杂的。所以说，结构面及其工程性质的复杂性是造成岩体工程性质千差万别的最根本原因。

9.3 工程岩体分类

9.3.1 概述

岩体分类从早期的较为简单的岩石分类，发展到多参数的分类，从定性的分类到定量半定量的分类，经过了一个发展过程。最早采用岩石的单轴抗压强度值作为岩石质量好坏的分级指标，随着人们对岩体认识的不断深入，在评价岩体的质量时，又加入了结构面对岩体的影响，并考虑了地质的赋存条件：地下水和地应力等对岩体质量的影响，使得评价岩体质量好坏的体系更加全面、完善。一些研究得相对比较深入的岩体分类方法，还与岩体的自稳时间、岩体和结构面的力学参数建立了相关关系。因此，使得岩体分类的方法能在工程中广泛应用。

目前，分类方法中比较有代表性的有：岩石饱和单轴抗压强度分类，它是将岩石饱和单轴抗压强度值，从坚硬到极软分成若干等级评价岩石质量的好坏；岩石 *RQD* 分类，根据修正的岩石采芯率，评价岩体中结构面的发育程度，评价岩体的完整性；巴顿(N. Barton)的 *Q* 分类，是适用于隧道工程的岩体分类，根据统计的结果将 *Q* 值与隧道自稳的跨度建立了联系，并给出了相关的参考值；我国的国标《工程岩体分级标准》，同时采用了定量和定性的两套分类体系，相互校合，相互修正，使得分类更加合理。目前，各种分类不下几十种，但每一种分类都有各自的优点和相应的适用条件。各国的岩体分级的方法研究日趋成熟，已为大中型岩体工程设计和施工所采用。

9.3.2 工程岩体分类的目的和原则

9.3.2.1 工程岩体分类的目的

工程岩体分类是根据地质勘探和少量的岩体力学试验的结果，确定一个区分岩体质量好坏的规律，据此将工程岩体分成若干等级，对工程岩体的质量进行评价，确定其对工程岩体稳定性的影响程度，为工程设计、施工提供必要的参数。

工程岩体分类的目的，是从工程的实际需要出发，对工程建筑物基础或围岩的岩体进行分类，并根据其好坏，进行相应的试验，赋予它必不可少的计算指标参数，以便于合理地设计和采取相应的工程措施达到经济、合理、安全的目的。因此，工程岩体分类有通用的分类和专门的分类两种。通用的分类是较少针对性、原则和大致的分类，是供各学科领域及国民经济各部门笼统使用的分类，从某种意义上讲，都是范围大小不等的专用分类。工程项目的不同，分类的要求也不同，考虑分类的侧重点也不同。例如，水利水电工程须着重考虑水的影响，而对于修建在地下的大型工程来讲，须考虑地应力对岩体稳定性的影响。总之，工程岩体分类是为具体工程服务的，是为某种目的编制的，它的分类内容和分类要求要为分类目的而服务。

9.3.2.2 工程岩体分类的原则

进行工程岩体分类，一般应考虑以下几个方面：

① 工程岩体的分类应该与所涉及的工程性质，即与使用对象密切地联系在一起。需考虑分类是适用于某一类工程、某种工业部门的通用分类，还是一些大型工程的专门分类。

② 分类应该尽可能采用定量的参数，以便于在应用中减少人为因素的影响，并能用于技术计算和制定定额上。

③ 分类的级数应合适，不宜太多或太少，一般分为 4～6 级。

④ 工程岩体分类方法与步骤应简单明了，分类的参数在工程现场容易获取，参数所赋予的数字便于记忆，便于应用。

⑤ 由于目的、对象不同，考虑的因素也不同。各个因素应有明确的物理意义，并且还应该是独立的影响因素。一般来说，为各种工程服务的工程岩体分类须考虑的因素为：岩体的性质，尤其是结构面和岩块的工程质量；风化程度；水的影响；岩体的各种物理力学参数；地应力以及工程规模和施工条件等。

目前，在国际上，工程岩体分类的一个明显趋势是利用根据各种技术手段获取的“综合特征值”来反映岩体的工程特性，用它来作为工程岩体分类的基本定量指标，并力求与工程地质勘查和岩体(石)测试工作相结合，用一些简捷的方法，迅速判断岩体工程性质的好坏，根据分类要求，判定类别，以便采取相应的工程措施。本章所介绍的一些工程岩体分类，大多应用“综合特征值”。作为“综合特征值”，一般是由多项常用的、与岩体特征有关的指标综合计算而定的。

9.3.2.3 工程岩体分类的独立因素分析

如上所述，进行工程岩体分类首先要确定影响岩体工程性质的主要因素，尤其是独立的影响因素。从工程观点来看，起主导和控制作用的影响岩体工程性质的因素有以下几个方面：

(1) 岩石材料的质量

岩石材料的质量，是反映岩石物理力学性质的依据，也是工程岩体分类的基础。从工程实践来看，主要表现在岩石的强度和变形性质方面。根据室内岩块试验，可以获得岩石的抗压、抗拉、抗剪强度和弹性参数及其他指标。应用上述参数来评价和衡量岩石质量的好坏，至今尚没有统一的标准。从国内外岩体分类的情况来看，目前都沿用室内单轴抗压强度指标来反映。除此之外，更为简便的是，在现场进行点载荷试验获得点载荷强度指数，根据经验换算关系确定岩石的单轴抗压强度。

(2) 岩体的完整性

岩体的工程性质好坏，基本上不取决于或很少取决于组成岩体的岩块的力学性质，而主要取决于受到各种地质因素和各种地质条件影响而形成的各种软弱结构面和期间的充填物质，以及它们本身的空间分布状态。它们直接削弱了岩体的工程性质。所以，岩体完整性的定量指标是表征岩体工程性质的重要参数。

目前，在岩体分类中能定量地反映结构面影响因素的方法有两种。

① 结构面特征的统计结果。包括节理组数、节理间距、节理体积裂隙率(J_v)，以及结构面的粗糙状况和充填物的状况等，这些都是工程岩体分类的重要参数。

② 岩体的弹性波(主要为纵波)的速度。弹性波速度能综合反映岩体的完整性，所以，弹性波速度也往往是工程岩体分类的重要参数。

当工程处于地表，如边坡、坝基、建筑工程等，则必须考虑由于风化作用对岩体的影响；对于地下工程，则可较少考虑。目前，在工程岩体分类中，往往只是定性地考虑风化作用的影响，缺乏有效的定量评价方法。

(3) 水的影响

水对岩体质量的影响，主要表现为两个方面：一是使岩石及结构面充填物的物理力学性质恶化；二是沿岩体结构面形成渗透，影响岩体的稳定性。就水对工程岩体分类的影响而言，尚缺乏有效的定量评价方法，一般是用定性和定量相结合的方法。

(4) 地应力

对工程岩体分类来说，地应力是一个独立因素。地应力对于部分工程，尤其是地下工程的稳定性影响非常大，因此，是一个不能忽略的重要的因素。但由于地应力的测量工作量大，评价方法相对比较复杂，很难非常正确地获得地应力分布值，所以，对工程的影响也难以确定。但在一般的工程岩体分类中，此因素考虑较少。目前，对地应力因素往往只能在综合因素中反映，如纵波速度、位移量等。

(5) 某些综合因素

在工程岩体分类中，一是应用隧洞的自稳时间或塌落量来反映工程的稳定性；二是应用巷道顶面的下沉位移量来反映工程的稳定性。这些考虑因素是岩石质量、结构面、水、地应力等因素的综合反映。在有的岩体分类中，把它作为岩体分类以后的岩体稳定性评价来考虑。

综上所述，目前在工程岩体分类中，作为评价的独立因素，只有岩石质量、岩体结构面和水的影响等三项，地应力影响只能在综合因素中反映。

9.3.3 工程岩体代表性分类简介

在对工程岩体分类的目的与原则有了一定了解的基础上，本节着重介绍几种有代表性的分类方法。

9.3.3.1 按岩石的单轴抗压强度(σ_c)分类

用岩块的单轴抗压强度进行分类，是最早使用的相对比较简单的分类方法，在工程上采用了较长时间。例如，新中国成立初的按岩石强度分类以及岩石坚固性系数(普氏系数)分类。由于它没有考虑岩体中的其他因素，尤其是软弱结构面的影响，目前已很少应用。

(1) 岩石单轴抗压强度分类

新中国成立初，我国工程界按岩石单轴抗压强度把岩石分为四类，见表 9-1。

表 9-1　岩石单轴抗压强度分类表

类别	岩石单轴抗压强度 σ_c/MPa	岩石类别
Ⅰ	250～160	特坚岩
Ⅱ	160～100	坚岩
Ⅲ	100～40	次坚岩
Ⅳ	<40	软岩

(2) 以点载荷强度指标分类

由于岩石点载荷试验可在现场测定，数量多且简便，所以用点载荷强度指标得到重视。此分类分别由伦敦地质学会与富兰克林等人提出，见图 9-1。

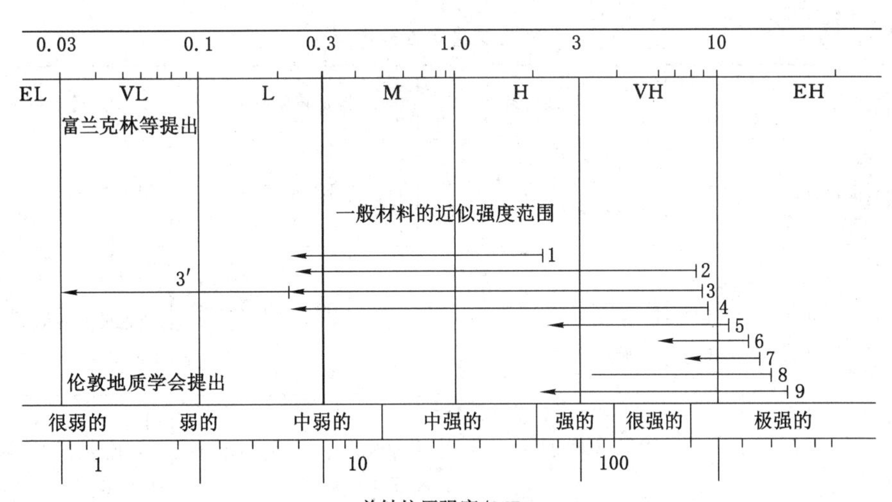

图 9-1　点载荷强度指标分类

1——煤；2——石灰岩；3——泥岩；3′——硬黏土；4——砂岩；5——混凝土；6——白云岩；7——石英岩；8——岩浆岩；9——花岗岩

9.3.3.2 按巷道岩石稳定性分类

(1) 斯梯尼(Stini)分类

斯梯尼于1950年根据巷道岩石的稳定性进行分类，如表9-2所示。他将岩石分为九类，还附有岩石载荷和稳定性现象的有关说明。

表9-2　　斯梯尼分类

分　　类	岩石载荷 H_p/m	说　　明
稳　　定	0.05	很少松脱
接近稳定	0.05～1.0	随时间增长有少量岩石从松动岩石中脱落
轻度破碎	1.0～2.0	随时间增长而发生松脱
中度破碎	2.0～4.0	暂时稳定，约1个月后破碎
破　　碎	4.0～10	瞬时稳定，然后很快塌落
非常破碎	10～15	开挖时松脱，并有局部冒顶
轻度挤入	15～25	压力大
中度挤入	25～40	压力大
大量挤入	40～60	压力很大

注：1. $H_p=H_p(5\ m)(0.5+0.1L)$；
2. L为巷道宽度；
3. H_p(5 m)表示巷道宽度为5 m的载荷。

(2) 原苏联巴库地铁分类

原苏联巴库地下铁道建设中根据岩石抗压强度、工程地质条件和开挖时岩体稳定破坏现象，将岩体分成四类并提出了相应的施工措施，见表9-3。

表9-3　　按岩层稳定性分类

<table>
<tr><th>稳定性</th><th>岩石</th><th>单向抗压强度/MPa</th><th>工程地质条件</th><th>稳定破坏现象</th><th>建议措施</th></tr>
<tr><td>稳定</td><td>砾岩、石灰岩、砂岩</td><td>40～60</td><td>裂隙水较少或没有，岩层干燥或含水，水是无压的</td><td>可能有小量的坍塌</td><td>用爆破开挖</td></tr>
<tr><td rowspan="2">较稳定</td><td>石灰岩、砂岩</td><td>20～40</td><td>裂隙水较多的岩层，含水，水是有压的</td><td rowspan="2">离层、塌落10 m³以内的塌方</td><td rowspan="2">坑道前面开挖</td></tr>
<tr><td>黏土、亚黏土</td><td>8.0～10</td><td>裂隙很少或没有</td></tr>
<tr><td rowspan="2">不充分稳定</td><td>黏土、亚黏土</td><td>6.0～8.0</td><td>层状岩层，有裂隙，团粒结构，稍湿润</td><td rowspan="2">塌落10 m³左右的塌方，黏土的塑性膨胀</td><td rowspan="2">小进度(<0.5 m)盾构开挖，加强坑道全面支护，加快开挖速度，向盾后压注速凝砂浆</td></tr>
<tr><td>卢姆沙、沙</td><td>6.0</td><td>有黏土、沙夹层的岩层</td></tr>
<tr><td>不稳定</td><td>卢姆沙、沙</td><td>3.0～6.0</td><td>含饱和水(流动)的岩层，水是有压的</td><td>涌水、流沙、地面下沉、岩体变形</td><td>利用人工降水，压缩空气，冻结法与灌浆配合给水法等组合的盾构开挖</td></tr>
</table>

9.3.3.3　按岩石完整性分类

(1) 按岩石质量指标 *RQD* 分类

岩石质量指标 RQD 是由迪尔于 1963 年提出,后来由他和其他学者完善成一种岩体的分类。

RQD 是以修正的岩石采芯率来确定的。岩石采芯率,是指采取岩芯总长度与钻孔在岩层中的长度之比。而 RQD,即修正的岩石采芯率是选用坚固完整的、其长度等于或大于 10 cm 的岩芯总长度与钻孔在岩层中的长度之比,并用百分数表示,即:

$$RQD = \frac{\sum l(l \geqslant 10\ \text{cm})}{L} \times 100\% \tag{9-1}$$

式中 l——单节岩芯(≥10 cm)的长度;

L——钻孔在岩层中的总长度。

工程实践表明,RQD 是一种比岩石采芯率更好的指标。根据它与岩石质量之间的关系,可按 RQD 值的大小来描述岩石的质量,如表 9-4 所示。

表 9-4　　按 RQD 值进行的工程岩体分类

等级	RQD/%	工程分级
Ⅰ	90～100	极好的
Ⅱ	75～90	好的
Ⅲ	50～75	中等的
Ⅳ	25～50	差的
Ⅴ	0～25	极差的

岩石的 RQD 值与岩体完整性关系密切,RQD 与体积节理数 J_v 之间存在下列统计关系,与岩块大小关系密切:

$$RQD = 115 - 3.3J_v(\%) \tag{9-2}$$

对于 $J_v \leqslant 4.5$ 的岩体,其 $RQD = 100\%$。

(2) 以弹性波(纵波)速度分类

弹性波在岩体中的传播,与在完整的岩石中传播不同,岩体中结构面的存在使波速明显下降,并使其传播能量有不同程度的消耗,所以,弹性波的变化能反映岩体的结构特性与完整性。

中国科学院地质所根据弹性波传播特性对岩体结构进行分类,如表 9-5 所示。

表 9-5　　各类结构岩体中弹性波传播特性

弹性波指标 \ 类别		块状结构	层状结构	碎裂结构	散体结构
波速 v_P/(m/s)	范围 采用 最小值	4 000～5 000 4 500 3 500	3 000～4 000 3 500 2 500	2 000～3 500 2 750 1 500	<2 000 1 500 500
岩体与岩块波速比 v_{Pm}/v_{Pr}	范围 采用 最小值	>0.8 0.8 0.6	0.5～0.8 0.65 0.5	0.3～0.6 0.45 0.3	<0.4 0.3 —
可接收距离/m	范围采用 最小值	5～10 3	3～5 2	1～3 1	<1 —

日本学者池田和彦经过近10年时间，对日本的大约70座地铁隧道进行了地质、施工以及声波测试结果的调查，于1969年提出了日本铁路隧道围岩强度分类。他首先将岩质分成A,B,C,D,E,F六类，再根据弹性波在岩体中的速度，将围岩强度分为七类(表9-6)。

表9-6　　日本地铁隧道围岩强度分类

围岩强度分类	各类岩质的波速/(km/s)						良好程度	备注
	A	B	C	D	E	F		
1	＞5.0		＞4.8	＞4.2			好	1.开挖面涌水时，分类降级； 2.膨胀性岩石(蛇纹岩、变质安山岩、石墨片岩、凝灰岩、温泉余土)的弹性波数值要考虑这种情况：其数值小于4.0 km/s，泊松比大于0.3； 3.对风化岩层泊松比小于0.3时，分类要提高1～2级
2	5.0～4.0		4.8～4.2	4.2～3.6				
3	4.6～4.0	4.8～4.2	4.4～3.8	3.8～3.2	＞2.6		中等	
4	4.2～3.0	4.4～3.8	4.0～3.4	3.4～2.8	2.6～2.0			
5	3.8～3.2	4.0～3.4	3.6～3.0	3.0～2.4	2.2～1.6	1.8～1.2	差	
6	＜3.4	＜3.6	＜3.2	＜2.6	＜1.8	1.4～0.8		
7					＜1.4	＜1.0		

9.3.3.4　节理岩体的*RMR*分类方法

该法是由南非科学和工业研究委员会(CSIR)的Z. T. Bieniawski在1976年提出后经过多次修改，逐渐趋于完善的一种综合分类方法。当原来的*RMR*分类在实际应用中取得一些经验以后，Z. T. Bieniawski对自己的分类进行了修改，修改后的分类系统考虑以下6个基本分类参数。

岩体的*RMR*值取决于5个通用参数和1个修正参数，这5个通用参数为岩石抗压强度R_1、岩石质量指标R_2、节理间距R_3、节理状态R_4和地下水状态R_5，修正参数R_6取决于节理方向对工程的影响。把上述各个参数的岩体评分值相加起来就得到岩体的*RMR*值：

$$RMR=R_1+R_2+R_3+R_4+R_5+R_6 \tag{9-3}$$

① 岩石抗压强度可以用标准试件进行单轴压缩来确定。也可以对原状岩芯试样进行点载荷强度试验，由此所得的近似抗压强度来确定R_1值。岩石抗压强度与岩体评分值R_1的对应关系，见表9-7。

表9-7　　由岩石单轴抗压强度所确定的岩体评分值R_1

点载荷指标/MPa	单轴抗压强度/MPa	评分值
＞10	＞250	15
4～10	100～250	12
2～4	50～100	7
1～2	25～50	4
不采用	5～25	2
不采用	1～5	1
不采用	＜1	0

② 岩石质量指标 RQD 由修正的岩石采芯率确定，对应于 RQD 的岩体评分值 R_2，见表 9-8。

表 9-8　由岩芯质量指标 RQD 所确定的岩体评分值 R_2

RQD/%	90～100	75～90	50～75	25～50	<25
评分值	20	17	13	8	3

③ 节理间距可以由现场露头统计测定，一般岩体中有多组节理，对应于岩体评分值 R_3 的节理组间距，通常是指对工程稳定性最起关键作用的那一组的节理间距。对应于节理间距的岩体评分值 R_3，见表 9-9。

表 9-9　由最具影响的节理组间距所确定的岩体评分值 R_3

节理间距/mm	>2	0.6～2	0.2～0.6	0.06～0.2	<0.06
评分值	20	15	10	8	5

④ 对于节理面壁的几何状态对工程稳定的影响，主要是考虑节理面的粗糙度、张开度、节理面中的充填物状态以及节理面延伸长度等因素。同样，对多组节理而言，要以最光滑、最软弱的一组节理为准，见表 9-10。

表 9-10　由节理面壁的几何状态所确定的岩体评分值 R_4

说　明	评分值
尺寸有限的很粗糙的表面，硬岩壁	30
略微粗糙的表面，张开度小于 1 mm，硬岩壁	25
略微粗糙的表面，张开度小于 1 mm，软岩壁	20
光滑表面，由断层泥充填厚度小于 5 mm；张开度 1～5 mm，节理延伸超过数米	10
由厚度大于 5 mm 的断层泥充填的张开节理；张开度大于 5 mm 的节理，节理延伸超过数米	0

⑤ 由于地下水会严重地影响岩体的力学性质，岩土力学分类法也包括一项地下水的评分值 R_5，考虑到在进行岩体分类评价时，往往岩体工程的施工尚未进行，所以，考虑地下水状态的评分值 R_5 可以由勘探平硐或导硐中的地下水流入量、节理中的水压力或是地下水的总的状态（由钻孔记录或岩芯记录确定）来确定。地下水状态与 R_5 值的对应关系，见表 9-11。

表 9-11　由岩体中地下水状态所确定的岩体评分值 R_5

每 10 m 硐长的流入量/(L/min)	节理水压力与最大主应力比值	总的状态	评分值
无	0	完全干的	15
<10	<0.1	潮湿的	10
10～25	0.1～0.2	湿的	7
25～125	0.2～0.5	有中等水压力的	4
>125	>0.5	有严重地下水问题的	0

⑥ 岩体工程中所发育的节理的空间方位，在很大程度上会影响工程岩体的稳定性。所以，毕昂斯基最后总结了如表 9-12 所示来考虑节理方向对工程是否有利，对前 5 个评分值之和加以修正。修正值采用扣除分值的形式。由于节理的倾向和倾角对于隧洞、岩基和边坡的影响是不同的，对应于不同的工程，其参数的修正值也不同，对隧洞中的不利节理方向最多扣 12 分，岩基最多扣除 25 分，而边坡最多扣除 60 分。

表 9-12　节理方向对 *RMR* 的修正值 R_6

方向对工程影响的评价	对隧洞的评分值修正	对地基的评分值修正	对边坡的评分值修正
很有利	0	0	0
有利	−2	−2	−5
较好	−5	−7	−25
不利	−10	−15	−50
很不利	−12	−25	−60

根据以上 6 个参数之和所求得的 *RMR* 值，岩土力学分类中把岩体的质量好坏，划分为“很好的”一直到“很差的”五类岩体，岩体的类别与 *RMR* 值之间的关系，见表 9-13。

表 9-13　岩体的岩土力学分类

类别	岩体的描述	岩体评分值 *RMR*
Ⅰ	很好的岩石	81～100
Ⅱ	好的岩石	61～80
Ⅲ	较好的岩石	41～60
Ⅳ	较差的岩石	21～40
Ⅴ	很差的岩石	0～20

本分类还对岩体稳定性(隧洞岩体自稳时间)以及对应的岩体 C，φ 值给出了一系列建议值(表 9-14)，供工程者参考。

表 9-14　岩土力学分类与岩体自稳时间一览表

岩体分类级别	Ⅰ	Ⅱ	Ⅲ	Ⅳ	Ⅴ
平均自稳时间	15 m 跨，20 a	10 m 跨，1 a	5 m 跨，1 周	2.5 m 跨，10 h	1 m 跨，30 min
岩体的内聚力 C/kPa	>400	300～400	200～300	100～200	<100
岩体的内摩擦角 φ/(°)	>45	35～45	25～35	15～25	<15

由于岩体的岩土力学分类不仅考虑了岩石的抗压强度，而且还比较全面地考虑了节理(组)和地下水对工程稳定的影响，对隧洞与采矿等工程较为实用，因此，本分类在欧美等国家得到较为广泛的应用。

9.3.3.5　隧道质量指标 Q

挪威岩土工程研究所的研究人员，根据过去的地下开挖工程稳定性的大量实例，提出了确定岩体隧道开挖质量指标的方法，此指标 Q 的数值按下式计算：

$$Q=\frac{RQD}{J_n}\times\frac{J_r}{J_a}\times\frac{J_w}{SRF} \tag{9-4}$$

Q 值是一个从 0.001 到 1 000 的参数。6 个参数根据各自的地质条件可分别按表 9-15 选取。其中,RQD 直接按所求得的值选取。

表 9-15　　Q 分类中的参数表

A	不连续面的组数系数	J_n	B	不连续面的粗糙度系数	J_r
	块状的	0.5		非连续的节理	4.0
	一组的	2.0		粗糙,波状的	3.0
	二组的	4.0		光滑,波状的	2.0
	三组的	9.0		粗糙,平整的	1.5
	四组和四组以上的	15.0		光滑,平整的	1.0
	被压碎的岩石	20.0		带擦痕,平整的	0.5
				“被填充的”不连续面	1.0
				如果节理平均间距超过 3 m 加 1.0	
C	充填物和节理岩壁的蚀变系数	J_a			
a	根本未充填的		b	充填了的	
	闭合的	0.75		沙或压碎岩石充填	4.0
C	充填物和节理岩壁的蚀变系数	J_a			
	仅仅改变颜色,没有蚀变的	1.0		厚<5 mm 的坚硬黏土充填	6.0
	粉砂或沙质覆盖的	3.0		厚<5 mm 的松软黏土充填	8.0
	黏土覆盖的	4.0		厚<5 mm 的膨胀性黏土充填	12.0
				厚>5 mm 的坚硬黏土充填	10.0
				厚>5 mm 的松软黏土充填	15.0
				厚>5 mm 的膨胀性黏土充填	20.0
D	地下水的影响系数	J_w	E	应力折减系数	SRF
	干燥的				
	中等水量流入				
	未充填的节理中大量水流入				
	充填的节理中大量水流入,充填物被冲出	0.33		在中等应力下具有紧闭的、无充填的不连续面的岩石	1.0
	高压的断续性水流	0.2～0.1			
	高压的连续性水流	0.1～0.05			

巴顿等人也确定出对应于岩爆强度,挤出作用和膨胀作用的岩石条件的 SRF 值。

巴顿等人根据 Q 值将岩体质量分成 9 个类别,如表 9-16 所示。

表 9-16　　Q 值与岩体质量之间的关系

Q	对于隧道工程的岩体质量
<0.01	特坏
0.01～0.1	极坏
0.1～1.0	很坏
1.0～4.0	坏
4.0～10.0	尚好
10.0～40.0	好
40.0～100.0	很好
100.0～400.0	极好
>400.0	特好

更有意义的是，巴顿等人根据大量实际工程的规律，提出了没有支护条件隧道最大安全跨度(D)与岩体分类 Q 值之间的联系：

$$Q=2.1D^{0.387} \tag{9-5}$$

巴顿等人提出的 Q 分类在地下工程的建设中，有着一定的指导作用。

9.4　工程岩体稳定性分级

我国也较早开展了有关工程岩体分类的研究，提出了适合我国地质条件的工程岩体分级。1994 年 11 月颁布了国家标准的工程岩体分级标准，并于 1995 年 7 月开始施行。该标准是一个通用性的标准，适合于各类型岩体工程的岩体分级。

9.4.1　工程岩体分级的基本方法

9.4.1.1　确定岩体基本质量

国际岩体分级采用了定性、定量两种方法分别确定岩体质量的好坏，相互协调，相互调整，以确定岩石的坚硬程度和岩体完整性指数。

(1) 定量地确定岩体基本质量

① 岩石坚硬程度定量指标的确定和划分

采用岩石单轴饱和抗压强度 σ_c，定量地确定岩石的坚硬程度。当无条件取得 σ_c 时，亦可采用实测的岩石的点载荷强度指数($I_{s(50)}$)进行换算，$I_{s(50)}$ 指直径 50 mm 圆柱形试件径向加压时的点载荷强度。σ_c 和 $I_{s(50)}$ 的换算关系见下式：

$$\sigma_c=22.82I_{s(50)}^{0.75} \tag{9-6}$$

根据 σ_c 划分的岩石坚硬程度的对应关系，见表 9-17。

表 9-17　　σ_c 与定性划分的岩石坚硬程度的对应关系

σ_c/MPa	>60	60～30	30～15	15～5	<5
坚硬程度	坚硬岩	较坚硬岩	较软岩	软岩	极软岩

② 岩体完整程度定量指标的确定和划分

岩体完整性指数(K_v)可用弹性波测试方法确定：

$$K_v = \frac{v_{Pm}^2}{v_{Pr}^2} \tag{9-7}$$

式中 v_{Pm}——岩体弹性纵波速度,km/s;

v_{Pr}——岩石弹性纵波速度,km/s。

当现场缺乏弹性波测试条件时,可选择有代表性露头或开挖面进行节理裂隙统计,根据统计结果计算岩体体积节理数(J_v)(条/m^3)。

$$J_v = S_1 + S_2 + S_3 + \cdots + S_n + S_k \tag{9-8}$$

式中 S_n——第 n 组节理每米长测线上的条数;

S_k——每立方米岩体中,长度大于 1 m 的非成组节理条数。

表 9-18 为 J_v 与 K_v 关系对照表,表 9-19 为 K_v 与岩体完整程度定性划分的对应关系。

表 9-18　J_v 与 K_v 关系对照表

J_v/(条/m^3)	<3	3~10	10~20	20~35	>35
K_v	>0.75	0.75~0.55	0.55~0.35	0.35~0.15	<0.15

表 9-19　K_v 与岩体完整程度定性划分的对应关系

K_v	>0.75	0.75~0.55	0.55~0.35	0.35~0.15	<0.15
完整程度	完整	较完整	较破碎	破碎	极破碎

(2) 定性地确定岩体基本质量

定性确定岩体基本质量仍然采用岩石坚硬程度和岩体完整性两个参数,但确定的方法主要根据进行地质调查的工程技术人员对工程岩体实际观察的结果。虽然会受到一定的人为因素影响,但是对岩体进行调查的具体做法及其对鉴定的详尽描述,对于有一定经验的地质工作者而言,应该能够掌握,并能作出比较客观的评价,从而获得真实反映工程岩体的实际状况,加上与定量分级的对比使得该方法相对比较合理。

① 岩石坚硬程度的定性划分

参见表 9-20。

表 9-20　岩石坚硬程度的定性划分

名　称		定性鉴定	代表性岩石
硬质岩	坚硬岩	锤击声清脆,有回弹,震手,难击碎;浸水后,大多无吸水反应	未风化—微风化的:花岗岩、正长岩、闪长岩、辉绿岩、玄武岩、安山岩、片麻岩、石英片岩、硅质板岩、石英岩、硅质胶结的板岩、石英砂岩、硅质石灰岩等
	较坚硬岩	锤击声较清脆,有轻微回弹,稍震手,较难击碎;浸水后,指甲可刻出印痕	1.弱风化的坚硬岩;2.未风化—微风化的:凝灰岩、千枚岩、砂质泥岩、泥灰岩、砂质泥岩、泥质砂岩、粉砂岩、页岩等

续表 9-20

名称		定性鉴定	代表性岩石
软质岩	较软岩	锤击声不清脆,无回弹,较易击碎;浸水后,指甲可刻出印痕	1.强风化的坚硬岩;2.弱风化的较坚硬岩;3.未风化—微风化的:凝灰岩、千枚岩、砂质泥岩、泥灰岩、泥质砂岩、粉砂岩、页岩等
	软岩	锤击声哑,无回弹,有凹痕,易击碎;浸水后,手可掰开	1.强风化的坚硬岩;2.弱风化—强风化的较坚硬岩;3.弱风化的较软岩;4.未风化的泥岩等
	极软岩	锤击声哑,无回弹,有较深凹痕,手可捏碎;浸水后,可捏成团	1.全风化的各种岩石;2.各种半成岩

岩石坚硬程度的定性划分中的风化程度的划分,可参见表 9-21。

表 9-21　岩石风化程度划分

名称	风化特征
未风化	结构构造未变,岩质新鲜
微风化	结构与构造、矿物色泽基本未变,部分裂隙面有铁锰质渲染
弱风化	结构与构造部分破坏,矿物色泽较明显变化,裂隙面出现风化矿物或存在风化夹层
强风化	结构与构造大部分破坏,矿物色泽明显变化,长石、云母等多风化成次生矿物
全风化	结构与构造全部破坏,矿物成分除石英外,大部分风化成土状

② 岩石完整程度的定性划分

岩石完整程度的定性划分,参见表 9-22。

表 9-22　岩体完整程度的整体划分

名称	结构面发育程度		主要结构面的结合程度	主要结构面类型	相应结构类型
	组数	平均间距/m			
完整	1～2	>1.0	结合好或结合一般	节理、裂隙、层面	整体状或巨厚层状结构
较完整	1～2	>1.0	结合差	节理、裂隙、层面	块状或厚层状结构
	2～3	1.0～0.4	结合好或结合一般		块状结构
较破碎	2～3	1.0～0.4	结合差	节理、裂隙、层面、小断层	裂隙块状或中厚层状结构
	≥3	0.4～0.2	结合好		镶嵌碎裂结构
			结合一般		中、薄层状结构
破碎	≥3	0.4～0.2	结合差	各种类型结构面	裂隙块状结构
		≤0.2	结合一般或结合差		碎裂状结构
极破碎	无序		结合很差		散体状结构

9.4.1.2　岩体基本质量分级

(1) 岩体基本质量指标(BQ)

按下式计算:

$$BQ=90+3\sigma_c+250K_v \tag{9-9}$$

式中 BQ——岩体基本质量指标；

σ_c——岩石单轴饱和抗压强度值，MPa；

K_v——岩体完整性指数值。

式(9-9)在使用时，应遵循下列限制条件：

① $\sigma_c>90K_v+30$ 时，应以 $\sigma_c=90K_v+30$ 和 K_v 值代入公式计算 BQ 值；

② $K_v>0.04\sigma_c+0.4$ 时，应以 $K_v=0.04\sigma_c+0.4$ 和 σ_c 值代入公式计算 BQ 值。

(2) 岩体基本质量的确定

按上述公式所确定的 BQ 值，根据表 9-23 进行岩体基本质量分级。

表 9-23　　岩体基本质量分级

岩体基本质量级别	岩体基本质量的定性特征	岩体基本质量指标 BQ
Ⅰ	坚硬岩，岩体完整	>550
Ⅱ	坚硬岩，岩体较完整； 较坚硬岩，岩体完整	550～451
Ⅲ	坚硬岩，岩体较破碎； 较坚硬岩或软硬岩交互，岩体较完整； 较软岩，岩体完整	450～351
Ⅳ	坚硬岩，岩体破碎； 较坚硬岩，岩体较破碎—破碎； 较软岩或软硬岩互层，且以软岩为主， 岩体较完整—较破碎； 软岩，岩体完整—较完整	350～251
Ⅴ	较软岩，岩体破碎； 软岩，岩体较破碎—破碎； 全部极软岩及全部极破碎岩	≤250

9.4.1.3 工程岩体质量分级的确定

在确定了岩体基本质量的基础上，根据工程所具有的特性以及地质条件与工程的关系，可以按下式进一步确定工程岩体质量分级的修正值：

$$[BQ]=BQ+100(K_1+K_2+K_3) \tag{9-10}$$

式中 $[BQ]$——岩体基本质量指标修正值；

K_1——地下水影响修正系数；

K_2——主要软弱结构面产状影响修正系数；

K_3——初始应力状态影响修正系数。

K_1，K_2，K_3 的值可按表 9-24、表 9-25 和表 9-26 确定。若无表中所列的地质条件时，修正系数应该取零。

表 9-24　　地下水影响修正系数 K_1

地下水出水情况 \ BQ	>450	450～351	350～251	≤250
潮湿或点滴状出水	0	0.1	0.2～0.3	0.4～0.6
淋雨状或涌流状出水，水压≤0.1 MPa 或单位出水量≤10 L/(min·m)	0.1	0.2～0.3	0.4～0.6	0.7～0.9

续表 9-24

地下水出水情况 \ BQ	>450	450～351	350～251	≤250
淋雨状或涌流状出水，水压>0.1 MPa 或单位出水量>10 L/(min·m)	0.2	0.4～0.6	0.7～0.9	1.0

表 9-25 主要软弱结构面产状影响修正系数 K_2

结构面产状及其与硐轴线的组合关系	结构面走向与硐轴线夹角<30°，结构面倾角 30°～75°	结构面走向与硐轴线夹角>60°，结构面倾角>75°	其他组合
K_2	0.4～0.6	0～0.2	0.2～0.4

表 9-26 初始应力状态影响修正系数 K_3

初始应力状态 \ BQ	>550	550～451	450～351	350～251	≤250
极高应力区	1.0	1.0	1.0～0.5	1.0～1.5	1.0
高应力区	0.5	0.5	0.5	0.5～1.0	0.5～1.0

9.4.2 工程岩体分级标准的应用

9.4.2.1 岩体物理力学参数的选用

工程岩体基本级别一旦确定以后，可按表 9-27 选用岩体的物理力学参数以及按表 9-28 选用岩体结构面抗剪强度参数。

表 9-27 岩体物理力学参数

岩体基本质量级别	重度 γ /(kN/m³)	抗剪断峰值强度		变形模量 E_0 /MPa	泊松比 μ
		内摩擦角 φ/(°)	内聚力 C/MPa		
Ⅰ	>26.5	>60	>2.1	>33	<0.2
Ⅱ		60～50	2.1～1.5	33～20	0.2～0.25
Ⅲ	26.5～24.5	50～39	1.5～0.7	20～6	0.25～0.3
Ⅳ	24.5～22.5	39～27	0.7～0.2	6～1.3	0.3～0.35
Ⅴ	<22.5	<27	<0.2	<1.3	>0.35

表 9-28 岩体结构面抗剪峰值强度参数

序号	两侧岩体的坚硬程度及结构面的结合程度	内摩擦角 φ/(°)	内聚力 C/MPa
1	坚硬岩，结合好	>37	>0.22
2	坚硬—较坚硬岩，结合一般；较软岩，结合好	37～29	0.22～0.12
3	坚硬—较坚硬岩，结合差；较软岩—软岩，结合一般	29～19	0.12～0.08

续表 9-28

序号	两侧岩体的坚硬程度及结构面的结合程度	内摩擦角 φ/(°)	内聚力 C/MPa
4	较坚硬—较软岩,结合差—结合很差; 软岩,结合差; 软质岩的泥化面	19～13	0.08～0.05
5	较坚硬岩及全部软质岩,结合很差; 软质岩泥化层本身	<13	<0.05

9.4.2.2 地下工程岩体自稳能力的确定

利用标准中附录所列的地下工程岩体自稳能力(表 9-29),可以对跨度等于或小于 20 m 的地下工程作稳定性初步评估,当实际自稳能力与表中相应级别的自稳能力不相符时,应对岩体级别作相应调整。

表 9-29 地下工程自稳能力

岩体级别	自稳能力
Ⅰ	跨度小于等于 20 m,可长期稳定,偶有掉块,无塌方
Ⅱ	跨度 10～20 m,可基本稳定,局部可发生掉块或小塌方;跨度小于 10 m,可长期稳定,偶有掉块
Ⅲ	跨度 10～20 m,可稳定数日至 1 个月,可发生中至小塌方;跨度 5～10 m,可稳定数月,可发生局部块体位移及小至中塌方;跨度小于 5 m,可基本稳定
Ⅳ	跨度大于 5 m,一般无自稳能力,数日至数月内可发生松动变形、小塌方,进而发展为中至大塌方。埋深小时,以拱部松动破坏为主,埋深大时,有明显塑性流动变形和挤压变形破坏;跨度小于等于 5 m,可稳定数日至 1 个月
Ⅴ	无自稳能力

注:1. 小塌方:塌方高度小于 3 m,或塌方体积小于 30 m^3;
2. 中塌方:塌方高度 3～6 m,或塌方体积 30～100 m^3;
3. 大塌方:塌方高度大于 6 m,或塌方体积大于 100 m^3。

9.5 工程岩体稳定性的影响因素

从通常意义上讲,影响岩体稳定性的结构性因素主要是其自身的岩体结构,其次是人类的工程活动,包括地下水、地应力、地震、地热等。这里主要讨论人类工程活动、地下水和地震的影响。如雨季或地震发生时山区经常发生的滑坡和泥石流、水库蓄水与泄洪时出现的库岸岩体失稳、岩体工程结构在高烈度地震作用下的破坏与失稳等。这些破坏与失稳大都由地下水和地震、工程建设等诱发。

人类工程活动对岩体的影响主要表现在直接地改变了岩体所处的地质环境。从广义系统科学的基本原理可知,工程活动对岩体的影响相当于给岩体施加了一个扰动,甚至是强烈扰动。扰动后的岩体系统必然失去原来的系统结构功能,产生一个新的力学系统,这样岩体就处于一个新的演化过程中,不可避免地出现系统的稳定性发生起伏变化。这就是在工程建设中经常出现的边坡失稳事故的内在原因。如漫湾水电站左岸坝肩 120 m 的岩体边坡于 1989 年发生滑坡,工程被迫中断,并改变原枢纽布置,工期延误 1 a;天生桥二级厂房边坡在1986年开挖后即发生近150万方的山体蠕滑位移，迫使边坡开挖暂时中断，进行了减载、排水、施加预应力锚索；隔河岩水电站左岸导流洞出口高边坡失稳，使近20万方岸坡发生解体，延误工期3个月等。实际上在我国水利水电建设中，有相当多的工程建设成败的关键就是岩体稳定问题，因此对工程岩体进行研究，是工程建设的前提条件，具有十分重要的意义。

地下水在岩体中会产生渗流，由于大多数岩石本身的渗透性很小，因此，岩体的水力学性态主要取决于其中的节理空间几何分布、节理间的充填物和力学性质。一方面，在应力作用下，节理变形会引起节理的水力开度的变化，进而影响节理的渗透性；另一方面，地下水的渗流又会影响节理中的空隙水压力和节理的物理力学性质。因此，岩体中的应力场和渗流场相互作用、相互影响，岩体的整体变形和总体稳定性是两者耦合作用的结果。由此可见进行应力场—渗流场耦合分析的必要性和重要意义。事实上，由于人类对岩体的水力学效应缺乏足够的认识已经付出了惨痛的教训，如Malpasset拱坝的溃决，瓦依昂大坝上游库岸滑坡造成的涌浪等，无一例外地造成重大的损失。因此，研究节理岩体在渗流区的变形与破坏规律，科学地分析节理岩体与地下水的耦合作用关系，客观地评价节理岩体的稳定性，不仅有重要的理论价值，同时也具有重大的现实意义。

另一个直接影响工程岩体稳定性的因素就是地震。尽管地震发生的频率不高，但是它对人类所造成的损失无法估量。尽管人类为之投入巨大的力量，研究其形成、发生、发展以及对人类的影响，并取得了重大的进展。但是，即使现在，人们仍无法对地震进行短期即时预报，日本的神户大地震可以很好地说明这一问题。因此，现在有一种观点，即地震的中长期预报是可行的，但是短期的震前预报是不可靠的，与其进行地震的预测预报，不如防震所取得的成效。在这样的背景条件下，如何评价地震对各类建筑物的破坏和影响是问题的关键。目前，国内外对地面建筑物的评价理论与方法已基本成熟，并已有系统的规范。但对工程岩体（属于节理岩体）中的各种工程结构，如地面的高陡岩石边坡、路基，地下硐室（水电站的地下厂房、地下仓库、地下核废料处置工程、公路铁路隧道、国防工程）等，还没有足够的认识。这些位于岩体中的工程不仅受到地应力和地下水的作用，而且受高烈度地震的考验和工程建设的扰动。这些节理岩体的动力响应以及变形破坏过程有其特殊规律，其稳定性直接关系到工程建设的成败。因此，研究工程岩体的动力响应，评价工程岩体的动力稳定性与加固治理工程的可靠性，无疑具有十分重要的现实意义。

课后习题

[1] 简述岩石与岩体的含义。

[2] 简述工程岩体的分类。

[3] 工程岩体稳定性的影响因素有哪些？

10 土

土是连续、坚固的岩石在风化作用下形成的大小悬殊的颗粒，在原地残留或经过不同的搬运方式，在各种自然环境中形成的堆积物。由于土的形成年代与自然条件的不同，使各种土的工程性质有着很大的差异。

在处理各类岩土问题及进行土力学计算时，要了解土的物理力学性质及其变化规律，熟悉表征土的物理力学性质和各种指标的概念、测定方法及其相互换算关系，掌握土的工程分类原则与标准。

10.1 土的组成与结构、构造

在天然状态下，土是由固体、气体和液体三部分组成的三相系。固体部分即为土颗粒，由矿物成分或有机质组成，构成土的骨架。骨架间有许多孔隙，为水、气填充。土颗粒是土中最稳定、变化最小的部分，三相之间相互作用中，土颗粒一般也居于主导地位，土的工程性质主要取决于组成土的土颗粒的大小和矿物类型，即土的粒度成分和矿物成分。

10.1.1 土的固体颗粒

土的固体颗粒即为土的固相。土颗粒的大小、形状、矿物成分及大小搭配情况对土的性质有着显著影响。

土是由大小不同的颗粒组成的。颗粒的大小以直径（单位为 mm）计，称为粒径。介于一定粒径范围的土粒，称为粒组。土中不同粒组颗粒的相对含量，称为土的颗粒级配（或粒度成分），它以各粒组颗粒的质量占该土颗粒的总质量的百分数来表示。

土的粒径由大到小逐渐变化，土的工程性质也相应地发生变化。因此，在工程上粒组的划分在于使同一粒组土粒的工程性质相近，而与相邻粒组土粒的性质有明显差异。目前，土的粒组划分标准并不完全一致，一般采用的粒组划分及各粒组土粒的性质特征如表 10-1 所示。表 10-1 根据界限粒径：200、20、2、0.075、0.005 mm 把土粒分为六大粒组：漂石（块石）颗粒、卵石（碎石）颗粒、圆砾（角砾）颗粒、砂粒、粉粒及黏粒。

确定各粒组相对含量的方法称为颗粒分析实验，有筛分法和比重计法等。筛分法适用于粒径小于等于 60 mm，大于 0.075 mm 的土。此法用一套孔径不同的筛子，按从上至下筛孔逐渐减小放置。将事先称过质量的烘干的、松散的土样过筛，称出留在各筛上的土的质量，然后计算占总土粒质量的百分比。比重计法适用于粒径小于 0.075 mm 的试样质量占试样总质量 10%以上的土。比重计法根据球状的颗粒在水中下沉速度与颗粒直径的平方呈正比的原理，把颗粒按其在水中的下沉速度进行粒组分组。在实验室具体操作时，是利用比重计测定不同时间土粒和水混合悬浊液的密度，据此来计算出某一粒径土粒占总土粒质量的百分数。

表 10-1　　　　　　　　　　　　　　　　　　　土粒粒组划分

<table>
<tr><th colspan="2">粒组名称</th><th>粒径范围/mm</th><th>一　般　特　征</th></tr>
<tr><td colspan="2">漂石或块石颗粒
卵石或碎石颗粒</td><td>＞200
200～20</td><td>透水性很大；无黏性；无毛细作用</td></tr>
<tr><td rowspan="3">圆砾或
角砾颗粒</td><td>粗</td><td>20～10</td><td rowspan="3">透水性大；无黏性；毛细水上升高度不超过粒径大小</td></tr>
<tr><td>中</td><td>10～5</td></tr>
<tr><td>细</td><td>5～2</td></tr>
<tr><td rowspan="4">砂粒</td><td>粗</td><td>2～0.5</td><td rowspan="4">易透水；无黏性，无塑性，干燥时松散；毛细水上升高度不大（一般小于 1 m）</td></tr>
<tr><td>中</td><td>0.5～0.25</td></tr>
<tr><td>细</td><td>0.25～0.1</td></tr>
<tr><td>极细</td><td>0.1～0.75</td></tr>
<tr><td rowspan="2">粉粒</td><td>粗</td><td>0.075～0.01</td><td rowspan="2">透水性小；湿时稍有黏性（毛细力连接），干燥时松散，饱和时易流动；无塑性和遇水膨胀性；毛细水上升高度大；湿水震动时有水析现象（液化）</td></tr>
<tr><td>细</td><td>0.01～0.005</td></tr>
<tr><td>黏粒</td><td></td><td>＜0.005</td><td>透水性很小；湿时有黏性、可塑性，遇水膨胀大，干时收缩显著；毛细水上升高度大，但速度缓慢</td></tr>
</table>

注：1. 漂石、卵石和圆砾颗粒呈一定的磨圆形状（圆形或亚圆形）；块石、碎石和角砾颗粒带有棱角。
2. 粉粒的粒径上限也有采用 0.074 mm、0.05 mm 或 0.06 mm 的。黏粒的粒径上限也有采用 0.002 mm 的。

如表 10-1 所述各粒组特征的规律是，颗粒越细小，与水的作用越强烈。所以，毛细作用由无到毛细水上升高度逐渐增大；透水性由大到小；逐渐由无黏性、无塑性到具有越大的黏性和塑性以及吸水膨胀性等一系列特殊性质；在力学上，强度逐渐变小，受外力时，越易变性。

根据颗粒分析实验结果，可以绘制如图 10-1 所示的颗粒级配曲线，图中纵坐标表示小于某粒径的土粒含量百分比，横坐标表示土粒的粒径。颗粒级配曲线可为自然数坐标系和对数坐标系两种，由于土粒中所含粒组的粒径往往相差几千倍、几万倍甚至更大，且细粒土的含量对土的性质影响很大，必须清楚表达，因此对数坐标系应用比较广泛。

根据曲线的坡度和曲率可判断土的级配情况。如曲线平缓，表示土粒大小均有，即级配良好；如曲线较陡，则表示颗粒粒径相差不大，颗粒较均匀，即级配不良。

为了定量反映土的不均匀性，工程上常用不均匀系数 C_u 来描述颗粒级配的不均匀程度：

$$C_u = \frac{d_{60}}{d_{10}} \tag{10-1}$$

式中，d_{60}，d_{10} 分别为土中某粒径的土的质量占土的总质量的 60%、10%时相应的粒径；d_{60} 为限定粒径，d_{10} 为有效粒径。其中，d_{10} 之所以被称为有效粒径，是因为它是土中有代表性的粒径，对分析评定土的某些工程性质有一定意义。

C_u 越大，表示土粒越不均匀。工程上把 $C_u<5$ 的土视为级配不良的土，$C_u>10$ 的土视为级配良好的土。

除不均匀系数外，还可以用曲率系数（C_c）来说明累计曲线的整体形状，从而分析评述土粒成分的组合特征：

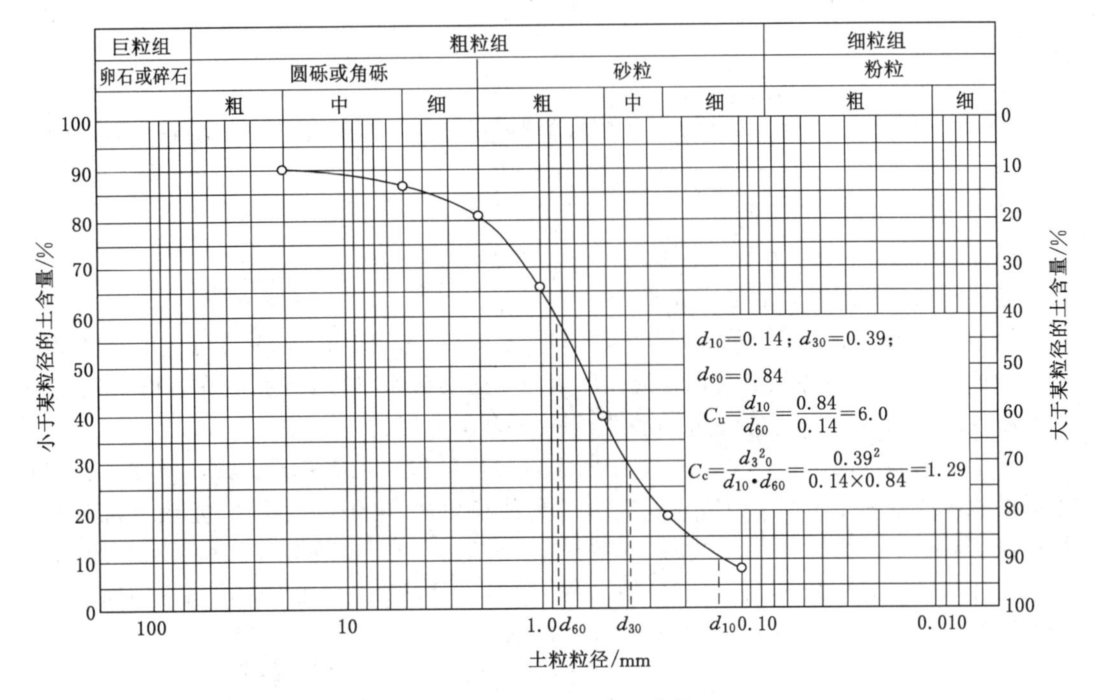

图 10-1　颗粒粒径级配曲线

$$C_c=\frac{d_{30}^2}{d_{10}\cdot d_{60}} \tag{10-2}$$

C_c 值在 1～3 之间的土为级配良好；C_c 值小于 1 或大于 3 的土，累计曲线都明显弯曲（凹面朝下或朝上）而呈阶梯状，粒度成分不连续，主要由大颗粒和小颗粒组成，缺少中间颗粒。

10.1.2　土的矿物成分

土的固相部分是由各种矿物颗粒或矿物集合体组成的。不同矿物性质是有所差别的，所以由不同矿物组成的土的性质也不同，其分为四大类：原生矿物；不溶于水的次生矿物（以黏土矿物和硅、铝氧化物为主）；可溶盐类及易分解的矿物；有机质。在土质学中常将后三种次生矿物称为不稳定矿物。对土体的工程性质有剧烈影响的黏土颗粒（黏粒），就主要是由这些矿物组成。黏粒由于由这些不稳定矿物组成，并且本身颗粒细小、表面能很大，因此对土体的工程性质有着特殊的影响作用。

10.1.2.1　原生矿物

原生矿物是岩石经物理风化破碎但成分没有发生变化的矿物碎屑。常见的原生矿物有石英、长石、云母、闪石、辉石、橄榄石、石榴石等。原生矿物一般都比较粗大，它们主要存在于卵、砾、砂、粉各粒组中，是组成粗粒土的主要矿物成分，其性质较稳定，由其组成的土无黏性、透水性较大、压缩性较低。

10.1.2.2　次生矿物

次生矿物是原生矿物经过化学风化作用，使其进一步分解，形成一些颗粒更细小的新矿物。原生矿物中部分可溶物质被水溶滤并携带到其他地方沉淀下来形成可溶盐类及易分解的矿物；原生矿物中的可溶部分被溶滤后的残余物，改变了原来的矿物成分与结构，形成了不溶于水的次生矿物。

不溶于水的次生矿物主要有：

① 黏土矿物，为含水硅铝酸盐，主要有高岭石、伊利石、水云母及蒙脱石等三个基本类别；

② 次生 SiO_2(胶态、准胶态 SiO_2)；

③ 倍半氧化物(Al_2O_3 和 Fe_2O_3 等)。

这些矿物是构成黏粒的主要成分。

这类矿物最主要特点是呈高度分散状态即胶态或准胶态。因此，决定了它们具有很高的表面能、亲水性及一系列特殊的性质。所以只要这类矿物在土中少量存在，就往往引起土的工程性质的显著改变，如产生大的塑性、强度剧烈降低等。

这类矿物的不同矿物种类之间，对土的工程性质的影响也有差异。其本质在于它们有不同的化学成分和结晶格架构造。近代用 X 射线衍射法、电子显微镜法、差热分析及电子探针法等对黏土矿物的研究，认为黏土矿物的晶格结构主要由两种基本结构单元组成，即硅氧四面体和铝氢氧八面体层的层状结构，如图 10-2 所示。而上述四面体层与八面体层之间的不同组合结果，即形成不同性质的黏土矿物类别。

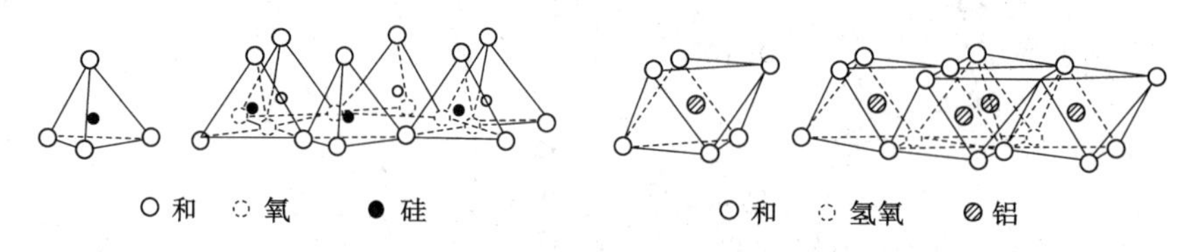

图 10-2 黏土矿物晶格的两种基本结构单元和结构层

(a) 硅氧四面体及其四面体层；(b) 铝氢氧八面体及其八面体层

黏土矿物是由原生硅酸盐类经水解作用而形成的次生硅酸盐矿物，具有层状或链状晶体结构，外形多呈片状，且含有不同数量的水。常见的有高岭石、蒙脱石和伊利石三大类。

(1) 高岭石类

高岭石类的结晶格架的每个晶胞分别由一个铝氢氧八面体和硅氧四面体层组成，即为 1∶1 型(或称二层型)，如图 10-3(a)所示。其两个相邻晶胞之间以 O^{2-} 和 OH^- 不同的原子层相接，则除温德华键外，具有很强的氢键连接作用，使各晶胞间紧密连接，因而使高岭石类黏土矿物具有较稳固的结晶格架，水较难进入其结晶格架内，所以水与这种矿物之间的作用比较弱。当然，在其晶格的断口，或由于离子同型置换，会有游离价的原子吸引部分水分子，而形成较薄水化膜，因而主要由这类矿物组成的黏土的膨胀性和压缩性等均较小。

(2) 蒙脱石类

蒙脱石类矿物的结晶格架与高岭石类不同，它的晶胞由两个硅氧四面体层夹一个铝氧八面体层组成，为 2∶1 型(或称三层型)结构单位层，如图 10-3(b)所示。则其相邻晶胞之间以相同的原子 O^{2-} 相接，只有分子键连接，且具有电性相斥作用。因此，其各晶胞之间的连接不仅极弱，且不稳固，晶胞间易于移动。水分子很容易在晶胞之间浸入(楔入)，吸水时晶胞间距变宽，晶格膨胀；失水时晶格收缩。所以蒙脱石类黏土矿物与水作用很强烈，在土

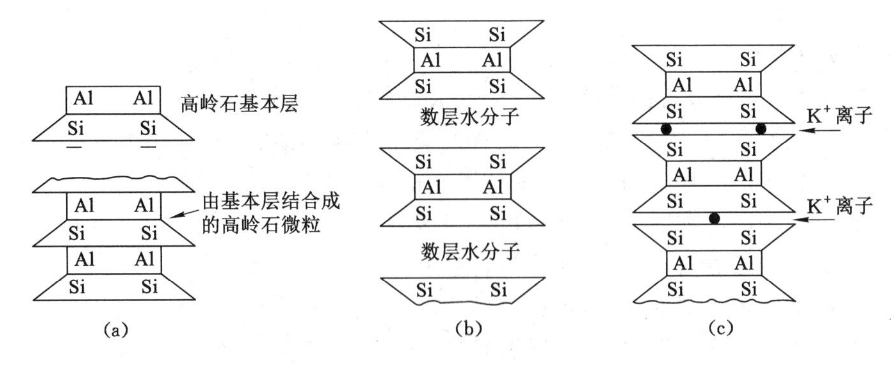

图 10-3 黏土矿物结构单元示意图

(a) 高岭石；(b) 蒙脱石；(c) 伊利石

粒外围形成很厚的水化膜，当土中蒙脱石含量较多时，土的膨胀性和压缩性等都很大，强度则剧烈变小。

(3) 伊利石、水云母类

伊利石、水云母类的晶胞与蒙脱石同属于 2∶1 型结构单位层，不同的是其硅氧四面体中的部分 Si^{4+} 常被 Al^{3+}、Fe^{3+} 所置换，因而在相邻晶胞间会出现若干一价正离子 K^{+} 以补偿晶胞中正电荷的不足，并将相邻晶胞相连，如图 10-3(c)所示。所以，伊利石、水云母类的结晶格架没有蒙脱石类那样活动，其亲水性及对土的工程性质影响介于蒙脱石和高岭石之间。

10.1.2.3 *可溶盐类及易分解的矿物*

土中常见的可容盐类，按其被水溶解的难易程度可分为：

① 易溶盐——主要有 $NaCl$，$CaCl_2$，$Na_2SO_4 \cdot 10H_2O$(芒硝)，$Na_2CO_3 \cdot 10H_2O$ 等；

② 中溶盐——主要为 $CaSO_4 \cdot 2H_2O$(石膏)和 $MgSO_4$ 等；

③ 难溶盐——主要为 $CaCO_3$ 和 $MgCO_3$ 等。

这些盐类常以夹层、透镜体、网脉、结核或呈分散的颗粒、薄膜或粒间胶结物含于土层中。其中，易溶盐类极易被大气降水或地下水溶滤出去，所以分布范围较窄，但在干旱气候区和地下水排泄不良地区，它是地表上层土中的典型产物，即形成所谓盐碱土和盐渍土。

可溶盐类对土的工程性质影响的实质，在于含盐土浸水后盐类被溶解，使土的粒间联结削弱，甚至消失，并同时增大土的孔隙性，从而降低土体的强度和稳定性，增大其压缩性。其影响程度，取决于三个方面：① 盐类的成分与溶解度。② 含量。③ 分布的均匀性及分布方式。均匀、分散分布者，盐分溶解对土的工程性质及结构工程的影响较小，且土的抗溶蚀能力较强；不均匀、集中分布(例如至厚的透镜状)者，盐分溶解对土工程性质及结构工程的影响则剧烈。

土中的易分解矿物，常见的主要有黄铁矿及其他硫化物和硫酸盐类。处于还原环境的土(如深水海淤)中常含有黄铁矿，呈大小不同的结核状或与土颗粒紧密结合的薄膜状和充填物。

土中含黄铁矿、硫酸盐等遇水分解后的影响在于：

① 浸水后削弱或破坏土体的粒间连接及增大土的孔隙性(与一般可溶盐影响相同)；

② 分离出硫酸，对建筑基础及各种管道设施起腐蚀作用。

10.1.2.4 有机质

当有机质在黏性土中的含量达到或超过 5%(在砂土中的含量达到或超过 3%)时，就开始对土的工程性质具有显著的影响。例如，在天然状态下这种黏性土的含水量显著增大，呈现高压缩性和低强度等。有机质对土的工程性质的影响实质在于，它比黏土矿物有更强的胶体特性和更高的亲水性。所以，有机质比黏土矿物对土性质的影响更剧烈。

有机质对土的工程性质的影响程度的决定因素：

① 有机质的含量越高，对土的性质影响越大。

② 有机质的分解程度越高，影响越剧烈。

③ 土被水浸的程度或饱和度：水浸程度或饱和度不同，有机质对土有截然不同的影响。较干燥时，有机质可起到较强的粒间联结作用；而当土的含水量增大，结合水膜剧烈增厚，削弱土的粒间联结，必然使土的强度显著降低。

④ 有机质土层的厚度、分布均匀性及分布方式。

10.1.3 土中水和气体

10.1.3.1 土中水

自然条件下，土中总是含水的。一般黏土，特别是饱和软黏土，土中水的体积常占据整个土体相当大的比例(一般为 50%～60%，甚至高达 80%)。土的细颗粒越多，即土的分散度越大，水对土的性质影响越大。所以，对于黏土，则更需重视研究土中水的含量及其类别与性质。

水分子 H_2O 是强极性分子，其中，O^{2-} 和 H^+ 的分布各偏向一方，氢离子端显正电荷，氧离子端显负电荷，键角略小于 105°。水分子以氢氧键联结。

水常以不同的形态存在于土中，并与土相互作用，是影响土的工程地质性质的重要因素。土中细粒越多，即土的分散度越大，水对土的性质的影响也越大。按照土中水的性质差异及其对土的影响性质与程度，可将土中水分为结合水和非结合水两大类(图 10-4)。

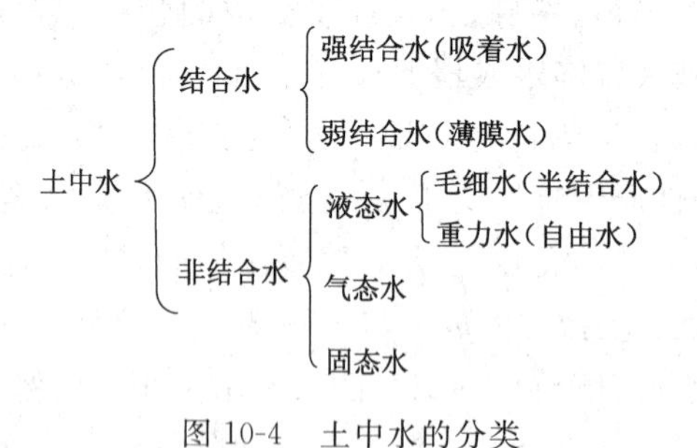

图 10-4 土中水的分类

存在于土粒矿物结晶格架内部或参与矿物晶格构成的水，称为矿物内部结合水和结晶水，它只有在高温(140～700 ℃)下才能汽化为气态水而与土粒分离，所以，从对土的工程性质影响来看，应该把矿物内部结合水和结晶水当作矿物颗粒的一部分。

(1) 结合水

结合水是指受分子引力、静电引力吸附于土粒表面的土中水。这种吸引力高达几千到几万个大气压，使水分子和土粒表面牢固地黏结在一起。

由于土粒表面一般带有负电荷，围绕土粒形成电场，在土粒电场范围内的水分子和水溶液中的阳离子(如 Na^+、Ca^{2+}、Al^{3+} 等)一起被吸附在土粒表面。因水分子是极性分子,它被土粒表面电荷或水溶液中离子电荷吸引而定向排列(图 10-5)。

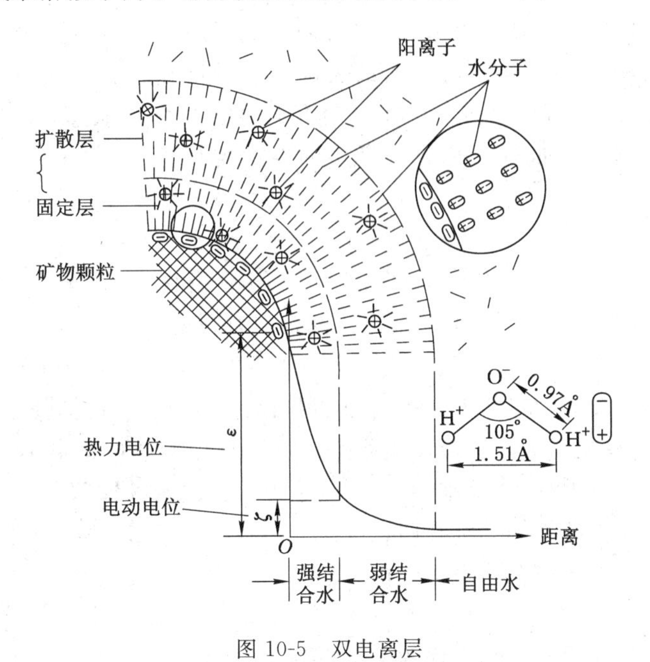

图 10-5 双电离层

土粒周围水溶液中的阳离子和水分子,受到土粒所形成的电场静电引力作用和布朗运动(热运动)的扩散力作用。在最靠近土粒表面,静电作用强,水化离子和水分子牢靠地吸附在颗粒表面,形成固定层。在固定层外,静电引力作用较小,形成扩散层。固定层和扩散层中所含阳离子(亦称反离子)与土粒表面负电荷一起即构成双电层(图 10-5)。

在图 10-5 中,在土粒与水溶液分界面上产生的总电位称为热力电位(ε 电位)。它决定于土粒和水溶液的成分以及相互作用时的环境。在固定层与扩散层的分界面上的电位称为电动电位(ζ 电位)。ζ 电位比 ε 电位小得多,当 ε 电位为一定数值时,ζ 电位越大,形成扩散水膜的厚度越大。扩散层水膜的厚度对黏性土的特性影响很大。即当土粒扩散层厚度越大,土的膨胀性、压缩性越强,强度越低。

结合水可分为强结合水和弱结合水两种。强结合水是相当于反离子层的内层即固定层中的水,而弱结合水则相当于扩散层中的水。

① 强结合水:排列致密、定向性强,密度大于 1 g/cm^3,冰点为 −78 ℃,具有固体的特性,温度高于 100 ℃时可蒸发。

② 弱结合水:位于强结合水之外,电场引力作用范围之内,外力作用下可以移动,不因重力而移动,有黏滞性。弱结合水离土粒表面越远,其受到的静电引力越小,并逐渐过渡到非结合水。

(2) 非结合水

非结合水为土粒孔隙中超出土粒表面静电引力作用范围的一般液态水。主要受重力作用控制,能传递静水压力和能溶解盐分,在温度 0 ℃左右冻结成冰。典型代表是重力水和介于重力水与结合水之间的水位毛细水。

① 毛细水

毛细水是分布在结合水外围,受土粒表面的静电影响和重力作用的控制。所以毛细水是存在于土中细小的孔隙中,因与土颗粒的分子引力和水与空气界面的表面张力共同作用构成的毛细作用而与土颗粒结合,存在于地下水面以上的一种过渡类型水。其形成过程可用物理学中的毛细管现象来解释(图 10-6)。

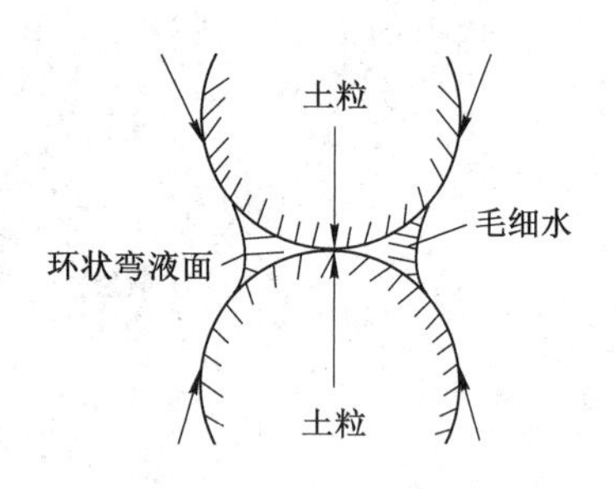

图 10-6　毛细压力示意图

毛细管现象的物理解释:一般认为,在土的孔隙中,水与土粒表面的浸湿力(分子引力)使接近土粒的水上升,而孔隙中的水形成弯液面,水与空气界面的内聚力(表面张力)总是企图将其缩小至最小面积,即使弯液面变为水平面。但当弯液面的中心部分有所升起时,水面与土粒间的浸湿力又立即将弯液面的边缘牵引上去。这样,浸湿力使毛细水上升,并保持弯液面,直到毛细水柱的重力与弯液面表面张力向上方的分力平衡时,水才停止上升。这种由弯液面产生的向上拉力称为“毛细力”。由毛细力维持的水柱这部分水即为毛细水。

毛细水主要存在于砂土的毛细孔隙(孔径为 0.002～0.5 mm)中。孔隙更细小者,土粒周围的结合水膜有可能充满孔隙而不能再有毛细水。粗大的孔隙,毛细力极弱,难以形成毛细水。

毛细水对土工程性质及建筑工程的影响在于:

a. 在非饱和土中局部存在毛细水时,产生毛细内聚力或假内聚力,使土粒间的有效应力增高而增大土的强度。但当土体浸水饱和或失水干燥时,这种内聚力消失。在工程上为安全考虑,不考虑毛细水在某些情况下引起的有利因素,反而考虑毛细水上升使土层含水量增大,从而降低土的强度和增大土的压缩性等不利影响。

b. 当毛细水上升接近建筑物基础底面时,毛细压力作为基底附加压力的增值,可能加大建筑物沉降量。

c. 当毛细水上升至近地表时,不仅能引起沼泽化、盐渍化,而且也使地基、路基土浸湿,降低土的力学强度。

d. 在寒冷地区,还将加剧冻胀作用。

e. 浸润基础或管道时,水中盐分对混凝土和金属材料常具有腐蚀作用。

② 重力水(自由水)

重力水是存在于较粗大孔隙中,具有自由活动能力,在重力作用下流动的水,为普通液态水。重力水在流动时产生动水压力,冲刷带走土中的细小颗粒的作用称为机械潜蚀作用,重力水溶解矿物颗粒的能力称为化学潜蚀作用。潜蚀作用的结果使土体中的孔隙增大,压缩性提高,抗剪强度降低。

③ 固态水

在常压下,当温度低于 0 ℃时,孔隙中的水冻结呈固态,往往以冰夹层、冰透镜体、细小的冰晶体等形式存在于土中。固态水在土中起胶结作用,提高了土的强度。但解冻后,土体的强度往往低于结冰前的强度,因为从固态水转为液态水时,体积缩小,使土体孔隙增大,解冻后土结构变得松散。

④ 气态水

气态水以水汽状态存在，严格地讲，它应属土的气体相部分。它可以从气压高的地方向气压低的地方移动，可在土粒表面凝结成其他类型的水，在一定的温度与压力条件下，与液态水保持着动态平衡。气态水的迁移和聚凝可使土中水和气体的分布状况发生变化，使土的性质改变。

10.1.3.2 土中气体

气体在土孔隙中有两种不同形式存在：① 自由气体：与大气连通，对土的性质影响不大。② 封闭气体：增加土的弹性；阻塞渗流通道。

土中的气体主要为空气和水汽。但有时也可能会含有较多的二氧化碳、沼气及硫化氢等气体。这些气体大多因生物化学作用生成。与土中液体相组成部分比较，气体对于土体的工程地质性质影响较小；但在某些情况下，却有重要的意义。它能影响到土体的强度和变形。

10.1.4 土的结构和构造

土的工程性质及其变化，除取决于其物质成分外，在较大的程度上还取决于土的结构和构造。诸如土的粒间联结性质和强度；层理特点；裂隙发育程度和方向；土质的其他均匀性特征等。土的结构、构造特征首先与其形成环境和形成历史有关，其结构性质还与其组成成分密切相关。

10.1.4.1 土的结构

土的结构，是指土颗粒本身的特点和颗粒间相互关系的综合特征。具体来说是指：

① 土颗粒本身的特点：大小、形状和磨圆度及表面性质等。这些结构特征对粗粒土的物理力学性质有重要影响，但对细粒土的影响不大。

② 土颗粒之间的相互关系特点：粒间排列及其联结性质。据此可把土的结构分为单粒结构和集合体结构。这两大类结构特征的形成和变化取决于土的颗粒组成、矿物成分和所处环境条件。

单粒结构（散粒结构）是碎石（卵石）、砾石类土和砂土等无黏性土的基本结构形式。单粒结构对土的工程性质影响取决于其松密程度。而松密程度取决于沉积条件和后来的变化作用。

疏松的单粒结构是当堆积速度快，土粒浑圆度又较低时形成的，如洪水泛滥堆积的砂层、砾石层，可存在较大孔隙，孔隙率亦大，土粒位置不稳定，在较大压力，特别是动载荷作用下，土粒易移动而趋于紧密[图 10-7(a)]。

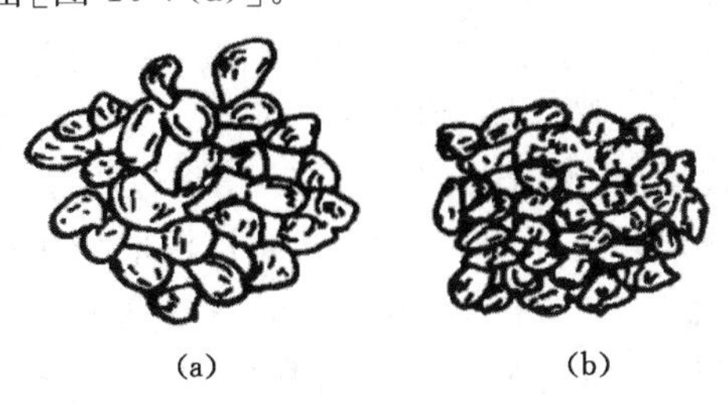

图 10-7 单粒结构的松散状态
(a) 疏松单粒结构；(b) 紧密单粒结构

紧密的单粒结构是当土粒堆积过程缓慢,并且被反复推移形成的。如海、湖岸边激浪的冲击推移作用,所沉积的砂层常呈紧密的单粒结构。砂粒浑圆光滑者排列会更紧密,孔隙小,孔隙率也小,土粒位置较稳定。因此,具有坚固的土粒骨架,静载荷对它几乎没有压缩作用[图 10-7(b)]。

总之,具有单粒结构的碎石土和砂土,孔隙比较小,孔隙率大,透水性强,土粒间一般没有内聚力,但土粒相互依靠支承,内摩擦力大,并且受压力时土体积变化较小。再者,由于这类土的透水性强,孔隙水很容易排出,在载荷作用下压密过程很快。因此,即使原来比较疏松,当建筑物结构封顶,地基沉降也告完成。所以,对于具有单粒结构的土体,一般情况(静载荷作用)下可以不必担心它的强度和变形问题。

集合体结构(聚粒结构或絮凝结构),这类结构为黏性土所特有。据颗粒组成、联结特点及性状的差异性分为:

蜂窝状结构——此种结构是由较粗黏粒和粉粒的单个颗粒之间以面—点、边—点或边—边受异性电引力和分子引力相联结组合而成的疏松多孔结构(图 10-8)。

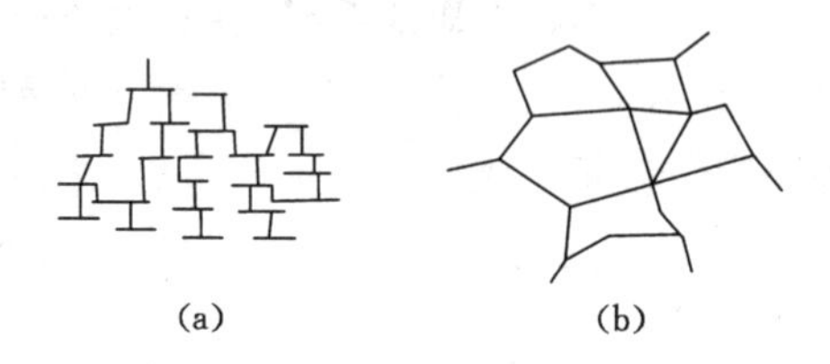

图 10-8 蜂窝状结构(聚粒结构)

絮状结构——是由更小黏粒联结形成的,是上述蜂窝状的若干聚粒之间,以面—边或边—边联结组合而成的更疏松、孔隙体积更大的结构(图 10-9)。

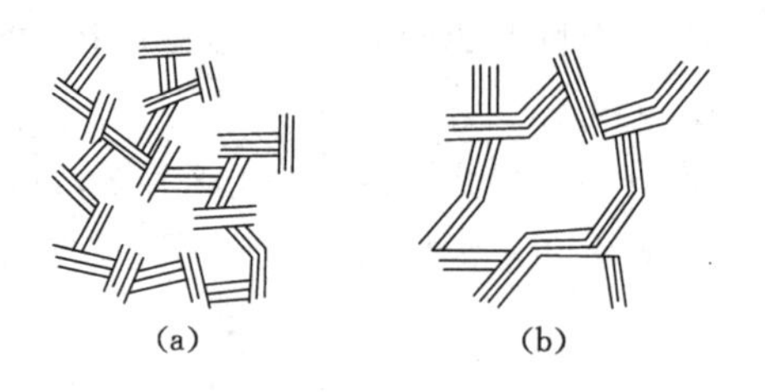

图 10-9 絮状结构

(a) 单个颗粒边—面絮凝;(b) 单个颗粒边—边絮凝

具有集合体结构的土体的特征:孔隙率很大(可达 50%~98%),而各单独孔隙的直径很小。特别是聚粒絮凝结构的孔隙更小,但孔隙率更大。因此,土的压缩性更大;含水量很大,往往超过 50%,而且因以结合水为主,排水困难,压缩过程缓慢;具有大的易变性—不稳定性:外界条件变化(如加压、震动、干燥、浸湿以及水溶液成分和性质变化等)对它的影响很敏感,且往往使之产生质的变化。故集合体结构又称为易变结构。例如,软黏性土的触变性就是由于这类结构的不稳定性而形成的一种特殊性质。

10.1.4.2 土的构造

土的构造,是指整个土层(土体)构成上的不均匀性特征的总合。

整个土体构成上的不均匀性包括:层理、夹层、透镜体、结核、组成颗粒大小悬殊及裂隙发育程度与特征等。这种构成上的不均匀性是由于土的矿物成分及结构变化所造成的。一般土体的构造在水平方向或竖立方向变化往往较大，其特征受成因控制。

研究土体构造特征的重要意义：

① 土体构造特征反映土体在力学性质和其他工程性质的各向异性或土体各部位的不均匀性。因此，要掌握其变化规律。

例如，由砂土和黏性土组成的层状或互层构造土体的物理力学性质都显示了各向异性的特点。黄土由于其垂直节理发育，其抗水稳定性和力学稳定性强烈降低，特别是在边坡地段，沿节理极易产生滑坡和塌方现象。

② 土体的结构特征是决定勘查、取样或原位测试布置方案和数量的重要因素之一。

例如，在山前或山谷口洪积扇地带的建筑场地，按其土体的结构特点，应对沿山沟口到洪积扇外缘方向多布孔，但勘探线间距可增大。

土体的构造和它的结构特征一样，也是在它生成过程各有关因素作用下形成的。所以，每种成因类型的土体，都具有其各自特有的构造。

对于碎石土，粗石状构造和假斑状构造是最普遍的。

① 粗石状构造，是由相互挤靠着的粗大碎屑形成骨架，外表很像“干砌石”一样。岩堆、泥石流上游堆积及山区河流上游的河床沉积物等常具有这种构造特征。这种构造的土体，一般具有很高的强度和很好的透水性（但还取决于粗大碎屑孔隙间充填物的性质和充填程度）。

② 假斑状构造，是在较细颗粒组成的土体中，混杂着一些较粗或粗大碎屑，而粗大碎屑（颗粒）互不接触，不能形成骨架。例如，洪积扇中上部位等常具有这种特征。这种构造土体的工程性质，主要取决于其中细粒物质的成分（土类）、性质，特别是所处稠度状态（对于黏性土）或密实状态（对于砂土和粉土）。

对于砂土和砂质粉土，各种不同形式的夹层、透镜体或交错层构造较为普遍。

① 夹层或透镜体构造，在砂土和砂质粉土层中，常具有黏性土或淤泥质黏性土夹层和透镜体构造，形成土体中的软弱面，而可能造成建筑物地基失稳或边坡土体产生滑动；其力学性质和透水性呈各向异性。

② 交错层构造，为粒度较均匀的交错层构造，如风积沙等，对其性质可看成是均质的，在静载荷作用下强度较高。

黏性土中，常见有层状、显微层状构造及各种裂隙、节理构造。

① 夹层或透镜体构造：河流三角洲沉积的黏性土层中，常含有砂夹层或透镜体。对这类构造土体，除需注意其物理力学性质的各向异性特征外，其中的砂夹层对加速土体在载荷作用下的固结和强度增长是有利的。

② 显微层状构造：显微层状构造是指厚层黏性土层中间夹数量极多的极薄层（厚度常仅 1～2 mm）砂，呈“千层饼”状的构造。为滨海相或三角洲相静水环境沉积者所具有。这类构造也使土体具有各向异性，并有利于排水固结。

③ 裂隙、节理构造：膨胀土的裂隙常在其近地表 2～3 m 以浅范围呈网状分布，上宽下窄直至消失，一般宽度常达 2～5 mm，内充填有高岭石或伊利石等黏土矿物，浸水后软化。黏性土层的裂隙、节理构造，使土体丧失整体性，强度和稳定性剧烈降低。

10.2 土的物理力学性质

10.2.1 土的“三相”比例指标

三相比例指标反映了土的干燥与潮湿、疏松与紧密，是评价土的工程性质的最基本的物理性质指标。土的三相比例指标包括土的颗粒相对密度、重度、含水量、饱和度、孔隙比和孔隙率等。

10.2.1.1 三相比例指标

为了便于说明和计算，用图 10-10 所示的土的三相组成来表示各部分的关系，图中各符号意义如下：

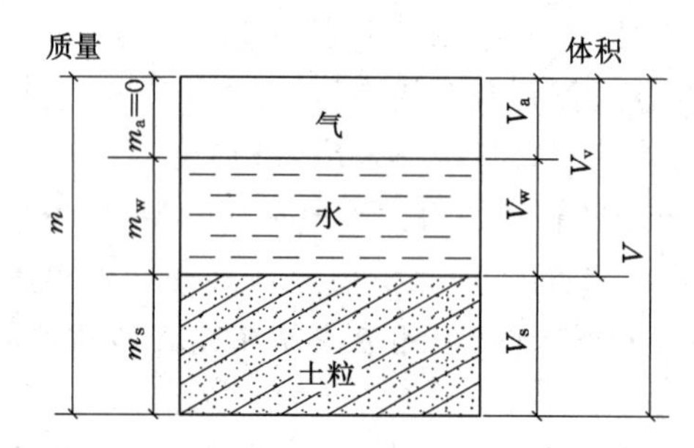

图 10-10 土的三相组成示意图

m_s——土粒质量；

m_w——土中水质量；

m——土的总质量，$m=m_s+m_w$；

V_s——土粒体积；

V_w——土中水体积，$\rho_w \cdot V_w=m_w(\rho_w=1\ \mathrm{kg/m^3})$；

V_a——土中气体体积；

V_v——土中孔隙体积，$V_v=V_w+V_a$；

V——土的总体积，$V=V_s+V_w+V_a$。

(1) 颗粒相对密度 G

土粒质量与同体积 4 ℃时水的质量之比，在数值上等于单位体积土粒（固体部分）的质量。土的颗粒相对密度决定于土的矿物成分。

$$G=\frac{m_s}{V_s}\cdot\frac{1}{\rho_w} \tag{10-3}$$

式中 ρ_w——水在 4 ℃时的密度。

土粒相对密度一般范围：黏性土 2.70～2.75；砂土 2.65。

(2) 土的重度 γ

单位体积土的重力（单位为 $\mathrm{kN/m^3}$）。土的重度取决于土粒的质量，孔隙体积的大小和孔隙中水的质量，综合反映了土的组成和结构特性。

$$\gamma=\frac{W}{V}=\frac{(m_s+m_w)g}{V_s+V_v} \tag{10-4}$$

(3) 土的干重度 γ_d、饱和重度 γ_{sat} 和浮重度 γ'

土单位体积中固体颗粒部分的重力称为土的干重度 γ_d。

$$\gamma_d=\frac{m_s g}{V} \tag{10-5}$$

在工程上常把干重度作为评定土体紧密程度的标准，以控制填土工程的施工质量。

土孔隙中充满水时的单位体积重力，称为土的饱和重度 γ_{sat}，即：

$$\gamma_{sat}=\frac{(m_s+V_v\rho_w)g}{V} \tag{10-6}$$

在地下水位以下，单位土体积中土粒的重力扣除浮力后，即为单位土体积中土粒的有效重力，称为土的浮重度 γ'，即：

$$\gamma'=\frac{(m_s-V_s\rho_w)g}{V}=\frac{(m_s+V_v\rho_w-V\rho_w)g}{V}=\gamma_{sat}-\gamma_w \tag{10-7}$$

(4) 土的含水量

土中水的质量与土粒质量之比，称为土的含水量，以百分数计。含水量是标志土的湿度的一个重要物理指标，与土的种类 $\omega=\frac{m_w}{m_s}\times 100\%$、埋藏条件及其所处的自然地理环境有关。

$$\omega=\frac{m_w}{m_s}\times 100\% \tag{10-8}$$

(5) 土的饱和度 S_r

土中被水充满的孔隙体积与孔隙总体积之比，称为土的饱和度，以百分数计。饱和度值 S_r 越大，表明土孔隙中充水越多。

$$S_r=\frac{V_w}{V_v} \tag{10-9}$$

工程实际中，按饱和度将土划分为三种含水状态：$S_r<50\%$，稍湿的；S_r 为 50%～80%，很湿的；$S_r>80\%$，饱水的。

(6) 土的孔隙比 e 和孔隙率 η

土的孔隙比 e 是土中孔隙的体积与土粒体积之比。孔隙比是一个重要的物理性指标，可以用来评价天然土层的密实程度。一般 $e<0.6$ 的土为密实的低压缩性土，$e>1.0$ 的土是疏松的高压缩性土。

$$e=\frac{V_v}{V_s} \tag{10-10}$$

土的孔隙率 η 是土中孔隙所占的体积与总体积之比，用百分数表示。

$$\eta=\frac{V_v}{V}\times 100\% \tag{10-11}$$

10.2.1.2 指标的换算关系

上述土的三相比例指标中，土粒的相对密度 G、含水量 w 和重度 γ 三个指标是通过实验测定的。在测定这三个指标后，可以推导出其余各个指标。

10.2.2 无黏性土的紧密状态

无黏性土包括碎石、砾石和砂类土等单粒结构的土。

无黏性土的紧密状态是判定其工程性质的重要指标，综合反映了无黏性土颗粒的岩石和矿物组成、粒度组成、颗粒形状和排列等对其工程性质的影响。

无黏性土的紧密状态与其工程性质有着密切的关系。密实的砂土具有较高的强度和较低的压缩性，是良好的建筑物地基；但松散的砂土，尤其是饱和松散砂土，不仅强度低，且水稳定性很差，容易产生流沙、液化等工程事故。对砂土评价的主要问题是正确地划分其密实度。

决定无黏性土紧密状态的因素：

① 受荷历史——年代较老，有超压密历史的，密实度大。

② 形成环境——洪积、坡积比冲积、冰积、海积的密实度小。

③ 颗粒组成——粗、不均匀，密实度大。

④ 矿物成分及颗粒形状——片状云母与柱状、粒状颗粒组成比，密实度小。

通常用来衡量无黏性土密实程度的物理量有两个，一个是孔隙比，另一个是无黏性土的相对密实度。

（1）天然孔隙比 e

砂土的承载力不论其颗粒组成的粗细，均随着天然孔隙比的减小而显著增大。通过测量天然重度，换算天然孔隙比，具体划分指标见表 10-2。

表 10-2　　按天然孔隙比 e 划分砂土的紧密状态

砂土名称	密实	中实	稍密	疏松
砾砂、粗砂、中砂	<0.60	0.60～0.75	0.75～0.85	>0.85
细砂、粉砂	<0.70	0.70～0.85	0.85～0.95	>0.95

对于位于地下水位以上的砂土，可用环刀法或灌砂法（或注水法）来测定其天然重度，即可求出砂土的天然孔隙比。

对于地下水位以下的砂土，特别是粉细砂，要采取原状试样是存在困难的，必须于钻孔内取样。但因砂土无黏聚性，在钻孔中取样即使采用重锤少击方法，也很难避免土体结构扰动而改变土的天然孔隙比。

（2）相对密实度 D_r

天然孔隙比作为砂土密实状态的分类指标缺乏概括性，因土的密实度还与砂粒的形状、粒径级配等有关。例如，疏松、级配良好的砂土孔隙比，比紧密、颗粒均匀的砂土孔隙比小。为了同时考虑孔隙比和级配的影响，引入相对密实度的概念。

$$D_r=\frac{e_{max}-e}{e_{max}-e_{min}} \tag{10-12}$$

式中　e_{max}——砂土在最松散状态时的孔隙比；

e_{min}——砂土在最密实状态时的孔隙比，即最小孔隙比；

e——砂土的天然孔隙比。

按天然孔隙比 e 划分砂土的紧密状态见表 10-3。

表 10-3 **按天然孔隙比 e 确定砂土的密实度**

密实度	e 值
密实	$e<0.75$
中密	$0.75 \leqslant e \leqslant 0.90$
稍密	$e>0.90$

按相对密实度 D_r 划分砂土的紧密状态见表 10-4。

表 10-4 **按相对密实度 D_r 划分砂土的紧密状态**

紧密状态	D_r
密实	$0.67<D_r \leqslant 1$
中实	$0.33<D_r \leqslant 0.67$
稍密	$0.2<D_r \leqslant 0.33$
松散	$0 \leqslant D_r \leqslant 0.2$

用孔隙比 e 为标准简捷方便，但无法反映土的粒径级配因素；用相对密实度 D_r 为标准理论上完善，但实际上难以操作。

由于在实际工程中具体操作时难以取得无黏性土的原状试样，亦即难于确定其天然孔隙比，其应用就受到一定限制。所以工程上还经常采用标准贯入试验。

标准贯入试验是动力触探的一种，它利用一定的锤击动能（锤质量 63.5 kg，落距76 cm），将一定规格的对开管式的贯入器打入钻孔孔底的土中，根据打入土中的贯入阻抗，判别土层的工程性质。贯入阻抗用贯入器贯入土中 30 cm 的锤击数 $N_{63.5}$ 表示，按标准贯入锤击数 $N_{63.5}$ 值确定砂土的密实度。按标准贯入锤击数 $N_{63.5}$ 值确定砂土的密实度见表 10-5。

表 10-5 **按标准贯入锤击数 $N_{63.5}$ 值确定砂土的密实度**

砂土密实度	松散	稍密	中密	密实
$N_{63.5}$	$N_{63.5} \leqslant 10$	$10<N_{63.5} \leqslant 15$	$15<N_{63.5} \leqslant 30$	$N_{63.5}>30$

碎石土密实度野外鉴别方法如表 10-6 所示。

表 10-6 **碎石土密实度野外鉴别方法**

密实度	骨架颗粒含量和排列	可挖性	可钻性
密实	骨架颗粒质量大于总质量的70%，呈交错排列，连续接触	锹镐挖掘困难，用撬棍方能松动；井壁一般较稳定	钻进极困难；冲击钻探时钻杆、吊锤跳动剧烈；孔壁较稳定
中密	骨架颗粒质量等于总质量的60%～70%，呈交错排列，大部分接触	锹镐可挖掘，井壁有掉块现象，从井壁取出大颗粒处能保持颗粒凹面形状	钻进较困难；冲击钻探时钻杆、吊锤跳动不剧烈；孔壁有坍塌现象
稍密	骨架颗粒质量小于总质量的60%，排列混乱，大部分不接触	锹可挖掘，井壁易坍塌，从井壁取出大颗粒后，沙土填充物立即坍塌	钻进较容易；冲击钻探时钻杆稍有跳动剧烈；孔壁易坍塌

10.2.3 黏性土的物理特征

10.2.3.1 黏性土的界限含水量

黏性土因含水量变化而表现出的稀稠软硬程度，称为稠度。它反映了土的软硬程度或对外力引起的变化或破坏的抵抗能力的性质。

随着含水量的改变，黏性土会经历不同的物理状态。当含水量很大时，土是一种黏滞流动的液体即泥浆，称为流动状态；随着含水量逐渐减少，黏滞流动的特点渐渐消失而显示出塑性，称为可塑状态；当含水量继续减少时，发现土的可塑性逐渐消失，从可塑状态变为半固体状态(图 10-11)。

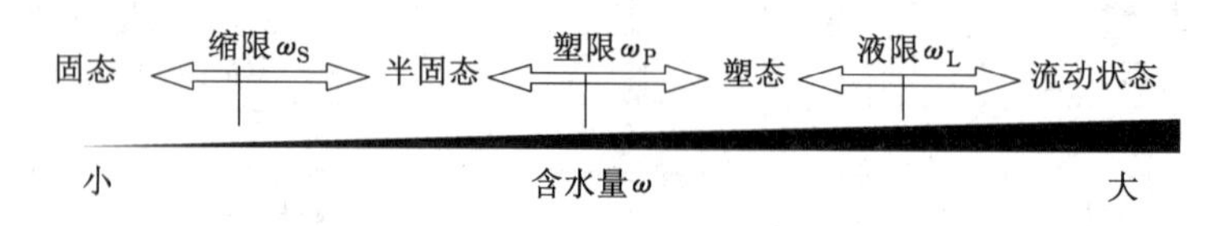

图 10-11 黏性土的物理状态与含水量的关系

如果同时测定含水量减少过程中的体积变化，则可发现土的体积随着含水量的减少而减小，但当含水量很小的时候，土的体积却不再随含水量的减少而减小了，这种状态称为固体状态。

界限含水量：黏性土由一种状态转到另一种状态时的分界含水量；

液限 ω_L：流动状态与可塑状态间的分界含水量；

塑限 ω_P：可塑状态与半固体状态间分界含水量；

缩限 ω_S：半固体状态与固体状态间的分界含水量。

一般采用锥式液限仪测定黏性土的液限，采用搓条法测试黏性土的塑限以及塑液限联合测定法求黏性土的液限和塑限。

10.2.3.2 黏性土的塑性指数和液性指数

(1) 塑性指数 I_P

塑性指数，是指液限与塑限的差值：

$$I_P = \omega_L - \omega_P \tag{10-13}$$

表示土处在可塑状态的含水量的变化范围。I_P 越大，土处于可塑状态的含水量范围也越大，土的可塑性就越强。大小与土的黏粒含量、矿物成分及土中水的离子成分和浓度等因素有关。塑性指数 I_P 常作为黏性土分类的标准。《岩土工程勘察规范》按塑性指数 I_P 将黏性土分为：$I_P > 17$ 为黏土，$17 \geqslant I_P > 10$ 为粉质黏土，$I_P \leqslant 10$ 为粉土或砂类土。

(2) 液性指数 I_L

液性指数是指黏性土的天然含水量和塑限的差值与塑性指数之比。

$$I_L = \frac{\omega - \omega_L}{\omega_L - \omega_P} = \frac{\omega - \omega_P}{I_P} \tag{10-14}$$

液性指数 I_L 反映的是黏性土所处的软硬状态，根据液性指数 I_L 数值划分黏性土的状态见表 10-7。

表 10-7 黏性土的状态

状态	坚硬	硬塑	可塑	软塑	流塑
液性指数 I_L	$I_L \leqslant 0$	$0 < I_L \leqslant 0.25$	$0.25 < I_L \leqslant 0.75$	$0.75 < I_L \leqslant 1.0$	$I_L > 1.0$

10.2.4 土的力学性质

土的力学性质是指土在外力作用下所表现出来的一系列性质，主要包括土在压应力作用下体积缩小的压缩性和在剪应力作用下抵抗剪应力破坏的抗剪性，以及在动载荷作用下表现出来的一些性质。这里主要介绍土的压缩性和土的抗剪强度。

10.2.4.1 土的压缩性

土在压力作用下体积缩小的特性，称为土的压缩性。固体土粒和水的可压缩量小，土的压缩可视为土中孔隙体积的减小。

在载荷作用下，透水性大的饱和无黏性土，其压缩过程在短时间就可以结束。而对于透水性差的饱和黏性土，它的水分只能慢慢地排出，因此，它的压缩稳定所需时间比砂土长得多。

土的压缩随时间而增长的过程，称为土的固结。

饱和软黏性土的固结变形往往需要几年甚至几十年时间才能完成。所以必须考虑变形与时间的关系，以便控制施工加荷速率，确定建筑物的使用安全措施。对于饱和软黏性土而言，土的固结问题是十分重要的。

室内压缩实验——压缩实验时，用金属环刀切取保持天然结构的原状土样，并置于圆筒形压缩容器的刚性护环内，土样上下各垫有一块透水石，土样受压后土中水可以自由排出。由于金属环刀和刚性护环的限制，土样在压力作用下只可能发生竖向压缩，而无侧向变形。土样在天然状态下或经人工饱和后，进行逐级加压固结，以便测定各级压力作用下土样压缩稳定后的孔隙比变化。

压缩曲线按工程需要及实验条件，可用两种方式绘制，一种是采用普通直角坐标绘制的 $e—p$ 曲线图[10-12(a)]，在常规实验中，一般按 $p=0.5$、0.1、0.2、0.3、0.4 MPa 五级加荷；另一种的横坐标则取 p 的常用对数取值，即采用半对数直角坐标绘制成 $e—\log p$ 曲线[图10-12(b)]，实验时以较小的压力开始，采取小增量多级加荷，并加到较大的载荷(如 1～1.6 MPa)为止。

土的压缩性指标——常用的土压缩性指标有压缩系数 α、压缩指数 C_c、压缩模量 E_s(室内压缩实验获得)和变形模量 E(现场原位实验测试，如载荷实验、旁压实验等)。

压缩性不同的土，其 $e—p$ 曲线的形状是不一样的(图 10-13)。曲线越陡，说明随着压力的增加，土孔隙比的减小越显著，因而土的压缩性越高。所以，曲线上任一点的切线斜率就表示相应压力作用下土的压缩性，称为压缩系数 α。

$$\alpha = \frac{\mathrm{d}e}{\mathrm{d}p} \tag{10-15}$$

式中 α——土的压缩系数，MPa^{-1}；

p_1——一般是指地基某深度处土中竖向自重应力，MPa；

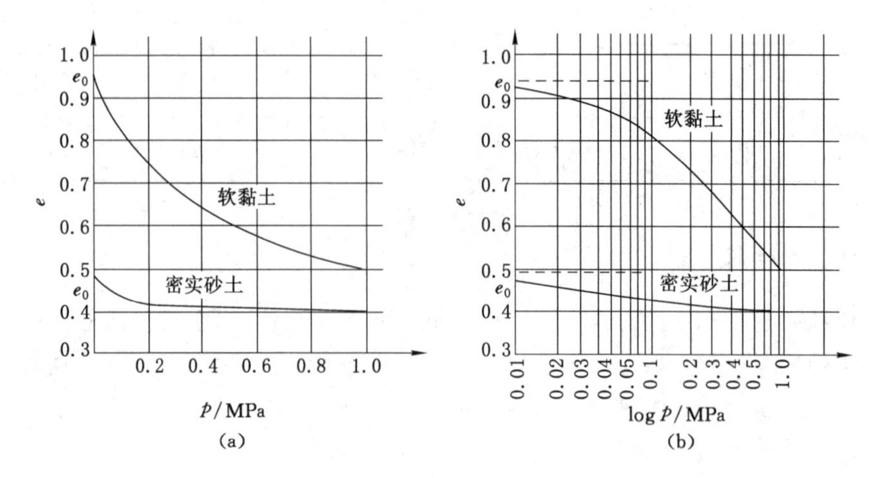

图 10-12　土的压缩曲线

(a) $e—p$ 曲线；(b) $e—\log p$ 曲线

p_2——地基某深处土中自重应力与附加应力之和，MPa；

e_1——相应于 p_1 作用下压缩稳定后的孔隙比；

e_2——相应于 p_2 作用下压缩稳定后的孔隙比。

土的 $e—p$ 曲线改绘成半对数压缩曲线 $e—\log p$ 曲线时，它的后段接近直线（图 10-14）。其斜率为：

$$C_c=\frac{e_1-e_2}{\log p_2-\log p_1}=(e_1-e_2)/\log\frac{p_2}{p_1} \tag{10-16}$$

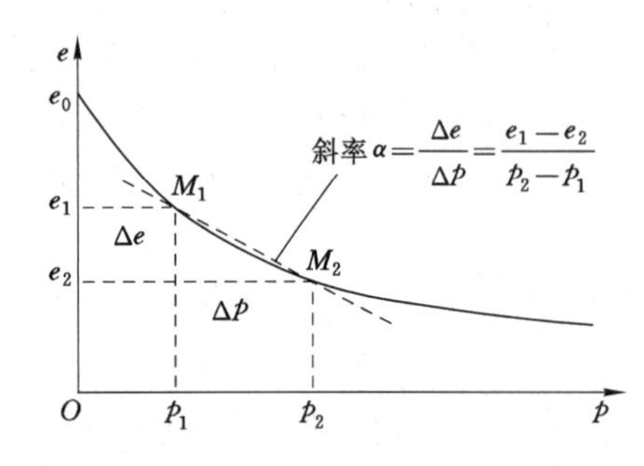

图 10-13　以 $e—p$ 曲线确定压缩系数 α

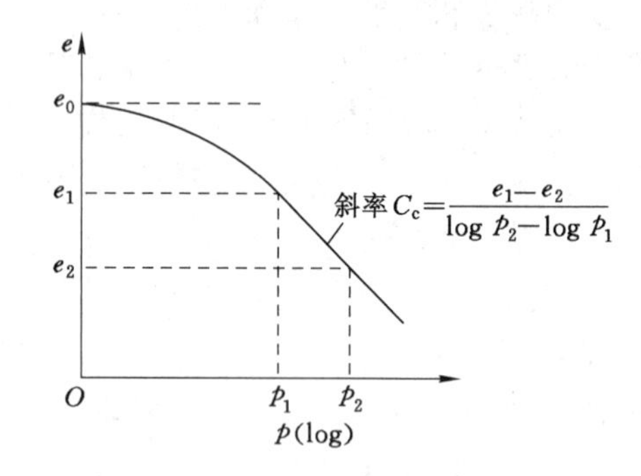

图 10-14　以 $e—\log p$ 曲线压缩指数求 C_c

同样，可以根据压缩指数的值来评定土的压缩性：

$C_c<0.2$ 时，属低压缩性土；

$C_c=0.2\sim0.4$ 时，属中压缩性土；

$C_c>0.4$ 时，属高压缩性土。

根据 $e—p$ 曲线，可以求得另一个常用的压缩性指标—压缩模量 E_s。它是指土在完全侧限条件下受压时，相应的压力增量和应变增量的比值。

$$E_s=\frac{\Delta p}{\Delta\varepsilon}=\frac{p_2-p_1}{(e_1-e_2)/(1+e_1)}=\frac{1+e_1}{\alpha} \tag{10-17}$$

式中　E_s——土的压缩模量，MPa；

α, e_1——意义同式(10-15)。

为了便于比较和应用，工程上常采用压力间隔 $p_1=0.1$ MPa 和 $p_2=0.2$ MPa 所得的压缩模量 $E_{s(0.1-0.2)}$。

$$E_{s(0.1-0.2)}=\frac{1+e_{0.1}}{\alpha_{0.1-0.2}} \tag{10-18}$$

$E_{s(0.1-0.2)}\leqslant 4$MPa 时，属高压缩性土；

4 MPa$<E_{s(0.1-0.2)}\leqslant 15$ MPa 时，属中压缩性土；

$E_{s(0.1-0.2)}>15$ MPa 时，属低压缩性土。

10.2.4.2 土的抗剪强度

与土体强度有关的工程问题：建筑物地基稳定性、填方或挖方边坡、挡土墙压力等。土体强度表现为：一部分土体相对于另一部分土体的滑动，滑动面上剪应力超过极限抵抗能力即抗剪强度。所以，土的强度问题实质是土的抗剪强度问题。土的抗剪强度，是指土体对于外载荷所产生的剪应力的极限抵抗能力。

在外载荷的作用下，土体中任一截面会同时产生法向应力和剪应力，其中，法向应力作用可使土体发生压密，而剪应力作用可使土体发生剪切变形。当土中一点某一截面上由外力所产生的剪应力达到土的抗剪强度时，它将沿着剪应力作用方向产生相对滑动，该点便发生剪切破坏。土的破坏主要是由于剪切所引起的，剪切破坏是土体破坏的重要特点。

用直接剪切仪（简称直剪仪）来测定土的抗剪强度的实验称为直接剪切实验（图 10-15）。

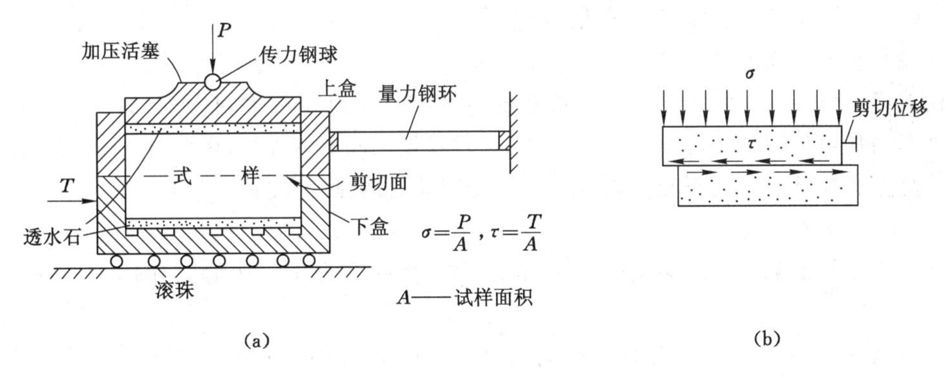

图 10-15 直接剪切实验示意图

直接剪切实验是测定预定剪破面上抗剪强度的最简便和最常用的方法。直剪仪分应变控制式和应力控制式两种，前者以等应变速率使试样产生剪切位移直至剪破，后者是分级施加水平剪应力并测定相应的剪切位移。目前，我国使用较多的是应变控制式直剪仪。

实验时，通常用四个相同的试样，使它们分别在不同的正压应力 σ 作用下剪切破坏，得出相应的抗剪强度 τ_1、τ_2、τ_3、τ_4，将实验结果绘制成图 10-16 所示的抗剪强度与正压应力关系曲线。

无黏性土的实验结果表明，它是通过原点而与横坐标呈 φ 角的直线。

$$\tau=\sigma\tan\varphi \tag{10-19}$$

式中 τ——土的抗剪强度，kPa；

σ——作用于剪切面上的正压应力，kPa；

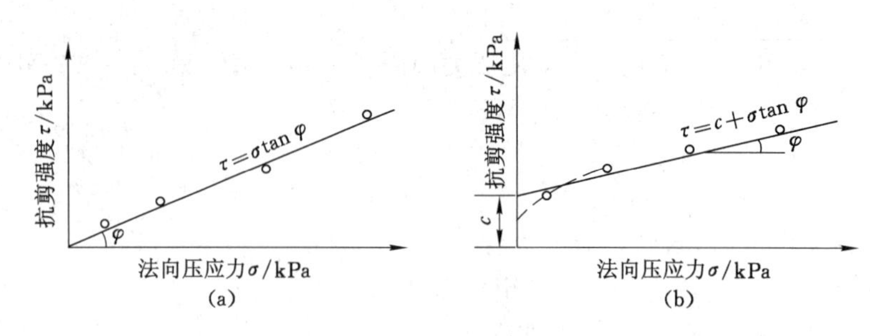

图 10-16　抗剪强度与正压应力之间的关系

(a) 无黏性力状态下；(b) 有黏性力状态下

φ——土的内摩擦角。

由式(10-19)可知，无黏性土的抗剪强度不但决定于内摩擦角的大小，而且还随正应力的增加而增加，而内摩擦角的大小与无黏性土的密实度、土颗粒大小、形状、粗糙度和矿物成分以及粒径级配的好坏程度等因素都有关，无黏性土的密实度越大、土颗粒越大、形状越不规则、表向越粗糙、级配越好，则内摩擦角越大。此外，无黏性土的含水量对内摩擦角的影响是水分在较粗颗粒之间起滑润作用、使摩阻力降低。

黏性土的实验结果表明，黏性土的正压应力与抗剪强度之间基本上仍呈直线关系，但不通过原点。

$$\tau=C+\sigma\tan\varphi \tag{10-20}$$

式中　C——土的内聚力(或称为黏聚力)，KPa；

其余符号含义前同。

由式(10-20)可知，无黏性土的抗剪强度不但决定于内摩擦角的大小，而且还随正应力的增加而增加，以及与内聚力的大小有关。经过长期的实验人们认识到，土的抗剪强度指标 C 和 φ 是随实验条件变化而变的，其中，关键是实验时的排水条件。

10.2.4.3　土的动力特性

在震动或机器基础等的振动作用下，土体会发生一系列不同于静力作用下的物理力学现象。

一般而言，土体在动载荷作用下抗剪强度会有所降低，并且往往产生附加变形。土体在动载荷作用下抗剪强度降低及变形增大的幅度除决定于土的类别和状态等特性外，还与动载荷的振幅、频率及震动(或振动)加速度有关。

10.3　土的工程分类

10.3.1　分类原则和体系

自然界中土的种类很多，工程性质各异。为了便于正确系统地掌握各种土的工程地质特征，为工程规划、设计、施工提供必要的资料，按一定原则进行土的工程分类是十分重要的。

土的工程分类的目的是：

① 根据土的类别大致判断土的基本工程特性，并结合其他因素评价地基土的承载力、抗渗性与抗冲刷稳定性、在振动作用下的可液化性以及作为建筑材料的适宜性等；

② 根据土的分类合理确定不同类型土的研究内容与方法；

③ 当土的性质不能满足工程要求时，可根据土类确定相应的加固处理方法。

土的工程分类应遵循以下原则：

① 考虑土的工程特性差异性的原则。根据土的各种主要工程特性，并以影响其特性的主要因素作为分类的依据，使所划分的不同土类之间在其主要工程特性方面有质或量上的显著差异。

② 以成因、地质年代为基础的原则。土的工程性质受其成因与形成年代的控制，不同成因类型和不同堆积年代的土，其物质成分、结构、构造和固结状态、强度与变形特征等具有明显差异。

③ 分类指标便于测定的原则。所采用的分类指标既能综合反映土的基本工程特性，又要便于测定。

土的工程分类体系，目前国内外主要有两种：

① 建筑工程系统的分类体系：侧重于把土作为建筑地基和环境，故以原状土为基本对象。因此，对土的分类除考虑土的组成外，很注重土的天然结构性，即土的粒间联结性质和强度。

② 材料系统的分类体系：侧重于把土作为建筑材料，用于路堤、土坝和填土地基等工程，以扰动土为基本对象，只考虑土的组成，不考虑土的天然结构性。

10.3.2 工程土的分类

我国工程土的分类，首先考虑按堆积年代和地质成因的划分，同时将某些特殊形成条件和特殊工程性质的区域性特殊土与普通土区别开来。在以上基础上，总体再按颗粒级配或塑性指数分为碎石土、砂土、粉土和黏性土四大类，并结合堆积年代、成因和某种特殊性质综合定名。

10.4 土的成因分类

根据地质成因可分为残积土、坡积土、洪积土、冲积土、湖积土、海积土、风积土及冰积和冰水沉积土。

10.4.1 残积土

残积土是岩石经风化后未被搬运的残留于原地的碎屑物(图 10-17)。

残积土分布受地形控制；颗粒未磨圆或分选，呈棱角状，无层理构造。细小颗粒被冲刷带走，孔隙率大；基岩之间无明显界限，经基岩风化带过渡到新鲜基岩，成分和结构呈过渡变化。

因原始地形变化大，岩层风化程度不一，所以土层厚度、组成成分、结构及物理力学性质在很小范围内变化很大，均匀性很差，加上孔隙率较大，作为建筑物地基容易引起不均匀沉降；在山坡的残积土分布地段，常有因修筑建筑物而产生沿下部基岩面或某软弱面的滑动等不稳定问题。

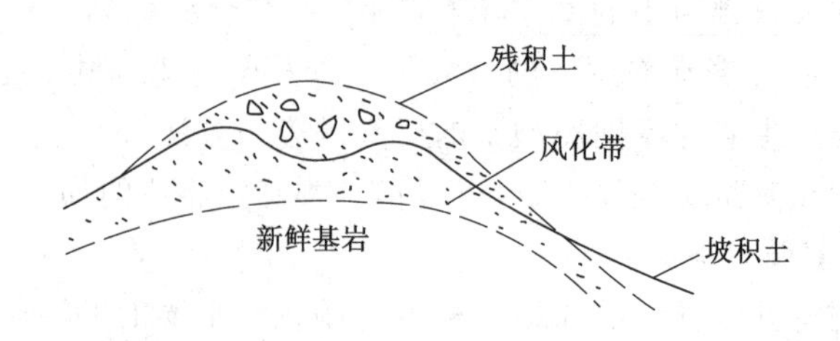

图 10-17　残积土剖面图

10.4.2　坡积土

经雪水的细水片流缓慢洗刷、剥蚀，及土粒在重力作用下顺着山坡逐渐移动形成的堆积物(图 10-18)。它一般分布在坡腰上或坡脚下，其上部与残积土相接。坡积土底部的倾斜度决定于基岩边坡的倾斜程度，而表面倾斜度则与生成时间有关，时间越长，颗粒组成有沿斜坡由上而下由粗变细的分选现象。在垂直剖面上，下部与基岩接触处往往是碎石、角砾土，其中充填有黏性土或砂土。上部较细，多为黏性土；矿物成分与下部基岩无直接关系；土质(成分、结构)上下不均一，结构疏松，压缩性高，且土层厚度变化大，故对建筑物常有不均匀沉降问题；由于其下部基岩面往往富水，工程中易产生沿下卧残积层或基岩面的滑动等不稳定问题。搬运、沉积在山坡下部的物质越厚，表面倾斜度就越小。

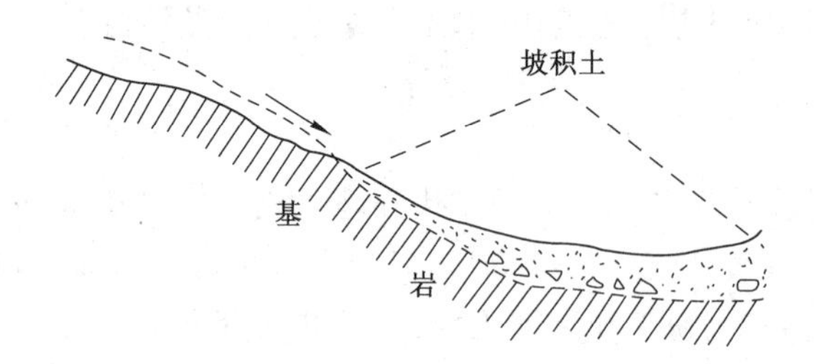

图 10-18　坡积土剖面图

10.4.3　洪积土

洪积土是由大量融雪骤然集聚而成的暂时性山洪急流带来的碎屑物质在山沟的出口处或山前倾斜平原堆积形成的洪积土体。山洪携带的大量碎屑物质流出沟谷口后，因水流流速骤减而呈扇形沉积体，称洪积扇(图 10-19)。

图 10-19　洪积土(洪积扇)

离山口近处堆积了分选性差的粗碎屑物质，颗粒呈棱角状。距离山口远处，因水流速度减小，沉积物逐渐变细，由粗碎屑土(如块石、碎石、粗砂土)逐渐过渡到分选性较好的砂土、黏性土。

洪积物颗粒虽有上述离山远近而粗细不同的分选现象，但因历次洪水能量不尽相同，堆积下来的物质也不一样，因此洪积物常具有不规则的交替层理构造，并具有夹层、尖灭或透镜体等构造。相邻山口处的洪积扇常常相互连接成洪积裙，并可发展为洪积平原。洪积平原地形坡度平缓，有利于城镇、工厂建设及道路的建筑。

洪积土作为建筑物地基，一般认为是较理想的，尤其是离山前较近的洪积土颗粒较粗，地下水位埋藏较深，具有较高的承载力，压缩性低，是建筑物的良好地基。在离山区较远的地带，洪积物的颗粒较细、成分较均匀、厚度较大，一般也是良好的天然地基。但应注意的是，上述两地段的中间过渡地带，常因粗碎屑土与细粒黏性土的透水性不同而使地下水溢出地表形成沼泽地带，且存在尖灭或透镜体，因此土质较差，承载力较低，工程建设中应注意这一地区的复杂地质条件。

10.4.4　冲积土

冲积土是由河流的流水作用将碎屑物质搬运到河谷中坡降平缓的地段堆积而成的，它发育于河谷内及山区外的冲积平原中(图 10-20)。根据河流冲积物的形成条件，可分为：河床相、河漫滩相、牛轭湖相及河口三角洲相。

河床相冲积土(图 10-21)主要分布在现河床地带，其次是阶地上。河床相冲积土在山区河流或河流上游大多是粗大的石块、砾石和粗砂；中下游或平原地区沉积物逐渐变细。冲积物由于经过流水的长途搬运，相互磨蚀，所以颗粒磨圆度较好，没有巨大的漂砾，这与洪积土的砾石层有明显差别。山区河床冲积土厚度不大，一般不超过 10 m，但也有近百米的，而平原地区河床冲积土则厚度很大，一般超过二十米至数百米，甚至千米。

图 10-20　冲积平原

图 10-21　河床相冲积土

河漫滩相冲积土(图 10-22)是在洪水期河水漫溢河床两侧，携带碎屑物质堆积而成。土粒较细，可以是粉土、粉质黏土或黏土，并夹有淤泥或泥炭等软弱土层，覆盖于河床相冲积土之上，形成上细下粗的“二元结构”。

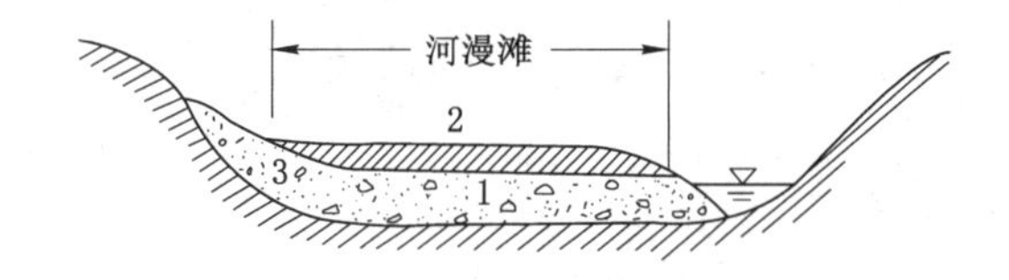

图 10-22　河床与河漫滩沉积示意图

1——河床沉积物；2——河漫滩冲积层；3——山坡坡积裙

牛轭湖相冲积土(图 10-23)是在废河道形成的牛轭湖中沉积的松软土,颗粒很细,常含大量有机质,有时形成泥炭。压缩性很高,承载力很低,不宜作为建筑物的天然地基。

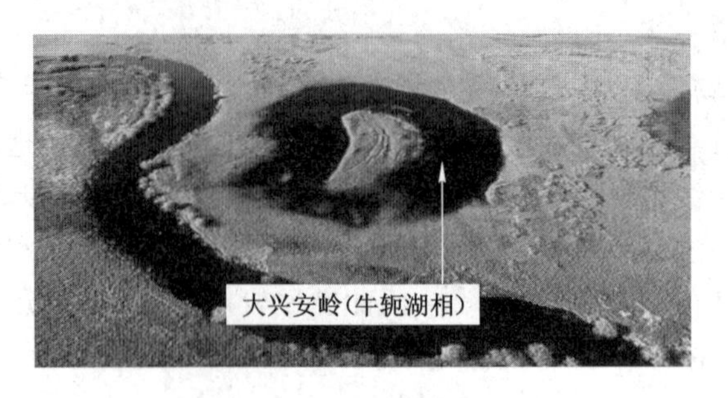

图 10-23　牛轭湖相冲积土

在河流入海或入湖口,所搬运的大量细小颗粒沉积下来,形成面积宽广而厚度极大的三角洲沉积物(图 10-24),这类沉积物通常含有淤泥质土或淤泥层。

图 10-24　黄河三角洲

总之河流冲积土随其形成条件不同,具有不同的工程地质特性。

古河床相土的压缩性低,强度较高,是工业与民用建筑的良好地基,而现代河床堆积物的密实度较差,透水性强,若作为水工建筑物的地基则会引起坝下渗漏。饱水的砂土应可能由于振动而引起液化。

河漫滩相冲积物覆盖于河床相冲积土之上形成的具有双层结构的冲积土体常被作为建筑物的地基,但应注意其中的软弱土层夹层。

牛轭湖相冲积土是压缩性很高及承载力很低的软弱土,不宜作为建筑物的天然地基。

三角洲沉积物常常是饱和的软黏土,承载力低,压缩性高,若作为建筑物地基应慎重对待。但在三角洲冲积物的最上层,由于经过长期的压实和干燥,形成所谓的硬壳层,承载力较下面的为高,一般可用作低层或多层建筑物的地基。

10.4.5　湖泊沉积物

湖泊沉积物(图 10-25)分为湖边沉积物和湖心沉积物。

湖边沉积物是湖浪冲蚀湖岸形成的碎屑物质在湖边沉积而形成的,湖边沉积物中近岸带沉积的多是粗颗粒的卵石、圆砾和砂土,远岸带沉积的则是细颗粒的砂土和黏性土。湖边沉积物具有明显的斜层理构造，近岸带土的承载力高，远岸带则差些。

湖心沉积物是由河流和湖流挟带的细小悬浮颗粒到达湖心后沉积形成的，主要是黏土和淤泥，常夹有细砂、粉砂薄层，土的压缩性高，强度很低。

若湖泊逐渐淤塞，则可演变为沼泽，沼泽沉积土称为沼泽土，主要由半腐烂的植物残体和泥炭组成，泥炭的含水量极高，承载力极低，一般不宜作天然地基。

图 10-25　湖泊沉积物

10.4.6　海洋沉积物

滨海沉积物（图 10-26）主要由卵石、圆砾和砂组成，承载力较高。

浅海沉积物主要由细粒砂土、黏性土、淤泥和生物化学沉积物组成，有层理构造，较疏松，含水量高，压缩性大而强度低。深海沉积物主要是有机质软泥。

图 10-26　滨海沉积物

10.4.7　风积土

风积土是在干旱的气候条件下，岩石的风化碎屑物被风吹扬，搬运一段距离后，在有利的条件下堆积起来的一类土。颗粒主要由粉粒或砂粒组成，土质均匀，质纯，孔隙大，结构松散。最常见的是风成砂及风成黄土，风成黄土具强湿陷性。

10.4.8 冰积土和冰水沉积土

冰积土(图 10-27)和冰水沉积土分别由冰川和冰川融化的冰下水进行搬运堆积而成。其颗粒以巨大块石、碎石、砂、粉土及黏性土混合组成。一般分选性极差,无层理,但冰水沉积常具斜层理。颗粒呈棱角状,巨大块石上常有冰川擦痕。

图 10-27 冰积土

10.5 特殊土的工程性质

特殊土,是指某些具有特殊物质成分和结构、工程性质也较特殊的土,是在一定的条件下形成的,其分布有明显的区域性特征。

10.5.1 软土

10.5.1.1 软土的概念、分布和类型

软土是在静水或水流缓慢的环境中沉积,并有微生物的参与,含有较多有机质的疏松软弱黏性土(图 10-28)。主要分布在沿海地区滨海相、潟湖相、三角洲相,内陆平原或山区的湖相和冲积洪积沼泽相。

图 10-28 软土

软土主要类型有：孔隙比 $e>1.5$ 时，称淤泥；$1.5>e>1.0$ 时，称淤泥质土。5%＜有机质含量＜10%时，称有机质土；10%＜有机质含量＜60%时，称泥炭质土；有机质含量＞60%时，称泥炭。

软土的组成成分和状态特征是由其生成环境决定的，这类土主要由黏粒和粉粒等细小颗粒组成，其中，淤泥中的黏粒含量一般达 30%～60%。黏粒的矿物成分以水云母和蒙脱石为主。有机质含量一般为 5%～15%，最高达 17%～25%。结构为絮状结构和蜂窝状结构。

10.5.1.2　软土的工程特性

（1）高含水量和高孔隙性

软土的天然含水量总是大于液限。它的天然含水量一般为 50%～70%，山区软土高达 200%。天然孔隙比在 1～2 之间，最高达 3～4。其饱和度一般大于 95%。软土如此高的含水量和高孔隙性是决定其压缩性和抗剪强度的重要因素。

（2）渗透性低

软土透水性能弱，一般垂向渗透系数在 10^{-4}～10^{-8} cm/s 量级之间，对地基排水固结不利，反映在建筑物沉降延续时间长。同时，在加载初期，地基中常出现较高的孔隙水压力，影响地基的强度，同时也反映在建筑物沉降延续的时间很长。

（3）压缩性高

高压缩性土，其压缩系数一般为 0.7～1.5 MPa^{-1}，反映在建筑物的沉降方面为沉降量大。因此，软土在建筑载荷作用下的变形特征表现为：变形大而不均匀（软土地基的变形量比一般黏土地基大几倍至几十倍，且即使在同一载荷及简单平面形式下，其差异沉降也有可能达到 50%以上）；变形稳定历时长（因软土的渗透性很弱，水分不易排出，故使建筑物沉降稳定历时较长）。

（4）抗剪强度低

软土的抗剪强度很低。无侧限抗压强度在 10～40 kPa 之间。不排水直剪实验的内摩擦角为 $2°$～$5°$，内聚力为 10～15 kPa；排水条件下其内摩擦角为 $8°$～$12°$，内聚力为 20 kPa 左右。所以，在确定软土抗剪强度时，应根据建筑物加载情况选择不同的实验方法。

（5）较显著的触变性和蠕变性

由于软土的结构性在其强度的形成中占据相当重要的地位，则触变性也是它的一个突出的性质。

触变性是指土体经扰动致使结构破坏时，土体强度剧烈减小，但如将受过扰动的土体静置一定的时间，则该土体强度又将随静置时间的延长而逐渐有所增长、恢复的特性。

对软土的触变特性，一般用灵敏度指标作定量评价。

土的灵敏度越高，其结构性越强，受扰动后土的强度减低就越多。所以在基础施工中应注意保护基槽，尽量减少土体结构的扰动。

软土灵敏度一般在 3～4 之间，个别可达 8～9。因此，当软土地基受振动载荷，易产生侧向滑动、沉降及基底面两侧挤出等现象。

蠕变性是指在长期恒定应力作用下，软土会产生缓慢的剪切变形，并导致抗剪强度的降低；固结沉降完成后，软土还有可能产生次固结沉降。上海等地许多工程的现场实测结果表明，当土中孔隙水压力完全消散后，建筑物还继续沉降。

10.5.2 湿陷性黄土

10.5.2.1 黄土的概念、分布、类型

黄土是第四纪干旱和半干旱气候条件下形成的一种特殊沉积物(图 10-29)。颜色多呈黄色、淡灰黄色或褐黄色。黄土以粉土(粒径 0.05～0.01 mm)为主,占 60%～70%;黏粒一般仅占 10%～20%;含水量小,仅为 8%～20%;孔隙比为 1.0 左右,具有垂直解理,常呈直立的天然边坡。

图 10-29 第四纪黄土

黄土在天然含水量时一般呈坚硬或硬塑状态,具有较高的强度和低的或中等偏低的压缩性。但遇水浸湿后,有的在自重作用下也会发生剧烈而大量的沉陷(即湿陷性),强度随之迅速降低;而有些地区的黄土却并不发生湿陷。

黄土在我国分布很广,面积约 63 万 km^2,其中,湿陷性黄土约占 3/4。遍及陕、甘、晋的大部分地区和豫、宁、冀等部分地区。因此,分析、判别黄土是否属于湿陷性的、其湿陷性强弱程度以及地基湿陷类型和湿陷等级,是黄土地区工程勘查与评价的核心问题。

我国的黄土按照形成年代的早晚,分为老黄土、新黄土和新近堆积黄土。老黄土无湿陷性,承载力较高;新黄土一般具有湿陷性;新近堆积黄土常具有高压缩性和湿陷性,承载力较低,一般仅为 75～130 kPa。

10.5.2.2 黄土湿陷性的影响因素

(1) 黄土的微结构

黄土的微结构对黄土湿陷性的强弱有着重要的影响。骨架颗粒越多,彼此接触,则粒间孔隙大,胶结物含量较少,成薄膜状包围颗粒,粒间联结脆弱,因而湿陷性越强。

(2) 黄土中黏土粒的含量

黏土粒的含量越多,并均匀分布在骨架颗粒之间,则具有较大的胶结作用,湿陷性较弱或无湿陷性。

(3) 黄土中的盐类

如以较难溶解的盐类为主而具有胶结作用时,湿陷性明显减弱。

(4) 天然孔隙比和天然含水量

在其他条件相同时,黄土的天然孔隙比越大,则湿陷性越强;而随天然含水量增大湿陷

性减弱。

(5) 压力的变化

黄土的湿陷变形量随着压力的增加而增大,但当压力到某一定值以后,湿陷量却随着压力的增加而减少。

(6) 堆积的年代和成因

老黄土无湿陷性,新黄土和新近堆积黄土具有湿陷性;在成因上,风成的原生黄土、洪积、坡积黄土均具有较大的湿陷性,而冲积黄土一般湿陷性较小或无湿陷性。

10.5.2.3 黄土湿陷性及湿陷类型判别

(1) 湿陷性的判别

判别黄土是否具有湿陷性,可根据室内压缩实验,在规定压力下测定的湿陷系数 δ_s 来判定:

$$\delta_s=\frac{h_1-h_2}{h_0} \tag{10-21}$$

式中 h_0——试样的原始高度,mm;

h_1——在某级压力下,试样变形稳定后的高度,mm;

h_2——在某级压力下,试样浸水湿陷变形稳定后的高度,mm。

所施加的压力,从基础底面算起至 10 m 深度以内,压力为 200 kPa;10 m 以下至非湿陷性土层顶面,压力为 300 kPa。

(2) 黄土湿陷性的判定

$\delta_s<0.015$ 时,应定为非湿陷性黄土;$\delta_s\geqslant0.015$ 时,应定为湿陷性黄土。

湿陷性黄土湿陷性的强弱:$\delta_s\leqslant0.03$,为弱湿陷性;$0.03<\delta_s\leqslant0.07$,为中等湿陷性;$\delta_s>0.07$,为高湿陷性。

(3) 湿陷类型的判别

自重湿陷性黄土:黄土受水浸湿后,在上部土层的饱和自重压力作用下而发生湿陷的黄土。

非自重湿陷性黄土:黄土受水湿陷后,在上部土层饱和自重压力作用下不发生湿陷的黄土。

划分非自重湿陷性和自重湿陷性黄土,可取土样在室内作浸水压缩实验,在土的饱和(饱和度 $S_r>0.85$)自重压力下测定土的自重湿陷系数。

$$\delta_{zs}=\frac{h_z-h_z'}{h_0} \tag{10-22}$$

式中 h_z——在饱和自重压力下,试样变形稳定后的高度,mm;

h_z'——在饱和自重压力下,试样浸水湿陷变形稳定后的高度,mm。

$\delta_{zs}<0.015$,则为非自重湿陷性黄土;$\delta_{zs}\geqslant0.015$,则为自重湿陷性黄土。

10.5.3 红黏土

10.5.3.1 红黏土及其分布

红黏土是指在亚热带湿热气候条件下,碳酸盐类岩石及其间夹的其他岩石,经红土化作用形成的高黏性土(图 10-30)。红黏土主要为残积、坡积类型,也有洪积类型,在我国广泛分布于云贵高原、四川东部、广西、粤北及鄂西、湘西。多分布于低山丘陵地带顶部和山间盆地、缓坡及坡脚地段。

图 10-30　红黏土

红黏土的粒度成分中，小于 0.005 mm 的黏粒含量为 60%～80%，其中，小于 0.002 mm 的胶粒占 40%～70%，使红黏土具有高分散性。

红黏土的矿物成分主要为高岭石、伊利石和绿泥石。黏土矿物具有稳定的结晶格架，细粒组结成稳固的团粒结构，土体近于两相系且土中水多为结合水，所有这些都是决定红黏土具有良好力学性能的基本因素。

10.5.3.2　红黏土的工程特性

高含水量、高塑性，硬塑或可塑状态。孔隙比大、低密度、孔隙饱水。压缩性低、强度高、地基承载力高。浸水后膨胀量小，但失水后收缩剧烈。

沿深度方向：随着深度的加大，其天然含水量、孔隙比和压缩性都有较大的增高，状态由坚硬、硬塑变为可塑、软塑至流塑状态，因而强度大幅度降低；在水平方向：随着地形地貌及下伏基岩的起伏变化，红黏土的物理力学性质也有明显差异。在地势高的地方，其天然含水量、孔隙比和压缩性较低，强度较高；而地势低的地方则相反。

次生坡积红黏土的物理力学性质不如红黏土：红黏土具有较小的吸水膨胀性，但具有强烈的失水收缩性，裂隙发育；在近地表部位或边坡地带，裂隙发育，降低了土体的强度。

10.5.4　膨胀土

10.5.4.1　膨胀土的概念、分布

膨胀土是指含有大量的强亲水性黏土矿物成分，具有显著的吸水膨胀和失水收缩性且胀缩变形往复可逆的高塑性黏土(图 10-31)。膨胀土分布全国，云南、广西、贵州、湖北最具代表性。一般位于山前丘陵地区或河谷高阶地上。

10.5.4.2　膨胀土的工程特性

低含水量，呈坚硬—硬塑状态；孔隙比小，密度大；高塑性，含黏粒及粉粒为主；具膨胀力，自由膨胀量＞40%。

天然状态下压缩性低，承载力高，但由于干缩裂隙发育，稳定性差。浸水后或被扰动时，强度骤然降低。

图 10-31 膨胀土

10.5.4.3 膨胀土的特征及其判别

地形地貌特征：膨胀土多分布在Ⅱ级以上河谷阶地、丘陵地区及山前缓坡地带。旱季时地表常见裂缝，雨季时裂缝闭合。

土质特征：矿物成分以蒙脱石和伊利石为主。膨胀土呈红、黄、褐、灰白等色，具斑状结构，常含铁、锰或钙质结核。土体常具有网状裂隙，裂隙面比较光滑。土体表层常出现各种纵横交错的裂隙和龟裂现象，使土体的完整性破坏，强度降低。

已有建筑物的变形、裂缝特征：建筑物破坏在同一地貌单元的相同土层地段成群出现；低、轻房屋最易破坏，四层楼破坏者极少；建筑物裂缝具有随季节变化而往复伸缩的性质。裂缝特征：山墙、内墙呈“倒八字”的对称或不对称裂缝及垂直裂缝；外纵墙下端呈水平裂缝，基础向外扭转，墙体上部内倾；房屋角端裂缝严重，而且常伴随着一定的水平位移和转动；地坪多出现平行于外纵墙的通长裂缝。裂缝的总的特征是上宽下窄，水平裂缝外宽内窄，二楼的裂缝比底层的严重。

膨胀土的判别：胀土的判别方法，应采用现场调查与室内物理性质和胀缩特性实验指标鉴定相结合的原则。凡具有前述土体的工程地质特征以及已有建筑物变形、开裂特征的场地，且土的自由膨胀率大于或等于 40%的土，应判定为膨胀土(图 10-32)。

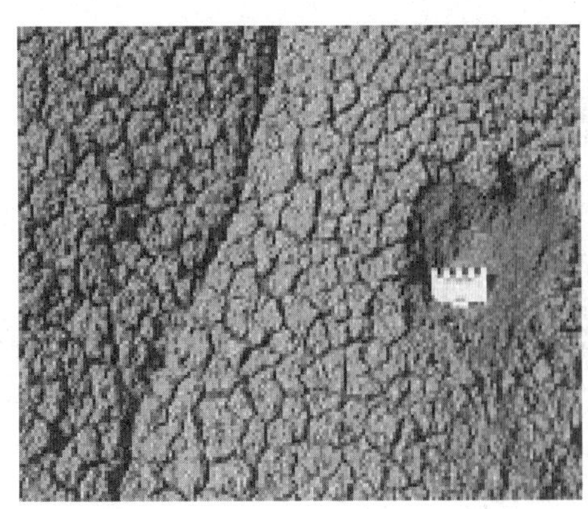

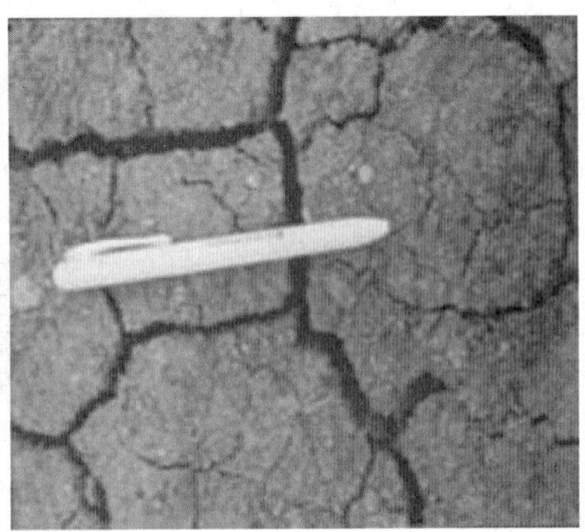

图 10-32 膨胀土

10.5.4.4 影响膨胀土胀缩变形的主要因素

① 黏粒含量和蒙脱石含量越高,则土的膨胀性和收缩性就越大。

② 土的天然含水量与土膨胀所需的含水量相差越大时,则遇水后土的膨胀越大,而失水后土的收缩越小。

③ 天然孔隙比越小,土的膨胀越大,而收缩越小。反之,孔隙比越大,收缩越大。

④ 结构强度越大,土体抵制胀缩变形的能力也越大。当土的结构受到破坏以后,土的胀缩性随之增强。

影响土体胀缩变形的主要外部因素有气候条件、地形地貌条件、不同部位日照、通风及局部渗水的影响。

课后习题

[1] 简述土的三相比例指标的定义及表达式。

[2] 简述土的物理力学性质。

[3] 简述土的工程分类,并简述其划分依据和标准。

11 地 下 水

地下水是赋存并运移于地表以下岩石和土孔隙、裂隙或岩溶洞隙中的水。地下水的分布极其广泛，它和人类的生产和生活密切相关。因此，地下水是宝贵的自然资源。

地下水也是地质环境的重要组成部分，对环境及建筑物地基的稳定性均产生影响。基坑工程、地下工程施工时，若大量涌入地下水可造成施工困难；地下水可使地基软化降低其承载力；地下水常常是滑坡、地面沉降和地面塌陷等灾害的主要原因；承压水存在时，地下建筑以及深基坑设计、施工必须考虑抗浮问题。同时，在地下水用量集中的城市地区，还会引起地面沉降。此外，工业废水与生活污水的大量入渗，常常严重污染地下水源，危及地下水资源。因而系统地研究地下水的形成和类型、地下水的运动以及与循环，具有重要意义。

11.1 地下水概述

11.1.1 地下水的形成

11.1.1.1 自然界中水的分布

地球上的水广泛地存在于大气圈、地表和地壳中。其中，大气圈中的水降落到地面称为大气降水；降落的水分，一部分渗入地下，另一部分沿地面汇集于低处，成为河流、湖泊、海洋的地表水；而地表水也可以通过岸边或谷底渗入地下。这些渗入的水是地下水的主要补给来源。陆地上大部分淡水都埋藏在地表以下。

根据联合国教科文组织资料显示，地球浅部圈层中水的总体积约为 3.86×10^8 km^3。若将这些水均匀平铺在地球体表面，水深约为 2 718 m。但其中咸水约占 97.47%，淡水只占 2.53%。

11.1.1.2 自然界的水循环

自然界中的水循环如图 11-1 所示。

(1) 水文循环

水文循环(图 11-2)是发生于大气圈中水、地表水和地壳岩石空隙中的地下水之间的水循环，水文循环的速度较快，途径较短，转换交替比较迅速。

水文循环是在太阳辐射和重力共同作用下，以蒸发、降水和径流等方式周而复始进行的。平均每年有 577 000 km^3 的水通过蒸发进入大气，通过降水又返回海洋和陆地。

地表水、包气带水及饱水带中的浅层水通过蒸发和植物蒸腾而变为水蒸气进入大气圈。水汽随风飘移，在适宜条件下形成降水。落到陆地的降水，部分汇集于江河湖泊形成地表水，部分渗入地下。渗入地下的水，部分滞留于包气带中(其中的土壤水为植物提供了生长所需的水分)，其余部分渗入饱水带岩石空隙中，成为地下水。地表水与地下水有的重新蒸发返回大气圈，有的通过地表径流或地下径流返回海洋。

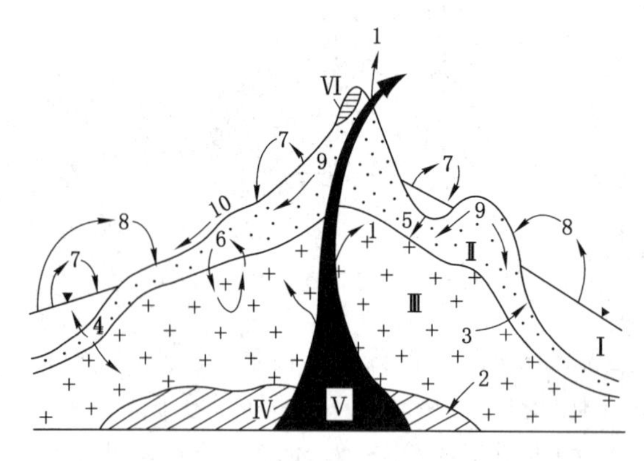

图 11-1　自然界的水循环

（据阿勃拉莫夫）

Ⅰ——海洋水；Ⅱ——沉积盖层；Ⅲ——地壳的晶质岩；

Ⅳ——岩浆源；Ⅴ——地幔岩；Ⅵ——大陆冰盖；

1——来自地幔岩的初生水；2——返回地幔的水；3——岩石重结晶脱出水(再生水)；

4——沉积成岩时排出的水；5——和沉积物一起形成的埋藏水；

6——与热重力和化学对流有关的地内循环；7——蒸发和降水(小循环)；

8——蒸发和降水(大循环)；9——地下径流；10——地表径流

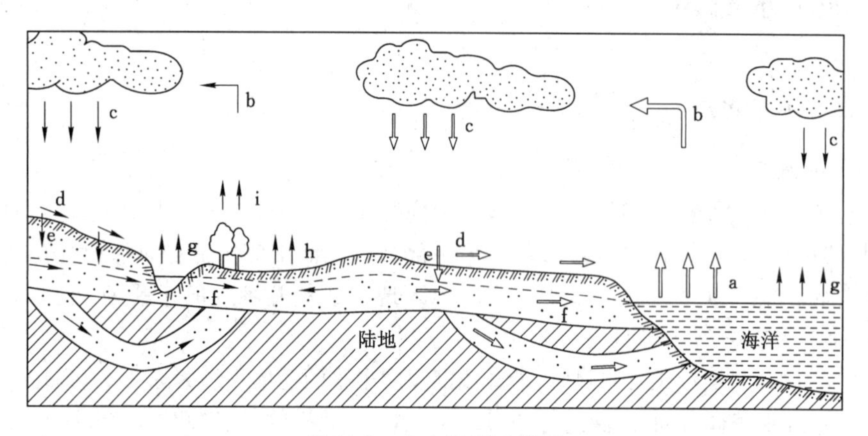

图 11-2　水文循环示意图

a——海洋蒸发；b——大气中水汽转移；c——降水；d——地表径流；e——入渗；

f——地下径流；g——水面蒸发；h——土面蒸发；i——叶面蒸发(蒸腾)

水文循环分为小循环和大循环。海洋与大陆之间的水分交换为大循环。海洋或大陆内部的水分交换称为小循环。通过调节小循环条件，加强小循环的频率和强度，可以改善局部性的干旱气候。目前，人力仍无法改变大循环条件。

地壳浅表部水分如此往复不已地循环转化，乃是维持生命繁衍与人类社会发展的必要前提。一方面，水通过不断转化使水质得以净化；另一方面，水通过不断循环水量得以更新再生。水作为资源不断更新再生，可以保证在其再生速度水平上的永续利用。大气水总量虽然小，但是循环更新一次只要 8 d，每年平均更新约 45 次。河水的更新期是 16 d。海洋水全部更新一次需要 2 500 a(《中国大百科全书·大气科学·海洋科学·水文科学》，1987)。地下水根据其不同埋藏条件，更新的周期由几个月到若干万年不等。

(2) 地质循环

地球浅层圈和深层圈之间水的相互转化过程称为水的地质循环。

上地幔的高温熔融的塑性物质(软流圈)的大规模对流,驱动着地壳板块的不断运移。在软流圈上升流区,上地幔熔融物质进入地壳或喷出地表时,地幔岩中的水分也随之上升与分异,转化为地球浅层圈的水。这种由地幔熔岩物质直接分异而来的水被称为初生水(图 11-1 中 1),据 E. K. 马尔欣宁(1967)利用千岛群岛火山研究成果,推算出全球所有岛弧由火山喷发作用、水热作用和喷气作用,每年溢出地表的初生水约为 2×10^8 t。在下降流区,含有大量水的地壳岩块俯冲沉入地幔,使地幔得到浅层圈中水的补充。

此外,自然界的地质循环还发生在成岩作用、变质作用、风化作用等过程中。在这些地质作用过程中,不仅有分子态的水(H_2O)进入矿物(成为矿物结合水)或从矿物中脱出,同时还常常伴有水分子的分解与合成。例如,区域变质作用时,黏土矿物与碳酸盐岩重结晶时,即分解出 H^+ 和 OH^- 及其他组分。在形成新的铝硅酸盐岩石的同时,H^+ 和 OH^- 合成为 H_2O,形成再生水(图 11-1 中 3)。风化作用中也有水的参与,如长石的风化过程:

$$\underset{\text{(钾长石)}}{4KA1Si_3O_8} + 6H_2O = \underset{\text{黏土矿物(高岭土)}}{A1_4(Si_4O_{10})(OH)_8} + \underset{\text{(胶体)}}{8SiO_2} + \underset{\text{(溶液)}}{4K^+ + 4OH^-}$$

据推算,原生铝硅酸盐岩石完全风化为黏土时,将有 15%～30%的水分被分解,并进入矿物的组成。矿物结合水的形成与脱出,也是水的地质循环的一部分。

由上述可知,水文循环与地质循环是很不相同的自然界水循环。水文循环通常发生于地球浅层圈中,是 H_2O 分子态水的转换,通常更替较快。水文循环对地球的气候、水资源、生态环境等影响显著,与人类的生存环境有直接的密切联系。水文循环是水文学与水文地质学的研究重点。水的地质循环发生于地球浅层圈与深层圈之间,常伴有水分子的分解与合成,转换速度缓慢,过去常被人们所忽视。随着对各种成岩、成矿地质作用认识的深化,水参与各种地质作用过程的意义不断被人们所认识。研究水的地质循环,对于深入了解水的起源,水在各种地质作用过程乃至地球演化过程中的作用,都具有重要意义。

11.1.2 地下水及含水层

地下水是存在于地壳表面以下岩土空隙(如岩石裂隙、溶穴、土孔隙等)中的水。地下水有气态、液态和固态三种形式。根据岩土中水的物理力学性质可将地下水分为:气态水、结合水、毛细水、重力水、固态水以及结晶水和结构水。下面着重讨论岩土中的毛细水和重力水,因为这两种水对地下水的工程特性有很大的作用。

11.1.2.1 毛细水

在岩土细小的孔隙和裂隙中,受毛细作用控制的水叫毛细水,它是岩土中三相界面上毛细力作用的结果。对于土体来说,毛细水上升的快慢及高度决定于土颗粒的大小。土颗粒越细,毛细水上升高度越大,上升速度越慢。粗砂中的毛细水上升速度较快,几昼夜可达到最大高度,而黏性土要几年。砂土和黏性土类毛细水上升最大高度见表 11-1。

表 11-1　毛细水上升高度 h_c

土名	粗砂	中砂	细砂	黏质粉土	粉质黏土	黏土
h_c/cm	2～4	12～35	35～120	120～250	250～350	500～600

在地下水面以上，由于毛细力的作用，一部分水沿细小孔隙上升，能在地下水面以上形成毛细水带。毛细水能作垂直运动，可以传递静水压力，能被植物所吸收。

毛细水对建筑工程的意义主要有：

① 产生毛细压力，即：

$$p_c = \frac{2\omega\cos\theta}{r} \tag{11-1}$$

式中 p_c——毛细压力，kPa；

r——毛细管半径，m；

ω——水的表面张力系数，10 ℃时，$\omega = 0.073$ N/m；

θ——水浸润毛细管壁的接触角度，当 $\theta = 0°$ 时，认为毛细管壁为完全湿润的；当 $\theta < 90°$ 时，表示水能湿润固体的表面；当 $\theta > 90°$ 时，表示水不能湿润固体的表面。

对于砂土特别是细砂、粉砂，由于毛细压力作用使砂土具有一定的内聚力（称假内聚力）。

② 毛细水对土中气体的分布与流通有一定影响，常常是导致产生封闭气体的原因。

③ 当地下水位埋深变浅时，由于毛细水上升，可助长地基土的冰冻现象；使地下室潮湿；危害房屋基础及公路路面，促使土的沼泽化、盐渍化。

11.1.2.2 重力水（自由水）

当岩石、土层的空隙完全被水饱和时，黏土颗粒之间除结合水以外的水都是重力水，它不受静电引力的影响，而在重力作用下运动，可传递静水压力。重力水能产生浮托力、孔隙水压力。流动的重力水在运动过程中会产生动水压力。重力水具有溶解能力，对岩土产生化学潜蚀，导致土的成分及结构的破坏。

11.1.3 地下水的赋存

11.1.3.1 岩土的空隙

岩土的空隙根据成因的不同，可分为孔隙、裂隙和熔岩裂隙三大类（图 11-3）。

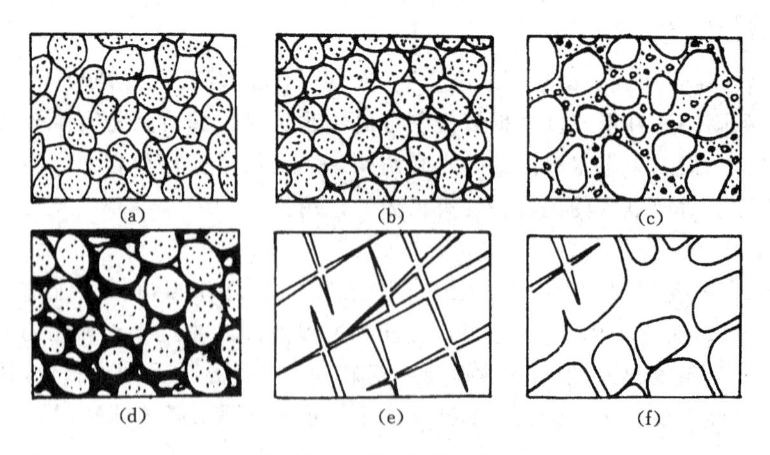

图 11-3 岩土中的空隙

(a) 分选良好，排列疏松的砂；(b) 分选良好，排列紧密的砂；(c) 分选不良，含泥、砂的砾石；(d) 经过部分胶结的砂岩；(e) 具有裂隙的岩石；(f) 具有熔岩裂隙的可溶岩

(1) 孔隙

松散土(如黏性土、粉土、砾石等)中颗粒或颗粒集合体之间存在的空隙，称为孔隙。孔隙发育程度用孔隙率表示。

几种常见松散土的孔隙率的参考值，如表 11-2 所示。

表 11-2　典型松散土孔隙率的参考值

名　称	砾石	砂	粉砂	黏土
孔隙率范围/%	25～40	25～50	35～50	40～70

(2) 裂隙

坚硬岩石受地壳运动及其他内外力地质作用的影响产生的空隙，称为裂隙[图 11-3(e)]。裂隙发育程度用裂隙率(K_t)表示，所谓裂隙率是裂隙体积(V_t)与包括裂隙体积在内的岩石总体积(V)的比值，用小数或百分数表示，即：

$$K_t = \frac{V_t}{V} \tag{11-2}$$

(3) 熔岩裂隙

可溶岩(石灰岩、白云岩等)中的裂隙经地下水流长期溶蚀而形成的空隙，称为熔岩裂隙，这种地质现象称为岩熔(喀斯特)。

熔岩裂隙的发育程度用熔岩裂隙率(K_k)表示，所谓熔岩裂隙率是熔岩裂隙体积(V_k)与包括熔岩裂隙体积在内的岩石总体积(V)的比值，用小数或百分数表示，即：

$$K_k = \frac{V_k}{V} \tag{11-3}$$

11.1.3.2　含水层和隔水层

岩土中含有各种状态的地下水，由于各类岩土的水理性质不同，可将各类岩土层划分为含水层和隔水层。

所谓含水层，是指能够给出并透过相当数量重力水的岩土层。构成含水层的条件，一是岩土中要有空隙的存在，并充满足够数量的重力水；二是这些重力水能够在岩土空隙中自由运动。

隔水层是指不能给出并透过水的岩土层。隔水层还包括那些给出与透过水的数量微不足道的岩土层，也就是说，隔水层有的可以含水，但是不具有允许相当数量的水透过自己的性能，例如，黏土层就是这样的隔水层。

11.1.4　岩土的水理性质

岩土与水作用时表现出来的性质称为水理性质。岩土的水理性质主要包括容水性、持水性、给水性、透水性及毛细管性等。岩土的水理性质主要受岩土空隙大小的控制，并与水在岩土中的赋存形式有密切关系。

11.1.4.1　容水性

岩土空隙能够容纳一定数量水体的性质，称为容水性。容水性常用容水度表示，其值为岩土中容纳的水的体积与岩土总体积之比。当岩土空隙被水充满时，水的体积就等于空隙体积，此时容水度在数量上等于孔隙率、裂隙率或熔岩裂隙率。大部分情况下容水度比它们小，因为有些空隙不相连通，以及空隙中有被水封闭的气泡存在；但对于具有膨胀性的黏土来说，由于充水后会发生膨胀，容水度会大于原来的孔隙率。

11.1.4.2 持水性

岩土颗粒的结合水达到最大数值时的含水量，称为持水度。饱和岩土在重力作用下释水时，一部分水从空隙中流出，另一部分水仍然保持于空隙之中。所以，持水度就是指受重力作用时，岩土仍能保持的水的体积与岩土体积之比。在重力作用下，岩土空隙中所保持的主要是结合水。因此，持水度实际上说明岩土中结合水含量的多少。

11.1.4.3 给水性

岩土在重力作用下，能自由排出一定水量的性能，称为给水性。在数量上用给水度表示，其值为能自由流出的水的体积与岩土总体积之比。

不同的岩土给水度不同，松散沉积物中颗粒越粗给水度越大，直到接近于它的容水度，因为它们持水能力弱或不持水，如表 11-3 所示，颗粒非常细小的泥炭、黏土类岩土，虽然容水度很大，但持水度也很大，因此给水度很小，有的实际上可认为给水度为零。

表 11-3　　常见岩土的给水度

岩土名称	砾石	粗砂	中砂	细砂	粉砂	粉土
给水度/%	35～30	30～25	25～20	20～15	15～10	14～8

岩土的容水度、持水度与给水度三者之间有着密切关系，即给水度等于容水度减去持水度，而最大给水度为饱和容水度减去最大持水度。

11.1.4.4 透水性

岩土的透水性，是指岩土允许水透过的性质。衡量岩土透水性的指标是渗透系数。岩土透水性主要与空隙的大小有关，岩土颗粒越松散，越均匀，岩土颗粒之间的空隙直径便越大，地下水流受阻力较小，从中透过的能力越强。细颗粒土中结合水占据了大部分空隙，粒间孔隙较小，地下水流动阻力较大，因而透水能力差，甚至水流不能透过，成为不透水层。

11.1.4.5 达西定律

1852～1855 年，法国水利学家达西(H. Darcy)通过大量的实验(图 11-4)，得到地下水线性渗透的基本定律：

$$Q=KA\frac{H_1-H_2}{L}=KAI \tag{11-4}$$

或

$$v=\frac{Q}{A}=KI \tag{11-5}$$

式中　Q——渗透流量；

A——过水断面的面积，包括岩土颗粒和空隙两部分的面积；

H_1，H_2——分别为上、下游过水断面的水头；

L——渗透长度(上、下游过水断面的距离)；

I——水力梯度；

K——渗透系数；

v——地下水渗透速度。

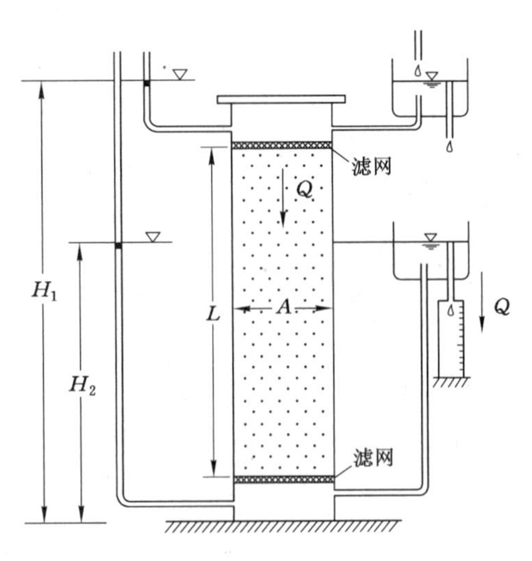

图 11-4 渗透实验的装置

地下水在多孔介质中的运动称为渗流或渗透。地下水的渗透符合达西定律。由式(11-5)可知，地下水的渗透速度与水力梯度的一次方呈正比，也就是线性渗透定律。当 $I=1$ 时，$K=v$，即渗透系数是单位水力坡度时的渗流速度。达西定律只适用雷诺数小于等于 10 的地下水层流运动。在自然条件下，地下水流动时阻力较大，一般流速较小，绝大多数属层流运动。但在岩石的洞穴及大裂隙中地下水的运动多属于非层流运动。

渗流速度 v：在公式(11-6)中，过水断面的面积包括岩土颗粒所占据的面积及空隙所占据的面积，而水流实际通过的过水断面面积 A_1 为空隙所占据的面积，即：

$$A_1 = A \cdot n \tag{11-6}$$

式中 n——空隙率。

由此可知，v 并非地下水的实际流速，而是假设水流通过整个过水断面（包括颗粒和空隙所占据的全部断面）时所具有的虚拟流速。

水力梯度 I：水力梯度为沿渗透途径的水头损失与相应渗透途径长度的比值。地下水在空隙中运动时，受到空隙壁及水质点自身的摩阻力，克服这些阻力保持一定流速，就要消耗能量，从而出现水头损失。所以，水力梯度可以理解为水流通过某一长度渗流途径时，为克服阻力，保持一定流速所消耗的以水头形式表现的能量。

11.2 地下水类型及其主要特征

地下水的埋藏条件，是指含水岩层在地质剖面中所处的部位，以及受隔水层限制的情况。地下水可根据地下水的埋藏条件、含水层的空隙性质和地下水的结合方式等三方面进行分类。

11.2.1 地下水按埋藏条件分类

根据地下水的埋藏条件，可把地下水分为包气带水、潜水和承压水。

11.2.1.1　包气带水

包气带水处于地表面以下潜水位以上的包气带岩土层中，包括土壤水、沼泽水、上层滞水以及基岩风化壳(黏土裂隙)中季节性存在的水(图 11-5)。包气带水的主要特征是受气候控制，季节性明显，变化大，雨季水量多，旱季水量少，甚至干涸。包气带水对农业有很大意义，对工程建筑有一定影响。

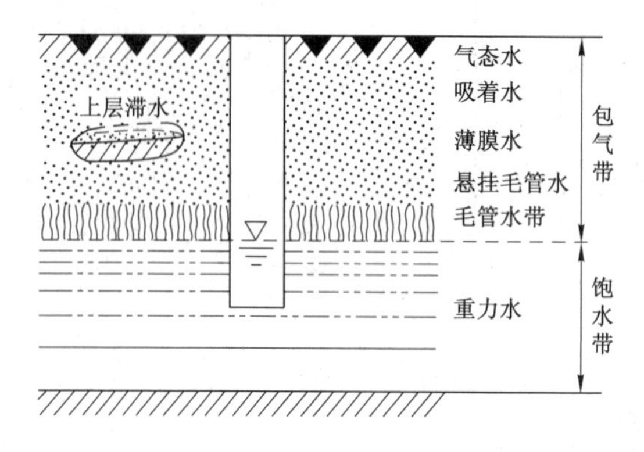

图 11-5　包气带和饱水带

11.2.1.2　潜水

埋藏在地表以下第一层较稳定的隔水层以上具有自由水面的重力水，叫潜水(图 11-6)。潜水的水面为自由水面，称为潜水面。潜水面任一点的高程称为该点的潜水位。将潜水位相等的各点连线，即得潜水等水位线图(图 11-7)。地表至潜水面的距离称潜水的埋藏深度，潜水面到隔水底板的距离为潜水含水层的厚度。潜水具有自由水面，为无压水，它只能在重力作用下由潜水位较高处向潜水位较低处流动。潜水面的形状主要受地形控制，基本上与地形一致，但比地形平缓。潜水的自由水面，承受大气压力，受气候条件的影响，季节性变化明显，春、夏季节多雨，水位上升，冬季少雨，水位下降，水温随季节而有规律地变化，水质易受污染。

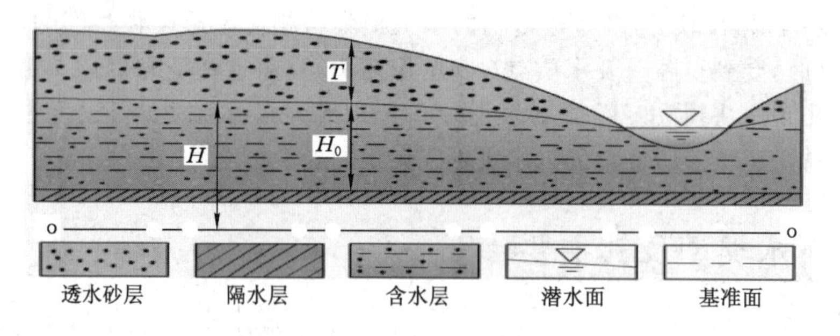

图 11-6　潜水埋藏示意图

T——潜水位埋深；H_0——含水层厚度；H——潜水位

潜水主要分布在地表各种岩、土里，多数存在于第四纪松散沉积层中，坚硬的沉积岩、岩浆岩和变质岩的裂隙及洞穴中也有潜水分布。潜水面随时间而变化，其形状则随地形的不同而异，可用类似于地形图的方法表示潜水面的形状，一般情况下，潜水面是向排泄区倾斜的曲面，起伏大体与地形一致而较缓和。此外，潜水面的形状也和含水层的透水性及隔水层

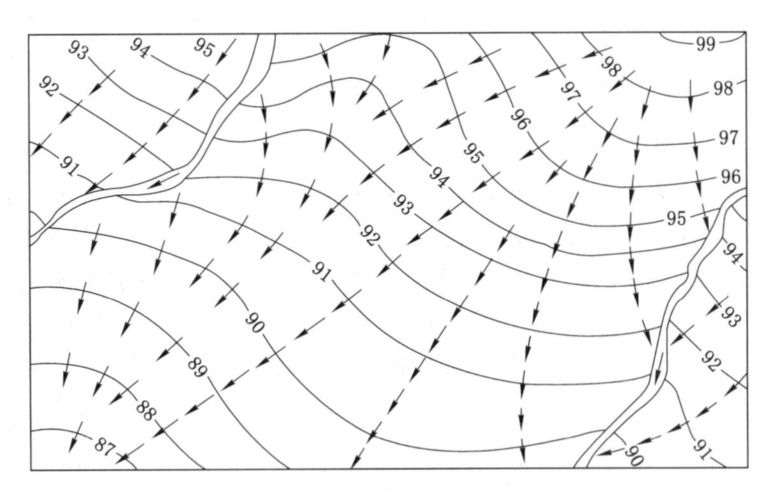

图 11-7 潜水等水位线图

(图中线条为等水位线,数字为潜水位标高(m),箭头表示潜水流向)

底板形状有关。在潜水流动的方向,含水层的透水性增强;含水层厚度较大的地方,潜水面就变得平缓,隔水底板隆起处潜水厚度减小。潜水面接近地表,可形成泉。当地表河流的河床与潜水含水层有水力联系时,河水可以补给潜水,潜水也可以补给河流。潜水的流量、水位、水温、化学成分等经常有规律的变化,这种变化叫潜水的动态。潜水的动态有日变化、月变化、年变化及多年变化。潜水动态变化的影响因素有自然因素及人为因素两方面。自然因素有气象、水文、地质、生物等。人为因素主要有兴修水利、修建水库、大面积灌溉等,这些因素都会改变潜水的动态。掌握潜水动态变化规律就能合理地利用地下水,防止地下水可能造成的对建筑工程的危害。

潜水的补给来源主要有:大气降水、地表水、深层地下水及凝结水。大气降水是补给潜水的主要来源。降水补给潜水的数量多少,取决于降水的特点及程度、包气带上层的透水性及地表的覆盖情况等。一般来说,时间短的暴雨,对补给地下水不利,而连绵细雨能大量地补给潜水。在干旱地区,大气降雨很少,潜水的补给只靠大气凝结水。地表水也是地下水的重要补给来源,当地表水水位高于潜水水位时,地表水就补给地下水。在一般情况下,河流的中上游基本上是地下水补给河流,下游是河水补给地下水(图 11-8)。潜水的动态变化往往受地表水动态变化的影响。如果深层地下水位较潜水位高,深层地下水会通过构造破碎带或导水断层补给潜水,也可越流补给潜水,总之,潜水的补给来源是多种多样的,某个地区的潜水可以有一种或几种来源补给。

潜水的排泄方式有两种:一种是径流到适当地形处,以泉、渗流等形式泄出地表或流入地表水,即径流排泄;另一种是通过包气带或植物蒸发进入大气,即蒸发排泄。潜水受气候影响较大,具有明显的季节性变化特征。潜水易受地面污染的影响。

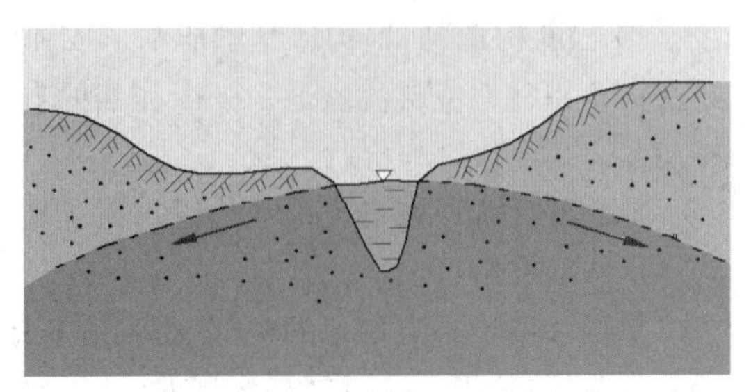

图 11-8 河流补给潜水

潜水对建筑物的稳定性和施工均有影响。建筑物的地基最好选在潜水位深的地带或使基础浅埋，尽量避免水下施工。若潜水对施工有危害，宜用排水、降低水位、隔离等措施处理。

11.2.1.3 承压水

(1) 承压水的概念

承压水是指充满在上下两个相对稳定隔水层之间的含水层中，且水头高出上层隔水层底面的地下水(图 11-9)。承压水有上下两个相对稳定的隔水层，上面的称为隔水顶板，下面的称为隔水底板。顶底板之间的垂直距离为含水层的厚度。由于地下水限制在两个隔水层之间，因而承压水具有一定压力，特别是含水层透水性越好，压力越大，人工开凿后能自流到地表，称为自流井。承压水不受气候的影响，动态较稳定，不易受污染。

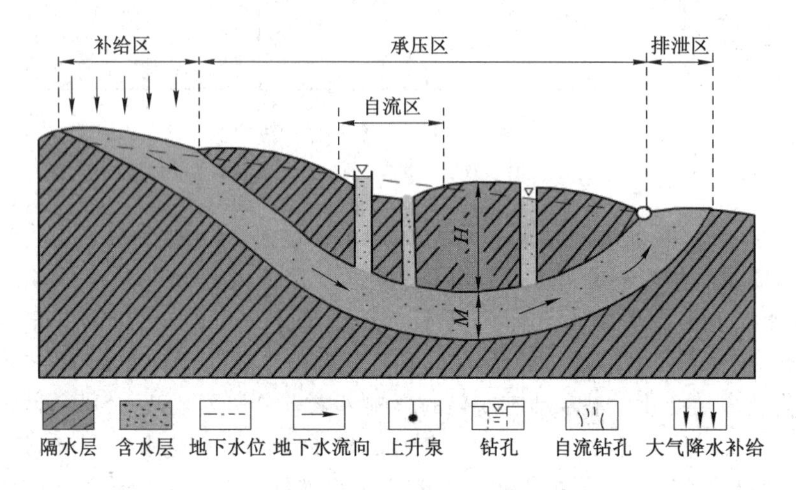

图 11-9 承压水埋藏示意图

H——承压水头高度；M——含水层厚度

承压水的形成与所在地区的地质构造及沉积条件有密切关系。只要有适当的地质构造条件，地下水都可形成承压水。承压含水层直接出露在地面，属潜水，补给靠大气降水。若承压含水层的补给区出露在表面水附近时，补给来源是地面水体；如果承压含水层和潜水含水层有水力联系，潜水便成为补给源。承压水的径流主要决定于补给区与排泄区的高差和两者的距离，及含水层的透水性。

(2) 承压水的埋藏条件

承压水的形成主要取决于地质构造。形成承压水的地质构造主要是向斜构造和单斜构造。

① 向斜构造：向斜构造是承压水形成和埋藏的最有利的地方。埋藏有承压水的向斜构造又称承压盆地或自流盆地。一个完整的自流盆地一般可分为三个区，即补给区、承压区和排泄区。

补给区含水层在自流盆地边缘出露于地表，它可接受大气降水和地表水的补给，所以称为承压水的补给区。

承压水位于自流盆地的中部，是自流盆地的主体，分布面积较大。承压区的地下水由于承受水头压力，当钻孔打穿隔水层时，地下水即沿钻孔上升至一定高度，这个高度称为承压水位。水头高出地面高程时称正水头；如果地面高程高于承压水位，则地下水位只能上升到地面以下的一定高度，这种压力水头称为负水头。

排泄区与承压区相连，高程较低，常位于低洼地区。承压水在此处或向潜水含水层补水，或向径流其上的河流排泄，有时则直接出露在地表形成泉水流走。

② 单斜构造：单斜构造的形成有两种情况。一种为断块构造，含水层的上部出露地表，为补给区，下部为断层所切，如断层带是透水的，则各含水层通过断层发生水力联系或通过断层以泉水的形式排泄于地表，成为承压含水层排泄区。如果断层带是隔水的，此时补给区即排泄区，承压区位于另一地段。另一种情况是含水层岩层发生相变，含水层的上部出露地表，下部在某一深度处尖灭，含水层的补给区与排泄区一致，而承压区则位于另一地段。

(3) 承压水的特征

承压水的重要特征是不具有自由水面，并承受一定的静水压力。承压水承受的压力来自补给区的静水压力和上覆地层压力。由于上覆地层压力是恒定的，故承压水压力的变化与补给区水位变化有关。当补给水位上升时，静水压力增大。水对上覆地层的浮托力也随之增大，从而承压水头增大，承压水位上升；反之，补给区水位下降，承压水位随之降低。

承压含水层的分布区与补给区不一致，常常是补给区远小于分布区，一般只通过补给区接受补给，承压水比较稳定，受气候影响较小，不易受地面污染。

11.2.2 地下水按含水层空隙性质分类

地下水按含水层空隙性质的不同，可分为孔隙水、裂隙水和岩溶水。

11.2.2.1 孔隙水

孔隙水分布于第四系各种不同成因类型的松散沉积物中。其主要特点是水量在空间分布相对均匀，连续性好。孔隙水一般呈层状分布，同一含水层的孔隙水具有密切的水力联系，具有统一的地下水面。

11.2.2.2 裂隙水

裂隙水是赋存和运动于岩层裂隙中的地下水。这种水的运动复杂，水量变化较大，这与裂隙发育及成因有密切关系。裂隙水按其赋存的裂隙成因不同分为：风化裂隙水(图 11-10)、基岩裂隙水和构造裂隙水。裂隙水的类型及特点见表 11-4。

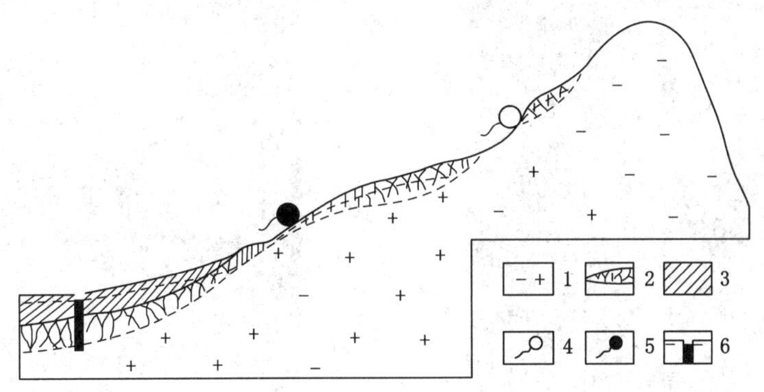

图 11-10 风化裂隙水示意图

1——母岩；2——风化带；3——黏土；4——季节性泉；5——常年性泉；6——井

表 11-4　　裂隙水类型及特点

裂隙水种类	各类裂隙水特点
风化裂隙水	分布在风化裂隙中的地下水多数为层状，由于风化裂隙彼此相连通，在一定范围内形成的地下水也是相互连通的水体，水平方向透水性均匀、垂直方向随深度减弱，多属潜水，有时也存在上层滞水。如果风化壳上部的覆盖层透水性很差时，其下部的裂隙带有一定的承压性，风化裂隙水主要由大气降水补给，有明显季节性循环交替性，常以泉的形式排泄于河流中
基岩裂隙水	基岩裂隙是岩石在成岩过程中受内部应力作用而产生的原生裂隙。赋存于这种原生裂隙中的水称为基岩裂隙水。沉积岩和深成岩浆岩的成岩裂隙通常是闭合的，含水量不大。陆地喷发的玄武岩成岩裂隙，其含水量较大。此类裂隙大多张开且密集均匀，连通良好，常形成储水丰富、导水通畅的层状裂隙含水系统。成岩裂隙水可以是潜水和承压水
构造裂隙水	构造裂隙是岩石在构造变动中受力产生的裂隙。赋存于这类裂隙中的水称为构造裂隙水。由于岩石性质的不均一性，构造应力的多次性和不均一性(大小、方向)，造成构造裂隙的张开性、密度、方向性及连通性变化很大，因而构造裂隙水的分布规律相当复杂

11.2.2.3　岩溶水

岩溶水，是指赋存和运移于可溶岩的溶隙溶洞(洞穴、管道、暗河)中的地下水，又称喀斯特水。岩溶作用易形成喀斯特地貌(图 11-11)。与其他类型的地下水相比，它的独特性在于不断改造其赋存环境，通过溶蚀的分异作用，使含水空间及本身的赋存趋于不均一性，常造成岩溶区地表严重缺水，而深部地下水富集并趋于“地下河系化”的现象。

(1) 岩溶水的分类

根据岩溶水的出露和埋藏条件不同，可将岩溶水划分为 3 种类型：

① 裸露型岩溶水

裸露型岩溶水(图 11-12)特点是以潜水为主。其主要接受降水入渗补给，地下水循环交替快，常以泉、河、地下河形式排泄。其动态变化大、水化学成分简单、矿化度低。

图 11-11　喀斯特地貌

图 11-12　裸露型岩溶水

② 覆盖型岩溶水

根据岩溶含水层之上松散岩层覆盖厚度的不同，可将覆盖型岩溶水分为两个亚型。

浅覆盖亚型：上覆第四纪堆积物厚度一般不超过 30 m。其特点是赋存潜水，但有承压现象；埋藏受基岩面地貌控制；接受降水、地表水和浅部地下水补给。有类似裸露型的径流、排泄及动态特征，但变化幅度小。

深覆盖亚型：第四纪覆盖层厚度大于 30 m。其特点是分布范围较大，赋存承压水或部分自流水。补给来源广泛，径流条件复杂，天然排泄点少。地下水动态对降水反应滞后，水化学成分稍复杂，但矿化度仍较低。

③ 埋藏型岩溶水

岩溶含水层被固结的岩层覆盖。常以向斜、单斜等蓄水构造形式出现。其特点是埋藏、径流主要受构造控制，赋存承压水或自流水。补给主要来源于相邻的其他含水层，径流缓慢，极少见有天然排泄点，动态变化幅度小，水化学成分复杂。

(2) 岩溶水的运动特征

由于岩溶含水介质的空隙尺寸大小悬殊，在岩溶水系统中通常是层流与紊流共存。细小的孔隙、裂隙中地下水一般作层流运动，而在大的管道中地下水洪水期流速每昼夜可达数千米，一般呈紊流运动。

由于介质中空隙规模相差悬殊，不同空隙中的地下水运动不能保持同步。降雨时，通过地表的落水洞、溶斗等，岩溶管道迅速大量吸收降水及地表水，水位抬升快，形成水位高脊，在向下游流动的同时还向周围的裂隙及孔隙散流。而枯水期岩溶管道排水迅速，形成水位凹槽，周围裂隙及孔隙保持高水位，沿着垂直于管道流的方向汇集。在岩溶含水系统中，局部流向与整体流向常常是不一致的。岩溶水可以是潜水，也可以是承压水，然而即使赋存于裸露巨厚的纯质碳酸盐岩中的岩溶潜水也与松散的沉积物中的典型潜水不同，由于岩溶管道断面沿流程变化很大，某些部分在某些时期局部的地下水是承压的，在另一些时间又可变成无压的。

11.2.3 泉的类型与特征

11.2.3.1 泉

地下水的天然露头，称为泉。无论上层滞水、潜水或自流水，都可以在适宜的条件下涌出地面成为泉。可见，泉是地下水的一种重要排泄方式。它在山区分布比较普遍，而在平原地区却很少见到。

泉的实际意义很大，它可以作为生活用水，有些出水量大的泉还可以作为灌溉水源和动力资源。有些泉水含有特殊的化学成分，具有医疗作用，这便是矿泉（矿泉是矿水在地表的露头）。

此外，对泉进行详细的调查研究，还可以判断有关水层的富水程度、地下水类型及其理化性质等。

11.2.3.2 泉的类型

(1) 根据泉水出露性质分类

① 上升泉。上升泉受自流水补给。地下水在静水压力作用下，由下而上涌出地面。

② 下降泉。下降泉受无压水补给（主要是潜水或上层滞水）。地下水在重力作用下，自

上而下自由流出地表。

(2) 根据泉水补给来源分类

① 包气带泉:主要是上层滞水补给,水量小,季节变化大,动态不稳定。

② 潜水泉:又称下降泉,主要靠潜水补给,动态较稳定,有季节性变化规律,按出露条件可分为侵蚀泉、接触泉、溢出泉等(图 11-13)。当河谷、冲沟向下切割含水层,地下水涌出地表便成泉,这主要和侵蚀作用有关,故叫侵蚀泉。有时因地形切割含水层隔水底板时,地下水被迫从两层接触处出露成泉,故称接触泉。当岩石透水性变弱或由于隔水底板隆起,使地下水流动受阻,地下水便溢出地面成泉,这就是溢出泉。

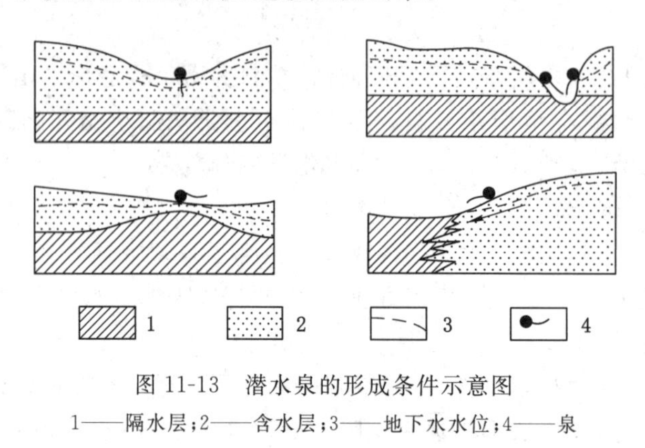

图 11-13 潜水泉的形成条件示意图

1——隔水层;2——含水层;3——地下水水位;4——泉

③ 自流水泉:又叫上升泉,主要靠承压水补给,动态稳定,年变化不大,主要分布在自流盆地及自流斜地的排泄区和构造断裂带上(图 11-14)。当承压含水层被断层切割,而且断层是张开的,地下水便沿着断层上升,在地形低洼处便出露成泉,故称断层泉。因为沿着断层上升的泉常常成群分布,也叫泉带。

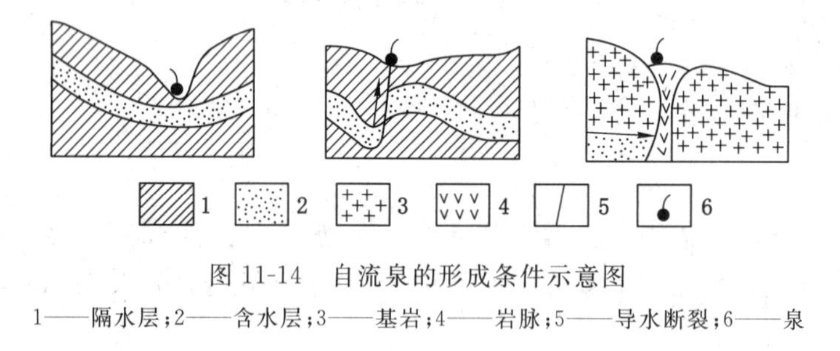

图 11-14 自流泉的形成条件示意图

1——隔水层;2——含水层;3——基岩;4——岩脉;5——导水断裂;6——泉

11.3 地下水的性质

11.3.1 地下水的物理性质

地下水的物理性质有温度、颜色、透明度、气味、味道、导电性及放射性。

① 地下水的温度:地下水的温度变化主要受气温和地温的影响。埋藏深度不同的地下水,具有不同的温度变化规律(表 11-5)。深层地下水的温度变化很小。

表 11-5　　地下水温度分类

类别	过冷水	冷水	温水	热水	极热水	沸腾水
温度/℃	<0	0～20	20～37	37～42	42～100	>100

② 地下水的颜色：地下水的颜色取决于它的化学成分和悬浮于其中的杂质(表 11-6)。

表 11-6　　地下水的常见颜色与水中存在物质的关系

地下水颜色	水中存在的物质
无色	一般地下水与化学纯水
翠绿色	含硫化氢气体的水
浅绿灰色	含低价铁的水
黄褐色或铁锈色	含高价铁的水
暗红色	含锰的化合物的水
红色	含硫细菌的水
暗黄褐色	含腐殖质的水
淡黄色	含黏土的水

③ 地下水的透明度：地下水的透明度取决于水中固体与胶体悬浮物的含量。常见的地下水一般是透明的。地下水按透明度分为四级：透明的、微浊的、浑浊的和极浊的(表 11-7)。

表 11-7　　地下水透明度分级

分　级	野 外 鉴 别 特 征
透明的	无悬浮物及胶体，60 cm 水深可见 3 mm 的粗线
微浊的	有少量悬浮物，大于 30 cm 水深可见 3 mm 的粗线
浑浊的	有较多的悬浮物，半透明状，小于 30 cm 水深可见 3 mm 的粗线
极浊的	有大量悬浮物或胶体，似乳状，水深很浅也不能看见 3 mm 的粗线

④ 地下水的气味：地下水一般是无气味的，但当其中含有某些离子或某种气体时，则出现特殊的气味。例如，水中含有 H_2S 气体时，具有臭鸡蛋气味；水中亚铁盐含量很高时具有铁腥气味；含有腐殖质时具有腐草(沼泽)气味。水的气味在低温时很难判断，加热到 40 ℃时气味最明显。

⑤ 地下水的味道：地下水的味道取决于它的化学成分及溶解的气体(表 11-8)。

表 11-8　　地下水味道与所含物质的关系

地下水味道	水中所含的物质
锈味	氧化铁
甜味	大量有机质
咸味	NaCl
涩味	Na_2SO_4

续表 11-8

地下水味道	水中所含的物质
苦味	$MgCl_2$ 或 $MgSO_4$
清凉爽口	$CaCO_3$
味美适口	重碳酸钙、镁

⑥ 地下水的相对密度：地下水的相对密度取决于其中所溶解盐分的含量。地下淡水的相对密度通常认为与化学纯水的相对密度相同，其数值为 1。水中溶解的盐分越多，相对密度越大，有的可达 1.2～1.3。

⑦ 地下水的导电性：地下水的导电性取决于其中所含电解质的数量和质量，即各种离子的含量与其离子价。离子含量越多，离子价位越高，则水的导电性越强。此外，水温对导电性也有影响。

⑧ 地下水的放射性：地下水在不同程度上都含有放射性，含量多少取决于水中所含放射性元素的数量。在地下水中目前已发现 60 多种不同元素。储存和运动于放射性矿床及酸性火成岩分布区的地下水，其放射性相应增强。

11.3.2 地下水的化学成分和主要化学性质

11.3.2.1 地下水的化学成分

(1) 地下水的化学成分

岩土中的地下水，是一种良好的溶剂，经常不断地和岩土发生作用，能溶解岩土中的可溶物质，使其变成离子状态进入地下水，形成水的化学成分。在地下水的补给、径流、排泄过程中，由于地质、自然地理环境的影响，地下水会发生浓缩、混合、离子交换吸附、脱硫酸和碳酸作用，促使地下水的化学成分不断变化。因此，地下水的化学成分，是在很长的时间内经过各种作用形成的。

地下水中常见的气体成分有 O_2，N_2，CO_2，CH_4 及 H_2S 等，尤以前三种为主。通常情况下，地下水中气体含量不高，每千克水中只有几毫克到几十毫克。但是，地下水中的气体成分却很有意义。一方面，气体成分能够说明地下水所处的地球化学环境；另一方面，地下水中的有些气体会增加水溶解盐类的能力，促进某些化学反应。

氧气(O_2)、氮气(N_2)：地下水中的 O_2 和 N_2 主要来源于大气。它们随同大气降水及地表水补给地下水，因此，以入渗补给为主，与大气圈关系密切的地下水中含 O_2 及 N_2 较多。

溶解 O_2 含量越多，说明地下水所处的地球化学环境越有利于氧化作用进行。O_2 的化学性质远较 N_2 为活泼，在较封闭的环境中，O_2 将耗尽而只留下 N_2。因此，N_2 的单独存在，通常可说明地下水起源于大气并处于还原环境。大气中的惰性气体(A，Kr，Xe)与 N_2 的比例恒定，即：$(A+Kr+Xe)/N_2=0.011\ 8$。比值等于此数，说明 N_2 是大气起源的；小于此数，则表明水中含有生物起源或变质起源的 N_2。

硫化氢(H_2S)、甲烷(CH_4)：地下水中出现 H_2S 与 CH_4，其意义恰好与出现 O_2 相反，说明处于还原的地球化学环境。这两种气体的生成，均在与大气比较隔绝的环境中，有有机物存在，微生物参与的生物化学过程有关。其中，H_2S 是 SO_4^{2-} 的还原产物。

二氧化碳(CO_2)：作为地下水补给源的降水和地表水虽然也含有 CO_2，但其含量通常较低。地下水中的 CO_2 主要来源于土壤。有机质残骸的发酵作用与植物的呼吸作用使土壤中源源不断产生 CO_2，并溶入流经土壤的地下水中。

含碳酸盐类的岩石，在深部高温下，也可以变质生成 CO_2：

$$CaCO_3 \xrightarrow{400\ ℃} CaO + CO_2$$

因此，在少数情况下，地下水中可能富含 CO_2 甚至高达 1 g/L 以上。

工业与生活应用化石燃料(煤、石油、天然气)，使大气中人为产生的 CO_2 明显增加。据统计，19 世纪中叶，大气中 CO_2 浓度为 290×10^{-6}，而到 1980 年，由于人为影响，CO_2 浓度上升至 338×10^{-6}。目前，全世界每年排放的 CO_2 总量达 53×10^{8} t 之多，由此引起了温室效应，使气温上升。

地下水中 CO_2 的含量越多，其溶解碳酸盐类的能力也越强。

(2) 地下水中主要的离子成分

自然界中存在的元素，绝大多数已在地下水中发现，但是，只有少数是含量较多的常见元素。这些常见元素，有的在地壳中含量较高，且在水中具有一定溶解度，如 O、Ca、Mg、Na、K 等；有的在地壳中含量并不是很大，但是溶解度相当大，如 Cl。某些元素，如 Si、Fe 等，虽然在地壳中含量很大，但由于其溶解于水的能力很弱，在地下水中的含量一般不高。

一般情况下，随着地下水含盐量的变化，其中占主要地位的离子成分也随之发生变化。含盐量低的水常以 HCO_3^-、Ca^{2+} 或 HCO_3^-、Mg^{2+} 为主；中等含盐量的水常以 SO_4^{2-}、Na^+ 或 SO_4^{2-}、Ca^{2+} 为主；含盐量高的水则以 Cl^-、Na^+ 为主。

地下水中分布最广、含量较多的离了共 7 种，即氯离子(Cl^-)、硫酸根离了(SO_4^{2-})、重碳酸根离子(HCO_3^-)、钠离子(Na^+)、钾离子(K^+)、钙离子(Ca^{2+})及镁离子(Mg^{2+})。构成这些离子的元素，或是地壳中含量较高，且较易溶于水的(如 O，Ca，Mg，Na，K)，或是地壳中含量虽不很大，但极易溶于水的(如 Cl)。Si，Al，Fe 等元素，虽然在地壳中含量很大，但由于其难溶于水，地下水中含量通常不大。

一般情况下，随着总矿化度(总溶解固体)的变化，地下水中占主要地位的离子成分也随之发生变化。低矿化度水中常以 HCO_3^- 及 Ca^{2+}、Mg^{2+} 为主；高矿化度水则以 Cl^- 及 Na^+ 为主；中等矿化度的地下水中，阴离子常以 SO_4^{2-} 为主，主要阳离子则可以是 Na^+，也可以是 Ca^{2+}。

地下水的矿化度与离子成分间之所以往往具有这种对应关系，一个主要原因是水中盐类的溶解度不同(表 11-9)。

表 11-9　地下水中常见盐类的溶解度　g/L

盐类	溶解度	盐类	溶解度
NaCl	350	$MgSO_4$	270
KCl	290	$CaSO_4$	1.9
$MgCl_2$	558.1(18 ℃)	Na_2CO_3	193.9(18 ℃)
$CaCl_2$	731.9(18 ℃)	$MgCO_3$	0.1
Na_2SO_4	50		

总的说来，氯盐的溶解度最大，硫酸盐次之，碳酸盐较小。钙的硫酸盐，特别是钙、镁的

碳酸盐，溶解度最小；随着矿化度增大，钙、镁的碳酸盐首先达到饱和并沉淀析出，继续增大时，钙的硫酸盐也饱和析出。因此，高矿化度水中便以易溶的氯和钠占优势。

氯离子(Cl^-)：Cl^-在地下水中广泛分布，但在低矿化度水中一般含量仅几毫克/升到数十毫克/升，高矿化度水中可达几克/升乃至 100 克/升以上。

地下水中的 Cl^- 主要有以下几种来源：① 来自沉积岩中所含岩盐或其他氯化物的溶解；② 来自岩浆岩中含氯矿物[氯磷灰石 $Ca_5(PO_4)_3Cl$、方钠石 $NaAlSiO_4 \cdot NaCl$]的风化溶解；③ 来自海水：海水补给地下水，或者来自海面的风将细沫状的海水带到陆地，使地下水中 Cl^- 增多；④ 来自火山喷发物的溶滤；⑤ 人为污染：工业、生活污水及粪便中含有大量 Cl^-，因此，居民点附近矿化度不高的地下水中，如发现 Cl^- 的含量超过寻常，则说明很可能已受到污染。

Cl^- 不为植物及细菌所摄取，不被土粒表面吸附，氯盐溶解度大，不易沉淀析出，是地下水中最稳定的离子。它的含量随着矿化度增长而不断增加，Cl^- 的含量常可用来说明地下水的矿化程度。

硫酸根离子(SO_4^{2-})：在高矿化度水中，SO_4^{2-} 的含量仅次于 Cl^-，含量为数克/升，个别达数十克/升，在低矿化度水中，一般含量仅为几毫克/升到数百毫克/升；中等矿化度的水中，SO_4^{2-} 常成为含量最多的阴离子。

地下水中的 SO_4^{2-} 来自含石膏($CaSO_4 \cdot 2H_2O$)或其他硫酸盐的沉积岩的溶解。硫化物的氧化则使本来难溶于水的硫(S)以 SO_4^{2-} 形式大量进入水中。例如：

$$2FeS_2 + 7O_2 + 2H_2O \longrightarrow 2FeSO_4 + 4H^+ + 2SO_4^{2-}$$

煤系地层常含有很多黄铁矿，因此流经这类地层的地下水中阴离子往往以 SO_4^{2-} 为主，金属硫化物矿床附近的地下水也常含大量 SO_4^{2-}。

化石燃料的燃烧给大气提供了人为作用产生的 SO_2 与氮氧化合物(每年 $2\times10^8 \sim 2.5\times10^8$ t)，氧化并吸收水分后构成富含硫酸及硝酸的降水——“酸雨”，而使地下水中 SO_4^{2-} 增加。目前，我国每年向大气排放的 SO_2 已达 $1\,800\times10^4$ t 之多，因此，地下水中 SO_4^{2-} 的这一来源不容忽视。

由于 $CaSO_4$ 的溶解度较小，限制了 SO_4^{2-} 在水中的含量，地下水中的 SO_4^{2-} 远不如 Cl^- 来得稳定，最高含量也远低于 Cl^-。

重碳酸根离子(HCO_3^-)：地下水中的 HCO_3^- 有几个来源。首先来自含碳酸盐的沉积岩与变质岩(如大理岩)：

$$CaCO_3 + H_2O + CO_2 \longrightarrow 2HCO_3^- + Ca^{2+}$$

$$MgCO_3 + H_2O + CO_2 \longrightarrow 2HCO_3^- + Mg^{2+}$$

$CaCO_3$ 和 $MgCO_3$ 是难溶于水的，当水中有 CO_2 存在时，方有一定数量溶解于水，水中 HCO_3^- 的含量取决于与 CO_2 含量的平衡关系。

岩浆岩与变质岩地区，HCO_3^- 主要来自铝硅酸盐矿物的风化溶解，如：

$$Na_2Al_2Si_6O_{16} + 2CO_2 + 3H_2O \longrightarrow 2HCO_3^- + 2Na^+ + H_4Al_2Si_2O_9 + 4SiO_2$$

$$CaO \cdot 2Al_2O_3 \cdot 4SiO_2 + 2CO_2 + 5H_2O \longrightarrow 2HCO_3^- + Ca^{2+} + 2H_4Al_2Si_2O_9$$

地下水中 HCO_3^- 的含量一般不超过数百毫克/升，HCO_3^- 几乎总是低矿化度水的主要阴离子成分。

钠离子(Na^+)：Na^+ 在低矿化度水中的含量一般很低，仅数毫克/升到数十毫克/升，但在高矿化度水中则是主要的阳离子，其含量最高可达数十克/升。

Na^+ 来自沉积岩中岩盐及其他钠盐的溶解，还可来自海水。在岩浆岩和变质岩地区，则来自含钠矿物的风化溶解。酸性岩浆岩中有大量含钠矿物，如钠长石；因此，在 CO_2 和 H_2O 的参与下，会形成低矿化的以 Na^+ 及 HCO_3^- 为主的地下水。由于 Na_2CO_3 的溶解度比较大，故当阳离子以 Na^+ 为主时，水中 HCO_3^- 的含量可超过与 Ca^{2+} 伴生时的上限。

钾离子(K^+)：K^+ 的来源以及在地下水中的分布特点，与 Na^+ 相近。它来自含钾盐类沉积岩的溶解，以及岩浆岩、变质岩中含钾矿物的风化溶解。在低矿化水中含量甚微，而在高矿化水中较多。虽然在地壳中钾的含量与钠相近，钾盐的溶解度也相当大；但是，在地下水中 K^+ 的含量要比 Na^+ 少得多。这是因为 K^+ 大量地参与形成不溶于水的次生矿物(水云母、蒙脱石、绢云母)，并易为植物所摄取。由于 K^+ 的性质与 Na^+ 相近，含量少，分析比较费事，所以，一般情况下，将 K^+ 归并到 Na^+ 中，不做另外区分。

钙离子(Ca^{2+})：Ca^{2+} 是低矿化地下水中的主要阳离子，其含量一般不超过数百毫克/升。在高矿化水中，由于阴离子主要是 Cl^-，而 $CaCl_2$ 的溶解度相当大，故 Ca^{2+} 的绝对含量显著增大，但一般仍远低于 Na^+。矿化度格外高的水，Ca^{2+} 也可成为主要离子。

地下水中的 Ca^{2+} 来源于碳酸盐类沉积物及含石膏沉积物的溶解，以及岩浆岩、变质岩中含钙矿物的风化溶解。

镁离子(Mg^{2+})：Mg^{2+} 的来源及其在地下水中的分布与 Ca^{2+} 相近。来源于含镁的碳酸盐类沉积岩(白云岩、泥灰岩)，此外，还来自岩浆岩、变质岩中含镁矿物的风化溶解，如：

$$(Mg \cdot Fe)_2SiO_4 + 2H_2O + 2CO_2 \longrightarrow MgCO_3 + FeCO_3 + Si(OH)_4$$

$$MgCO_3 + H_2O + CO_2 \longrightarrow Mg^{2+} + 2HCO_3^-$$

Mg^{2+} 在低矿化水中含量通常较 Ca^{2+} 少，通常不成为地下水中的主要离子，部分原因是地壳组成中 Mg 比 Ca 少。

11.3.2.2 地下水的主要化学性质

地下水的化学成分及其组合关系，决定了地下水具有一定的化学成分，其中主要是酸碱度、硬度、矿化度等。地下水的化学成分是通过对水进行化学分析测定的，一般称为水质分析。地下水的化学成分与其化学分类、水质评价等均有十分密切的关系。

(1) 酸碱度(pH 值)

地下水的酸碱度是指水中氢离子(H^+)的浓度，常以 pH 值表示。多用 pH 仪测定。自然界中地下水的 pH 值一般在 6.5～8.0 之间，其中酸性地下水对金属和混凝土有腐蚀性。地下水按 pH 值的分类，如表 11-10 所示。

表 11-10　　地下水按 pH 值的分类表

水的类别	pH 值
强酸性水	<5
弱酸性水	5～7
中性水	7
弱碱性水	7～9
强碱性水	>9

(2) 矿化度(M)

地下水中所含离子、分子与化合物的总量(气体成分除外),称为地下水的矿化度,它表示地下水中含可溶盐的多少,一般以 g/L 或 mg/L 为单位。确定地下水矿化度一般采用以下两种方法。

将一定体积的地下水置于 105~110 ℃条件下蒸干,水中矿物质因沉淀而残留下来,称量干涸残余物,将其折算为每升水的含量,通常以此量表示地下水矿化度。

在没有干涸残余物资料时,也可利用阴、阳离子和其他化合物含量的总和概略表示矿化度。但应注意,在蒸干时会有一半的 HCO_3^- 分解成 CO_2 及 H_2O 而逸出。所以相加时,HCO_3^- 只取质量的半数。

饮用水总矿化度不应超过 1.0 g/L,灌溉用水的总矿化度不应超过 1.7 g/L。按地下水矿化度的大小,将地下水进行分类,如表 11-11 所示。

表 11-11　　地下水按矿化度分类表

分　类	淡水	微咸水	咸水	盐水	卤水
矿化度/(g/L)	<1	1~3	3~10	10~50	>50

(3) 硬度

水中 Ca^{2+}、Mg^{2+} 的总量称为水的硬度。硬度可分为总硬度、暂时硬度和永久硬度。总硬度是指水中所含钙和镁的盐类的总含量,如 $Ca(HCO_3)_2$、$Mg(HCO_3)_2$、$CaSO_4$、$MgSO_4$、$CaCl_2$、$MgCl_2$ 等。暂时硬度是指当水煮沸时,重碳酸盐分解破坏而析出的 $CaCO_3$ 或 $MgCO_3$ 的含量。而当水煮沸时,仍旧存在于水中的钙盐和镁盐的含量,称为永久硬度。总硬度等于暂时硬度加永久硬度。硬度一般是用“德国度”或每升毫克当量来表示。1 德国度相当于在 1 L 水中含有 10 mg 的 CaO 或者含 7.2 mg 的 MgO。1 mg 当量每升硬度等于 2.8 德国度,或是等于 20.04 mg/L 的 Ca^{2+} 或 12.16 mg/L 的 Mg^{2+}。

生活饮用水水质标准规定水的硬度以 $CaCO_3$ 的含量(mg/L)表示。地下水按硬度的分类见表 11-12。

表 11-12　　地下水按硬度分类表

分　类		极软水	软水	微硬水	硬水	极硬水
总硬度	mgN/L	<1.5	1.5~3.0	3.0~6.0	6.0~9.0	>9.0
	德国度	<4.2	4.2~8.4	8.4~16.8	16.8~25.2	>25.2

11.4　地下水对工程的影响

地下水的存在,对建筑工程有着不可忽视的影响。尤其是地下水位的变化,水的腐蚀性和流沙、潜蚀等作用,都可对建筑工程的稳定性、施工及使用带来很大的影响。因此,从工程建设的角度研究地下水及地下水引起的环境问题具有重要意义。

11.4.1　地下水位变化的影响

在自然因素与人为因素影响下,地下水位可能发生变化,其表现为地下水位的上升与下降。

11.4.1.1　地下水位上升

(1) 产生原因

引起地下水位上升的原因首先是自然因素。自然条件下，丰水年及丰水期水量充沛，地下水接受补给水位随之上升。其次，大气污染导致的温室效应在加长降雨历时、增加降雨强度的同时加速了南北极冰雪的消融，促使海平面上升，致使沿海地区地下水位上升。据联合国预测，到 2030 年海平面将上升 20 cm，到 2100 年海平面将升高 65 cm。我国中科院地学部专家对我国三大三角洲和天津地区进行考察后所作的评估是，预期到 2050 年，全球变暖将使珠江三角洲海平面上升 40～60 cm，上海及天津地区上升的幅度会更高。

另外，地下水位上升也可由人类工程活动诱发。人类工程活动，是指人类为提高生存质量，对自然环境进行改造、利用的各种工程活动的总称，人类工程活动已成为改造地质环境的强大力量。引起地下水位上升的人类工程活动，如人工补给地下水源或防止地面下降，对含水层进行回灌；农田灌溉水渗漏；园林绿化浇水渗漏；水库渗漏；横切地下水流向的线型工程(如地铁、隧道、人防工程等)的上方地下壅水；地面输水沟渠渗漏；地下输水管道渗漏等。

(2) 地下水位上升造成的危害

地下水位上升使土层含水量增加甚至饱和，因而改变了土的物理力学性质。通常，地下水位持续上升属于环境工程地质问题。在一般情况下，地下水距离基础底面 3～5 m 时便可对建筑物及其地面设施构成威胁。具体表现有以下几种。

① 地基土局部浸水、软化，承载力降低，建筑物发生不均匀沉降。

② 地基一定范围内形成较大的水位差，使地下水渗流速度加快，增强地下水对土体的潜蚀能力，引发地面塌陷。

③ 地基土湿陷。在干旱、半干旱地区的土处于干燥状态，湿陷性黄土浸水后发生湿陷，引起地面塌陷、沉降。

④ 地下水位上升还能加剧砂土的地震液化，很大程度地削弱砂土地基在一定的覆土深度范围内的抗液化能力。

⑤ 地基土冻胀。在寒冷地区，潜水位上升可使地基土含水量增加。由于冻结作用，岩土中水分迁移并集中，形成冰夹层或冰锥等，造成地基土冻胀、地面隆起、桩台隆胀等。冻结状态的岩土具有较高强度和较低压缩性，但是当温度升高岩土解冻后，其抗压性、抗剪强度大大降低。对于含水量大的岩土体，融化后的内聚力约为冻胀时的 1/10，压缩性增强，可造成地基融陷，导致建筑物失稳开裂。

11.4.1.2　地下水位下降

(1) 产生原因

自然条件下，枯水年及干枯期水量减少，地下水水位下降。同时，人类活动也可引起地下水位下降，如大量开采地下水；矿山排水疏干；地下工程(商场、仓库、停车场等)排水疏干；基坑工程降水；横切地下水流向的线型工程使下游水位下降；采油工程抽水(水油混合体)；城市地下排水管网排水、建筑物和沥青水泥铺面减少降水入渗；地下水面下排水管断裂排水等。

(2) 地下水位下降造成的危害

当地下水位大面积下降时，可造成地面塌陷；而地下水位局部下降时，可引起地面塌陷以及基坑坍塌等工程事故。我国上海、天津、西安、苏州、常州等城市以及世界其他地方，如日本东京、泰国曼谷、美国加利福尼亚的长滩等城市或地区，均由于大量开采地下水，使得地下水位大幅度下降，发生大面积地面沉降。

岩溶发育地区，由于地下水位下降改变了水动力条件，在断裂带、褶皱轴部、溶蚀洼地、河床两侧以及一些土层较薄而土颗粒较粗的地段，产生塌陷。我国大、中城市有近 40 座建于岩溶地区，由于抽取岩溶地下水量剧增，地下水位骤降，城市地面建筑载荷逐年增加，岩溶塌陷事件时有发生。

许多大城市过量抽取地下水致使区域地下水位下降从而引发地面沉降（有效应力原理）。我国几十座城市受到地面沉降的威胁：北京、上海、天津、苏州、无锡、常州、西安、太原等城市都已发生不同程度的地面沉降。上海和天津的沉降超过 2 m，太原和西安也超过 1 m。

地面沉降与塌陷的主要危害：① 降低城市抵御洪水、潮水和海水入侵的能力。为治理地面沉降而产生的危害，必须花费很大的财力、物力。② 地面沉降引起桥墩、码头、仓库地坪下降，桥面净空减小，不利于航运。③ 地面沉降与地面塌陷还会引起建筑物倾斜或损坏，桥墩错动，造成水利设施、交通线路破坏、地下管网断裂。

对于已经发生或可能发生地面沉降的地区可采取如下措施：

① 可采取局部治理改善环境的办法，如在沿海修建挡潮堤，防止海水倒灌；调整城市给排水系统；调整和修改城市建筑规划。

② 消除引起地面沉降的根本因素，谋求缓和直至控制地面沉降的发展，现阶段可采取的基本措施有：对地下水资源进行严格管理，对地下水过量开采区压缩地下水开采量，减少甚至关闭某些过量开采井，减少水位降深幅度；向含水层进行人工回灌（用地表水或其他水源，但应严格控制水质以防污染含水层），进行地下水动态和地面沉降观测，以制定合理的采灌方案；调整开采层次，避开在高峰用水时期在同一层次集中开采，适当开采更深层地下水，生活用水和工业用水分层开采。

③ 进行水资源评价，研究确定地下水资源的合理开采方案（在最小地面沉降量的条件下，抽取最大可能的地下水方案）。

④ 采取适当的建筑措施。如避免在沉降中心或严重沉降地区建设一级建筑物。在进行房屋、道路、水井等规划设计时，预先对可能发生的地面沉降量作充分考虑。

海水入侵：近海地区的潜水或承压含水层往往与海水相连，陆地的地下淡水向海洋排泄。地下水位下降导致海水向地下水含水层入侵，使淡水的水质变坏。

地裂缝的产生与复活：地下水位大面积大幅度下降可诱发城市地裂缝。

地下水源枯竭、水质恶化：当开采量大于补给量时，地下水资源会逐渐减少，以致枯竭，造成泉水断流、井水枯干、地下水中有害离子量增多、矿化度增高。

11.4.2 地下水对地基的渗透破坏

渗流作用可能引起地基土流沙、管涌和潜蚀的发生。

11.4.2.1 流沙

(1) 流沙的概念

流沙是指松散细颗粒土被地下水饱和后，在动水压力即水头差的作用下，产生的地下水自下而上悬浮流动的现象。它与地下水的动水压力有密切关系。其表现形式是所有颗粒同时从一个近似于管状通道被渗透水冲走(图 11-15)。

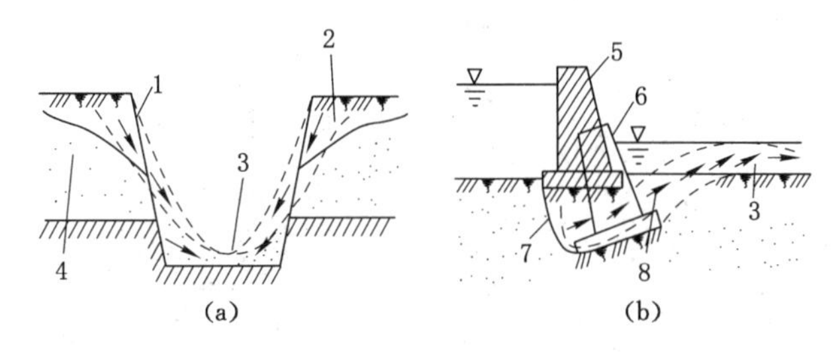

图 11-15 流沙破坏示意图

1——原坡面;2——流沙后坡面;3——流沙堆积物;4——地下水位;
5——建筑物原位置;6——流沙后建筑位置;7——滑坡面;8——流沙发生区

流沙通常是由于人类工程活动引起的,常在地下水位以下开挖基坑、埋设地下管道、打井等工程活动中发生。在有地下水出露的斜坡、岸边或有地下水溢出的地表面也会发生。流沙破坏一般是突然发生的,流沙发展结果是使基础发生滑移或不均匀下沉,基坑坍塌,基础悬浮等,对土木工程建设危害很大。

(2) 流沙形成的条件

地基由细颗粒组成(一般粒径在 0.1 mm 以下的颗粒含量在 30%~35%以上),如细砂、粉砂、粉质黏土等土;水力梯度较大,流速增大,当动水压力超过土颗粒的重力时,就可使土颗粒悬浮流动成流沙。根据对上海软土地层的研究,得出易产生流沙的土层条件为:

黏土含量小于 10%~15%,粉粒含量大于 65%~75%;

颗粒级配不均匀系数 $u<5$;

土的孔隙比 $e>0.85$;

土的含水量大于 30%;

地层中粉细砂或粉土层厚度大于 25 cm。

(3) 流沙的防治

在可能发生流沙的地区,若其上面有一定厚度的土层,应尽量利用上面的土层作天然地基,也可用桩基穿过流沙,总之尽可能地避免水下大面积开挖施工。如果必须开挖,可采取如下措施防治流沙。

① 人工降低地下水位:使地下水位降至可能发生流沙的地层以下,然后开挖。

② 打板桩:其目的一方面是加固坑壁,另一方面是改善地下水的径流条件,即增长渗流途径,减小水力梯度和流速。

③ 冻结法:用冷冻方法使地下水结冰,然后开挖。

④ 水下挖掘:在基坑开挖期间,使基坑中始终保持足够的水头(可加水),尽量避免产生流沙的水头差,增加基坑侧壁土体的稳定性。

此外,处理流沙的方法还有化学加固法、爆炸法及加重法等。在基坑开挖的过程中局部地段出现流沙时,立即抛入大块石等,可以克服流沙的活动。

11.4.2.2 管涌

(1) 管涌的概念

管涌，是指地基土在渗流作用下，土体中的细颗粒在粗颗粒形成的孔隙中发生移动并带走，逐渐形成管状渗流通道而造成水土大量涌出破坏的现象（图 11-16）。管涌通常是由于人类工程活动而引起的，但在有地下水出露的斜坡、岸边或有地下水溢出的地带也有发生。

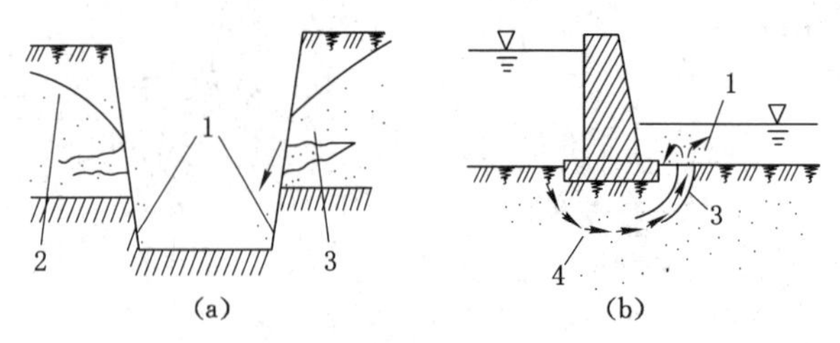

图 11-16 管涌破坏示意图

(a) 斜坡条件时；(b) 地基条件时

1——管涌堆积物；2——地下水位；3——管涌通道；4——渗流方向

(2) 管涌产生的条件

管涌多发生在无黏性土中。其特征是：颗粒大小差别较大，往往缺少某种粒径；土粒磨圆度较好；孔隙直径大而互相连通，细粒含量较少，不能全部充满孔隙；颗粒多由相对密度较小的矿物构成，易随水流移动；有良好的排泄条件等。

(3) 管涌的防治

在可能发生管涌的地层中修建挡水坝、挡土墙工程及在进行基坑排水工程时，为了防止管涌的发生，设计时必须控制地下水逸出处的水力梯度，使其小于容许水力梯度。

防止管涌发生最常用的方法与防治流沙的方法相同，主要是控制渗流，降低水力梯度，设置保护层，打桩板等。

11.4.2.3 潜蚀

(1) 潜蚀的概念

在较高的渗透速度或水力梯度作用下，地下水流从孔隙或裂隙中携出细小颗粒的作用称为潜蚀。潜蚀作用可分为机械潜蚀和化学潜蚀两种。其中，机械潜蚀是指在较大的动水压力下受到冲刷，将细粒冲走，使土的结构破坏，形成洞穴的作用；化学潜蚀是指地下水溶解土中的易溶盐分，使土粒间的结合力和土的结构破坏，土粒被水带走，形成洞穴的作用。这两种作用一般同时进行。

在地基内如发生地下水的潜蚀作用，会破坏地基土体的结构，严重时形成空洞，产生地表裂隙、塌陷，影响工程的稳定。如，在我国的黄土及岩溶地区的土层中，常有潜蚀现象发生。

(2) 潜蚀的防治

防治潜蚀可以采取堵截地表水流入土层、阻止地下水在土层中流动、设置反滤层、改造土的性质、减少地下水流速及水力坡度等措施。其有效措施可分为两大类：

① 改善渗透水流的水动力条件，使水力坡降小于临界水力坡降。防治措施有堵截地表水流入土层；阻止地下水在土层中流动；设反滤层；减小地下水的流速等。

② 改善土的性质，增强其抗渗能力。如爆炸、压密、打桩、化学加固处理等方法，可以增加岩土的密实度，降低土层的渗透性能。

11.4.3 地下水压力对地基基础的破坏

11.4.3.1 地下水的浮托作用

当建筑物基础底面位于地下水位以下时，地下水对基础底面产生静水压力，即产生浮托力。地下水不仅对建筑物基础产生浮托力，同时对其水位以下的岩石、土体产生浮托力。在地下水位埋深浅的地区，通常采用人工降水的方法进行基础工程施工，以克服地下水产生的浮托力作用。

通常，如果基础位于粉土、砂土、碎石土和节理裂隙发育的岩石地基上，则按地下水位100%计算浮托力；如果基础位于节理裂隙不发育的岩石地基上，则按地下水位50%计算浮托力；如果基础位于黏性土地基上，其浮托力较难确切地确定，应结合地区的实际经验考虑。

11.4.3.2 承压水对基坑的作用

当基坑下伏有承压含水层时，如果开挖后基坑底部所留隔水层支承不住承压水压力的作用，承压水的水头压力会冲破基坑底板，发生冒水等事故，这种工程现象称为基坑突涌。

11.4.4 地下水对钢筋混凝土的腐蚀作用

11.4.4.1 腐蚀类型

硅酸盐水泥遇水硬化，并且形成 $Ca(OH)_2$、水化硅酸钙 $CaO \cdot SiO_2 \cdot 12H_2O$、水化铝酸钙 $CaO \cdot Al_2O_3 \cdot 6H_2O$ 等。这些物质往往会受到地下水的腐蚀。根据地下水对建筑结构材料腐蚀性评价标准，将腐蚀类型分为三种：

(1) 结晶类腐蚀

如果地下水中 SO_4^{2-} 的含量超过规定值，那么 SO_4^{2-} 会与混凝土中的 $Ca(OH)_2$ 起反应，生成二水石膏结晶体 $CaSO_4 \cdot 2H_2O$，这种石膏再与水化铝酸钙 $CaO \cdot Al_2O_3 \cdot 6H_2O$ 发生化学反应，生成水化硫铝酸钙，这是一种铝和钙的复合硫酸盐，习惯上称为水泥杆菌。由于水泥杆菌结合了许多的结晶水，因而其体积比化合前增大很多，约为原体积的221.86%，于是在混凝土中产生很大的内应力，使混凝土的结构遭受破坏。

水泥中 $CaO \cdot Al_2O_3 \cdot 6H_2O$ 含量少，抗结晶腐蚀强，因此，要想提高水泥的抗结晶腐蚀能力，主要是控制水泥的矿物成分。

(2) 分解类腐蚀

地下水中含有 CO_2，它与混凝土中的 $Ca(OH)_2$ 作用生成碳酸钙沉淀。

$$CO_2 + Ca(OH)_2 = CaCO_3 \downarrow + H_2O$$

上述反应后，如水中仍含有大量的 CO_2，则再与 $CaCO_3$ 发生以下化学反应，生成重碳酸钙并溶于水，从而破坏混凝土的结构：

$$CaCO_3 + H_2O + CO_2 \longleftrightarrow Ca^{2+} + 2HCO_3^-$$

上式为可逆反应，当水中 CO_2 含量小于平衡所需数量时，反应向左方进行，生成 $CaCO_3$ 沉淀；当水中 CO_2 含量大于平衡所需数量时，反应向右方进行，使 $CaCO_3$ 溶解。因此，当水中游离 CO_2 含量超过平衡需要时，混凝土中的 $CaCO_3$ 就被溶解而受腐蚀，这就是分解类腐蚀。将超过平衡浓度的 CO_2 叫侵蚀性 CO_2。地下水中侵蚀性 CO_2 越多，对混凝土的腐蚀越强。地下水流量、流速都较大时，CO_2 易补充，平衡难建立，因而腐蚀加快。另外，HCO_3^- 含量越高，对混凝土的腐蚀性越弱。

如果地下水的酸度过大，即 pH 值小于某一数值，那么混凝土中的 $Ca(OH)_2$ 也要分解，特别是当反应生成物为易溶于水的氯化物时，对混凝土的分解腐蚀很强烈。

(3) 结晶分解复合类腐蚀

当地下水中 NH_4^+，NO_3^-，Cl^- 和 Mg^{2+} 的含量超过一定数量时，与混凝土中的 $Ca(OH)_2$ 发生反应，例如：

$$MgSO_4 + Ca(OH)_2 = CaSO_4 + Mg(OH)_2$$

$$MgCl_2 + Ca(OH)_2 = CaCl_2 + Mg(OH)_2$$

$Ca(OH)_2$ 与镁盐作用的生成物中，除 $Mg(OH)_2$ 不易溶解外，$CaCl_2$ 则易溶于水并随之流失。硬石膏 $CaSO_4$ 一方面与混凝土中的水化铝酸钙反应生成水泥杆菌：

$$3CaO \cdot Al_2O_3 \cdot 6H_2O + 3CaSO_4 + 25H_2O = 3CaO \cdot Al_2O_3 \cdot 3CaSO_4 \cdot 31H_2O$$

另一方面，硬石膏遇水生成二水石膏。

$$CaSO_4 + 2H_2O = CaSO_4 \cdot 2H_2O$$

二水石膏在结晶时体积膨胀，破坏混凝土的结构。

综上所述，地下水对混凝土建筑物的腐蚀是一项复杂的物理化学过程，在一定的工程地质与水文地质条件下，对建筑材料的耐久性影响很大。

11.4.4.2 腐蚀性评价标准

根据各种化学腐蚀所引起的破坏作用，将 SO_4^{2-} 的含量归纳为结晶类腐蚀的评价指标；将侵蚀性 CO_2、HCO_3^- 和 pH 值归纳为分解类腐蚀性的评价指标；而将 Mg^{2+}、NH_4^+，NO_3^-，Cl^-、SO_4^{2-} 的含量作为结晶分解类腐蚀性的评价指标。同时，在评价地下水对建筑结构材料的腐蚀性时必须结合建筑场地所属的环境类别。建筑场地根据气候区、土层透水性、干湿交替和冻融交替情况区分为三类环境，见表 11-13。

表 11-13 混凝土腐蚀的场地环境类别

<table>
<tr><th>环境类别</th><th>气候区</th><th>土层特性</th><th colspan="2">干湿交替</th><th>冰冻区</th></tr>
<tr><td>Ⅰ</td><td>高寒区、干旱区、半干旱区</td><td>直接临水，强透水土层中的地下水，或湿润的强透水土层</td><td>有</td><td rowspan="3">混凝土不论在地面或地下，无干湿交替作用时，其腐蚀强度比有干湿交替作用时相对降低</td><td rowspan="3">混凝土不论在地面或地下，处于严重冰冻区(段)、冰冻区段或微冰冻区(段)</td></tr>
<tr><td rowspan="2">Ⅱ</td><td>高寒区、干旱区、半干旱区</td><td>弱透水土层中的地下水，或湿润的强透水土层</td><td>有</td></tr>
<tr><td>湿润区、半湿润区</td><td>直接临水，强透水土层中的地下水，或湿润的强透水土层</td><td>有</td></tr>
<tr><td>Ⅲ</td><td>各气候区</td><td>弱透水土层</td><td colspan="2">无</td><td>不冻区(段)</td></tr>
<tr><td>备注</td><td colspan="5">当竖井、隧洞、水坝等工程的混凝土结构一面与水(地下水或地表水)接触，另一面暴露在大气中时，其场地环境分类应划分为Ⅰ类</td></tr>
</table>

地下水对建筑材料腐蚀性评价标准见表 11-14 至表 11-16。

表 11-14 **结晶类腐蚀评价标准**

腐蚀等级	SO_4^{2-} 在水中含量/(mg/L)		
	Ⅰ类环境	Ⅱ类环境	Ⅲ类环境
无腐蚀性	<250	<500	<1 500
弱腐蚀性	250～500	500～1 500	1 500～3 000
中腐蚀性	500～1 500	1 500～3 000	3 000～6 000
强腐蚀性	>1 500	>3 000	>6 000

表 11-15 **分解类腐蚀评价标准**

腐蚀等级	pH 值		侵蚀性 CO_2 含量/(mg/L)		HCO_3^- 含量/(mmol/L)
	A	B	A	B	A
无腐蚀性	>6.5	>5.0	<15	<30	>1.0
弱腐蚀性	6.5～5.0	5.0～4.0	15～30	30～60	1.0～0.5
中腐蚀性	5.0～4.0	4.0～3.5	30～60	60～100	<0.5
强腐蚀性	<4.0	<3.5	>60	>100	—
备 注	A 代表直接临水，或强透水土层的地下水，或湿润的强透水土层；B 代表弱透水土层的地下水或湿润的弱透水土层				

表 11-16 **结晶分解复合类腐蚀评价标准**

腐蚀等级	Ⅰ环境		Ⅱ环境		Ⅲ环境	
	$NH_4^+ + Mg^{2+}$	$SO_4^{2-} + NO_3^- + Cl^-$	$NH_4^+ + Mg^{2+}$	$SO_4^{2-} + NO_3^- + Cl^-$	$NH_4^+ + Mg^{2+}$	$SO_4^{2-} + NO_3^- + Cl^-$
	mg/L					
无腐蚀性	<1 000	<3 000	<2 000	<5 000	<3 000	<10 000
弱腐蚀性	1 000～2 000	3 000～5 000	2 000～3 000	5 000～8 000	3 000～4 000	10 000～20 000
中腐蚀性	2 000～3 000	5 000～8 000	3 000～4 000	8 000～10 000	4 000～5 000	20 000～30 000
强腐蚀性	>3 000	>8 000	>4 000	>10 000	>5 000	>30 000

11.4.4.3 钢筋混凝土防腐措施

通过对腐蚀机理的分析，要提高钢筋混凝土的耐久性就要做到：保持混凝土的高碱度；提高混凝土的密实度，增强抗渗能力；控制 SO_4^{2-} 和 Cl^- 。

(1) 水泥和骨料材料的选择

水泥是配置抗腐蚀混凝土的关键原料。为提高混凝土抗 SO_4^{2-} 腐蚀性和抗裂性能，应选用含 C_3A、碱量低的普通硅酸盐水泥和坚固耐久的洁净骨料。并控制水泥和骨料中 Cl^- 的含量。同时，要重视单方混凝土中胶凝材料的用量和混凝土骨料的级配以及粗骨料的粒形要求，并尽可能减少混凝土胶凝材料中的硅酸盐水泥用量。

(2) 掺入高效活性矿物掺料

活性矿物质掺料中含有大量活性 SiO_2 及活性 Al_2O_3。由于现在水泥产品的细度减少、活性增加，使得水化反应加速，放热加剧，干燥收缩增加，导致混凝土温度收缩和干缩产生的裂纹增加。将二级粉煤灰、S95级矿粉复合掺入混凝土中，可以减少热开裂，提高抗渗性，降低混凝土中钙矾石的生成量。

① 加入高效减水剂

一般情况下，材料的组合中对混凝土抗渗性最具影响力的因素是水灰比。因此，在保证混凝土拌合物所需流动性的同时，应尽可能降低用水量。加入减水剂可以使水泥体系处于相对稳定的悬浮状态，在水泥表面形成一层溶剂化水膜，同时使水泥在加水搅拌中絮凝体内的游离水释放出来，达到减水的目的。

② 加防腐剂

针对地下水同时含 SO_4^{2-} 和 Cl^-，采用防腐剂可以将水泥抗硫酸盐极限浓度提高。如采用SRA-1型防腐剂，可以将水泥抗硫酸盐极限浓度提高到1 500 mg/L。防腐剂中的 SiO_2 与水泥的水化产物氢氧化钙生成水化硅酸钙凝胶，降低硫酸盐腐蚀速度；次水化反应可减少氢氧化钙的含量，降低液相碱度，从而减少 SO_4^{2-} 生成石膏的钙矾石数量，减缓膨胀破坏。同时，SO_4^{2-} 和 Cl^- 并存时，还相对降低水泥中铝酸盐的含量，更有利于抵抗盐类腐蚀。

除上述措施外，建筑混凝土内配钢筋应采用未锈蚀的新钢筋，钢筋出露部分应做防锈处理，建筑用型钢和钢管需要做防腐处理。

课后习题

[1] 地下水是如何形成的，它与补给和地质条件有何关系？

[2] 地下水有哪些类型，它们各有何特点？

[3] 地下水对矿山工程有哪些影响，如何防治地下水造成的灾害？

12 地 质 图 件

地质图件是指根据勘探资料和现场编录资料，反映各种地质特征、勘探工程和井巷采掘工程布置情况及其相关资料的图件。针对煤矿，常用的地质图件包括地质地形图、开拓平面图、井上下对比图、地质剖面图、储量估算图、井田综合柱状图等。上述图件是由地质工作者通过现场编录及生产勘探取得大量地质资料分析、研究及整理编制的。它是矿山设计、制订生产计划、指导采掘生产及矿产储量管理的主要依据。本章内容主要针对地质剖面图、地质地形图等常用地质图件予以介绍。

12.1 地质剖面图

12.1.1 地质剖面图概述

(1) 地质剖面图的概念

地质剖面图是按一定比例尺沿铅垂方向将大地切开，反映切开剖面上岩层及构造形态的图件(图 12-1)，也是表示地质剖面上的地质现象及其相互关系的图件。地质剖面图与地质图相配合，可以获得地质构造的立体概念。地质剖面图是分析地质构造，编制其他综合地质图件的基础资料。

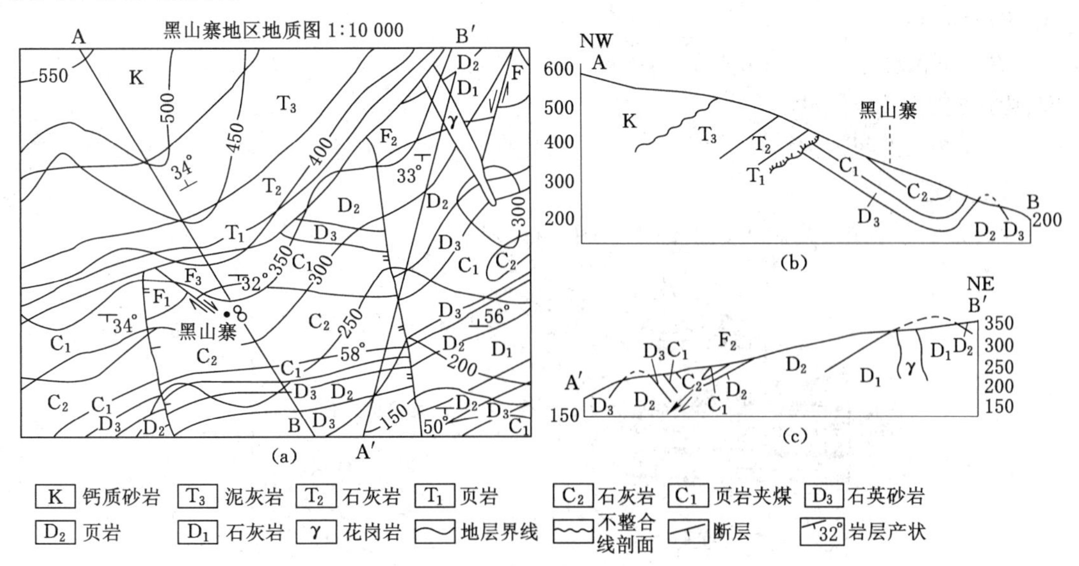

图 12-1 黑山寨地区地质剖面图

针对其分类，垂直岩层走向的地质剖面图称地质横剖面图；平行岩层走向的剖面图，称地质纵剖面图。按地质剖面所表示的内容，可分为地层剖面图、第四纪地质剖面图、构造剖面图等；按资料来源和精确程度，又分为实测、随手、图切剖面图等。

(2) 地质剖面图的内容

① 图形基本标注，如经纬线、水平标高线、剖面线方向、图签；

② 地形地物及保护煤柱线；

③ 勘探工程，注明钻孔编号、孔口标高、终孔深度、煤层及夹矸厚度；

④ 地质信息，如地层界线、断层、火成岩侵入体、岩溶陷落柱、可采煤层编号等；

⑤ 井巷工程，如小窑、生产矿井井筒、井巷工程、采空区、井田边界及开采水平高程线。

(3) 地质剖面图的用途

地质剖面图能直观地反映研究区的地质构造和矿体的地下赋存情况，并能反映地质体的空间形态特征，是了解地质构造空间形态的必读图件。一般来说，地形地质图都要相应地附几个方向的剖面图，以从空间上反映研究区地质构造的空间形态；地质剖面图能反映勘探工程对矿体的控制程度，是勘探部门编制勘探设计、生产部门进行巷道设计的基础图件；地质剖面图是编制其他地质图件的基础，比如对地形地质图、水平切面图、煤层底板等高线图等的编制均起到关键性作用。

12.1.2 各种地质构造在地质剖面图上的表现

(1) 单斜岩层

单斜岩层是指在一定范围内所出露的一套岩层如果倾向和倾角基本一致，则称为单斜岩层。由于地壳运动，使原始水平产状的岩层发生构造变动，形成单向倾斜岩层。这是最简单的一种构造变动，也是层状岩石最常见的一种产状形态。

在横剖面图上，单斜岩层表现为一组倾斜的直线，具体反映岩层的真倾向、真倾角、真厚度、真层间距。

在纵剖面图上，单斜岩层表现为一组水平的直线，具体反映岩层的假倾向、假倾角、假厚度、假层间距。

在斜交剖面图上，单斜岩层表现为一组倾斜的直线，反映岩层的假倾向、假倾角、假厚度、假层间距。

图 12-2 为单斜岩层在地质剖面图上的特征表现。

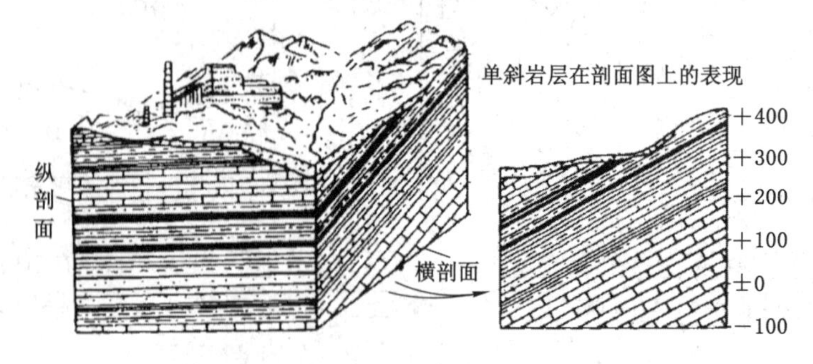

图 12-2 单斜岩层在地质剖面图上的特征表现

(2) 褶皱

褶皱剖面有横剖面(铅直剖面)和正交剖面(横截面)两种。横剖面图适用于在各种比例尺地质图上反映褶皱在与图面(水平面)垂直面上的褶皱特征;横截面图对于构造变形强烈、枢纽倾伏角较大的褶皱复杂的地区(如变质岩区)能比较真实地反映褶皱在剖面上的形态。

在横剖面图上,能真实地反映褶皱的类型、轴面的产状、两翼岩层的产状、褶曲的开阔程度等特征。背斜表现为岩层向上弯曲,核部为老地层,两翼对称出现新地层;向斜表现为岩层向下弯曲,核部为新地层,两翼对称出现较老地层(图 12-3)。

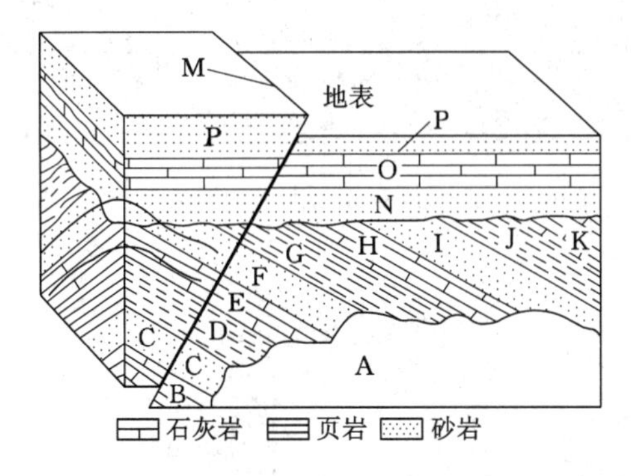

图 12-3 背斜剖面图

在纵剖面图上,能反映褶曲枢纽的倾伏情况。水平褶曲(图 12-4)的地层界线表现为一组水平的直线,倾伏褶曲(图 12-5)的地层界线表现为一组倾斜的直线。

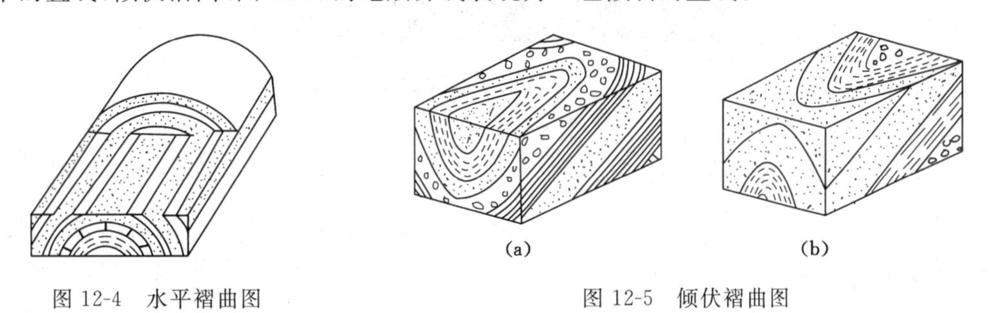

图 12-4 水平褶曲图　　图 12-5 倾伏褶曲图

在斜交剖面图上,能反映褶曲的类型,褶曲的表现类似于横剖面图,但有一点需要注意的是岩层表现为假倾角。

(3) 断层

断层在地质剖面图上表现为地层或其他地质体被错断产生不连续的现象。剖面图上的断层线为断层面与剖面的交线。正断层表现为上盘相对下降,下盘相对上升(图 12-6);反之,逆断层表现为上盘相对上升,下盘相对下降(图 12-7)。当剖面方向与断层的倾向一致时,在剖面上反映的断层的倾角是断层的真倾角;当剖面方向与断层的倾向不一致时,在剖面上反映的断层的倾角是断层的伪倾角。断层面与岩层面都是空间的一个面,它们在各种剖面图上的表现特征是类似的。在各种剖面图上还能直观地反映断层的断距和落差。但要注意它们在不同方向剖面内其值的变化。一般在地质剖面图上都要标注断层的倾向、倾角和落差。

图 12-6　正断层在实际地质剖面图上的表现

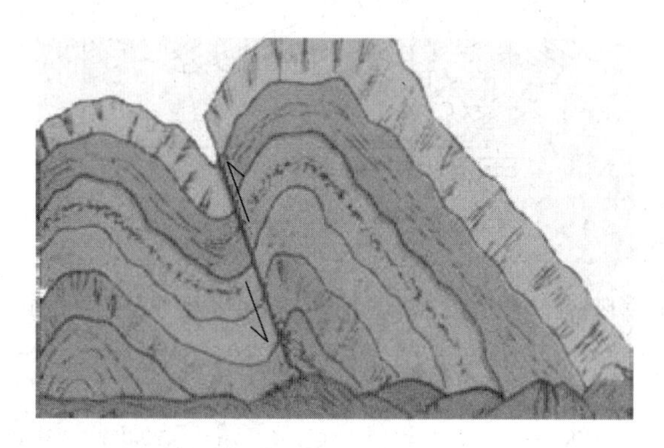

图 12-7　逆断层在地质剖面图上的表现

12.1.3　地质剖面图的阅读法

地质剖面图反映的是地质构造的平面特征，是一种比较容易读取的地质图件，一般常用的读图步骤如下。

(1) 看图名、比例尺

地质剖面图的图名反映剖面所切的位置，一般情况下地质剖面图是与地形地质图或其他平面图配合使用的，在平面图上都标有地质剖面图的起止位置。

通常，地质剖面图的比例尺与其对应的平面图（如地形地质图）的比例尺一致或稍大，如煤矿应用的平面图比例尺一般为 1∶5 000，则地质剖面图的比例尺一般为 1∶2 000 或 1∶1 000。要特别注意的是有些小比例尺地质剖面图上垂向和横向比例尺不一致的情况。

(2) 看图名的方位、图例

地质剖面图的方位一般用方位角标示在图的上方剖面的起始位置，剖面方位发生变化时也会在相应位置标出。

图例一般标在图的下方，对照图例就能读懂图中反映的内容。

(3) 分析图的内容

地质剖面图要配合地质平面图共同使用，不仅要搞清切开面上地质构造特征，还要搞清剖面反映的地质构造的空间形态。

12.2　地形地质图

12.2.1　地形地质图概述

12.2.1.1　地形地质图的概念

地形地质图是用规定的符号、色谱和花纹将地表上的地质体(如地层、岩体、地质构造、矿床等)和地质现象按一定的比例概括地投影到地形图(平面图)上,是反映一个地区的地形、地物、岩层分布情况以及反映该地区地质体和地质现象的分布和相互关系的一种图件(图12-8)。它能够综合、概括地反映一个地区地质状况及其发展历史,是一个地区地质工作尤其是区域地质调查的最主要成果。基岩地质图也是地形地质图的一种,它是将盖层(第四系覆盖层)揭去而反映基岩各种地质现象的图件。

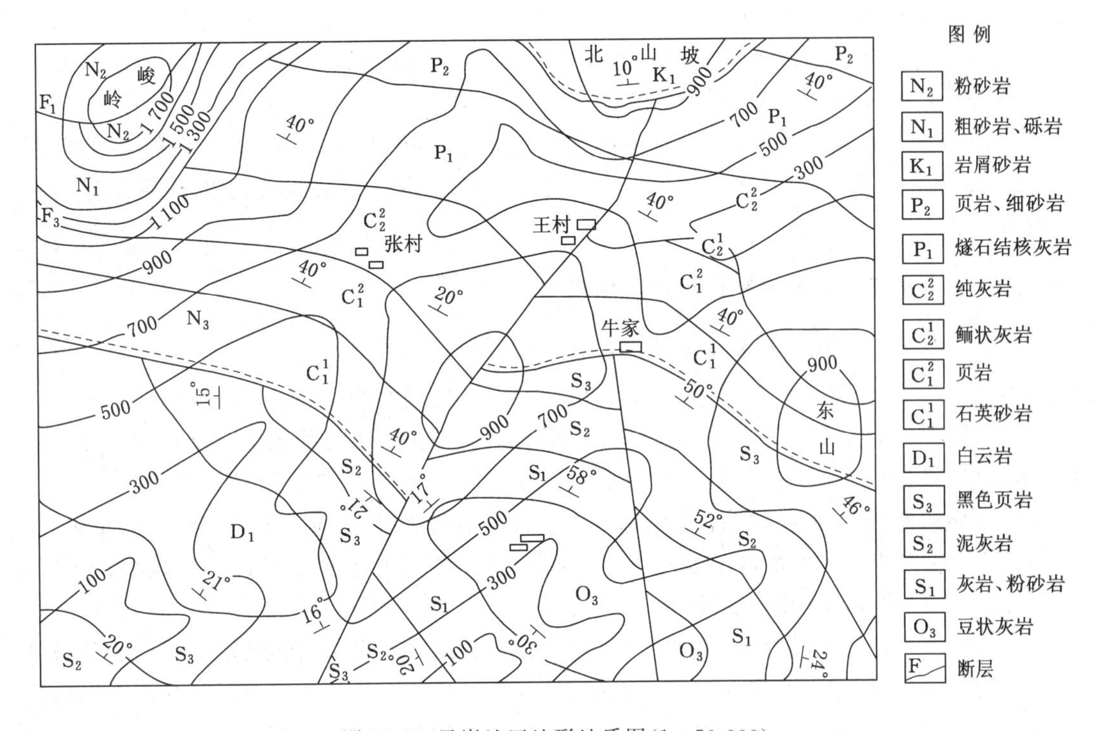

图12-8　星岗地区地形地质图(1∶50 000)

12.2.1.2　地形地质图的内容

地形地质图是以地形图为底图,通过地质调查及地质勘探编制而成的,地形地质图反映的主要内容有以下几个方面。

① 图名。表明图幅所在地区和类型,一般采用图区内主要城镇、居民点及主要山岭、河流等命名。

② 比例尺。用以表明图幅反映实际地质情况详细程度,地质图的比例尺和地形图的比

例尺一样，有数字比例尺和线条比例尺两种，常用的有 1∶5 000 和 1∶10 000。

③ 图例。地形地质图上各种地质体的符号和标记，包括地层图例、岩石图例、地质构造图例。

④ 地形地物。主要包括地形等高线、地面建筑物、构筑物、地表水体、公路、铁路、桥梁、车站、三角点、高压线、经纬线及指北方向等。

⑤ 地质界线。主要包括各时代的地层分界线（系、统、组）、不整合面界线、滑坡范围、标志层、矿层露头线、褶曲轴线、断层线及岩层产状等。各种地质界线必须注明其代号和名称，如地层系统的编号、标志层及矿层编号、褶曲及断层名称等，对有火成岩或岩溶陷落柱出露的地区，应圈定其在地表或基岩面上的分布范围。

⑥ 勘查工程。包括所有的钻孔、坑探工程（探槽、探井、探巷）、井筒位置、主要老窑位置和范围等。

其他还有井田边界、剖面线、勘查线及其编号、井筒标高、矿体采掘范围、最高洪水位线等。

12.2.1.3　地形地质图的作用

地形地质图是矿山设计和生产的基本图件之一；是设计部门用来选择运输干线及供电线路，确定井口、工业广场、矿渣堆放场地、建筑材料场等位置，考虑农田保护，寻找和保护水源等不可或缺的图件；是生产部门编制其他地质图件（井上下对照图等）的基础图件；是勘察部门布置生产勘探工程等的必备图件；同时也是地质人员分析地质规律的重要图件。

12.2.2　各种地质现象在地形地质图上的表现

12.2.2.1　单斜岩层在地形地质图上的表现

地形地质图上岩层（地层）界线是该岩层（露头）与地表面的交线的水平投影线。单斜岩层在地质图上的分布形态复杂多样，其岩层界线受地形起伏、岩层的倾向及倾角的影响。同时，地层对岩层分布形态的影响，还与地形地质图的比例尺有关，图件比例尺越大，岩层分布形态受地形的影响越明显；图件比例尺越小，岩层分布形态受地形的影响越不明显，在 1∶100 000或更小比例尺的地形地质图上，岩层分布形态与地形关系显得极其微小，可以忽略不计，其地层界线基本与岩层走向一致。

在大比例尺的地形地质图上，由于测定的范围相对较小，岩层面的测定范围（小范围）内产状稳定，其露头线的形态主要取决于地面起伏、岩层产状以及两者的相互关系。而当地面平坦时，产状稳定的倾斜岩层其界线呈直线延伸，其延伸方向即为岩层走向；当地面有起伏时，岩层露头线发生各种弯曲，其规律性称之为“V”字形法则。

（1）水平岩层的表现

当岩层水平时，岩层的露头线形态完全受地形控制，其露头线与地形等高线平行或重合而不相交（图 12-9）。

（2）直立岩层的表现

当岩层直立时，岩层露头线虽然在地面上随地形的变化呈波状起伏，但在地形地质图上呈直线延伸，其延伸方向为岩层走向（图 12-9）。

（3）倾斜岩层的表现

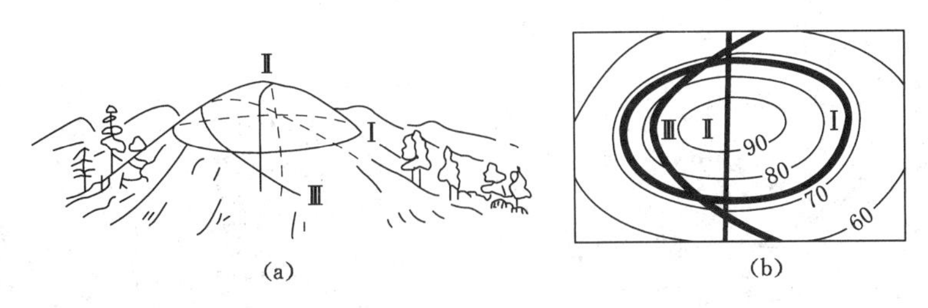

(a)　　(b)

图 12-9　水平、直立、倾斜岩层在地形地质图上的表现示意图

(a) 立体图;(b) 地形地质图

Ⅰ——水平岩层;Ⅱ——直立岩层;Ⅲ——倾斜岩层

当岩层倾斜时,岩层露头线的形态与岩层倾向、地面的坡向以及岩层倾角、地面坡角密切相关。

① 当岩层倾向与地面坡向相反时,岩层露头线的弯曲方向与地形等高线的弯曲方向相同,但岩层露头线的曲率比地形等高线的曲率小(图 12-10)。

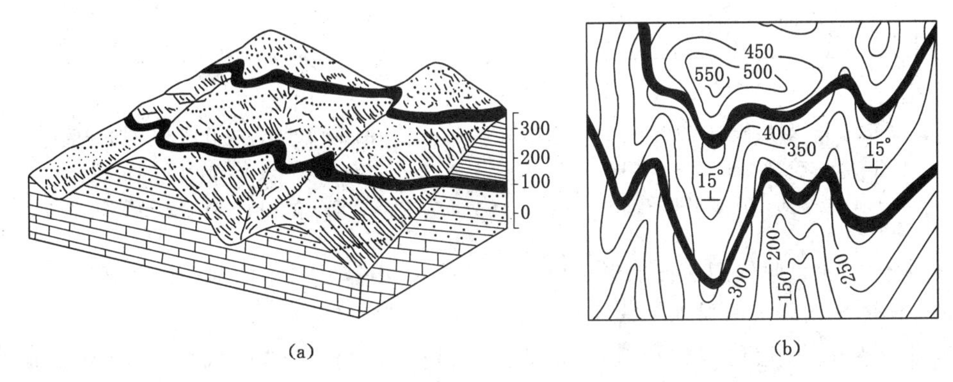

(a)　　(b)

图 12-10　岩层倾向与坡向相反的"V"字形规律(1∶10 000)

(a) 立体图;(b) 地形地质图

② 当岩层倾向与地面坡向相同,岩层倾角大于地面坡角时,岩层露头线的弯曲方向与地形等高线的弯曲方向相反(图 12-11)。

③ 当岩层倾向与地面坡向(沟谷或山脊方向)相同,岩层倾角等于地面坡角时,岩层露头线沿沟谷或山脊两侧平行延伸。

④ 当岩层倾向与地面坡向相同,岩层倾角小于地面坡角时,岩层露头线的弯曲方向与地形等高线的弯曲方向相同,但岩层露头线的曲率比地形等高线的曲率大(图 12-12)。

12.2.2.2　褶曲构造在地形地质图上的表现

褶曲在地形地质图上的表现形态取决于地表形态、褶曲类型及其要素。

(1) 地面平坦时褶曲的表现

① 水平褶曲。水平褶曲在地形地质图上,地层界线表现为一组接近水平的界线,可通过地层对称性重复及核部、翼部地层的新老变化规律来判别向斜、背斜,即自核部向两翼,地层由老变新为背斜,由新到老为向斜。

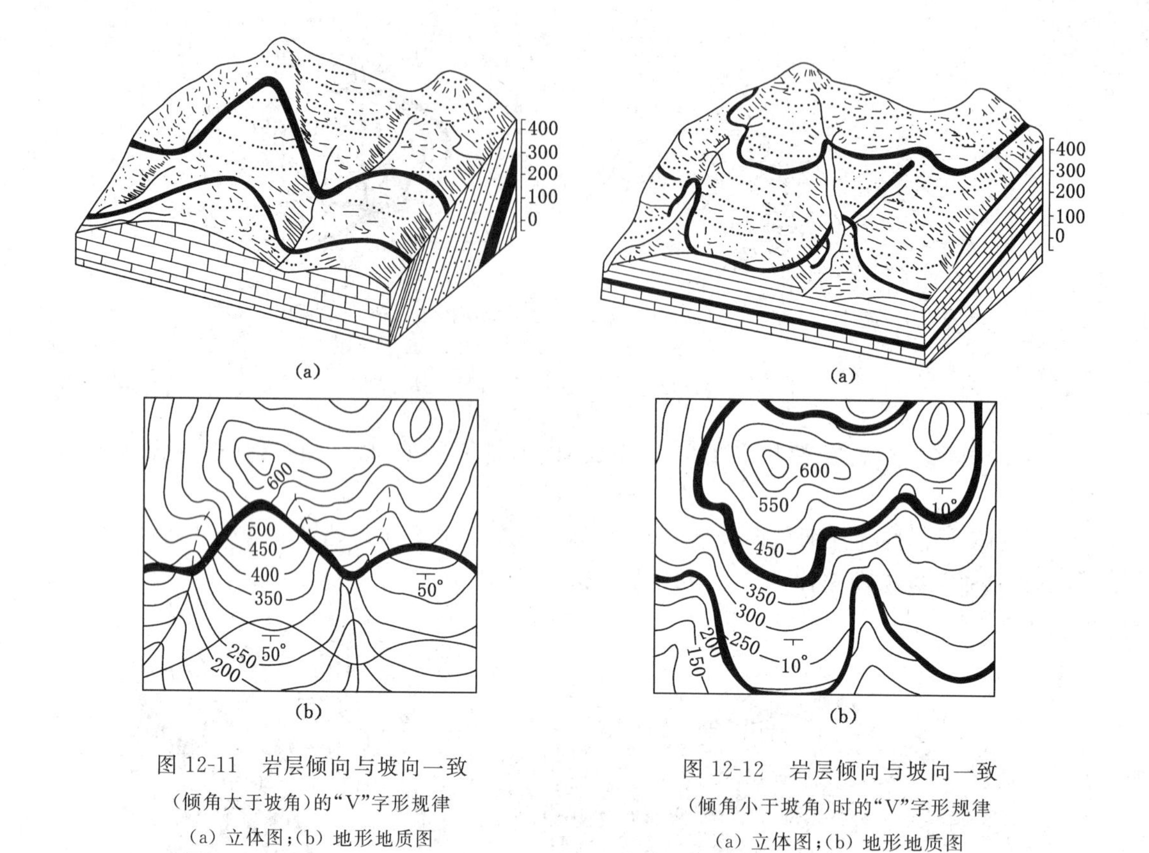

图 12-11　岩层倾向与坡向一致（倾角大于坡角）的“V”字形规律
(a) 立体图；(b) 地形地质图

图 12-12　岩层倾向与坡向一致（倾角小于坡角）时的“V”字形规律
(a) 立体图；(b) 地形地质图

② 倾伏褶曲。倾伏褶曲在地形地质图上，底层的出露线呈单向封闭的曲线。

(2) 地形起伏较大时褶曲的表现

当地形平坦时，底层界线出现一个弯曲，就是一个倾伏背斜或向斜。当地形切割比较强烈、起伏较大时，单斜岩层在地形地质图上也出现弯曲。所以，这种情形下，地形地质图上的地层界线弯曲受地形和褶曲构造两个因素的影响，具体情形根据以下几点加以识别。

① 根据岩层产状识别。单斜岩层受地形的影响，虽然地层界线发生弯曲，但产状不变；而出现褶曲则岩层走向发生变化。

② 根据有无褶曲轴线识别。在地形地质图上，褶曲构造一般用轴线符号表示，而单斜岩层无褶曲轴线符号。

③ 根据地层界线弯曲情况与地形等高线的关系识别。单斜岩层受地形影响，地层界线弯曲情况与地形等高线有明显的变化规律，遵循“V”字形法则；褶曲构造的地层界线弯曲情况与地形等高线往往无明显的规律。

12.2.2.3　*断层在地形地质图上的表现*

① 断层在地形地质图上表现为一条线，断层线的形态取决于地形起伏和断层面的产状。地形对断层线的影响与单斜岩层相同，遵循“V”字形法则。值得注意的是，当断层与第四系界线相交时，断层线不切过第四系界线。

② 倾向或斜向断层两盘的地层界线、岩石煤层露头线沿走向发生中断，在水平方向出

现错动。当非平移的斜断层或横断层切割褶曲时，沿断层线断层两盘同一褶曲面的宽度发生变化：切割向斜时，同一褶曲面的宽度下降盘较上升盘宽；切割背斜时，同一褶曲面的宽度下降盘较上升盘窄。

③ 在地形地质图上，断层线一般用下列符号表示(图 12-13)：长线表示断层的走向，正(逆)断层的箭头表示断层的倾向，数字表示倾角，断线表示下降盘；平移断层的长线段表示断层的走向，箭头表示本盘的运动方向。

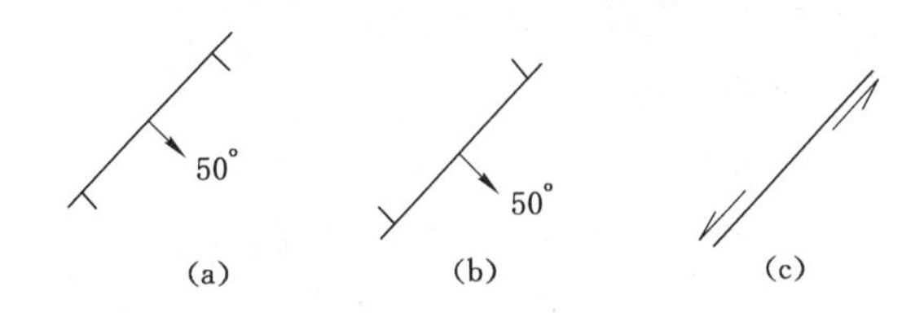

图 12-13 断层线符号图示

(a) 正断层；(b) 逆断层；(c) 平移断层

12.2.2.4 其他地质现象在地形地质图上的表现

(1) 岩浆侵入岩

当岩浆侵入岩出露地表时，在地形地质图上的表示方法是用红色的实线圈定岩浆侵入岩出露范围，并用相应的岩性符号表示。

(2) 喀斯特陷落柱

喀斯特陷落柱是一个柱状的塌陷体，当其延伸到地表或基岩表面时，在地形地质图上表现为椭圆形的封闭曲线，并且地层的界线在陷落柱内都发生中断。

(3) 不整合面

平行不整合面在地形地质图上与地层界线平行，在新地层的一侧用断线表示；角度不整合面与下伏地层以一定的角度相交，下伏地层界线以一定的角度与不整合线相交，并终止于不整合线，在新地层的一侧用虚线表示。

12.2.3 地形地质图的阅读方法

地形地质图是一种反映地质现象在空间分布情况的图件，阅读时需要通过图上的地形等高线和各种地质体露头线的形态等想象其空间形态，需要在读图时建立空间的概念。一般按照以下的步骤读图。

(1) 阅读图名、图幅代号、比例尺、编制时间

图名和图幅代号可以说明地形地质图所在的地理位置和种类，一般位于图的上方正中，没有大图名的图件，其图名在图右下角的图签内。

比例尺是反映图件把实物缩小的程度，地质图件按比例尺的大小可分为：

大比例尺：为 1∶10 000，1∶5 000，1∶2 000 或更大；

中比例尺：为 1∶100 000，1∶50 000，1∶25 000；

小比例尺：为 1∶200 000，1∶500 000 或更小。

比例尺的形式有数字比例尺和自然比例尺(线性比例尺)两种。在矿山生产中常用的地形地质图比例尺一般为 1∶5 000 或 1∶10 000，在地质构造复杂区比例尺稍大。

编制时间说明资料利用的起止时间(反映资料新旧)。

(2) 判别方位

地形地质图上的方位一般用箭头表示指北方向,如果图上没有标明指北方向,则默认为上北下南、左西右东。

(3) 阅读图例

图例是表示地形、地物及各种地质现象的符号,图例是有严格规定的,在绘制地形地质图时,一般都是需要按照标准图例绘制的,搞清楚图例,就能看懂图中的地质内容,图例一般放置在地形地质图的左下方或者右侧。

(4) 看图中所附的地层综合柱状图

地形地质图一般都附有地层综合柱状图,通过该图可以了解该区地层系统。如果没有地层综合柱状图,也可以通过图例内所列的地层符号大致了解该区的地层系统。

(5) 分析图内的内容

① 了解地形的特征。通过读地形等高线可以区分图上的山脊、山谷、山头和洼地。在大比例尺的地形地质图上,受地形的影响,倾斜岩层的露头线表现为呈"V"字形的弯曲,并与地形等高线有一定的组合关系。

② 分析区内地质构造。分析区内地质构造时要从局部到全区,由个别到整体,逐步掌握全区的构造形态。通过褶曲和断层符号区分褶曲和断层类型,通过岩层产状符号掌握地层的产状变化。另外,还应该注意充分利用图中所附的地质剖面图,通过对剖面图的阅读,有利于了解区内地质构造的空间形态。

③ 掌握矿层分布。对于采矿工作者而言,掌握矿层的分布尤其重要。通过对矿层露头线的追索及地质构造的分析,掌握矿体的分布范围和在地下的赋存状态,这对于矿井设计和生产具有重要的意义。

12.2.4 根据地形地质图编制地质剖面图

(1) 选择剖面位置

在分析图内的地形特征、地层分布和产状变化以及地质构造特点的基础上,确定剖面位置。要求剖面尽量垂直地层走向,并通过地层出露较全和图区主要地质构造部位。剖面位置选定后,将剖面线标定在地形地质图上,如图 12-14 中剖面线位置为 AB。

(2) 绘制地形剖面图

首先在绘图纸上画出剖面基线,一般以过剖面线起点或终点的铅垂线为基线。然后按平面图的比例尺,作出一系列与基线垂直的等深线,并在基线上标注等深线的标高,最上部的等深线的标高高于剖面所切过的最高地形等高线的标高,最下部的等深线的标高低于剖面所切过的最低地形等高线标高一两个间距。最后,将地形地质图上的剖面线与地形等高线的交点按其到基线的距离一一投影到相应高程等深线上(图 12-14),并将等深线上的地形投影点依次连线即得到地形剖面。

(3) 绘制地质剖面

将地形地质图上的剖面线与地质界线(地层分界线、不整合线、断层线等)的各交点按其到基线的实际距离投影到地形剖面线上,按各点附近的地层倾向、倾角绘出分层界线(图 12-14),如果剖面方向与地层走向斜交时,应按剖面方向的视倾角绘分层界线。

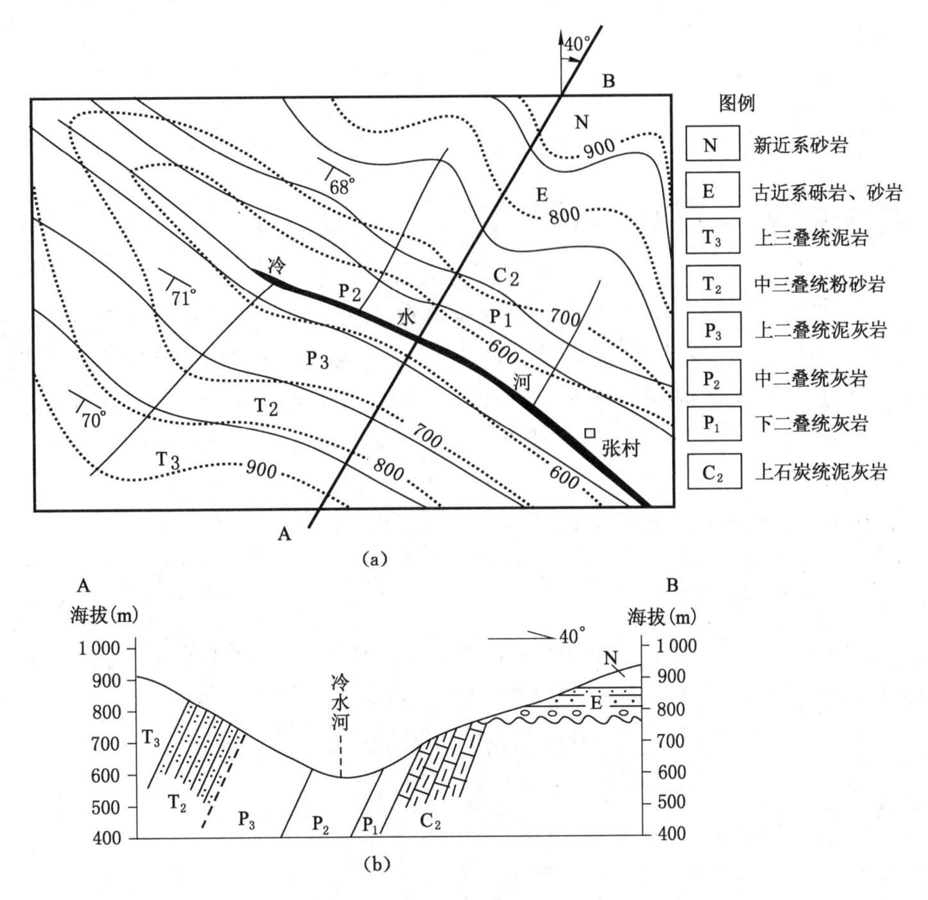

图 12-14　根据张村地形地质图作地质剖面图(1∶10 000)

(a) 地形地质图;(b) 地质剖面图

课后习题

[1]　简述水平及倾斜岩层地质剖面图的绘制方法与步骤。

[2]　简述如何看地形地质图。

[3]　分析图件 12-15 中有哪些地层,接触关系如何?

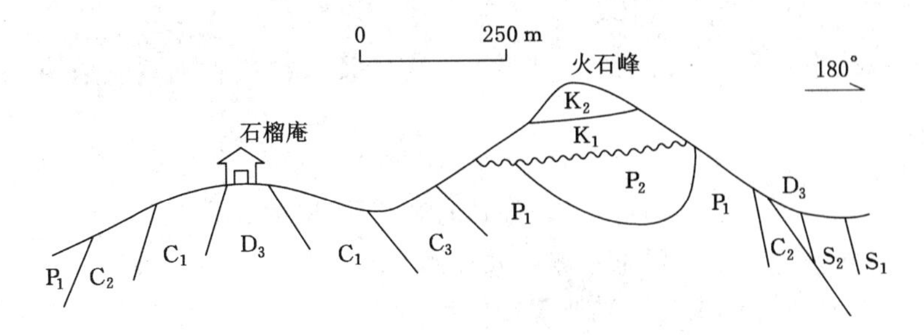

图 12-15　石榴庵—火石峰剖面示意图

13 常见的矿山地质灾害

矿山是人类工程活动对地质环境影响最为强烈的场所之一。矿山地质灾害,是指由于人类采矿生产活动而引发的一种破坏地质环境、危及生命财产安全,并带来重大经济损失的矿区灾害。它是地质灾害的一个分支,也是自然灾害的重要组成部分。其主要表现为:

① 矿山开采中的开山弃石和破坏植被,直接导致该地区水土流失的加剧,并引发相应的地表塌陷和山体滑坡;

② 矿山抽排水则间接造成地下水位下降、矿区周围地下水资源枯竭;

③ 地下开采的不正确操作随时诱发地震、岩爆、冒顶、片帮、突水、瓦斯爆炸、地面开裂及沉陷等;

④ 矿山剥离堆土、尾矿废渣堆积日益引起地表环境污染,露天尾矿库漏塌、排土场失稳滑移造成严重的泥石流灾害等。

因此,深入了解矿山地质灾害,并进行有效防治已刻不容缓。

13.1 岩　　爆

13.1.1 岩爆灾害现象

岩爆(图 13-1)是地下工程中危害最大的工程地质灾害之一。

图 13-1　岩爆破坏

岩爆现象在国内外不乏其例。例如,著名的辛普伦隧洞、南非的维特瓦特斯兰德金矿、日本的清水隧洞都发生过这种现象。加拿大一矿井中,发生的岩爆曾把 930 m 长的井筒堵死了 460 m 之多,由岩爆产生的地震波曾传播到 900 多千米以外的地震台站。我国某地下工程,埋深仅 100 余米,围岩为寒武系陡山沱组硅质岩层,发生岩爆后,岩块突然抛射,开始由拳头大小的石块迸出,速度很快;半小时后,渐变为蚕豆大小的碎石四散飞射;1 h 后,逐渐停止。在成昆线震旦系灯影灰岩及硅质白云岩等坚硬岩层中开凿隧道时,屡有所见。另外，四川绵竹天池煤矿在采掘中，多次发生岩爆，最大的一次将 20 余吨煤抛出 20 余米之遥。

岩爆灾害现象发生于金属矿山(铜矿、镍矿、南非和印度金矿等，红透山铜矿、冬瓜山铜矿)、交通隧道(秦岭终南山、关村坝等)、水利水电工程(锦屏水电站、二滩电站、天生桥引水隧洞、渔子溪引水隧洞等)。国外最早煤爆是 1738 年，发生于英国南史塔福煤田。我国煤矿中岩爆(煤爆，冲击地压)存在比较普遍，全国 1957～1997 年，共发生 2 000 多起事故

岩爆是在具有高应力的弹脆性岩体中进行地下开挖工程时，由开挖卸荷及特殊的地质构造作用引起开挖周边岩体应力高度集中，在岩体中积聚了很高的弹性应变能，在高强度脆性岩体中开挖地下硐室时，围岩突然破坏，引起爆炸式的应变能释放，并有破碎岩块向外抛射的现象。当受岩体开挖围岩中应力超过岩体的容许极限状态时，围岩发生急剧变形破坏，可造成瞬间大量弹性应变能释放、岩石突然飞出和剧烈破坏的现象。它可使支架破坏，采空区冒落，造成人身事故。岩爆是坚硬岩体内积聚的弹性应变能在一定条件下突然释放而形成的一种围岩破坏现象。突然释放的能量，一部分用于克服岩石的内聚力和摩擦力而做功，并以热能的形式消散；另一部分则以震动、抛岩和声响的形式发散。岩爆在采矿工程中称为冲击地压或矿震。

深部开采与开挖，也易诱发岩爆地质灾害，1995 年 9 月南非 Carletonville 金矿发生岩爆(震级 3.6)，距震源约 400 m 的巷道遭受严重破坏。美国 Lucky Friday 金属矿的一次岩爆也造成了巷道严重破坏(埋深超过 700 m，震级 3.6～4.2)。岩爆发生的频度和烈度随着开采深度的增加而增大。局部高应力环境更加容易诱发岩爆灾害，因此应成为重点研究内容。

岩爆是能量岩体沿着开挖临空面瞬间释放能量的非线性动力学现象。能量岩体是指一定条件下，含有自重、构造、地势等应力场产生弹塑性能量的工程岩体。并不是所有能量岩体都发生岩爆，只有积蓄的能量满足岩爆发生条件时才发生岩爆。

矿井中的岩爆大致可分为三类，即：① 发生在局部范围内的岩爆，只导致局部区域的损害和破坏；② 岩爆在大范围内产生影响，但并未造成局部区域损害；③ 岩爆发生在离采场和掘进工作面一定距离之外，但也会在局部范围内产生严重损害。第一种类型显然与采掘活动有十分密切的关系，第二种类型是由于大范围矿震引起的，第三种类型与断层活动有关。

根据相关的统计资料，岩爆多发生在强度高、厚度大的坚硬岩(煤)层中，对含煤地层而言，岩爆发生的典型条件是顶底板含有较厚的砂岩，如表 13-1 所示。

表 13-1　产生岩爆的顶底板条件统计

岩(煤)层	顶底板岩性	岩层厚度/m	岩层抗压强度/MPa	岩层弹性模量/MPa
美国	砂岩	＞10	约 100	25 000
俄罗斯		＞8	＞70	
印度	砂岩	＞8	50～75	
中国	砂岩	10～40	130	
法国(普罗旺斯煤田)	石灰岩	＞10	200	
德国(鲁尔煤田)	砂岩	5～6		
波兰(上西里西亚煤田)	砂岩	15	90～130	

一般认为岩爆的主要影响因素包括煤层顶底板条件、原岩应力、埋深、煤层物理力学特性、厚度及倾角等。至于岩爆与采深的关系,尽管在极浅的硬煤层中(深度小于 100 m,有的甚至在 30～50 m)也有发生岩爆的记载,但目前的统计资料仍显示随着开采深度的增加,岩爆的发生次数及强度也会随之上升。南非金矿的统计数据甚至表明,岩爆次数与采深之间存在十分明显的线性关系。

南非金矿过去几十年的开采实践表明,深部开采过程中岩爆的产生是有一定规律的,总结起来,主要有 3 点规律:① 岩爆的产生与岩层的剪切破坏有关,尤其是岩层沿预先存在的不连续面产生滑移占主导地位;② 岩爆多发生在采掘活动频繁的区域,统计表明,深部开采大部分岩爆都发生在工作面附近 100～200 m;③ 深部开采岩爆的发生具有一定的随机性,因此岩爆的预测预报只能建立在统计观点基础上,而准确预报岩爆发生的时间与地点几乎是不可能的。但有一点是可以肯定的,即当一些不利因素如开采空间大、支承压力高、断层发育等同时出现时,产生岩爆的概率会大大增加。因此,在此基础上发展的岩石力学模型对于预测岩爆的发生是十分有帮助的。

采深增加引起岩爆危险性增大的机理十分复杂,从开采环境看,采深的增加会导致煤层顶底板压力的增大,尤其是开采空间附近顶底板移近量的急剧增大,对煤层的夹持作用更加明显,十分有利于煤岩中弹性能的聚焦;并且煤层自身的物理力学性能也会发生明显的改变,由浅部的脆性状态转化为深部的类黏性材料,十分容易由煤岩体的流变过程演化为岩爆。例如,南非金矿的深部开采中,即使是非常坚硬的岩石因受到采掘影响而向新的平衡态的转移过程也不是瞬间完成的,而是一个随时间演化的过程。近年一些研究人员已开始关注这一现象。他们发现在深部开采中,坚硬岩层也具有十分明显的时间效应现象,而一旦将这种岩石样本在实验室进行实验,却几乎观测不到时间效应现象或流变速率十分低,实验室的实验结果与现场观测结果之间的差异十分明显,无法解释现场观测到的十分明显的时效现象。

深部开采中,不仅岩爆的发生与岩层的运动速率存在十分明显的关系,且岩爆的强度与震级也与岩层的运动速率有关。有关目前预报岩爆的重要参数就是岩层的位移和运动速率。另外,深部开采引起的开采沉陷极可能成为岩爆的诱因,同时地质结构面(弱面)的活化也可能导致岩爆,地质构造面附近的应力重新分布甚至有可能导致一系列的前震,因此深部矿井岩爆的空间分布和时间分布都十分复杂,且岩爆事件组成的时间序列很有可能不符合正态分布。

总之,岩爆发生的频率、压强、规模都会随采深的增加而增大。

13.1.2 岩爆的概念

岩爆是高应力条件下地下硐室开挖过程中,承受强大地压的脆性煤、矿体或岩体,因开挖卸荷引起周边围岩产生径向应力 σ_r 降低、切向应力 σ_θ 增高的应力分异作用,储存于硬脆性围岩中的弹性应变能突然释放且产生爆裂松脱、剥离、弹射甚至抛掷的一种动力地质灾害,在煤矿、金属矿和各种人工隧道中均有发生。

由于岩爆对地下工程造成了不同程度的危害,如影响地下采掘和开挖工程的施工进度,破坏支护、损坏施工设备并危及工作人员的生命安全,因此,岩爆已经成为人类地下采掘和开挖过程中普遍关注的一种地质灾害。它直接威胁施工人员、设备的安全,影响工程进度,已成为世界性的地下工程难题之一。

13.1.3　岩爆的类型

张倬元、王士天教授等(1994)按岩爆发生部位及所释放的能量大小，将岩爆分为三大类型。

(1) 围岩表部岩石破裂引起的岩爆

在深埋隧道或其他类型地下硐室中发生的中小型岩爆多属于这种。岩爆发生时常发出如机枪射击的噼噼啪啪响声，故被称为岩石射击。一般发生在新开挖的工作面附近，掘进爆破后 2～3 h，围岩表部岩石发生爆破声，同时有中间厚、边部薄的不规则片状岩块自硐壁围岩中弹出或剥落。这类岩爆多发生于表面平整、有硬质结核或软弱面的地方，且多平行于岩壁发生，事先无明显的预兆。

(2) 矿柱围岩破坏引起的岩爆

在埋深较大的矿坑中，由于围岩应力大，常常使矿柱或围岩发生破坏而引起岩爆。这类岩爆发生时通常伴有剧烈的气浪和巨声，甚至还伴有周围岩体的强烈振动，破坏力极大，对地下采掘工作常造成严重的危害，被称为矿山打击或冲击地压。在煤矿中，这类岩爆多发生于距巷道壁有一定距离的区域内。

(3) 断层错动引起的岩爆

当开挖的硐室或巷道与潜在的活动断层以较小的角度相交时，由于开挖使作用于断层面上的正应力减小，降低了断面的摩擦阻力，常引起断层突然活动而形成岩爆。这类岩爆一般发生在活动构造区的深矿井中，破坏性大，影响范围广。

13.1.4　岩爆的成因

从能量的观点来看，岩爆的形成过程是岩体能量从弹性储存到快速释放直至最终形成不等大小的扁平状岩体碎块并脱离母岩的过程。因此，岩爆是否发生及其表现形式就主要取决于岩体是否能储存足够大的能量，以及是否具有能量释放的能量和能量释放方式等。

国内外专家的研究结果表明，岩爆是由围岩的围岩岩性及岩体结构、围岩应力状态、地质构造环境、地下水、开挖施工方法、断面形状等多种因素综合作用的结果。

(1) 围岩岩性及岩体结构对岩爆的影响

岩爆一般发生在新鲜完整、质地坚硬、结构密度好、没有或很少有裂隙存在、具有良好的脆性和弹性的岩体中。岩石的抗压强度越大，其质地越坚硬，可能蓄积的弹性应变能越大，从而发生岩爆的可能性越大。

(2) 地应力对岩爆的影响

地应力是地下工程赋存环境中最主要的指标之一，岩体中的初始地应力受地形条件、地质条件、构造环境等因素的影响。影响岩爆产生的地应力包括岩体中的初始地应力和因岩体开挖造成的围岩应力重分布，初始地应力包括因构造运动产生的水平地应力，因岩体上覆岩层存在的岩体自重应力——垂直地应力，还有因边坡岩体卸荷存在的卸荷应力，深切峡谷地区产生的集中应力等。

岩爆的发生与地应力量级密切相关。在同样地质背景条件下，具有较高地应力的岩石，其弹性模量也较高，岩石具有较大的弹性应变能，最易发生岩爆，开挖过程中易形成较厚的围岩松动区。在岩体中开挖巷道，改变了岩体赋存的空间环境，扰动了巷道周围岩石初始应力，破坏了巷道周围的平衡状态，引起巷道周围岩体应力重新分布和应力集中，当围岩应力超过岩爆的临界应力时遂产生岩爆。

(3) 地质构造对岩爆的影响

在断层破碎带和节理十分发育的部位和地段，由于在其形成过程中已经产生能量释放，即使后期再次经历构造作用，这些部位由于岩体比较破碎，已经不具备储存大能量的条件，因此在断层破碎带和节理十分发育的部位不会出现岩爆。而在断层带附近的完整岩体中，由于断层形成过程中的应力分异和后期可能的构造活动造成的应力集中效应，其储存的弹性应变能较大，在地下工程掘进到该位置时有可能发生岩爆。

地下工程中岩爆的发生也与地质构造条件关系较为密切，这些岩爆总体上可以划分为以下三种类型：

① 第一种类型的岩爆。主要发生在最大主应力近于水平的高地应力区和地壳中构造应力较为集中的部位(如褶皱翼部等)，在水平构造应力长期作用下，岩体内储存了足以导致岩爆的弹性应变能。

② 第二种类型的岩爆。由于断层错动所引起，当开挖靠近断层，特别是从断层底下通过时，地下工程开挖使作用于断层面上的正应力减小，从而使沿断层面的摩擦阻力降低，引起断层局部突然重新活动，进而形成岩爆。这类岩爆一般多发生在构造活动区埋深较大的地下工程中，破坏性很大。

③ 第三类岩爆。主要发生在距断裂构造(带)一定距离范围的局部构造应力增高区硐段。它是由于断裂构造活动导致局部岩体发生松弛现象，从而造成局部应力降低带，其应力则向断裂构造(带)两侧一定范围的围岩中转移，从而造成引发该类岩爆活动的局部构造应力增高区。

(4) 地下水对岩爆的影响

隧洞岩爆多发生在干燥无水的岩体中。地下水的存在说明岩体中裂隙较发育或者有较大规模的断层，同时地下水对岩体有软化作用，不利于岩体中储备足够的导致岩爆发生的弹性能。但如果在隧洞爆破过程中出现承压水，可以认为在承压水赋存部位之外的一定范围内岩体较完整，对于具备储备弹性应变能能力的岩体(如花岗岩、变质闪长岩、片麻花岗岩等)有可能会发生岩爆。

(5) 施工开挖与断面形状对岩爆的影响

高地应力区地下工程硐室施工过程中，如果开挖方法、工程措施等选择不当，则会大大恶化围岩的物理力学性能和应力条件，从而诱发或加剧岩爆的发生。

断面形状影响围岩岩体开挖后形成的应力重分布圈，对岩壁的应力集中有明显的影响。根据理论分析，隧道断面尺寸越大，初次应力重分布圈越大，岩石松动范围随之增大，爆坑越深。在实际工程中开挖断面形状不规则，造成局部应力集中，岩爆多发生在圆形隧洞的拱顶和上半拱位置。马蹄形隧洞岩爆多发生在拱脚上下的位置，可见开挖断面造成的局部应力集中对岩爆的发生有明显影响。

13.1.5 岩爆的机理

目前，对岩爆现象的解释不一，岩爆过程实际上是加速损伤过程，损伤过程必然伴随着声发射。声发射是由于岩石裂隙扩展过程,沿晶断裂或穿晶断裂造成岩石颗粒的振动而向外传播出机械波。显然损伤率越大,则声发射就越强烈。这就解释了岩爆过程发出强烈声响的现象。

13.1.5.1 基于能量理论的岩爆机理

(1) 基于能量原理的岩石损伤与破坏

从能量角度出发,岩石变形破坏是能量耗散与能量释放的综合结果。能量耗散主要诱发岩石损伤导致材料性质劣化和强度损失,能量释放则导致岩石的突然破坏。

当岩石在外力作用下产生变形时,假设该物理过程与外界没有热交换,即封闭系统,外力功所产生的总输入能量为 U,根据能量守恒定律,可得:$U=U_d+U_e$。其中,U_d 为岩石耗散能;U_e 为岩石可释放弹性应变能。图 13-2 为岩石应力—应变关系曲线。

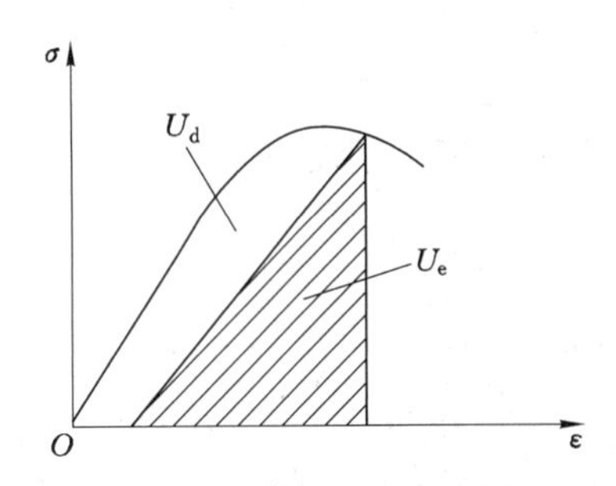

图 13-2 岩石能量耗散能与可释放应变能的关系

(2) 基于能量原理的岩爆机理

岩爆发生在储存有较高弹性应变能的硬脆性岩体中,重力和构造应力对岩体做功的总输入能量,主要转换为岩体的耗散能和储存在岩体中的可释放能。

硬脆性岩体受外力作用时产生塑性变形较小,耗散能主要导致岩体内部的损伤,致使材料性质劣化和强度损失,从而导致在岩体中形成贯穿裂缝的可能性也就越大。所以材料的劣化和强度的损失将在很大程度上促使岩爆的发生。由此可见,岩爆一般发生在硬脆性岩体中,这与工程中的实际情况相符。

在外力的作用下,岩体的损伤加剧,强度逐步衰减,当可释放弹性应变能 U_e 达到岩体破坏所需要的能量 U_0 时,岩体就会发生破坏。当 $U_e=U_0$ 时,岩体发生静态破坏;当 $U_e>U_0$ 时,岩体发生动态破坏,能量差 $\Delta U=U_e-U_0$ 构成分裂岩体的动能。

地下工程开挖后,由于临空面的作用,岩体的损伤随时间加剧,当达到一定的能量状态时,岩爆就会发生。由此可见,岩爆的发生及剧烈程度与岩体储存的弹性应变能有着密切的关系,损伤的时间效应决定了岩爆是发生在工程开挖后一定时间的地质灾害。

13.1.5.2 基于强度理论的岩爆机理

强度理论以岩石的单轴抗压强度为度量标准,从围岩的静力平衡条件出发,将各种强度准则作为岩爆的判据,这种理论没有明确的机理作为依据,只是根据单轴实验现象得出依据,不能准确解释岩块(片)的弹射机理。

霍克认为一种被称为岩石强度指数的指标可以作为地下开挖面的失稳判据。这个指标就是 RS_i,它是最大主应力值与单轴压缩强度比值的 3 倍,即 $RS_i=3\sigma_1/\sigma_c$。依据该指标有如下判据:

当 RS_i<0.2 时，发生岩爆可能性低；

当 RS_i=0.2～0.4 时，发生岩爆可能性中等；

当 RS_i=0.4～0.6 时，发生岩爆可能性高；

当 RS_i=0.6～0.8 时，发生岩爆可能性很高；

当 RS_i=0.8～1.0 时，发生岩爆可能性极高；

当 RS_i>1.0 时，发生岩爆。

13.1.5.3 基于刚度理论的岩爆机理

刚度理论的产生源于刚性压力机，此理论由布莱克将其发展和完善，他认为矿体的刚度大于围岩的刚度是产生冲击地压的必要条件。但是由于这种理论主要用于解释煤矿冲击地压和矿柱岩爆问题，所以使用并不广泛。

我国阜新矿院(现辽宁工程技术大学)认为岩爆取决于岩石加载过程的刚度与应力达到峰值以后卸载过程的刚度比值，并提出以刚度为参数的冲击性指标：$FCF=K_m/K_s$。其中，K_m 为应力—应变全过程曲线加载过程的刚度；K_s 为应力—应变全过程曲线达到峰值后的刚度。

当 FCF<1 时，就有发生岩爆的可能。

13.1.5.4 基于岩石断裂的岩爆机理

(1) 形成板状结构

硐壁岩石在切向应力作用下，有两种可能的断裂：一种是由于位向最有利的晶粒出现微观解理，诱导最近邻晶粒、次近邻晶粒依次发生解理开裂，导致岩石多晶材料迅速破坏；另一种是沿着原子键合力最弱的晶粒界面发生沿晶脆性断裂。

(2) 岩板屈曲断裂

裂纹扩展断裂形成的岩板，在切向应力继续作用下发生变形。切向应力较小时，岩板沿容易的路径产生压缩变形；而切向应力较大时，岩板则沿着弯曲变形路径使弹性变形势能降低。当切向应力达到岩板结构的临界值后，岩板结构处于后屈曲平衡位形。随后的微小扰动，如切向应力继续增加或爆破引起的弹性应力波作用等，都会使岩板产生屈曲断裂。

(3) 岩爆岩块的弹射、喷出

经历上述两个阶段后，产生后屈曲的岩板中临空面一侧拉应力迅速增加，并导致新的裂纹产生、扩展，使岩板断裂成块。如果在整个岩板形成、屈曲、张裂过程中，岩石为低能耗的脆性断裂，那么，岩石弹性应变能将有大的剩余，在整个岩板结构失稳的同时，这些剩余能量转化为动能，使岩石断块突然弹射，或猛烈喷出。

13.1.6 岩爆过程实验研究

何满潮院士建立了深部岩爆过程实验系统，首次在实验室条件下再现了岩爆过程。

实验系统由三大组成部分(图 13-3)：实验主机子系统：三向六面独立加载，突然单面卸载；液压控制子系统：静态伺服加载与突然卸载装置；数据采集子系统：力与变形全过程采集、声发射、数字摄像及高速摄影。

(1) 加载—单面卸载岩爆

在三向六面应力状态下，突然卸载单面载荷，保持其他两向应力不变，模拟工程开挖后发生岩爆的条件。

图 13-3　深部岩爆实验系统(何满潮,2004)

(2) 加载—单面突然卸载—轴向加载岩爆

在三向六面应力状态下,突然卸载其中一向单面载荷,另外两向应力一向保持不变,轴向应力增加,模拟在工程开挖后由于切向应力集中发生岩爆的应力条件。

从岩爆实验结果分析岩爆与破坏的特点比较:① 岩爆是能量岩体在一面或两面卸载条件下发生的,卸载后能否发生岩爆与应力条件、岩性结构、工程扰动相关;而破坏是在压应力或拉应力达到岩石的强度后发生的。② 岩爆是能量岩体开挖后沿临空面瞬间释放能量而破坏的过程,而岩石的破坏则没有能量积聚或瞬间释放能量的特征。③ 岩爆的破坏没有明显的破坏面特征,而一般岩石的破坏具有剪切面或张裂面,岩爆表现为非线性动力学特征。由以上分析可知,岩爆发生于脆硬能量岩体中,岩体应是高弹模,处于高应力条件下;岩体破坏不一定是岩爆,岩爆只是岩体破坏的一小部分。

13.1.7　岩爆工程评价

地下工程中,人工开挖是岩爆发生的外因条件。它破坏了岩体原始的应力平衡状态,应力重新分布后,形成围岩局部应力集中,当应力集聚到一定程度时,就要释放出来,有可能形成岩爆。不适当的开采方法、遗留矿柱、巷道转弯处由于应力集中常常会引发岩爆。岩爆阶段及其力学机制如表 13-2 所示。

表 13-2　岩爆阶段及其力学机制

序号	岩爆阶段	力学机制
1	连续变形阶段	连续变形机制
2	颗粒弹射阶段	稳定分岔力学机制
3	粒、片状混合弹射阶段	非稳定分岔力学机制
4	全面爆裂阶段	混沌力学机制

根据岩爆过程模拟系统实验结果及工程实践研究,深部岩爆过程可以划分为三大类型,见表 13-3。

表 13-3　　深部岩爆的三大类型

序号	岩爆类型	特　征　描　述
1	瞬时岩爆	第一阶段很短，卸载或开挖后即发生岩爆，无明显第二、第三阶段
2	标准岩爆	具有明显的四个阶段
3	滞后岩爆	第一阶段较长，二、三、四阶段均有发育，时间不等

岩爆判定：

第一判据：根据黏土矿物含量判定岩爆可能性，见表 13-4。

表 13-4　　第一判据(根据黏土矿物含量判定岩爆可能性)

黏土矿物含量/%	岩爆发生可能性	破　坏　类　型
＜5	很大	岩爆
5～10	大	岩爆
10～15	小	岩爆或挤出
＞15	很小	挤出

第二判据(岩样岩爆临界深度)：根据岩样岩爆应力组合，参考现场应力测试资料，确定岩样岩爆临界深度。

第三判据(工程岩体岩爆临界深度)：根据试件岩爆临界深度，进行结构效应影响因素调整，判定工程岩体岩爆临界深度。

13.1.8　岩爆的预测及防治

13.1.8.1　岩爆的预测

岩爆的预测预报可分为长期趋势预报和短期预报。长期预报对工程设计阶段有指导意义。短期预测对工程施工阶段有指导意义。

岩爆至今仍是岩石力学领域世界性难题之一，目前国内外还没有关于岩爆预测预报公认的、成熟的理论和方法。我国一般岩爆按设计和施工两阶段进行预测预报。

(1) 设计阶段的预测

根据隧道工程地质勘察资料，结合现场实测诸钻点的地应力值，通过反演得出隧道区域内的初始应力场。然后通过数值分析所得隧道各分段硐周应力值，结合室内岩石实验，利用不同判据，得出设计阶段各硐段可能发生岩爆及其级别，并在设计中提出相应对策。

(2) 施工阶段的预测

在施工阶段，由于设计阶段的预测预报准确性有待隧道的开挖验证，因此进一步结合现场实际，对隧道区内总体岩爆状况进行重新预测，对调整设计、指导施工、保证施工人员安全、合理安排施工进度是十分重要的和必需的。在施工阶段，隧道开挖后，及时采用应力解除法，对硐壁直接进行应力测试，同时采集隧道内岩样进行室内实验或用回弹仪测出该硐段岩石抗压强度，利用不同判据，得出比设计阶段更为符合实际的该硐段的岩爆发生及其级别，以便及时采取防治对策。

13.1.8.2　岩爆的预测方法

岩爆预测方法主要有以下三种：

① 根据围岩应力和强度之间的关系进行理论分析的预测法。

② 地质雷达、红外线及微震观测预测法。引进地质雷达、红外线及微震观测方法配合地质人员进行地质预测预报，根据围岩完整性、强度、地下水、是否存在断层等情况，超前预报工作面前方围岩是否会有岩爆产生，最大限度地避免伤人、损坏设备的事故发生。

③ 统计分析宏观预测法。通过对前述岩爆的特征、产生规律及人工听声检测的大量的观察资料，及时地进行分析来预测岩爆，如预测岩爆发生的部位、在断面上的位置、发生时间、破坏面特征、岩爆块的大小等。

13.1.8.3 岩爆的防治

从目前来看，要完全避免高应力区地下硐室施工中岩爆的发生是十分困难的，但可以通过优化结构设计和爆破开挖设计，以及合理的施工组织等措施，尽可能避免出现应力过分集中的区域或部位，及时做好围岩的支护和补救工作。具体方法如下述。

(1) 设计阶段

① 在隧道线路选择中，应该尽量避开易发生岩爆的高地应力集中地区。当难以避开高地应力集中地区时，要尽量使隧道轴线与最大主应力方向呈小角度相交或平行布置，以减小应力集中系数，防止发生岩爆或降低岩爆级别。

② 隧道断面选择尽可能用圆形，不可能时可用城门洞形(即上圆下方形)，使隧道断面有利于减少应力集中。

(2) 施工阶段

目前，我国隧道、地下硐室在施工过程岩爆防治措施主要有以下几方面：

① 改善围岩物理力学性能。在工作面(开挖面)和硐壁经常喷洒冷水，可在一定程度上降低表层围岩强度。对于煤等非坚硬岩体，采用超前钻孔高压均匀注水，可以通过三方面作用来防治岩爆：一是可以释放应变能，并将最大切向应力向深部转移；二是高压注水的楔劈作用可以软化、降低岩体强度；三是高压注水产生新的张裂隙，并使原有裂隙继续扩展，从而降低岩体储存应变能的能力。

② 改善围岩应力条件。根据国内外工程实践经验，岩爆硐段尽量采用钻爆法施工，短进尺掘进；减小药量，控制光面爆破效果，以减小围岩表层应力集中现象。轻微、中等岩爆段尽可能采用全断面一次开挖成型的施工方法，以减少对围岩的扰动。强烈以上烈度的岩爆地段，必要时也可采用分部开挖的方法，以降低岩爆的破坏程度，但在施工中应尽量减少爆破震动触发岩爆的可能性；采取超前钻孔应力解除、松动爆破或振动爆破等方法，使岩体应力降低，能量在开挖前释放。

③ 加固围岩。对不同烈度的岩爆采用不同的加固处理措施。对于低岩爆，可实施全断面光面爆破开挖；爆破、通风、找顶后，硐壁、工作面洒水 3 遍，每遍相隔 5～10 min，使开挖岩面充分湿润，洒水喷头水柱不小于 10 m；打硐壁环向应力释放孔；设置挂网喷射混凝土初期支护。对于中等岩爆，除实施全断面光面爆破开挖外，必要时可作 30～50 m 超前导硐，导硐直径可不大于 5 m，用于岩爆超前预报和释放地应力；同样在爆破、通风、找顶后，硐壁、工作面洒水 3 遍和打硐壁环向应力释放孔；挂网喷射混凝土初期支护；设置径向系统锚杆。对于强烈以上烈度岩爆段，多采取加深加密系统锚杆，并加垫板，挂整体网，进行 3 次三循环喷混凝土，格栅钢架支撑等措施。

13.2 软岩大变形

我国煤矿软岩分布广泛，从北方的内蒙古大雁矿区到南方的广西那龙矿区，从西部的新疆九道岭矿区到东部的山东龙口矿区，从古生代石炭二叠纪的煤系地层逐步发展到中生代侏罗纪煤系地层，以及到新生代古近纪、新近纪煤系地层，由于其自身强度低、孔隙率大、胶结程度差、受构造面切割及风化影响显著或含有大量膨胀性黏土矿物，都出现了软岩大变形问题，造成巷道维护困难，支护成本增加，并带来了极大的安全隐患。

13.2.1 大变形的含义

大变形与小变形是相对的量级概念。例如，在横展 10 km 的地图上，局部隆起 10 m，在地质图上仍是小变形。但是对薄为 0.1 mm 的话筒薄膜，如中心挠度为 0.1 mm，与厚度同量级，则可称为大变形(大挠度)。又如，人体中的红细胞通过血管壁孔洞，细胞由球形变为扁平哑铃形，变形很大，但如以整个人体为尺规来衡量，与肌肉运动变形相比，则又很小。上述例子说明变形大小的感觉度量和所选择的参考物的尺度有关，是一个相对性的概念。

位移和变形是两个不同的概念。有位移的物体不一定有变形，如做刚性运动的物体。变形也不能单纯地定义为物体各点有相对位移发生的情形，因为当物体绕一点做刚性运动时，各点绕转动中心有大位移但无变形。

物体在运动过程中可以有各种位移变形形式：大位移，无变形；大位移，小变形；大位移，大变形；小位移，无变形；小位移，大变形；小位移，小变形。

13.2.2 软岩大变形的分类

根据影响大变形的主要因素和大变形模式的不同，软岩大变形主要可分为膨胀大变形和结构大变形。

膨胀大变形是由于软岩中含有大量的膨胀性矿物，该矿物遇水膨胀，产生大变形，如图 13-4 所示，山东龙口柳海矿是我国典型的软岩矿井，围岩中膨胀性矿物相对含量达 96%。

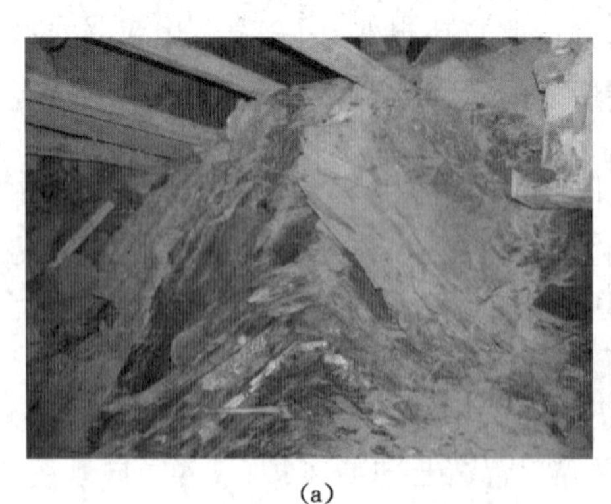

(a)

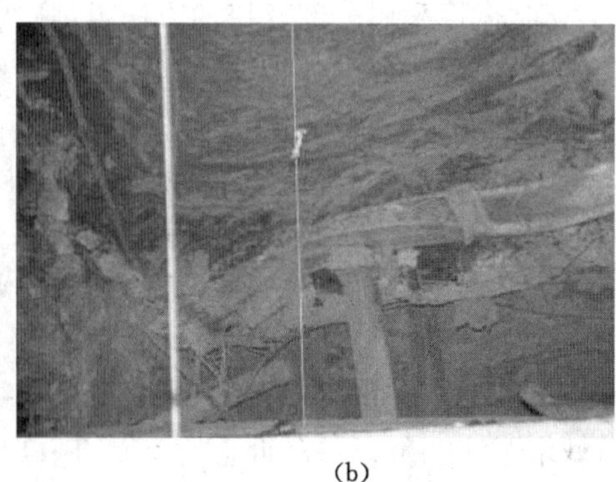

(b)

图 13-4 软岩巷道大变形(龙口柳海矿)

(a) 底板膨胀大变形底鼓；(b) 顶板膨胀大变形下沉

结构大变形是由于岩层赋存条件及产状造成岩体结构的不对称(图 13-5),对称的支护设计(图 13-6)造成巷道围岩变形的非对称,进而引起关键部位差异性变形(图 13-7)。

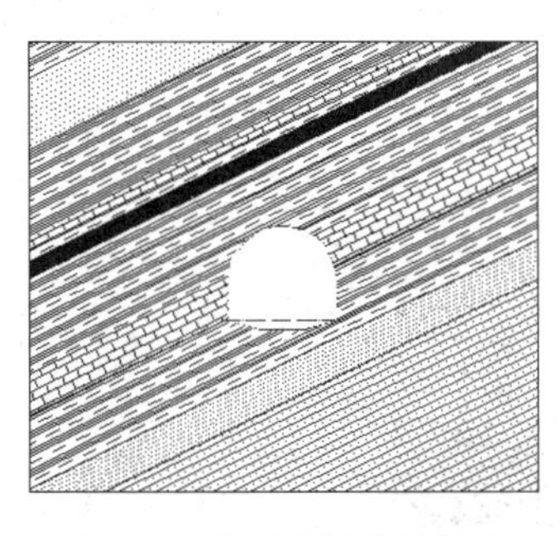

图 13-5 非对称的岩体结构

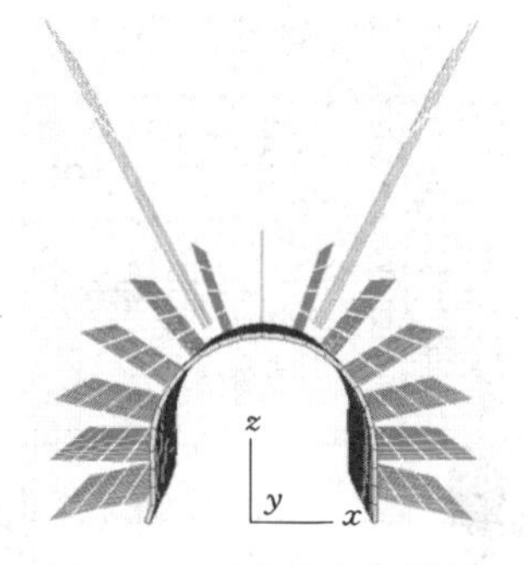

图 13-6 对称的支护设计

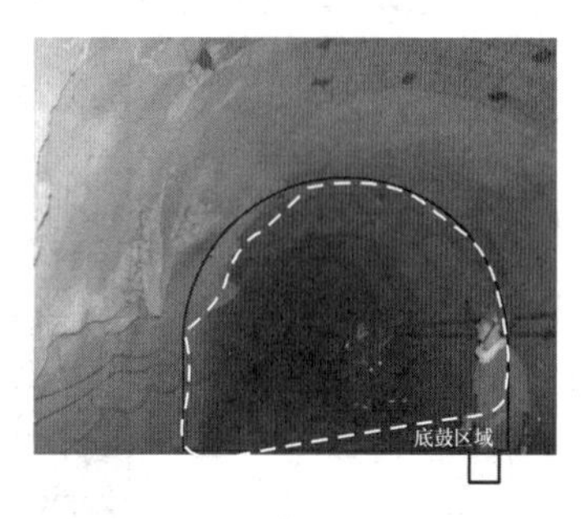

图 13-7 深部岩巷的非对称变形

13.2.3 软岩大变形的控制技术

以软岩大变形机理为突破点,研发了适应于软岩巷道大变形特点的"恒阻大变形锚杆(索)",以此为基础,建立了在关键部位加强支护的软岩巷道大变形控制设计方法,提出了"大断面、预留量、恒阻大变形锚杆、多次加压注浆"的大变形软岩巷道支护理念,并开发了适合于大断面岩巷、大断面交岔点、硐室群和控制底鼓等矿山软岩大变形控制技术,并在实际工程中进行了成功应用,解决了现场工程技术难题。

(1) 软岩岩巷非对称支护技术

针对深部岩巷钝角破坏效应产生的非对称变形,利用锚索、底角锚杆等对钝角破坏关键部位进行加强支护(图 13-8),从而达到控制巷道非对称变形的目的。

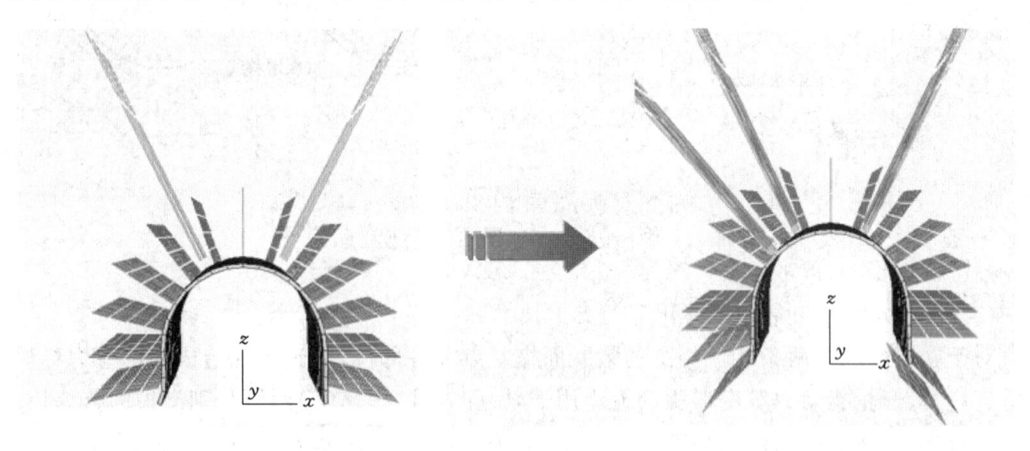

图 13-8 关键部位耦合支护布置图

(2) 软岩煤巷底鼓三控技术

软岩巷道围岩稳定性是一个系统,而底板稳定性是系统的一个有机组成部分,因此,可以通过对整个系统的控制实现对底鼓的控制。据此,提出了以系统控制为中心的深部煤层巷道底鼓三控技术(图 13-9)。即一控顶板:利用锚索在巷道变形关键部位实施耦合支护,将上覆不稳定岩层悬吊到深部稳定岩层,利用深部围岩强度,减小传递到底板的上覆岩层压力,从而避免或减轻底鼓的发生;二控帮部:利用锚杆与网之间的耦合以及锚网与围岩之间的耦合支护控制巷道帮顶围岩，形成自承能力较高的承载拱，以控制围岩塑性区的发展，从而减小底板发生底鼓的结构长度ΔL，减小鼓高；三控底角：通过增打刚性底角锚杆，切断来自巷道两侧的塑性滑移线，削弱来自巷道两侧的挤压应力，从而有效地控制底板鼓起变形。

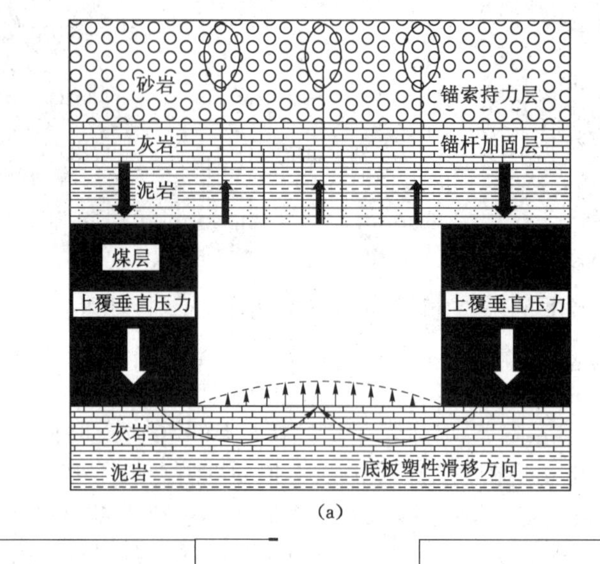

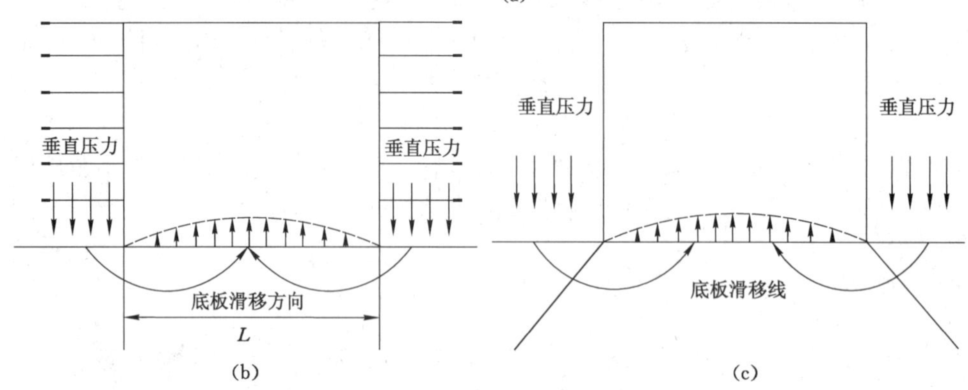

图 13-9　底鼓三控技术力学模型

(a) 一控顶板；(b) 二控帮部；(c) 三控底角

(3) 软岩大断面交岔点一体化双控支护技术

对于软弱岩层内两条巷道相交的大断面交岔点关键部位，由于开挖造成两侧应力释放，在垂直应力、开挖扰动力等变形驱动力作用下，中间岩柱(牛鼻子)两侧分别支护的传统控制方式，往往会造成岩柱出现水平鼓出、剪切变形等破坏，影响工程安全使用。为此，提出了软岩大断面交岔点一体化双控支护技术(图 13-10)。该技术利用交岔点中间岩柱变形相反的特点，通过安装预紧力双控锚索(杆)，利用中间岩柱围岩自身变形，增加水平方向的侧向约束，改善中间岩柱的应力状态，增加整体强度和抗冲切性能，从而提高中间岩柱的支承能力，有利于交岔点整体稳定。

(4) 软岩泵房吸水井硐室群集约化设计技术

传统设计的硐室群每个水泵对应一个吸水小井(图 13-11)，在软岩巷道中应用易造成硐室群应力集中，硐室稳定性差。为消除立体巷道硐室群的空间效应，将几个吸水小井进行组合，使之成为一个圆形组合吸水井，大大提高组合吸水井的整体稳定性，避免对水泵房硐室产生不利影响。组合吸水井的尺寸规格通过吸水阻力校核、清扫空间计算、等效设计计算、吸水扰动半径校核和组合井稳定性计算进行确定，每个组合吸水井的尺寸（直径）在6～8 m之间。在改善硐室受力条件的同时，通过采用合理的支护方式，确保硐室安全稳定。

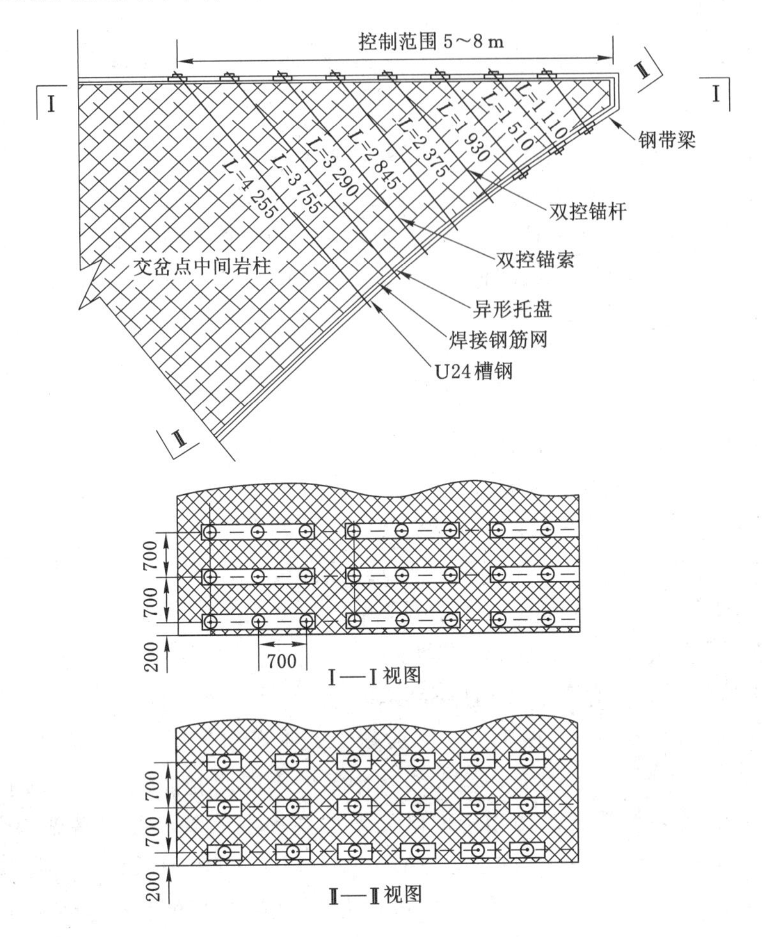

图 13-10　深部大断面交岔点一体化双控支护技术

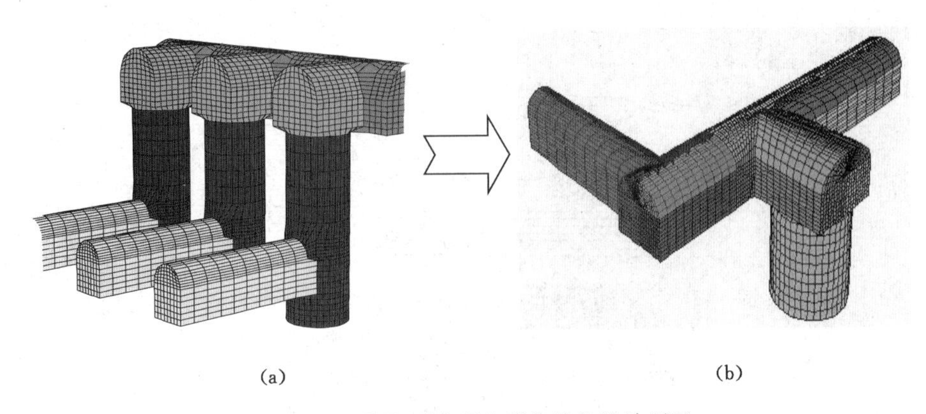

(a)　(b)

图 13-11　深部泵房硐室群集约化设计原理

(a) 传统设计；(b) 集约化设计

13.3 滑　坡

13.3.1 滑坡的概念

滑坡是指斜坡上的土体或者岩体,受河流冲刷、地下水活动、地震及人工切坡等因素影响,在重力作用下,沿着一定的软弱面或者软弱带,整体地或者分散地顺坡向下滑动的自然现象。俗称"走山"、"垮山"、"地滑"、"土溜"等。

滑坡灾害是指自然地质作用和人类活动造成的恶化地质环境,直接或间接地危害人类安全和生态环境平衡,并给社会和经济建设造成一定损失的斜坡变形破坏乃至整体移动事件。影响因素常见的有河流冲刷、降雨、地震、人工切坡等,其特征是土层或岩层整体或分散地顺斜坡向下滑动。

13.3.2 滑坡的分类

通常,滑坡根据不同的分类标准,可以分为以下几类:

① 根据滑动力学特征可分为牵引式、推移式、平推式和混合式几种;

② 按照岩土体性质分为土层和岩石两种;

③ 按照滑体厚度可分为浅层(小于 10 m)、中层(10～30 m)、深层(大于 30 m)三类;

④ 按照滑体体积可分为小型(小于 30 万 m^3)、中型(30 万～100 万 m^3)、大型(100 万～1 000 万 m^3)及巨型(大于 1 000 万 m^3)四类;

⑤ 根据构造特征可分为顺层和切层滑坡等。

一个滑坡从孕育到形成,一般都有一个从量变到质变的过程,即经历孕育、蠕变、剪切、形成四个阶段。该过程因滑坡形成环境和影响因素的不同而有长有短。通常斜坡上的地质体进入蠕变阶段即可视为滑坡。而当滑坡已经发展到一定的阶段并出现明显的标志时(如滑面已经贯通、滑体发生了明显位移),都具有一些可以测量的特征,这些特征就是滑坡要素(图 13-12 和图 13-13)。当然具体到每一个滑坡并非所有要素都是齐全的。了解滑坡要素是认识、分析滑坡的基础,也是不同滑坡间相互对比的前提。

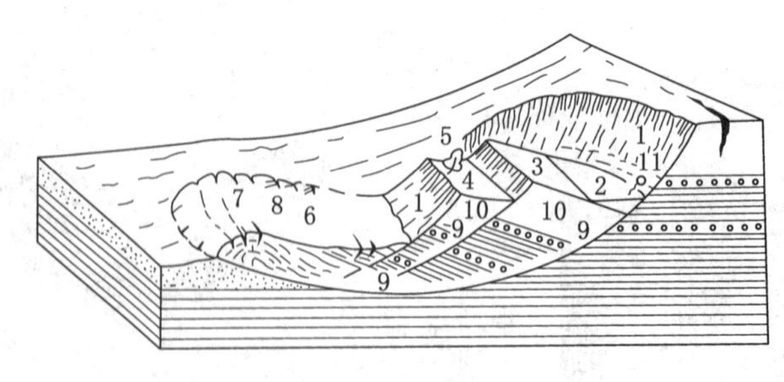

图 13-12　滑坡块状示意图

1——滑坡壁;2——滑坡洼地;3,4——滑坡台阶;
5——醉树;6——滑坡舌;7——鼓张裂缝;8——羽状裂缝;
9——滑动面;10——滑坡体;11——滑坡泉

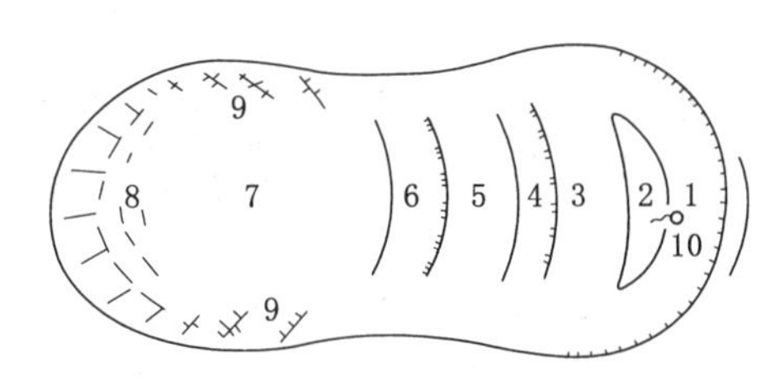

图 13-13 滑坡俯视平面示意图

1——滑坡壁；2——滑坡洼地；3,4,5,6——滑坡台阶；
7——滑坡体；8——扇形和鼓张裂缝；9——羽状裂缝；10——滑坡泉

滑坡体(滑体)：就是发生滑动的岩土体。滑体两侧、前后缘和滑动面附近的物质，在滑动时不可避免地会发生崩塌、揉皱和土石翻滚等扰动现象，但主体一般仍能保持相对完整状态，特别是在滑移距离不远、地形坡度较缓的情况下。此外，在滑动过程中，由于大量裂缝的出现和岩土体孔隙的增加，常会使滑体体积“增大”，增大比例与岩性、滑面形态和滑移速率有关，一般情况下是滑动前体积的 1.1～1.3 倍。

滑动面：是指滑坡体沿不动体下滑的分界面。常循地质软弱面发育而成，如地层中的软弱夹层、断层面、裂隙面、岩/土分界面等。有些滑坡具有多级滑面，在剖面上形成向下收敛的滑面组，最下面的一条称主滑面，其他称次滑面。滑动面上部受滑动揉皱而形成一定厚度的扰动带称滑动带，其厚数毫米至数米不等。滑面剖面形态可以是直线状、曲线状、折线状或其他不规则状。滑坡发生后，滑面多数情况下上部裸露、下部被滑体掩盖，偶尔也可见到全部滑面都裸露出来的实例。

滑坡床(滑床)：滑坡体下面没有滑动的岩土体(其表面就是滑动面)。

滑坡周界：滑动面在平面上的展布范围，也就是滑坡体与周围不动体在平面上的分界线。

滑坡壁：滑体移动后，因后缘拉开而暴露在外面的拉裂面。一般平面上呈弧形，倾角多大于 50°，滑坡壁上有时可见垂向擦痕。滑坡壁向下延伸倾角变缓并与滑动面相连。

滑坡台阶：由于滑体上、下各部分滑动速度的差异，或滑动时间先后不同，在滑体表面形成的略向后倾的阶状错台。错台上如果生长有树木，常因滑体旋转而倾斜、弯曲，形成所谓的“醉汉林”或“马刀树”。

封闭洼地：滑坡体与滑坡壁间拉开后形成四周高、中间低的沟槽。沟槽中积水时称滑坡积水洼地。当滑体上、下部之间发生较大差异滑动时，封闭洼地和滑坡积水洼地也可在滑坡体的中部出现。

滑坡舌：滑坡体前缘呈舌状的部分。

滑坡鼓丘：滑坡体前缘因滑动受阻而隆起的小丘。

拉张裂缝：滑坡体上部的弧形开放性裂缝，与滑坡壁走向大致平行。通常将其最外一条称滑坡主裂缝或破裂缘。在主裂缝上部的斜坡中，由于滑体移动造成的卸荷作用，常形成一系列拉张裂缝，这些裂缝形态、产状与主裂缝相近，但无明显垂向位移，称之为卸荷—引张裂缝，滑坡范围可能循这些裂缝进一步扩大。

剪切裂缝：位于滑坡体中部两侧，系坡体下滑时与两侧不动体相对剪切作用所致，常呈羽毛状或雁行排列。在滑体纵向滑移速度差异明显时，滑体内部也可形成与滑动方向相近的以水平错动为主的剪切裂缝。

扇形裂缝：位于滑坡体下部，平面呈扇骨状，系滑坡前部挤压或侧向扩离所形成。

鼓张裂缝：位于滑坡体下部，平面上往往呈断续弧形，并与扇形裂缝大致垂直，系滑坡体前部挤压拱起所形成。

滑坡泉：滑坡发生后，改变了原有斜坡的水文地质结构，在滑体内或滑体周缘形成新的地下水集中排泄点，称为滑坡泉。

剪出口：滑动面与斜坡下部原始地面的交线，一般情况下被滑体覆盖。

滑坡坝和滑坡湖：滑体进入河（沟）道，阻断河水的滑坡堆积体称为滑坡坝，坝上游壅水成湖称为滑坡湖。

滑坡轴（主滑线）：滑坡体滑动速度最快的纵向线。代表整个滑坡的滑动方向，一般位于推力最大，滑面埋深最大（滑体最厚）的纵断面上。在平面上为直线或曲线。

主滑方向：滑坡轴指向坡下的方向。

滑动距离：分为总滑距、水平滑距和垂直滑距。总滑距，是指滑体中的某一点在位移前后位置变化的最大距离；水平滑距，是指总滑距在水平面上的垂直投影；垂直滑距，是指总滑距在垂直于主滑方向的平面上的水平投影。

13.3.3 滑坡灾害的严重性

滑坡灾害是人类面临的主要自然灾害之一。我国疆域辽阔，地质环境复杂，影响滑坡地质灾害发育的自然地质条件也复杂多样，加之地质灾害具有分布广、类型多、频度高、强度大等特点，崩塌、滑坡、泥石流、地震等已经成为对我国危害最大的地质灾害。尤其是近年来，随着矿产资源开采及山区工程开发活动的增强，崩塌、滑坡、泥石流以及隐伏断裂活动诱发地震等突发地质灾害更为严重。根据《2013 年中国国土资源公报》统计，2013 年全国共发生各类地质灾害 15 403 起，其中，滑坡灾害 9 849 起，崩塌 3 313 起、泥石流 1 541 起、地面塌陷 371 起、地裂缝 301 起、地面沉降 28 起。造成 481 人死亡、188 人失踪、264 人受伤，直接经济损失 101.5 亿元。与 2012 年相比，地质灾害发生数量、造成死亡失踪人数和直接经济损失分别增加 7.5%、78.4%和 92.2%。

北京市作为伟大祖国的首都，城市安全及社会稳定尤为重要。然而，受地形地质条件复杂、断裂构造发育、降水时空分布不均匀等自然条件的影响，加上上千年人类活动带来的地质环境问题，北京地区历史上曾多次遭受泥石流、滑坡、崩塌（滑塌）、地震等突发地质灾害的袭击。1949 年以来，已造成 600 余人死亡，直接、间接经济损失达数十亿元，其中，局部地区（如门头沟、昌平、房山、平谷、怀柔、密云和延庆）的滑坡、泥石流等地质灾害已经给当地人民的生命财产、交通水利和旅游设施、植被景观等造成一定的破坏。2012 年 7 月 21 日自有气象记录以来的最大降雨，给首都带来一场特大自然灾害并诱发了崩塌、泥石流、滑坡等地质灾害，造成了一定的人员伤亡和财产损失。随着山区、浅山区的沟域经济开发、旅游业的发展及人类活动的进一步增强，突发地质灾害对北京城市安全及社会经济发展的威胁将持续存在。

据北京市地质矿产勘查开发局最新调查统计，截至 2013 年年底，北京市存在各类突发地质灾害隐患 4 614 处，其中，滑坡隐患 34 处、不稳定斜坡隐患 1258 处、泥石流隐患 856 处、崩塌隐患 2 379 处、地面塌陷隐患 87 处；全市突发地质灾害高易发区 3 019.3 km^2，占全市面积的 18.39%；中易发区 3 491.10 km^2，占全市面积的 21.27%；低易发区 2 658.8 km^2，占北京市山区面积的16.20%。突发地质灾害高、中易发区面积约占全市总面积的40%,10个区(县)、84个乡(镇)、683个行政村、21 087户57 909人、499条各级道路、111个景区、13座矿山、4个水库、9所中小学等直接受到突发地质灾害威胁。同时,北京平原地区共有6条大的隐伏活动断裂,横贯延庆、昌平、朝阳、通州以及房山、门头沟、大兴、石景山、丰台、海淀、顺义、怀柔等区县。隐伏活动断裂是诱发地裂缝、地面沉降和塌陷等突发地质灾害的主要地质因素,也是造成北京市及周边地区地震活动的主要构造来源。

近些年,随着浅部矿产资源的日益枯竭,开采深度和开采规模越来越大,由矿山开采诱发的滑坡也越来越严重,已经成为我国近10年来滑坡主要诱发因素之一。在重力和矿山开采工程扰动的联合影响下,自然边坡或人工开挖边坡稳定性受到破坏,滑体沿着一个或多个潜在滑动面向下做整体滑动而引发大变形灾害。露天煤矿深部开采、井工煤矿开采、露井联合开采都会引起滑坡大变形灾害。滑坡大变形灾害给矿山安全可持续开采造成了巨大威胁,如山西安太堡露天煤矿、辽宁南芬露天铁矿、抚顺西露天煤矿、平庄西露天煤矿、河南灵宝罗山矿区金矿开采引起的滑坡大变形灾害等,都造成了巨大的经济损失,甚至有的矿山由于存在滑坡隐患而面临关停的危险。

辽宁省抚顺西露天煤矿,1960年以前,滑坡多次发生在南帮,此后随着开采深度加大,滑坡现象多出现在北帮(工作帮)。1960年以来,北帮共发生滑坡20次,多次造成列车脱轨和大型电机车翻车事故,严重影响生产。图13-14为1987年,抚顺西露天煤矿滑坡大变形灾害发生后,北帮东700 m和800 m处出现了轨道扭曲、矿车倾覆事故,严重影响了矿山的安全开采。

(a)

(b)

图13-14　抚顺西露天煤矿滑坡大变形破坏(抚顺西露天矿)

(a) 北帮东800 m滑坡;(b) 北帮东700 m滑坡

山西安太堡露天煤矿随着开采深度的不断增加,边坡剥离深度也逐渐下降,下伏井阳煤矿大面积采空区顶板覆岩在爆破震动载荷的长期作用下,造成突发性地表塌陷和滑坡灾害,给机械设备的正常运转和作业人员的生命安全造成严重损失。图13-15为安太堡露天煤矿采场西侧滑坡大变形灾害发生后,办公楼上方第4级平台被滑坡体掩埋,滑坡体长约70 m,宽约50 m,深10 m,滑落体积3.5万m^3,对运输主干道和工业广场造成严重威胁。

内蒙古平庄西露天煤矿于1958年8月开工建设,在开采过程中共发生有记载的滑坡66次,滑坡经常造成列车脱轨,铁路线悬空,架线及高压线被拉断或掩埋,电铲、钻机等设备被砸,运输系统被迫中断运行,打乱了正常生产秩序,严重威胁矿山的安全生产,同时,也造成巨大的经济损失。例如,在有记载的较大滑坡中,工作帮的第32次大滑坡,滑落体积997

万 m³，滑落物掩埋了剥离台阶，下部台阶水平推进受阻，影响出煤 20.57 万 t，直接经济损失 1 076.31 万元(图 13-16)。

(a)

(b)

图 13-15 安太堡露天煤矿滑坡大变形灾害

(a) 采场西侧滑坡灾害；(b) 采场东侧滑坡灾害

(a)

(b)

图 13-16 平庄西露天煤矿滑坡大变形灾害

(a) 采场西侧滑坡灾害；(b) 采场东侧滑坡灾害

辽宁省本钢(集团)矿业公司南芬露天铁矿是亚洲最大的单体露天矿山。1999 年以来，在特殊地形和长期矿山开采综合影响下，采场下帮边坡形成了多处较大规模的滑坡体，滑坡体长 252 m，宽 250 m，滑动方向 270°，滑坡体体积约 52 万 m³(图 13-17)，压矿近 1 000 万 t，十多年来不能开采，给企业造成了重大损失。

(a)

(b)

图 13-17 南芬露天铁矿滑坡大变形灾害

(a) 采场下盘南侧滑坡灾害；(b) 采场下盘 622 平台滑坡灾害

13.3.4　滑坡监测方法

边坡监测研究是近代新兴的滑坡地质灾害预报及控制课题，回顾国内外对边坡稳定性监测的内容，主要有变形监测、应力监测、水的监测、岩体破坏声发射监测等，其中，应用最为广泛的是变形监测。

13.3.4.1　变形场监测

变形监测的内容主要有地表变形和边坡体内部变形两方面。地表变形监测包括位移监测和岩体倾斜监测。

(1) 地表位移监测

地表变形监测又分为绝对位移监测和相对位移监测。绝对位移监测以监测滑体的三维位移量、位移方向、位移速率为主；相对位移监测主要监测滑体重点变形部位、裂缝、滑带等点与点之间的相对位移量，包括张开、闭合、错动、抬升、下沉等内容。

人们用于边坡变形监测的手段，随着科技的进步而不断发展，滑坡及边坡稳定性监测技术、方法也在不断地发展进步，回顾以往对地表变形监测的方法，主要有地质宏观形迹观测法、简单观测法和设站观测法等。

① 地质宏观形迹观测法：地质宏观形迹观测法，是用常规地质调查方法，对崩塌、滑坡的宏观变形迹象和与其相关的各种异常现象进行定期的观测、记录，以便随时掌握崩塌、滑坡的变形动态及发展趋势，达到科学预报的目的。该方法具有直观性、动态性、适应性、实用性强的特点。宏观形迹包括滑坡发育过程中的各种迹象，如地裂缝、房屋和树木的倾斜、泉水动态等。

② 简单观测法：简单观测法是通过人工直接观测边坡中地表裂缝、鼓胀、沉降、坍塌、建筑物变形及地下水变化等现象，如图 13-18 所示。该种方法在边坡稳态监测上应用较早也很广泛，对于正在发生病害的边坡进行观测较为有效，也可结合仪器监测资料进行综合分析，用以初步判定滑坡体所处的变形阶段及中短期滑动趋势。即使采用先进的仪表观测，该法仍然是不可缺少的观测方法。

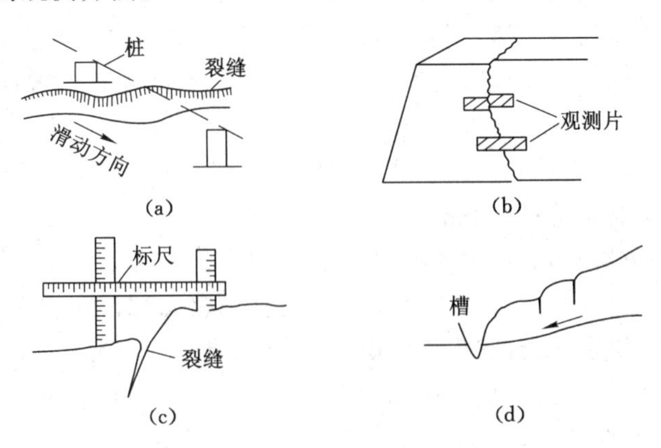

图 13-18　滑坡简易监测装置

③ 设站观测法：设站观测法是指在充分了解现场工程地质背景的基础上，在边坡上设立变形观测点(线状、网络状)。在变形区影响范围之外稳定地点设置固定观测站，使用经纬

仪、水准仪、测距仪、摄影仪及全站型电子速测仪、GPS 接收机等仪器定期测量变形区内网点的三维(x,y,z)位移变化的一种监测方法,如图 13-19 所示。

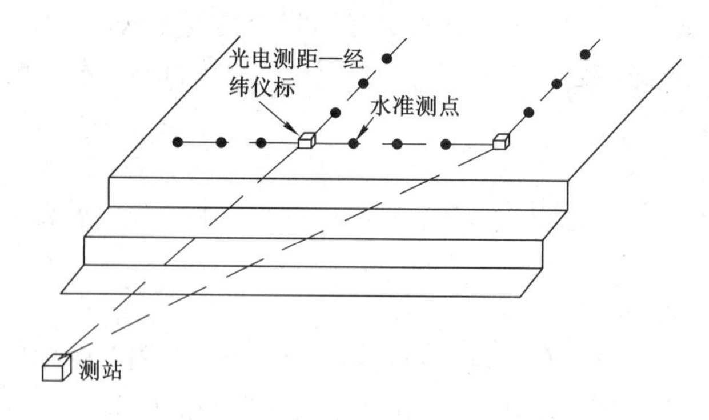

图 13-19　设站观测法工作原理

大地测量法——常用的大地测量法主要有两方向(或三方向)前方交会法、双边距离交会法、视准线法、小角法、测距法、几何水准测量法以及精密三角高程测量法等。武汉长江勘测技术研究所在原有大地测量法的基础上研制了高精度大地测量监测自动化系统。

GPS 测量法——该方法的基本原理是用 GPS 卫星发送的导航定位信号进行空间后方交会测量,确定地面待测点的三维坐标,根据坐标值在不同时间的变化来获取绝对位移的数据及其变化情况,GPS 方法由于采用了自动化远距离监测,节省了大量的人力物力,可实时获取位移量值。近年来,GPS 在露天矿边坡变形监测的应用也比较广泛,监测技术对露天矿山安全生产起到很大的积极作用。

近景摄影测量法——该方法是把近景摄影仪安置在两个不同位置的固定测点上,利用立体坐标仪量测相片上各观测点三维坐标的一种方法。该方法可以进行滑体的周期性重复摄影,能够满足滑坡在不同变形阶段的监测需求。解放军测绘学院自 1982 年以来致力于此项技术和方法的研究。此外,中南工业大学测绘所进行了数字化近景测量系统的研制,中国矿业大学进行了近景测量技术在矿区地表沉陷的观测研究。

三维激光扫描技术法——激光扫描技术可以获得三维空间坐标信息的点云数据。该技术目前用于滑坡灾害的测图工作及滑坡监测之中,其监测到的云点数据可以作为该滑体监测的基础数据。刘文龙等通过三维激光扫描技术获得滑坡监测数据,采用深度图像分割、点云数据匹配等技术手段,对单站扫描数据相对定位、数据绝对定位及拼接,最后获得滑坡的 DEM 模型,为滑坡监测预警作出有益尝试。

测量机器人:测量机器人,或称为测地机器人,能够对现实世界的“目标”通过其特有的 CCD 图像传感器进行识别。测量机器人由带电动马达驱动和程序控制的 TPS 系统结合激光、通讯及 CCD 技术组合而成,它集目标识别、自动照准、自动测角测距、自动跟踪、自动记录于一体,可以实现测量全自动化。该机器人能够自动寻找并精确照准目标,在 1 s 内完成对单点的观测,并可以对成百上千个目标作持续的重复观测。

(2) 深部位移监测

① 钻孔测斜法:边坡的变形监测除了进行地表变形监测外,还包括边坡岩体内部的变形监测,代表性的方法主要是钻孔测斜法。钻孔测斜技术就是采用某种测量方法和仪器相结合,测量钻孔轴线在地下空间的坐标位置。通过测量钻孔测点的顶角、方位角和孔深度,

经计算可知测点的空间坐标位置,获得钻孔弯曲情况。钻孔测斜技术主要的仪器设备是钻孔测斜仪器,如图13-20所示。

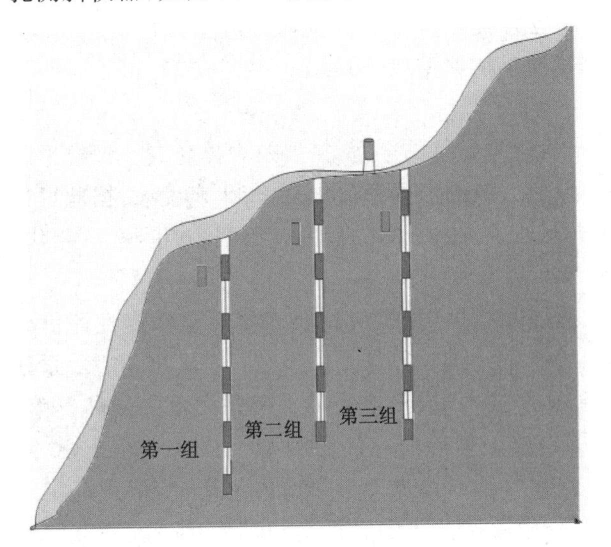

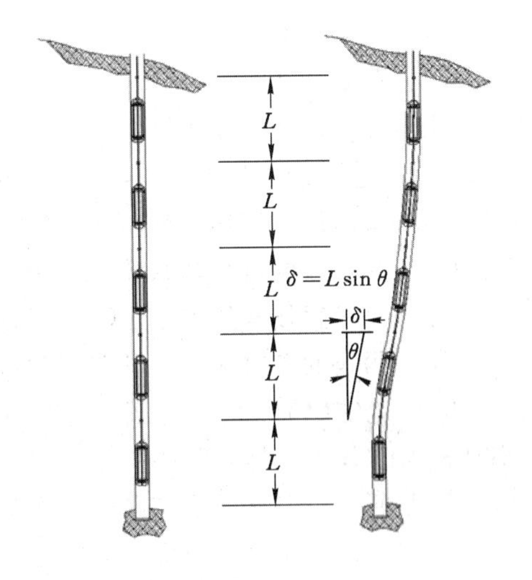

图13-20　钻孔倾斜仪工作原理

② 时域反射法(TDR):TDR是一种雷达探测技术。发射的电磁波在电缆传输中传播的速度与周围介质的介电常数有关,信号的衰减与介质的电导率有关,接收器接收到的反射信号可以显示电缆的阻抗特征。在电子工业中用于检测通讯电缆的故障,因此又称为"电缆探测仪"。TDR技术于20世纪90年代应用于边坡监测方面,通过垂直钻孔对变形体深部位移进行实时监测。

③ 光时域反射法(OTDR):用于光纤测量的时域反射法,称为光时域反射法,英文缩写OTDR。所有类型的OTDR系统都有一个发射脉冲的光源和一个探测头。光源向光纤发出脉冲,探测头用来记录和观察从光纤中反射回来的光。传感器输出信号反映了被测参数(如裂缝)在空间上的变化情况,考虑光波的传输速度,即可确定光源到被测点的距离。1989年,门德斯等人首先提出把光纤传感器用于混凝土结构的检测并进行了实践应用,之后逐渐被人们用于边坡的监测。高俊启等用该项技术进行缆索预应力测试的研究。光时域反射技术可以快速确定滑坡中变形、应力的大小,以及失效面的位置,真正实现多点准分布式测量。

(3) 卫星遥感技术(SAR、INSAR、D-INSAR)

合成孔径雷达干涉技术又称INSAR或D-INSAR技术,可以进行地表的微小位移监测。采用INSAR技术,能够监测出滑坡地表的形变信息,可以不受天气等外界因素的影响,在滑坡监测中应用较为广泛。

13.3.4.2　物理场监测

物理场监测包括应力监测、应变监测、声发射监测等。在地质体变形的过程中必定伴随着地质体内部应力的变化和调整,所以监测应力的变化是十分必要的。常用的仪器有:锚杆应力计、锚索应力计、振弦式土压力计、地应力测试仪器等。

(1) 地应力监测

应力监测主要是测量边坡岩体内不同部位的应力变化和地表应力变化情况,分辨拉力区和压力区。这些物理量能反映变形强度，可配合其他监测资料分析和预测变形动态。根据测量原理的不同，地应力测量方法可分为直接法和间接法两大类。应力解除法、松弛应变测量法、地球物理方法等均属间接法，其中，应力解除法是目前国内外应用最广泛的方法。水压致裂法是适合于较硬岩体的地应力测量直接法典型代表。

(2) 声发射监测法

岩石或岩体受力作用时发生破坏，主要表现为裂纹的产生、扩展及岩体断裂。裂纹形成或扩展时，造成应力松弛，贮存的部分能量以应力波的形式释放出来，产生声发射，据此可推断岩石内部的形态变化，反演岩石的破坏机制。声发射技术的研究开始于20世纪50年代，我国声发射技术的研究开始于20世纪70年代。

岩体声发射技术是当今国际上工业发达国家积极开发、应用于岩质工程稳定性评价或失稳预测预报的有效办法。早在20世纪80年代初期，已有文献报道：美国、加拿大、原苏联、波兰、南非、瑞典、印度等国，应用岩体声发射技术，成功地预报了矿井大范围岩体冒落，露天边坡岩体垮落等事故的来临，并进行了岩质工程的稳定性监测、安全性评价。1998年煤炭科学研究总院抚顺分院进行了声发射监测与预测边坡变形可行性的研究，取得一定的研究成果并提出了进行边坡稳态预测的构想；中国矿业大学进行了边坡稳定声发射监测的实验研究。目前，应用较多的声发射测试设备有声发射仪和地音探测仪，适用于岩质边坡变形的监测及围岩加固跟踪安全监测，为预报岩石的破坏提供依据。声发射监测具有可连续监测、灵敏度高，测定的岩石微破裂声发射信号比位移信息超前3～7 d的优点。

(3) 应变监测法

应变监测仪器埋设于钻孔、平硐、竖井内，监测滑坡、崩塌体内不同深度的应变情况。可以采用埋入式混凝土应变计，是一种钢弦式传感器，或管式应变计。

(4) 滑动力监测法

滑动力监测法源于锚索力监测，1996年由中国矿业大学(北京)何满潮教授提出构思，并建立了力学模型，推导了数学公式，研发出恒阻大变形缆索材料和无线远程监测预警装备系统，建立了预警模型和预警等级，并且在全国多个大型露天矿山得到推广应用，应用效果显著。

13.3.4.3 水力场监测

水是对边坡稳定性影响较大的因素之一，以边坡稳定性监测为目的的水的监测分为大气降水监测、地表水的监测和地下水的监测。

(1) 大气降水和地表水监测

① 降雨量监测：降雨是触发滑坡的重要因素，因此雨量监测成为滑坡监测的重要组成部分，已成为区域性滑坡预报预警的基础和依据。现阶段一般采用遥测自动雨量计和虹吸式雨量计进行监测，技术已较成熟。

② 地表水监测：地表水监测包括与边坡岩体有关的江、河、湖、沟、渠的水位、水量、含沙量等动态变化，还包括地表水对边坡岩体的浸润和渗透作用等信息。观测方法分为人工观测、自动观测、遥感观测等。

(2) 地下水监测

地下水监测内容包括地下水位、孔隙水压、水量、水温、水质、土体的含水量、裂缝的充水量和充水程度等。

① 孔隙水压力计：利用不同高度水柱时的压力大小进行间接测定，这种压力通过作用在振弦上，使振弦的张紧程度发生变化，导致振动频率发生改变，由监测到的频率数值能够反算出压力大小。但在滑坡监测中，当边坡处于错动或蠕动过程时，滑坡体完整性已经遭到破坏，将形成大小、连通程度不同的裂缝，会导致水压力的下降。因此，此刻的水压力可能并不是坡体中的真实孔隙水压力，但是可以根据孔压力的这种异常变化，间接反映边坡的不稳定位移。

② 核磁共振技术(NMR)：该技术在三峡库区部分滑体上进行了应用，取得了较好的应用效果。利用核磁共振技术，通过改变激发电流脉冲的幅值以及持续的时间，可以探测到滑体内赋存的含水层由浅到深的状态。国内胡新丽等成功利用 NMR 技术，分析确定了赵树岭滑坡各层岩土体的含水量、孔隙率、渗透率、渗透参数等水文地质参数。

13.3.4.4　外部触发因素监测

滑坡的诱发因素一般有地震、冻融、人类活动等。

(1) 震动监测

震动监测包括地震监测和爆破震动监测。地震监测一般由专业台网监测。当地质灾害位于地震高发区时，应经常及时收集附近地震台站资料，评价地震作用对区内崩滑体稳定性的影响。爆破震动监测可以用爆破测振仪对边坡周围的爆破震动信号进行实时采集。

(2) 冻融监测

在高纬度地区，冻融作用是触发滑坡的因素之一，如陕北很多黄土滑坡就发生在春季冻融之际。对于冻融触发的地质灾害，目前还没有好的专业性监测仪器，可通过地温计结合孔隙水压力计监测，研究地温变化与冻结滞水之间的关系。

13.3.5　传统监测方法存在的问题

由于早期装备条件的限制，我国露天矿山滑坡监测(包括采场边坡和排土场边坡监测)主要是根据人工观测地表变化特征、地下水变化以及周围动植物的异常来推断确定其发生的可能性。之后，随着时代发展和科技进步，表面位移监测法的一些常规仪器，包括全站仪、经纬仪、水准仪、GPS 监测以及新近发展的 GPS 手机监测等，也逐渐得到应用。但是，由于监测参量选取和监测方法使用的不当，导致现有滑坡监测方法和技术装备主要存在以下问题：

① 力是产生变形的根本原因，滑坡发生与否决定于滑动力和抗滑力之间的平衡状态变化，但近百年来已有的滑坡监测技术主要单纯地针对位移、裂缝等物理力学指标，这些指标只是产生滑坡的必要条件而非充分条件，这是目前滑坡监测预报不准确的主要原因。

② 表面位移和滑面位移的不一致性，导致深部滑面位移监测优于表面位移监测。然而，通过深部位移监测法，即钻孔倾斜仪监测，虽然能够确定滑面位置，但产生较大错动后，倾斜位移监测失效，后期滑坡位移数据无法获得，故其数据带有“一孔之见”而有失准确。

③ 传统的基于“多因素”传感技术的滑坡灾害综合监测系统，只是将各种类型的监测设备进行数量上的叠加，没有建立统一的数据分析和处理系统，并且各种监测数据不能够交叉分析，因此并没有实现真正意义上的“耦合”和“融合”监测。

④ 传统的监测设备都无法对“滑坡全过程”进行监测。滑坡发生过程中，地表位移和内

部力学量都发生较大的变化，而传统的位移、应力监测设备随着边坡岩土体的大变形而发生破坏，丧失了监测功能。

⑤ 监测点设计方案和现场工程地质条件分析脱节。目前，边坡监测设计方案的创新，都是一味地追求硬件系统、软件系统和传输系统的创新，而弱化了现场工程地质条件的分析，包括地形地貌、岩性、水文地质和物理地质条件等，这样会造成监测成本增加、监测点效率降低、监测点误报、监测点漏报等事故发生。

综上所述，目前滑坡监测技术存在的问题，究其原因是位移、裂缝等现象只是滑坡的必要条件，并不是充分条件。滑坡前一定会产生位移和裂缝，但有位移、裂缝的产生并不一定就会发生滑坡。表面位移和裂缝的产生与很多因素有关，除滑坡外还与降雨、温度和湿度的变化有关。只从“现象监测”难以实现对滑坡的超前准确预报。因此，要超前预报滑坡灾害，必须找到滑坡发生的超前信息，融合多源监测信息，对滑坡灾害实现综合超前监测预警的目标。

13.3.6 滑动力监测原理

回顾国内外对边坡稳定性监测的内容，常规监测方法主要是针对位移监测、岩体倾斜监测、水的监测和岩体破坏声发射监测等，其中，应用最广泛的是位移监测和岩体倾斜监测。然而，位移和倾斜是产生滑坡的必要而非充分条件，有位移或岩层出现倾斜变形不一定会发生滑坡，滑动力才是滑坡灾害发生的充分必要条件，只有滑动力超过岩体抗剪强度，边坡才会发生破坏。但是，到目前为止，人类无法对滑动力进行直接测量，严重地阻碍着人类对滑坡灾害的超前、准确预报。

为了解决滑动力不可测的技术难题，中国矿业大学(北京)何满潮院士提出“2＋1”模式，成功地解决了边坡滑动力不可测的难题。所谓“2＋1”模式是指：通过引入天然力学系统与人为力学系统两大系统和“摄动力”的概念，实现滑动力的间接求解。

滑动力作为天然力学系统的一部分是不可测的，而人为力学系统是可以测量的。因此，采用“穿刺摄动”技术，把力学传感系统穿过滑动面，固定在相对稳定的滑床之上，施加一个小的预应力扰动 P，力学上称之为“摄动力”，将可测的人为力学系统插入到不可测的天然力学系统中，组成一个新的部分力学量可测的复杂力学系统，即：人为力学系统＋天然力学系统＝复杂力学系统。进而推导出可测力学量和非可测力学量之间的函数关系，根据可测的力学量计算出不可测的滑动力，这样就解决了天然力学系统不可测的难题。

滑坡是主要在重力作用下产生的坡体变形，因此作用在天然滑坡力学系统的基本力系主要由三组力构成：下滑力 T_1、抗滑力 T_2 和滑体自身重力 G(图 13-21)。天然状态下，滑动面上的下滑力与抗滑力处于平衡状态，即 $T_1 \leqslant T_2$，边坡稳定。但是，当影响边坡稳定性的外部条件或内部条件发生变化后，会打破原始平衡状态，使滑坡体内的应力重新分布，当 $T_1 > T_2$ 时，边坡出现失稳破坏。所以，只要能够准确测量出 T_1 和 T_2 的大小，就可以判断滑坡体内应力的变化状态，超前预报滑坡灾害的发生时间和规模。为了能够对 T_1 和 T_2 进行测量，按照“2＋1”模式，引入人为可测扰动力 P 后，可以通过对 P 的直接监测而间接计算出滑动力 T_1 的大小。由天然力学系统和人为力学系统组合而成的复杂力学系统如图 13-22 所示。

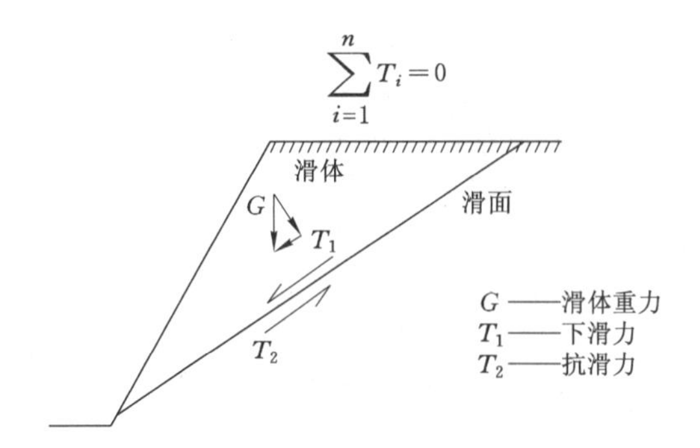

图 13-21 滑坡力学系统示意图(天然力学系统)

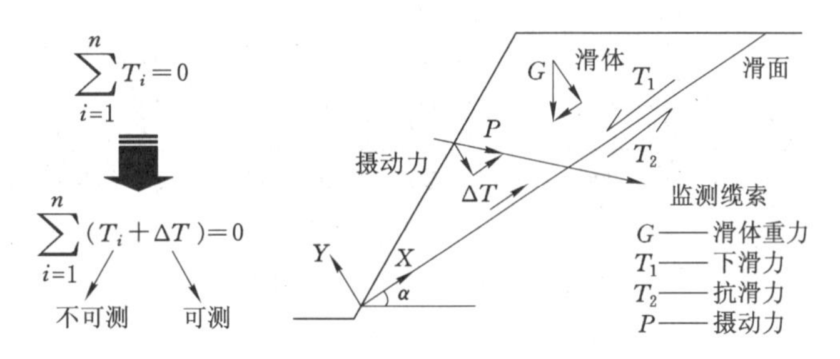

图 13-22 滑坡可测力学系统示意图

13.3.7 滑坡监测预报实例

目前,远程监测预警技术在全国 15 个地区 260 个点进行了应用和推广。应用领域涉及露天矿开采、地下金矿开采、高速公路边坡、西气东输工程重点边坡、水电站活动性断层以及地震灾区监测等。

应用滑坡地质灾害远程监测预报系统在内蒙古平煤集团西露天矿工作帮边坡设置了 13 个测点(图 13-23),通过近一年的监测,成功预报了 1 处滑坡,提前时间 28 d(图 13-24 和图 13-25)。

图 13-23 工作帮边坡测点布置

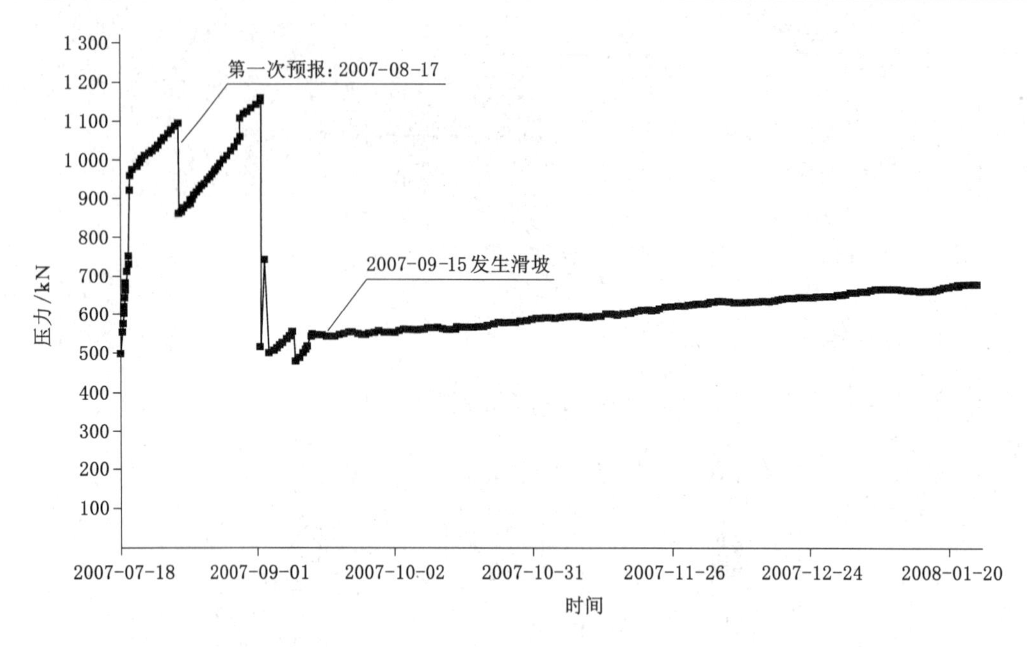

图 13-24　J33-1 测点监测预报曲线

图 13-25　滑坡后现场情况

13.4　高温热害

13.4.1　概述

随着开采强度和范围的增大，浅部资源越来越少，深部煤炭资源将是我国未来主体能源的后备保障。

据第三次全国煤炭资源预测和评价，我国已探明 2 000 m 以浅煤炭资源总量为 5.57 万亿 t；其中，1 000 m 以浅的煤炭资源总量为 2.86 万亿 t，已采储量约为 70%。今后我国的主体能源后备储量将主要是埋深在 1 000～2 000 m 之间的深部煤炭资源。

深部高温热害则是深部矿井普遍面临的灾害。据不完全统计，我国已有 33 对矿井开采深度达到千米以下，工作面温度高达 30～40 ℃。高温热害使得井下作业人员体能下降、工作效率严重降低,易产生高温中暑、热晕并诱发其他疾病以及神经中枢系统失调,从而造成职工防护能力降低,严重影响生产安全。

以目前的气候标准为基础,国内外研究统计表明,气温每增加 1 ℃,矿井生产效率则降低 6%～8%。根据孙村矿 2002 年 7 月份的统计,工作面工人定员 40 人只有 7 人出勤,同时每年的高温季节 6～9 月份,矿井生产几乎陷于停顿状态,对生产影响非常大。气温每增加 1 ℃,矿工劳保医疗费增加 8%～10%。江苏某矿 7446 工作面温度高达 34～36 ℃,湿度高达 100%,2006 年因高温热害现场晕倒 172 人次。根据南非的最新统计,在湿球温度 32.8～33.8 ℃下工作的工人,千人中暑死亡率为 0.57。以 30 ℃为标准,气温每增加 1 ℃,井下机电设备的故障率增加 1 倍以上。

13.4.2　矿山深部热害分类及其特征

矿山地温场属于地壳浅部范畴,它受深部地热背景和地区地质结构的影响,也受到其他因素的干扰,如地下水的活动和局部热源的干扰。因此,不仅处于不同大地构造单元和不同深部地热背景条件下,地区地温状况有所不同,就是处于同一大地构造单元内和相同深部地热背景条件下,由于地壳浅部地质结构的差异,地温场也存在差异。当有强烈干扰因素存在时,会引起地温场的明显变化。

分析研究在不同条件下形成的地温场特征,对于矿区热害治理有着重要的指导意义和参考意义。中国科学院地质研究所以我国东部若干矿区地热实际资料为基础,从矿区热害防治的目的出发,综合分析了各矿区地温场及地质条件,并进行了地温类型的分类。根据区域地温场及地质条件研究基础,综合分析对比各矿区的地温特点,鉴别其异同,找出引起地温差异的主要地质因素而提出分类原则。将我国东部矿区,按照地温状况,把矿山地温类型划分为:基底抬高型、基底拗陷型、深大断裂型、地下水活动强烈型、深循环热水型和硫化物氧化型六类。各类型矿区的地质特点、地温状况、所属矿区、矿井致热地质因素以及热害防治措施详见表 13-5。上述分类,是从地质角度把导致矿区相对高温或低温的因素突出来并以之命名相应类型。但实际情况可能比较复杂,以其地温特征而言,一个矿区可能并存某一种或另一类型的特征,甚至还有第三种类型的特征的可能性。

表 13-5　　矿山热害类型特征表

矿山地温类型	地质特点	地温状况	典型矿区	矿井致热地质因素	热害防治措施
基底抬高型	一般位于稳定台块的隆起区,或基底断裂显著、沉积盖层发生褶皱断裂的地区,以及在与其他活动带如中、新生代褶皱带沉陷带相毗邻的部位。古老结晶基底与下古生界岩系和其上的盖层间岩石热导率差异较大,热流向热阻较低的基底抬高部分集中	热流值偏高,平顶山矿区为 1.70 HFU,地温普遍较高,梯度较大。C、P、Q 地层平均地温梯度为 3.1～4.5 ℃/100 m,500 m 深温度 30～36 ℃,1 000 m 深温度 45～50 ℃	以平顶山煤矿为代表,许昌铁矿可能属之	岩温高。局部地段煤层下伏的太原群及张夏组承压水顶托渗透或沿断裂带上涌可加重矿井热害	综合性降温措施,必需时实行人工制冷降温。防治热水涌入矿井,疏干热水

续表 13-5

矿山地温类型	地质特点	地温状况	典型矿区	矿井致热地质因素	热害防治措施
基底拗陷型	位于稳定台块的大、中型沉降区，结晶基底较深，其上形成古生界、中生界、新生界沉积盆地。地下水交替不强烈，水温等于岩温。由于基底和盖层间岩石热导率的差异，热流自拗陷中心向外发散	热流值正常或略偏低，新汶矿区为 1.15 HFU，盆地平均地温梯度 2.1～3.0 ℃/100 m，局部地段可达 3.5 ℃/100 m	兖州煤田、新汶煤田为代表，淮北、淮南煤田属之	深度小于 500～600 m 的矿井一般无热害出现，更深的矿井，岩温升高，会出现热害，但其发展缓慢。有可能涌出同岩温的热水，造成或加重矿井热害	加强通风，注意防治热水涌入矿井，疏干热水
深大断裂型	稳定台块或台块内部的断块的结合带上。岩浆活动频繁，构造变形剧烈。多为中、新生代地堑式断陷盆地。热导性差的沉积物直接盖于结晶基底上。某些地段地壳厚度较薄，上地幔高电导层位置较高	热流值较高，罗河地区为 1.84 HFU，矿区地温高，梯度大	以沭沂地堑为代表，抚顺煤矿及罗河铁矿等可能属之	岩温高。可能有热水涌出	综合性降温措施
地下水强烈活动型	以岩溶裂隙发育的下古生界碳酸盐岩铺底的矿区，由于地下水的补给，径流和排泄条件良好，水交替强烈，水温小于岩温，对围岩及其上地层起着冷却的作用	地温普遍较低，800 m 深度一般不超过 28 ℃，地温梯度小于 2.0 ℃/100 m	开滦、京西、峰峰、鹤壁、焦作和淄博等矿区	800 m 深度内一般无热害问题	局部深采工作面可能有轻度的临时性的热害，需要加强通风
深循环热水型	岩浆活动、断裂错动发育的地区，地下水沿裂隙—断裂系统渗入地下深部，逐步为岩温加热，在有利的地质条件下涌至浅部或出露于地表。上涌途中，水温大于岩温	局部热异常，其分布范围及形态特征与构造断裂的性质、规模、活动强度及展布方向有关。一般面积不大，属脉状水或裂隙脉状水	苇岗铁矿、岫岩铅矿、东风萤石矿及 711 矿	35～50 ℃高温热水涌出	超前疏干热水并加强管理，必要时实行人工制冷降温
硫化物氧化型	各类地区的富硫矿床	在富硫矿带的浅部和构造破碎带，由于硫化物的氧化生热，造成矿区局部热异常	铜官山、松树山铜矿，向山、潭山硫铁矿	化学反应放热，岩温高，矿岩可能自然发火	综合性防火降温措施，实行“三强”采矿作业和脉外开拓，封闭采空崩落区

13.4.3 深井热害控制的相关法规

《煤矿安全规程》第六百五十五条规定：当采掘工作面空气温度超过 26 ℃、机电设备硐室超过 30 ℃时，必须缩短超温地点工作人员的工作时间，并给予高温保健待遇。当采掘工作面的空气温度超过 30 ℃、机电设备硐室超过 34 ℃时，必须停止作业。新建、改扩建矿井设计时，必须进行矿井风温预测计算，超温地点必须有降温设施。

国务院关于发布《矿山安全条例》和《矿山安全监察条例》的通知中说：“今后，凡新建、改建、扩建的矿山，其劳动条件和安全卫生设施都必须符合条例的规定，否则不准投产。对于在条例公布以前已经投产的国营矿山，其劳动条件和安全卫生设施达不到规定标准的，必须纳入调整计划，限期达到。对于现有的矿山，有关部门要积极予以支持，帮助它们创造条件，逐步达到矿山安全的要求。”

《矿山安全条例》第十一条对地质部门需要提供的有关高温矿井的资料进行明确的规定；第十九条对矿井生产过程中出现的高温热害治理需要编制专门的矿井降温设计，作了进一步要求；第五十三条规定：“井下工人作业地点的空气温度，不得超过 28 ℃。超过时，应采取降温措施或其他防护措施。”

《矿山安全监察条例》第七条规定：“对严重违反《矿山安全条例》的矿山企业和有关工作人员，有权处以罚款；”第八条规定：“对严重违反《矿山安全条例》的矿山企业及其主管部门的责任人和领导人，有权提请上级领导机关给予行政处分，或者提请司法机关依法惩处；”第九条规定：“对不具备安全基本条件的矿山企业，有权提请有关部门令其停产整顿或者予以封闭。”

13.4.4　深井热害控制技术

（1）德国集中空调技术原理

原苏联 Morio Aelho 矿在 1929 年安装了第一个井下集中空调降温系统，但该技术迅速发展并开始广泛应用是始于 20 世纪 70 年代，以德国为首展开了矿井集中空调人工制冷技术的研究。集中空调井下降温方式，主要是将地面集中空调制冷模式及工作原理引用到矿井降温领域，进行井下降温，工艺原理见图 13-26。

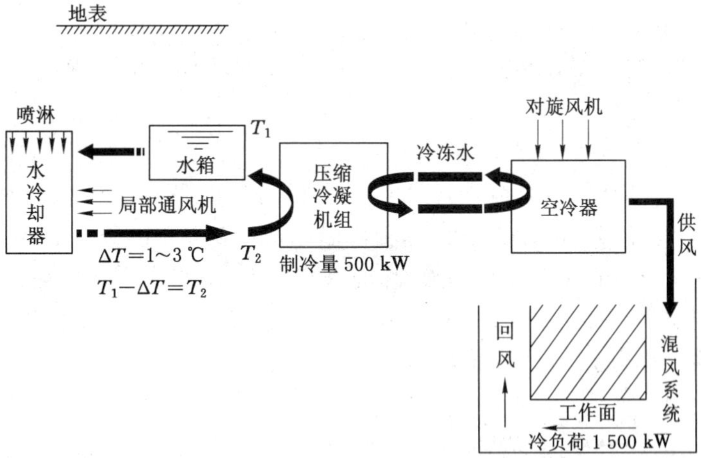

图 13-26　德国集中空调降温原理

该技术将机组冷却水回水通过喷淋设施进行冷却，有时在冷却水系统增设局部通风机，利用风流与水的换热作用加强冷却效果，机组冷冻水经过空冷器与巷道进风风流完成换热作用，冷却后的风流由风机鼓风并经风筒输送到工作面，进行工作面降温。集中空调降温系统根据布置形式逐渐发展为地面集中式和井下集中式。

该技术在我国平顶山五矿、淮南潘三矿、淮南新集矿、淄博唐口矿、淮南刘庄矿进行了应用。应用结果表明，对于地面集中式主要存在深度大、压力高、造价高等问题；对于井下集中式，主要存在排热困难、降温效果差(循环水温差小，混风系统)、运行费用高等问题。

(2) 南非冰冷却技术原理

冰冷却系统的研究与应用主要以南非为主，1976 年南非环境工程实验室提出了向井下输冰供冷的方式，1986 年南非 Harmony 金矿首次采用冰冷却系统进行井下降温，取得了一定的降温效果，工艺原理见图 13-27。

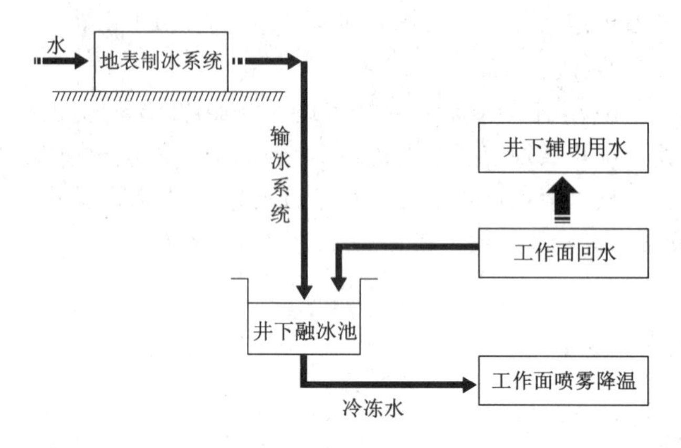

图 13-27　南非冰冷却系统降温原理

所谓冰冷却降温系统，就是利用制冰机制取的粒状冰或泥状冰(块状冰要经过片冰机加工)，通过风力或水力输送至井下的融冰池，然后利用工作面回水进行喷淋融冰，融冰后形成的冷水送至工作面，采取喷雾降温。冰冷却降温系统由制冰、输冰和融冰三个环节组成。

该技术在我国平顶山六矿、新汶孙村矿、沈阳三矿、新龙梁北矿进行了现场应用。应用结果表明，冰冷却系统主要存在输冰管道容易形成堵塞而中断运行、喷淋降温增加湿度、运行费用高等问题。

(3) 气冷技术原理

利用压缩空气进行井下降温是近几年国内提出的一种降温模式。南非某金矿曾在 1989 年建成一套压缩空气制冷空调系统，但降温原理与新提出的降温模式有所不同。南非压缩空气技术是将空气在地面压缩为液态，输送到井下，膨胀成气态后进入空气制冷机，利用其排出的低温空气冷却工作面风流；而新近提出的压缩空气降温技术是直接采用压缩空气作为供冷媒质，向采掘工作面喷射降温，其工作原理图如图 13-28 所示。

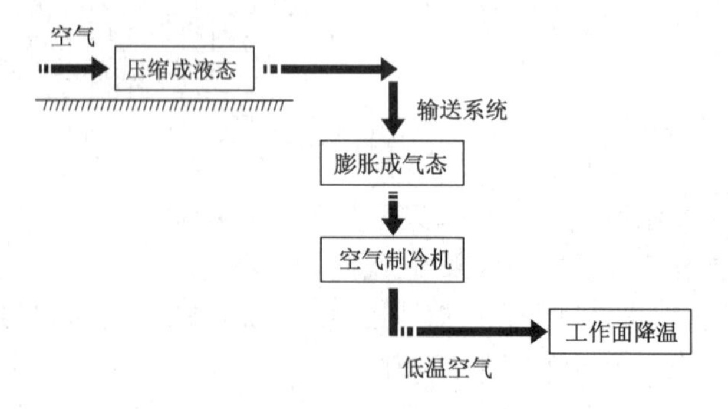

图 13-28　气冷系统降温原理图

国外在孟加拉国孟巴矿有所应用，但这种降温方式需要矿井具有充足的压缩气源，且由于压缩空气的吸热量有限，降温能力受到限制，对于冷负荷较大的深部矿井降温不适用，运行费用高。

压缩空气制冷系统用空气制冷机作为高温矿井空调终端，相当于集中空调系统中的空冷器，具有系统简单、输冷管道少、承压小、材质要求低、施工技术难度低等优点。但压气引射器和涡流管制冷装置制冷量小、噪声大，都没有很好的应用；变容式空气制冷存在的主要问题是，诸如变容式压缩机轴承和润滑等变容式压缩—膨胀器中的一些关键技术问题。

(4) 矿井涌水冷源降温技术原理

综合以上我国矿井降温系统的应用，对于水冷却系统的应用，基本上是沿用德国集中空调降温技术，引进国外的制冷机组，进行矿井降温，价值高昂，系统实施后能耗大，运行费用太高，有些已停止运行。近年来，随着我国制冷空调技术的发展，对矿用空调制冷机进行了研究，开发出了一批国产矿用制冷机，但整个降温模式没有本质的变化。而冰冷却系统在我国目前还没有形成工业化利用，最近几年一些科研院校针对冰冷却系统降温模式、融冰输冰技术及其经济性分析展开了研究，但需要针对我国矿井特点进行进一步探索。

何满潮院士近年来一直致力于地热资源可持续利用技术的研究，取得了一系列成功的理论体系及实用技术成果，提出了地热工程非线性设计理论和中低焓地热工程一体化设计方法。在这样的背景下，结合目前所领导的科研团队正在进行的深部工程研究及最新进展，提出了深井开采高温热害控制新技术，结合国家 973 计划项目现场科研示范工程进行了深井降温 HEMS 系统研发和现场实施，结果表明，HEMS 降温系统可以有效降低深井开采高温工作面的温度和湿度，开辟了深井热害控制技术领域的新篇章。

深井降温 HEMS 降温系统是针对深井开采高温热害控制所研发的一套工艺系统，其工作原理是利用矿井各水平现有涌水，通过能量提取系统从中提取冷量，然后运用提取出的冷量与工作面高温空气进行换热作用，降低工作面的环境温度及湿度，工作原理见图 13-29。

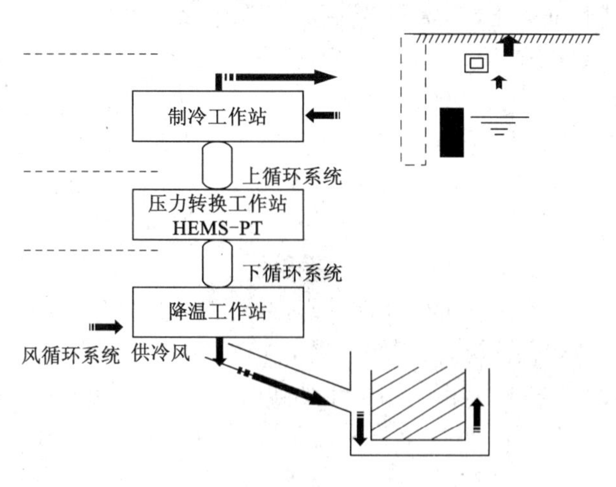

图 13-29　矿井涌水降温技术原理

整个工艺系统由上循环系统、下循环系统和风循环系统组成，其中，上、下循环系统是闭路循环系统，循环介质是水体，而风循环系统则是开路循环。首先根据降温工作面计算的冷负荷，进行 HEMS-Ⅰ制冷工作站的设计，在设计中要考虑系统运行过程中能量的损失，要求 HEMS-Ⅰ工作站必须能够提供足够的冷量;HEMS-Ⅱ工作站设计是根据 HEMS-Ⅰ提供的冷量,通过冷量载体与风流的热交换,将工作面的热量置换后达到降温的效果;HEMS-PT 工作站在系统中主要起到压力转换也就是降低设备承压的作用,因为 HEMS-Ⅰ与 HEMS-Ⅱ两个工作站布置在两个不同的开拓水平,当两个水平间高差很大时所造成的高压对于下水平布置的管道及相关设备的承压性能提出很高的要求,导致在设备及相应材料的选择上存在很难克服的难题,当在两者之间设置 HEMS-PT 工作站后,将系统分为上循环和下循环两个闭路循环,这样就把上、下两个循环均控制在常规设备可以承受的压力范围内。

13.5 瓦斯突出

煤是我国经济建设不可缺少的主要能源之一,在我国一次性能源中占 65%以上,而且煤炭资源将依旧在相当长的时间内在我国一次性能源结构中占主要的不可或缺的地位。随着经济建设的飞速发展,煤炭消费量越来越多,且随着浅部资源的逐步枯竭,我国的金属矿、煤矿开采深度越来越大,因此,防止煤炭开采中重大事故的发生,成了目前亟待解决的问题,而在众多煤矿转入深部开采的重大事故中,瓦斯事故占 70%以上。

近些年,由于瓦斯突出而引起的安全事故时有发生。例如,2013 年 3 月 29 日,吉林省白山市江源区的吉煤集团通化矿业公司八宝煤业有限责任公司发生一起瓦斯事故。2013 年 4 月 1 日,因通化矿业公司擅自违规派人员到八宝煤矿井下再次处理火区,八宝煤矿井下再次发生瓦斯爆炸。两起瓦斯事故,共造成 35 人死亡,16 人受伤,11 人失踪。

13.5.1 瓦斯突出概述

1834 年 3 月 22 日,法国鲁阿雷煤田伊萨克矿平巷掘进时发生有记载以来世界上第一次煤与瓦斯突出。到目前为止,世界 19 个主要产煤国家发生突出次数在 4 万次左右。

世界第一大突出发生在 1969 年 7 月 13 日原苏联顿巴斯的加加林矿,共突出煤(岩)14 000 t,瓦斯 25 万 m^3。

新中国成立至今,我国先后大约有 140 个国有重点煤矿(约 180 个井口)发生过突出。

我国最大的一次突出发生在 1975 年 8 月 8 日天府矿务局三汇一矿,突出煤(岩)12 780 t,瓦斯 140 万 m^3。

13.5.1.1 瓦斯与瓦斯突出的概念

瓦斯是古代植物在堆积成煤的初期,纤维素和有机质经厌氧菌的作用分解而成。在高温、高压的环境中,在成煤的同时,由于物理化学作用,继续生成瓦斯。其后随着沉积物埋藏深度增加,在漫长的地质年代中,由于煤层经受高温、高压的作用,进入煤的碳化变质阶段,煤中挥发分减少,固定碳增加,此时又生成大量瓦斯,保存在煤层或岩层的孔隙和裂隙内。瓦斯在煤体或围岩中是以游离状态和吸着状态存在的。

瓦斯的主要成分是烷烃,其中甲烷占绝大多数,另有少量的乙烷、丙烷和丁烷,此外,一般还含有硫化氢、二氧化碳、氮和水汽,以及微量的惰性气体,如氦和氩等。在标准状况下,甲烷至丁烷以气体状态存在,戊烷以上为液体。瓦斯对空气的相对密度是 0.554,在标准状态下瓦斯的密度为 0.716 kg/m^3,瓦斯的渗透能力是空气的 1.6 倍,难溶于水,不助燃也不能维持呼吸，达到一定浓度时，能使人缺氧而窒息，并能发生燃烧或爆炸。瓦斯爆炸即为甲烷燃烧的放热反应，化学方程式为：$CH_4+2O_2 \xlongequal{点燃} CO_2+2H_2O$。当空气中氧气浓度达到10%时，若瓦斯浓度在5%～16%之间，就会发生爆炸，浓度在30%左右时，就能安静地燃烧。

瓦斯突出，是指随着煤矿开采深度的增加、瓦斯含量的增加，在地应力和瓦斯释放的应力作用下，使软弱煤层突破抵抗线，瞬间释放大量瓦斯和煤而造成的一种地质灾害。简而言之，瓦斯突出就是在煤矿井下生产过程中，煤层和岩层内的大量瓦斯向采掘空间突然喷射出来的物理现象。喷出的瓦斯成分主要是沼气（CH_4），还有二氧化碳。夹有煤块的瓦斯突出称为煤与瓦斯突出；夹带岩石的，称为岩与瓦斯突出。

瓦斯从煤、岩层突出的形式有：

① 缓慢、均匀、持久地从煤、岩暴露面和采落的煤炭中涌出，是矿内瓦斯的常规来源。

② 压力状态下的瓦斯，大量、迅速地从裂隙中喷出，即瓦斯喷出。

③ 短时间内煤、岩与瓦斯一起突然由煤层或岩层内喷出，即煤、岩与瓦斯突出。

矿井瓦斯涌出量：单位时间内从煤层以及采落的煤（岩）涌入矿井风中的气体总量，矿井进行瓦斯抽放时，包括抽放瓦斯量。

矿井瓦斯涌出量又分为绝对瓦斯涌出量和相对瓦斯涌出量。

单位时间内从煤层和岩层以及采落的煤（岩）所涌出的瓦斯量称为绝对涌出量（m^3/min）；平均日产1 t煤涌出的瓦斯量称相对涌出量（m^3/t）。

矿井瓦斯等级：根据2011年最新颁布的《煤矿瓦斯等级鉴定暂行办法》，矿井瓦斯等级应当依据实际测定的瓦斯涌出量、瓦斯涌出形式以及实际发生的瓦斯动力现象、实测的突出危险性参数等确定。矿井瓦斯等级划分为：

① 煤（岩）与瓦斯（二氧化碳）突出矿井（以下简称突出矿井）；

② 高瓦斯矿井；

③ 瓦斯矿井。

具备下列情形之一的矿井为突出矿井：

① 发生过煤（岩）与瓦斯（二氧化碳）突出的；

② 经鉴定具有煤（岩）与瓦斯（二氧化碳）突出煤（岩）层的；

③ 依照有关规定有按照突出管理的煤层，但在规定期限内未完成突出危险性鉴定的。

具备下列情形之一的矿井为高瓦斯矿井：

① 矿井相对瓦斯涌出量大于10 m^3/t；

② 矿井绝对瓦斯涌出量大于40 m^3/min；

③ 矿井任一掘进工作面绝对瓦斯涌出量大于3 m^3/min；

④ 矿井任一采煤工作面绝对瓦斯涌出量大于5 m^3/min。

同时满足下列条件的矿井为瓦斯矿井：

① 矿井相对瓦斯涌出量小于或等于10 m^3/t；

② 矿井绝对瓦斯涌出量小于或等于40 m^3/min；

③ 矿井各掘进工作面绝对瓦斯涌出量均小于或等于3 m^3/min；

④ 矿井各采煤工作面绝对瓦斯涌出量均小于或等于5 m^3/min。

13.5.1.2 瓦斯突出的条件、特征及预兆

(1) 瓦斯突出的条件

瓦斯突出的条件主要有3个:岩层的重力和构造应力;瓦斯的含量和压力;煤层本身的松软结构。瓦斯在煤层中的赋存状态分吸附和游离两种。煤层吸附量的多少,取决于煤的变质程度、结构和成分,同时与矿压和围岩的封闭性有关。

(2) 瓦斯突出的特征

① 突出的煤向外抛出的距离较远,具有分选现象。

② 抛出的煤堆积角小于煤的自然安息角。

③ 抛出的煤破碎程度高,含有大量的块煤和手捻无粒感的煤粉。

④ 有明显的动力效应,破坏支架,推倒矿车,破坏和抛出巷道内的设施。

⑤ 有大量的瓦斯涌出,瓦斯涌出量远远超过突出煤的瓦斯含量,有时会使风流逆转。

⑥ 突出孔洞呈口小腔大的梨形、倒瓶形以及其他分岔形等。

(3) 瓦斯突出的预兆

瓦斯突出的预兆分为无声预兆和有声预兆两类。

无声预兆是指煤层结构发生变化,层理紊乱,煤层由硬变软、由薄变厚,倾角由小变大,煤由湿变干,光泽暗淡,煤层顶板和底板出现断裂,煤岩产生严重破坏等。其次,工作面煤体和支架压力增大,煤壁外鼓,产生掉渣、煤块进出等现象。再次,瓦斯含量增大或忽小忽大,煤尘增多。

有声预兆是指出现煤爆声、闷雷声、深部岩石或煤层的破裂声以及支柱折断声等。

13.5.1.3 瓦斯突出的强度及分类

(1) 煤(岩)与瓦斯突出强度

煤(岩)与瓦斯突出的强度常用一次突出的煤量或岩石量表示。100 t以下的为一般突出,100～500 t的为严重突出,500～1 000 t的为大突出,1 000 t以上的为特大突出。如1975年8月8日发生在我国重庆三汇坝矿区的煤(岩)与瓦斯突出,喷出瓦斯120万 m^3,煤和矸石12 780 t。1975年6月13日发生在吉林营城煤矿五井的煤(岩)与瓦斯突出,喷出二氧化碳14 000 m^3 及砂岩1 005 t。两次都是少见的特大突出。

(2) 瓦斯突出分类

① 突出。在地压和瓦斯联合作用下产生,瓦斯参与煤岩的破碎和运搬过程。抛出的煤有明显的气流运搬特征:煤的堆积角度小于煤堆的安息角,粒度分布呈分选现象。突出最为常见,占总数的50%以上。

② 压出。主要由地压造成,涌出瓦斯和粉煤都较少。

③ 倾出。煤岩倾出后,形成孔洞的轴线与水平交角大于45°,煤的堆积角度与煤堆的安息角相接近。

13.5.1.4 瓦斯突出的一般规律

① 煤层突出危险性随采深增加而增大。在浅部开采为高瓦斯矿井甚至为瓦斯矿井,开采到深部后,由于煤层赋存条件的变化,煤层瓦斯压力增大,可能转变为突出矿井;一些在浅部开采突出危害较轻的突出矿井,开采到深部后,可能转变为严重突出矿井。矿井或煤层一般有一个始突深度,当大于该深度时,就有发生突出的危险。

② 煤层突出危险性随煤厚增加而加大。以南桐矿务局三号井为例:5号煤厚0.7～

0.8 m，平均突出强度 38 t/次，最大突出强度 138 t/次；6 号煤厚 1～1.5 m，平均突出强度 43 t/次，最大突出强度 450 t/次；4 号煤厚 2.5～3.2 m，平均突出强度 88 t/次，最大突出强度 5 000 t/次，该局所有特大型突出都发生在该煤层。

③ 绝大多数突出发生在煤巷掘进工作面。在统计的 9 845 次突出中，煤巷掘进工作面突出 7 482 次，占 76%，石门揭煤工作面突出 567 次，占 5.76%，采煤工作面突出 1 556 次，占 15.8%。

④ 突出大多数发生在地质构造带。在 3 082 次有地质构造情况详细记录的突出中，2 525 次突出地点有断层、褶曲、火成岩侵入、煤层厚度变化等地质构造，占 81.9%；557 次突出无地质构造，仅占 18.1%。

⑤ 大多数突出前有诱导作业方式。8 480 次突出事例统计表明，有 8 253 次由爆破、支护、落煤、带钻等作业方式诱导了突出，占 97.3%，其中，爆破作业诱导突出 5 481 次，占 64.6%，风镐落煤突出 676 次，占 8%，手镐落煤突出 1 102 次，占 13%。

⑥ 突出前大多有预兆。在我国统计的 5 029 次有明确突出预兆记载的突出事例中，有 4 493 次突出发生前有突出预兆，占 89.3%，无突出预兆仅有 536 次，占 10.7%。

⑦ 煤体破坏程度越高，突出危险性越大。突出煤层多发生在Ⅲ、Ⅳ、Ⅴ类煤中，此类煤的共同特点是坚固性系数 f 值小、煤层瓦斯放散初速度 Δp 大、煤层透气性系数小、层理紊乱、多为遭受到地质构造揉皱的构造煤。

⑧ 石门突出危险性最大。在统计的 9 845 次突出中，尽管石门突出次数少，但突出强度大，平均突出强度为 316.5 t/次，是平巷平均突出强度(50 t/次)的 6 倍以上。

⑨ 煤层突出危险区常呈条带状分布。原苏联统计资料表明，在突出煤层中，突出危险区仅占突出煤层区域总面积的 10%。我国统计资料表明，突出煤层中，突出危险区仅占突出煤层区域总面积的 10%～15%。

13.5.2 瓦斯突出的危害

13.5.2.1 爆炸

瓦斯爆炸就其本质来说，是一定浓度的甲烷和空气中的氧气在一定温度作用下产生的激烈氧化反应。CH_4 燃烧热为 8 540～9 500 kcal/m^3，1 m^3 约相当于 1.5 kg 烟煤。(1 cal＝4.186 8 J)

瓦斯爆炸的条件是：一定浓度的瓦斯、高温火源的存在和充足的氧气。

(1) 瓦斯浓度

瓦斯爆炸的浓度范围是 5%～16%，把这个在空气中瓦斯遇火后能引起爆炸的浓度范围称为瓦斯爆炸界限。5%是爆炸下限，当瓦斯浓度低于 5%时，遇火不爆炸，但能在火焰外围形成燃烧层；当瓦斯浓度为 9.5%时，其爆炸威力最大(氧和瓦斯完全反应)；16%是爆炸上限，当瓦斯浓度在 16%以上时，失去爆炸性，但在空气中遇火仍会燃烧。瓦斯爆炸界限并不是固定不变的，它还受温度、压力以及煤尘、其他可燃性气体、惰性气体的混入等因素的影响。

(2) 引火温度

瓦斯的引火温度，即点燃瓦斯的最低温度。一般认为，瓦斯的引火温度为 650～750 ℃。但因受瓦斯的浓度、火源的性质及混合气体的压力等因素影响而变化。当瓦斯含量在

7%～8%时，最易引燃；当混合气体的压力增高时，引燃温度即降低；在引火温度相同时，火源面积越大、点火时间越长，越易引燃瓦斯。

高温火源的存在，是引起瓦斯爆炸的必要条件之一。井下抽烟、电气火花、违章爆破、煤炭自燃、明火作业等都易引起瓦斯爆炸。

(3) 氧气浓度

实践证明，空气中的氧气浓度降低时，瓦斯爆炸界限随之缩小，当氧气浓度减少到12%以下时，瓦斯混合气体即失去爆炸性。这一性质对井下密闭的火区有很大影响，在密闭的火区内往往积存大量瓦斯，且有火源存在，但因氧气的浓度低，并不会发生爆炸。如果有新鲜空气进入，氧气浓度达到12%以上，就可能发生爆炸。因此，对火区应严加管理，在启封火区时更应格外慎重，必须在火熄灭后才能启封。

瓦斯爆炸产生的高温高压，促使爆源附近的气体以极大的速度向外冲击，造成人员伤亡，破坏巷道和器材设施，扬起大量煤尘并使之参与爆炸，产生更大的破坏力。另外，爆炸后生成大量的有害气体，造成人员中毒死亡。

13.5.2.2 窒息性

瓦斯具有窒息性。瓦斯本身不能供人们呼吸之用，空气中由于它的存在，相对减少了含氧量，且瓦斯里的甲烷比氧气更容易与血红蛋白融合。当空气中含氧量降低到9%～12%以下时，人们即因缺氧窒息而死亡。在长时间停风的煤矿巷道内和瓦斯突出时容易发生此事故。

此外，煤与瓦斯突出还会摧毁井巷设施，破坏通风系统，甚至造成煤流埋人等危害。

13.6.2.3 危险性预测

矿井中的煤与瓦斯突出是带有区域性分布的，即突出往往仅仅发生在个别区域。这个区域的面积一般仅占整个井田面积的10%左右。为了保证矿井安全生产、提高矿井生产效益，对突出危险程度不同的区域应采取不同的措施。为了划分出突出危险程度不同的区域，就需要进行突出危险性预测。

煤与瓦斯突出危险性预测主要包括区域性突出危险性预测和工作面突出危险性预测。前者是在地质勘查、新井建设、新水平和采区开拓时进行，后者是在开采面进行。区域性突出危险性预测包括单项指标法和瓦斯地质统计法。工作面突出危险性预测包括钻屑单项指标法、钻屑综合指标法和钻孔瓦斯涌出初速度法。

突出危险性预测的主要作用在于：① 为采取合理的防灾措施提供科学依据，减少防突措施的工程量和时间，提高采掘速度，改善矿井安全技术经济指标。② 为在突出危险区域内采取有效的防突措施提供保证与条件，主动及时采取措施，以保证安全生产和计划完成。

13.5.3 瓦斯突出机理的研究

瓦斯突出给煤矿安全生产，特别是井下人员的生命财产安全造成了极其严重的威胁。为了防止这类灾害事故的发生，保障煤矿井下安全生产，世界上各主要产煤国均投入了大量的人力、物力研究煤与瓦斯突出机理，以便为突出危险性预测和防突措施的制定与实施提供科学依据。但是，迄今为止，人们对于突出过程中煤岩体破坏与发展机制的认识还停留在定性与假说性阶段，对于突出过程中哪些因素起主要作用以及与其他因素间的作用机理还把握不准，故而只能对某些突出现象给予解释，还不能形成统一完整的理论体系。目前，关于煤与瓦斯突出机理的假说有很多。归纳起来主要有如下几类：瓦斯主导作用假说，地压主导作用假说，化学本质作用假说和综合作用假说，其中，前三者统称为单因素作用假说，其主要特点是强调单因素起主导作用。

13.5.3.1 瓦斯主导作用假说

以瓦斯为主导作用的假说，主要有：

① “瓦斯包”说。原苏联的沙留金和英国的威廉姆等提倡的“瓦斯包”学说认为，煤层内存在着可以积聚高压瓦斯的空洞，其压力超过煤层强度减低区的煤体强度极限，当工作面接近这种瓦斯包时，煤壁就会发生破坏，产生突出。

② 粉煤带说。原苏联的几比贝可夫、德国的鲁夫、英国的布列斯克以及日本的植木七郎提倡的粉煤带说认为，由于地质构造或矿山压力的作用，原生煤层被破碎成粉状，这些粉煤极易放出瓦斯。当巷道接近这一地带时，粉煤在较小的瓦斯压力作用下，就能与瓦斯一起喷出。

③ 煤孔隙结构不均匀说。原苏联的克里切夫斯基等人提出了这一假说，认为煤层中有透气性变化剧烈的区域，在这些区域的边缘，瓦斯流动速度变化很大。如透气性小的恰好是坚硬的煤，而透气性大的又是不坚硬的煤，那么当巷道接近这两种煤的边界时，瓦斯潜能就有可能使煤突出。

④ 突出波说。原苏联的赫里斯基阿诺维奇提倡的这一假说认为，瓦斯潜能要比煤的弹性变形能大十倍左右，在煤的强度低的区域，煤的瓦斯压力大于煤的极限破坏强度。当巷道接近这一区域时，在瓦斯压力的作用下，可产生连续的破碎煤体的突出波，引起突出。

⑤ 裂缝堵塞说。原苏联的阿莫索夫提倡这一假说，他认为由于均匀排放瓦斯的裂缝被封闭和堵塞，在煤层中形成增高的瓦斯压力带，从而引起突出。

瓦斯说能解释突出中的一些现象，但与下面一些情况不符或不能解释：

① 迄今为止在煤层内从未发现过上述的“瓦斯包”或待定的粉煤带。

② 人们在后来的实践中统计的资料表明，突出危险性与煤层瓦斯含量之间没有直接的联系。

③ 在突出孔洞周围出现过重复突出。

④ 岩石错动的强烈声响往往发生在突出之前的煤体深处。

⑤ 打小直径排放钻孔，并不能有效地防治突出。

⑥ 突出地点煤和岩石的温度升高，抛出的煤体温度也有上升。

⑦ 煤层的自行揭开。

⑧ 过煤门时的突出。

⑨ 突出孔洞发生变形(体积缩小)。

⑩ 大多数平巷的突出空洞位于上隅角。

13.5.3.2 地压主导作用假说

以地压为主导作用的假说，主要有：

① 岩石变形潜能说。原苏联的别楚克和阿尔沙瓦、法国的莫连、加拿大的伊格拿季叶夫和日本的外尾善次郎提倡这一假说，他们认为突出的发生是变形的弹性岩石所积聚的潜能引起的。这些岩石位于煤层周围，而这种潜能是以往的地质构造运动造成的。当巷道掘到该处时，弹性岩石便像弹簧一样伸展开来，从而破坏和粉碎煤体而引起突出。

② 应力集中说。原苏联的卡尔波夫提倡这一假说，认为在采煤工作面前方的支承压力带，由于厚弹性顶板的悬顶和突然沉降引起附加应力，煤体在此集中应力的作用下产生移动和遭到破坏。如果再施加动载荷，煤体就会冲破工作面煤壁而发生突出。煤突出时，伴随有大量的瓦斯涌出。

③ 塑性变形说。原苏联的瓦尔琴等提倡这一假说，认为突出煤层发生弹塑性交形，使巷道周围煤体突然破碎，引起突出。

④ 冲击式移近说。原苏联的包利生科倡导这一假说，认为在突出中起主导作用的是地压，具体地说是顶底板的冲击式移近。冲击式移近发生的可能性和大小取决于岩体的性质、巷道参数、掘进方式和速度。其条件是：第一，煤层紧张程度增大；第二，煤层边缘有脆性破坏；第三，从破坏的煤中涌出的瓦斯有一定的压力。

⑤ 拉应力波说。原苏联的梅德维杰夫提倡这一假说，认为突出煤层的力量是拉应力波。而这个拉应力波是脆性材料在地压的作用下积蓄了大量的弹性能，当巷道工作面附近的煤体由三向受压状态转为复杂应力状态时，掘进工作面破坏了平衡，造成能量释放而产生突出的。在拉应力波作用下，煤体破碎并抛出，而瓦斯的迅速排放又使动力效应更加猛烈。

以地压为主导作用的假说同样也能解释相当一部分突出现场的现象，但也还有许多现象不能解释：

① 在瓦斯不大的矿井，即使开采深度很深(400～500 m)，也不会发生突出。

② 二氧化碳参与突出的平均强度比甲烷参与突出的平均强度大。

③ 突出前出现风流中的瓦斯浓度增大或忽大忽小的预兆，也出现工作面煤壁或空气温度下降的预兆。

④ 煤与瓦斯突出时，从突出煤的分选产物中可见到大量的细尘状粉煤。

⑤ 如果突出的发生是由地压引起的，那么突出的孔洞应该是圆锥形，而实际的突出孔洞常常是一些口小腔大特殊形状的孔洞(如梨形、椭球形)。

⑥ 在一些特大型的突出中，每吨喷出煤的瓦斯涌出量比煤层瓦斯含量高得多，即可以在短时间内涌出数十万以致上百万立方米瓦斯气体，逆风流运行并可充满数千米的巷道。

⑦ 准备巷道中地压显现不如回采巷道明显，但准备巷道的突出次数与强度均比回采巷道工作面的大。

⑧ 在平巷及下山也发生突出。

⑨ 在进行工作面支护甚至无人作业时，地压作用并不大，也有突出发生。

⑩ 当增加煤体水分降低煤体强度时，煤的突出危险性反而降低。

13.5.3.3 化学本质作用假说

以化学本质为作用的假说，主要有：

① 瓦斯水化物说。原苏联的巴利维列夫、卜克留金等提出了这一假说，他们认为，在某些地质构造活动区，在一定的温度压力下，有可能生成瓦斯水化物($CH_4 \cdot 6H_2O$)，并以介稳状态保存在煤层和岩石渗透孔隙内，它具有很大的潜能，受到采掘工作影响后，即迅速分解，形成高压(可达数百个大气压)瓦斯，破坏煤体而造成突出。

② 地球化学说。原苏联的库兹聂左夫提出这一假说，他认为，瓦斯突出现象是煤层中不断进行的地球化学过程——煤层中的氧化还原过程。由于活性氧及放射性气体的存在而加剧、生成一些活性中间物，导致高压瓦斯的形成。中间产物和煤中有机物的相互作用，使

煤分子遭到破坏。

③ 硝基化合物说。原苏联的萨夫琴柯等提倡这一假说，他们认为，突出煤中积蓄有硝基化合物，只要有不大的活化能量（如活动着的岩石应力不均匀、瓦斯压力等）就能产生热反应。当其热量超过分子的活化能时，反应将自发地加速进行而发生突出。

化学本质说没有得到多大的支持和拥护，其原因是迄今为止在矿井中尚未发现瓦斯的水化物的实物。

13.5.3.4 综合作用假说

综合作用假说认为，煤与瓦斯突出是由地应力、包含在煤体中的瓦斯以及煤体自身物理力学性质三者综合作用的结果。持综合作用假说观点的学者都承认，煤与瓦斯突出是综合因素作用的结果，但对各种因素在突出中所起的作用却说法不一。例如，法国学者入伯兰等认为瓦斯因素是主要的；而原苏联学者 B. B. 霍多持、日本学者肌部俊郎等许多学者则认为地应力是主要的，即地应力是发动突出、发展突出的主要因素，瓦斯是帮助突出发展的因素。

目前，具有代表性的综合作用假说主要有：

① 振动说。原苏联的克利奥鲁奇科认为，煤与瓦斯突出的形成不是一个单独的过程，而是由围岩对煤层的振动作用有关的三个连续阶段组成的：第一阶段，煤受到来自围岩方面的压力作用而破坏，煤的体积缩小，游离瓦斯压力增大，并有一部分转化为吸附瓦斯；第二阶段，卸压，煤层体积膨胀，瓦斯压力降低，瓦斯解吸；第三阶段，包含粉碎的煤和大量的游离瓦斯的煤层又再次受压，瓦斯压力再次增大，当巷道工作面接近上述破坏带时，处于高压的粉煤和瓦斯混合物就有可能冲破煤壁而发生突出。因此该假说认为，瓦斯是造成突出的主体；而煤粉碎、瓦斯解吸和瓦斯粉煤混合物的喷出所需的能量是由煤层的围岩通过振动来传递的。

② 分层分离说。原苏联的被图霍夫等人认为突出是由地应力和瓦斯共同作用的结果，突出过程分三个阶段：

准备阶段——工作面附近的煤层始终处于地应力的作用下，造成了发生突出的条件、增加了瓦斯向巷道方向渗透的阻力，促使煤层保持高的瓦斯压力，煤体强度降低，煤易于从煤体中分离。

颗粒分离波的传播阶段——突出时，颗粒的分离过程是一层一层进行的。当突出危险带表面急剧暴露时，由于瓦斯压力梯度作用使分层承受拉力，当拉力大于分层强度时，即发生分层从煤体上的分离。分层分离是一切突出的重要组成部分，影响着突出的主要特征，但并没有全面反映突出过程的多种形式。

例如，分层分离波绕过部分的压碎带，通常决定于地压作用，伴随声响激发，此时暴露面上的分层分离。突出常常是重复的破坏组合，一部分是瓦斯参与下的分层分离而破坏，另一部分是地应力破坏。在急倾斜煤层的某些部分，则在自身的重力作用下分离。

瓦斯和颗粒混合物的运动阶段——从煤体分离的煤颗粒和瓦斯急速冲向巷道，随着混合物运动，瓦斯进一步膨胀，速度继续加快。当其遇到阻碍时，速度降低而压力升高、直到增高的压力不能超过破坏条件时，过程才停止。

③ 破坏区说。日本的肌部俊郎等人认为，典型的冲击地压是由于集中应力所造成的破坏现象，而典型的瓦斯突出是瓦斯作用的结果。介于两者之间的现象，称为冲击地压式突出，或叫作突出式的冲击地压。它是瓦斯压力和地应力共同作用的结果。他们认为，不论是

突出还是冲击地压，首先必须破坏煤体，而煤体的破坏过程是一致的，在不均质的煤内，各点的强度不同，在高压力的作用下，由强度最低的点先发生破坏，并在其周围造成应力集中，如邻点的强度小于这个集中应力，就会被破坏成破坏区。在这种破坏区，煤的强度显著下降，变成弱应力区。

此区内的吸附瓦斯由于煤体破坏时释放的弹性能供给热量而解吸、煤粒子间的瓦斯使煤的内摩擦力下降，变成易于流动的状态。当这种粉碎的煤流喷射出时，便形成突出。

④ 游离瓦斯压力说。法国的耿代尔等认为，突出是煤质、地应力、瓦斯压力综合作用的结果，但瓦斯因素是主要的，煤体内游离瓦斯压力是发动突出的主要力量，解吸的瓦斯仅参与突出煤的搬运过程。如果工作面在突出危险区是逐渐推进的，那么工作面前方煤体处于匀速动态的状态；如果工作面前方的过载应力区的围岩突然变化，将出现加速的动态而突出。

上述的综合假说比前述的单因素假说大大进了一步，它能解释的突出现象也比其他各种单因素假说的多。

13.5.4 瓦斯突出的防治

煤矿安全生产是煤炭行业可持续发展的重要前提条件。瓦斯是煤矿安全生产的大敌，煤与瓦斯突出是造成煤矿事故多发、重大人员伤亡和财产损失的主要原因。因此，重视和加强煤与瓦斯突出灾害的防治，是改善煤矿安全生产环境，促进煤炭工业良性发展，实现我国能源发展战略，以人为本和创建和谐社会的必然选择。

从一百多年的历程来看，“防突”技术分三个阶段：以震动性爆破为主——被动诱导；以单一“消突”措施为主——开采保护层、预抽煤层瓦斯、超前排放钻孔、松动爆破、金属骨架等；“四位一体”(即突出预测、防突措施、效果检验、安全防护)的综合防突措施。

13.5.4.1 区域防突措施

区域防突措施，是指在突出煤层进行采掘前，对突出煤层较大范围采取的防突措施。区域防突措施包括开采保护层和预抽煤层瓦斯两类。

(1) 开采保护层

开采保护层分为开采上保护层和下保护层两种方式。

选择保护层必须遵守下列规定：

① 在突出矿井开采煤层群时，如在有效保护垂距内存在厚度 0.5 m 及以上的无突出危险煤层，除因突出煤层距离太近而威胁保护层工作面安全或可能破坏突出煤层开采条件的情况外，首先开采保护层。有条件的矿井，也可以将软岩层作为保护层开采。

② 当煤层群中有几个煤层都可作为保护层时，综合比较分析，优选开采保护效果最好的煤层。

③ 当矿井中所有煤层都有突出危险时，选择突出危险程度较小的煤层作保护层先行开采，但采掘前必须按本规定的要求采取预抽煤层瓦斯区域防突措施并进行效果检验。

④ 优先选择上保护层。在选择开采下保护层时，不得破坏被保护层的开采条件。

开采保护层区域防突措施应当符合下列要求：

① 开采保护层时，同时抽采被保护层的瓦斯。

② 开采近距离保护层时，采取措施防止被保护层初期卸压瓦斯突然涌入保护层采掘工

作面或误穿突出煤层。

③ 正在开采的保护层工作面超前于被保护层的掘进工作面，其超前距离不得小于保护层与被保护层层间垂距的 3 倍，并不得小于 100 m。

开采保护层时，采空区内不得留有煤(岩)柱。特殊情况需留煤(岩)柱时，经煤矿企业技术负责人批准，并做好记录，将煤(岩)柱的位置和尺寸准确地标在采掘工程平面图上。每个被保护层的瓦斯地质图应当标出煤(岩)柱的影响范围，在该范围内进行采掘工作前，首先采取预抽煤层瓦斯区域防突措施。

当保护层留有不规则煤柱时，按照其最外缘的轮廓划出平直轮廓线，并根据保护层与被保护层之间的层间距变化，确定煤柱影响范围。在被保护层进行采掘工作时，还应当根据采掘瓦斯动态及时修改。

(2) 预抽瓦斯

预抽瓦斯防突机理如图 13-30 所示。

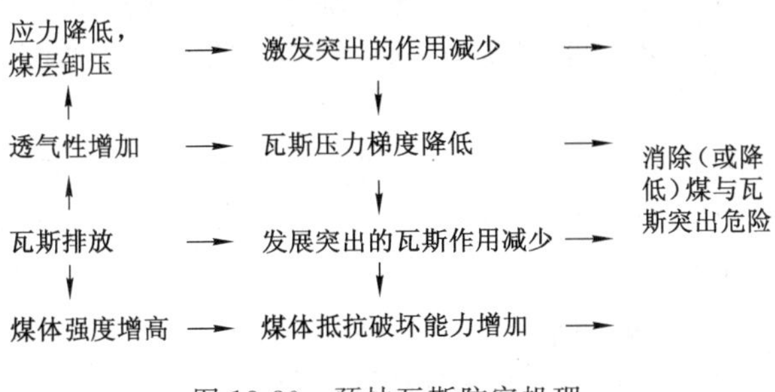

图 13-30 预抽瓦斯防突机理

采取各种方式的预抽煤层瓦斯区域防突措施时，应当符合下列要求：

① 穿层钻孔或顺层钻孔预抽区段煤层瓦斯区域防突措施的钻孔应当控制区段内的整个开采块段、两侧回采巷道及其外侧一定范围内的煤层。要求钻孔控制回采巷道外侧的范围是：倾斜、急倾斜煤层巷道上帮轮廓线外至少 20 m，下帮至少 10 m；其他为巷道两侧轮廓线外至少各 15 m。

② 穿层钻孔预抽煤巷条带煤层瓦斯区域防突措施的钻孔应当控制整条煤层巷道及其两侧一定范围内的煤层。

③ 顺层钻孔或穿层钻孔预抽回采区域煤层瓦斯区域防突措施的钻孔应当控制整个开采块段的煤层。

④ 穿层钻孔预抽石门(含立、斜井等)揭煤区域煤层瓦斯区域防突措施应当在揭煤工作面距煤层的最小法向距离 7 m 以前实施(在构造破坏带应适当加大距离)。钻孔的最小控制范围是：石门和立井、斜井揭煤处巷道轮廓线外 12 m(急倾斜煤层底部或下帮 6 m)，同时还应当保证控制范围的外边缘到巷道轮廓线(包括预计前方揭煤段巷道的轮廓线)的最小距离不小于 5 m，且当钻孔不能一次穿透煤层全厚时，应当保持煤孔最小超前距 15 m。

⑤ 顺层钻孔预抽煤巷条带煤层瓦斯区域防突措施的钻孔应控制的条带长度不小于 60 m，巷道两侧的控制范围与本条第①项中回采巷道外侧的要求相同。

⑥ 当煤巷掘进和采煤工作面在预抽防突效果有效的区域内作业时，工作面距未预抽或者预抽防突效果无效范围的前方边界不得小于 20 m。

⑦ 厚煤层分层开采时,预抽钻孔应当控制开采的分层及其上部至少 20 m、下部至少 10 m(均为法向距离,且仅限于煤层部分)。

预抽煤层瓦斯钻孔应当在整个预抽区域内均匀布置,钻孔间距应当根据实际考察的煤层有效抽放半径确定。预抽瓦斯钻孔封堵必须严密。穿层钻孔的封孔段长度不得小于 5 m,顺层钻孔的封孔段长度不得小于 8 m。应当做好每个钻孔施工参数的记录及抽采参数的测定。钻孔孔口抽采负压不得小于 13 kPa。预抽瓦斯浓度低于 30%时,应当采取改进封孔的措施,以提高封孔质量。

13.5.4.2 工作面防突措施

工作面防突措施是针对经预测尚有突出危险的局部煤层实施的防突措施。其有效作用范围一般仅限于当前工作面周围的较小区域。

石门和立井、斜井揭穿突出煤层的专项防突设计至少应当包括下列主要内容:

① 石门和立井、斜井揭煤区域煤层、瓦斯、地质构造及巷道布置的基本情况。

② 建立安全可靠的独立通风系统及加强控制通风风流设施的措施。

③ 控制突出煤层层位、准确确定安全岩柱厚度的措施,测定煤层瓦斯压力的钻孔等工程布置、实施方案。

④ 揭煤工作面突出危险性预测及防突措施效果检验的方法、指标,预测及检验钻孔布置等。

⑤ 工作面防突措施。

⑥ 安全防护措施及组织管理措施。

⑦ 加强过煤层段巷道的支护及其他措施。

石门揭煤工作面的防突措施包括预抽瓦斯、排放钻孔、水力冲孔、金属骨架、煤体固化或其他经试验证明有效的措施。立井揭煤工作面可以选用前款规定中除水力冲孔以外的各项措施。金属骨架、煤体固化措施,应当在采用了其他防突措施并检验有效后方可在揭开煤层前实施。斜井揭煤工作面的防突措施应当参考石门揭煤工作面防突措施进行。

在石门和立井揭煤工作面采用预抽瓦斯、排放钻孔防突措施时,钻孔直径一般为 75~120 mm。石门揭煤工作面钻孔的控制范围是:石门的两侧和上部轮廓线外至少 5 m,下部轮廓线外至少 3 m。立井揭煤工作面钻孔控制范围是:近水平、缓倾斜、倾斜煤层为井筒四周轮廓线外至少 5 m;急倾斜煤层沿走向两侧及沿倾斜上部轮廓线外至少 5 m,下部轮廓线外至少 3 m。钻孔的孔底间距应根据实际考察情况确定。揭煤工作面施工的钻孔应当尽可能穿透煤层全厚。当不能一次打穿煤层全厚时,可分段施工,但第一次实施的钻孔穿煤长度不得小于 15 m,且进入煤层掘进时,必须至少留有 5 m 的超前距离(掘进到煤层顶板或底板时不在此限)。预抽瓦斯和排放钻孔在揭穿煤层之前应当保持自然排放或抽采状态。

水力冲孔措施一般适用于打钻时具有自喷(喷煤、喷瓦斯)现象的煤层。石门揭煤工作面采用水力冲孔防突措施时,钻孔应至少控制自揭煤巷道至轮廓线外 3~5 m 的煤层,冲孔顺序为先冲对角孔后冲边上孔,最后冲中间孔。水压视煤层的软硬程度而定。石门全断面冲出的总煤量数值(t)不得小于煤层厚度(m)乘以 20。若有钻孔冲出的煤量较少时,应在该孔周围补孔。

石门和立井揭煤工作面金属骨架措施一般在石门上部和两侧或立井周边外 0.5~1.0 m 范围内布置骨架孔。骨架钻孔应穿过煤层并进入煤层顶(底)板至少 0.5 m,当钻孔不能一次施工至煤层顶板时，则进入煤层的深度不应小于 15 m。钻孔间距一般不大于 0.3 m，对于松软煤层要架两排金属骨架，钻孔间距应小于 0.2 m。骨架材料可选用 8 kg/m 的钢轨、型钢或直径不小于 50 mm 钢管，其伸出孔外端用金属框架支撑或砌入碹内。插入骨架材料后，应向孔内灌注水泥砂浆等不燃性固化材料。揭开煤层后，严禁拆除金属骨架。

石门和立井揭煤工作面煤体固化措施适用于松软煤层，用以增加工作面周围煤体的强度。向煤体注入固化材料的钻孔应施工至煤层顶板 0.5 m 以上，一般钻孔间距不大于 0.5 m，钻孔位于巷道轮廓线外 0.5～2.0 m 的范围内，根据需要也可在巷道轮廓线外布置多排环状钻孔。当钻孔不能一次施工至煤层顶板时，则进入煤层的深度不应小于 10 m。

煤巷掘进和采煤工作面的专项防突设计应当至少包括下列内容：

① 煤层、瓦斯、地质构造及邻近区域巷道布置的基本情况。

② 建立安全可靠的独立通风系统及加强控制通风风流设施的措施。

③ 工作面突出危险性预测及防突措施效果检验的方法、指标以及预测、效果检验钻孔布置等。

④ 防突措施的选取及施工设计。

⑤ 安全防护措施。

⑥ 组织管理措施。

有突出危险的煤巷掘进工作面应当优先选用超前钻孔（包括超前预抽瓦斯钻孔、超前排放钻孔）防突措施。如果采用松动爆破、水力冲孔、水力疏松或其他工作面防突措施时，必须经试验考察确认防突效果有效后方可使用。前探支架措施应当配合其他措施一起使用。

下山掘进时，不得选用水力冲孔、水力疏松措施。倾角 8°以上的上山掘进工作面不得选用松动爆破、水力冲孔、水力疏松措施。

煤巷掘进工作面采用超前钻孔作为工作面防突措施时，应当符合下列要求：

① 巷道两侧轮廓线外钻孔的最小控制范围：近水平、缓倾斜煤层 5 m，倾斜、急倾斜煤层上帮 7 m、下帮 3 m。当煤层厚度大于巷道高度时，在垂直煤层方向上的巷道上部煤层控制范围不小于 7 m，巷道下部煤层控制范围不小于 3 m。

② 钻孔在控制范围内应当均匀布置，在煤层的软分层中可适当增加钻孔数。预抽钻孔或超前排放钻孔的孔数、孔底间距等应当根据钻孔的有效抽放或排放半径确定。

③ 钻孔直径应当根据煤层赋存条件、地质构造和瓦斯情况确定，一般为 75～120 mm，地质条件变化剧烈地带也可采用直径 42～75 mm 的钻孔。若钻孔直径超过 120 mm 时，必须采用专门的钻进设备和制定专门的施工安全措施。

④ 煤层赋存状态发生变化时，及时探明情况，再重新确定超前钻孔的参数。

⑤ 钻孔施工前，加强工作面支护，打好迎面支架，背好工作面煤壁。

煤巷掘进工作面采用松动爆破防突措施时，应当符合下列要求：

① 松动爆破钻孔的孔径一般为 42 mm，孔深不得小于 8 m。松动爆破应至少控制到巷道轮廓线外 3 m 的范围。孔数根据松动爆破的有效影响半径确定。松动爆破的有效影响半径通过实测确定。

② 松动爆破孔的装药长度为孔长减去 5.5～6 m。

③ 松动爆破按远距离爆破的要求执行。

煤巷掘进工作面水力冲孔措施应当符合下列要求：

① 在厚度不超过 4 m 的突出煤层，按扇形布置至少 5 个孔，在地质构造破坏带或煤层较厚时，适当增加孔数。孔底间距控制在 3 m 左右，孔深通常为 20～25 m，冲孔钻孔超前掘进工作面的距离不得小于 5 m。冲孔孔道沿软分层前进。

② 冲孔前，掘进工作面必须架设迎面支架，并用木板和立柱背紧背牢，对冲孔地点的巷道支架必须检查和加固。冲孔后或暂停冲孔时，退出钻杆，并将导管内的煤冲洗出来，以防止煤、水、瓦斯突然喷出伤人。

煤巷掘进工作面水力疏松措施应当符合下列要求：

① 沿工作面间隔一定距离打浅孔，钻孔与工作面推进方向一致，然后利用封孔器封孔，向钻孔内注入高压水。注水参数应根据煤层性质合理选择。如未实测确定，可参考如下参数：钻孔间距 4.0 m，孔径 42～50 mm，孔长 6.0～10 m，封孔 2～4 m，注水压力 13～15 MPa，注水时以煤壁已出水或注水压力下降 30%后方可停止注水。

② 水力疏松后的允许推进度，一般不宜超过封孔深度，其孔间距不超过注水有效半径的两倍。

③ 单孔注水时间不低于 9 min。若提前漏水，则在邻近钻孔 2.0 m 左右处补打注水钻孔。

13.5.5 瓦斯突出机理研究最新进展

中国矿业大学(北京)深部岩土力学与地下工程国家重点实验室，利用自主研发的深部煤岩温度—压力耦合瓦斯解吸实验系统(图 13-31)，对煤样进行单轴应力—温度作用下吸附瓦斯运移过程实验。

图 13-31 温度—压力耦合实验系统

该实验系统通过对煤样施加不同应力和温度，促使煤中原生吸附瓦斯解吸，模拟煤体变形中吸附瓦斯解吸—释放过程。实验中分别在恒温和升温条件下对煤样依次进行单轴破坏和施加围压，实时监测逸出气体压力、流量，抽样检测气体成分和浓度。

研究结果表明：

① 煤在外载作用下孔隙裂隙的张开与闭合可改变吸附瓦斯运移方向，宏观上表现为吸气—排气过程。煤体受载变形后产生大量张性裂隙可导致储气空间增大、孔隙气压降低，引发煤体外部气体向煤体内部流动。在施加围压闭合裂隙过程中，由于储气空间减少可使分布于裂隙中的大量游离气体迅速排出煤体。

② 测试煤中原生吸附气体成分主要是 CH_4，CO_2 和 C_2H_6。根据气体浓度大小验证吸附气体的解吸能力为 CH_4 最大，CO_2 次之，C_2H_6 最小。

③ 温度是影响煤体中吸附气体解吸量的主要因素之一。环境温度越高，煤体释放吸附气体量越多。在温度线性升高条件下，测试煤中原生吸附气体表现出不同解吸响应特征，CH_4 浓度随温度呈线性变化，而 CO_2 和 C_2H_6 浓度与温度呈指数关系变化。

课后习题

[1]　简述岩爆的概念、特征及防治。

[2]　简述软岩大变形的概念、特征及防治。

[3]　简述滑坡的概念、特征及防治。

[4]　简述高温热害的概念、特征及防治。

[5]　简述瓦斯突出的概念、特征及防治。

参考文献

[1] 蔡美峰.地应力测量原理与技术[M].北京:科学出版社,1995.
[2] 车自成.中国及其邻区区域大地构造学[M].北京:科学出版社,2002.
[3] 陈国兴,樊良本.土质学与土力学[M].北京:中国水利水电出版社,2002.
[4] 程伟.煤与瓦斯突出危险性预测及防治技术[M].徐州:中国矿业大学出版社,2010.
[5] 戴文亭.土木工程地质[M].武汉:华中科技大学出版社,2008.
[6] 杜时贵.结构面与工程岩体稳定性[M].北京:地震出版社,2006.
[7] 杜时贵,许四法.岩石质量指标 RQD 与工程岩体分类[J].工程地质学报,2008,8(3):351-356.
[8] 高大钊.土力学与基础工程[M].北京:中国建筑工业出版社,1988.
[9] 郭承侃,陆尚谟,郭莹.土力学[M].大连:大连理工大学出版社,1994.
[10] 国家安全生产监督管理总局,国家煤矿安全监察局.防治煤与瓦斯突出规定[M].北京:煤炭工业出版社,2009.
[11] 韩晓雷.工程地质学原理[M].北京:机械工业出版社,2003.
[12] 何满潮,王春光,李德建,等.单轴应力—温度作用下煤中吸附瓦斯解吸特征[J].岩石力学与工程学报,2010,29(5):865-872.
[13] 何明跃.新英汉矿物种名称[M].北京:地质出版社,2007.
[14] 洪毓康.土质学与土力学[M].北京:人民交通出版社,1995.
[15] 胡厚田.土木工程地质[M].北京:高等教育出版社,2001.
[16] 胡千庭,文光才.煤与瓦斯突出的力学作用机理[M].北京:科学出版社,2013.
[17] 胡绍祥.普通地质学[M].徐州:中国矿业大学出版社,2008.
[18] 胡绍祥,李守春.矿山地质学[M].徐州:中国矿业大学出版社,2008.
[19] 胡绍祥.煤矿地质学[M].徐州:中国矿业大学出版社,2011.
[20] 黄醒春.岩石力学[M].北京:高等教育出版社,2005.
[21] 李德伦,王恩林.构造地质学[M].吉林:吉林大学出版社,2001.
[22] 李迪,马水山.工程岩体变形与安全监测[M].武汉:长江出版社,2006.
[23] 李锦平.矿物典 第三卷 氧化物、氢氧化物(羟化物)矿物[M].北京:地质出版社,2008.
[24] 李锦平.矿物典 第五卷 盐类矿物[M].北京:地质出版社,2008.
[25] 李镜培,赵春风.土力学[M].北京:高等教育出版社,2004.
[26] 李前,张志呈.矿山工程地质学[M].成都:四川科学技术出版社,2008.
[27] 李胜荣.结晶学与矿物学[M].北京:地质出版社,2008.
[28] 李四光.地质力学概论[M].北京:科学出版社,1973.
[29] 李治平.工程地质学[M].北京:人民交通出版社,2002.

[30] 李智毅，杨裕云. 工程地质学概论[M]. 武汉：中国地质大学出版社，2006.
[31] 梁爱堂. 矿井防治煤与瓦斯突出实用措施[M]. 北京：煤炭工业出版社，2010.
[32] 刘佑荣，唐辉明. 岩体力学[M]. 武汉：中国地质大学出版社，1999.
[33] 潘别桐. 岩体力学[M]. 武汉：中国地质大学出版社，1990.
[34] 秦善，王长秋. 矿物学基础[M]. 北京：北京大学出版社，2006.
[35] 沈明道，狄明信. 矿物岩石学及沉积相简明教程[M]. 青岛：中国石油大学出版社，2007.
[36] 沈明荣，陈建峰. 岩体力学[M]. 上海：同济大学出版社，2006.
[37] 石振明，孔宪立. 工程地质学[M]. 第二版. 北京：中国建筑工业出版社，2011.
[38] 宋春青，邱维理，张振青. 地质学基础[M]. 北京：高等教育出版社，2005.
[39] 唐洪明. 矿物岩石学[M]. 北京：石油工业出版社，2007.
[40] 唐辉明. 工程地质学基础[M]. 北京：化学工业出版社，2008.
[41] 唐业清. 土力学基础工程[M]. 北京：中国铁道出版社，1989.
[42] 陶世龙，万天丰. 地球科学概论[M]. 第二版. 北京：地质出版社，2010.
[43] 王大纯. 水文地质学基础[M]. 北京：地质出版社，1995.
[44] 王濮，翁玲宝. 系统矿物学(上、中、下册)[M]. 北京：地质出版社，1982.
[45] 王作棠，周华强. 矿山岩体力学[M]. 徐州：中国矿业大学出版社，2007.
[46] 吴继敏. 工程地质学[M]. 北京：高等教育出版社，2006.
[47] 吴良士，白鸽，袁忠信. 矿物与岩石[M]. 北京：化学工业出版社，2005.
[48] 肖渊甫，郑荣才，邓江红. 岩石学简明教程[M]. 北京：地质出版社，2009.
[49] 谢仁海. 构造地质学[M]. 徐州：中国矿业大学出版社，2000.
[50] 徐九华，谢玉玲，李建平，等. 地质学[M]. 第 4 版. 北京：冶金工业出版社，2008.
[51] 许兆义，王连俊，杨成永. 工程地质基础[M]. 北京：中国铁道出版社，2003.
[52] 晏鄂川，唐辉明. 工程岩体稳定性评价与利用[M]. 武汉：中国地质大学出版社，2002.
[53] 杨小平. 土力学及地基基础[M]. 武汉：武汉大学出版社，2000.
[54] 尹红梅，张宜虎. 工程岩体分级研究综述[J]. 长江科学院学报，2011，28(8)：60-66.
[55] 臧秀平. 工程地质[M]. 北京：高等教育出版社，2004.
[56] 张永兴. 岩石力学[M]. 北京：中国建筑工业出版社，2008.
[57] 张忠苗. 工程地质[M]. 重庆：重庆大学出版社，2011.
[58] 赵珊茸，边秋娟. 结晶学及矿物学[M]. 北京：高等教育出版社，2011.
[59] 赵杏援. 黏土矿物与黏土矿物分析[M]. 北京：海洋出版社，1990.
[60] 周维垣. 高等岩石力学[M]. 北京：水利水电出版社，1990.
[61] 朱志澄. 构造地质学[M]. 武汉：中国地质大学出版社，1999.
[62] 左建，温庆博. 工程地质及水文地质[M]. 北京：中国水利水电出版社，2004.
[63] BIENIAWSKI Z T(美). 工程岩体分类[M]. 徐州：中国矿业大学出版社，1993.